黄河水利委员会治黄著作出版资金资助出版图书
河南省重点图书选题

黄河下游泄洪输沙潜力和高效排洪通道构建

齐　璞　孙赞盈　齐宏海　著

U0268816

黄河水利出版社
·郑州·

内 容 提 要

本书深入研究了黄河下游窄深河槽泄洪输沙机理、高含沙洪水输移等,分析了游荡性河道河势变化规律与河型转化条件及改造的途径,论证了高含沙水流产生的可行性。针对游荡性河道存在的问题,推出双岸同时整治方案、水库泥沙多年调节运用原则、控制条件,提出可以利用窄深河槽具有的极强排洪输沙能力将泥沙输送入海。

本书可供水利专业研究人员、流域管理者、高等院校师生阅读参考。

Abstract

This book presents in – depth analysis on flood discharge and sediment transport characteristics of the narrow and deep channel in the lower Yellow River. It also analyzes the principles of variations for the wandering reaches, conditions of the river pattern transformation, and methods to regulate the wandering reaches. It demonstrates the feasibilities of creating hyperconcentrated flow. In regard to the existing issues of the wandering reaches, this book proposes two – bank training strategy, application rules and control conditions of multi – year sediment regulations by reservoirs. By making full use of the sediment transport capacities of the narrow and deep channel, the sediment can be transported to ocean by hyperconcentrated flood. It can be a great learning reference for researchers in the water resources field, watershed managers, professors and students in universities.

图书在版编目(CIP)数据

黄河下游泄洪输沙潜力和高效排洪通道构建/齐璞等著. —郑州:黄河水利出版社,2010. 12
ISBN 978 – 7 – 80734 – 946 – 4

Ⅰ. ①黄… Ⅱ. ①齐… Ⅲ. ①黄河 – 下游 – 水力输沙 – 研究②黄河 – 下游 – 防洪 – 研究 Ⅳ. ①TV142②TV882. 1

中国版本图书馆 CIP 数据核字(2010)第 245880 号

出 版 社:黄河水利出版社
地址:河南省郑州市顺河路黄委会综合楼 14 层 邮政编码:450003
发行单位:黄河水利出版社
发行部电话:0371 – 66026940、66020550、66028024、66022620(传真)
E-mail:hhslcbs@ 126. com
承印单位:河南省瑞光印务股份有限公司
开本:787 mm × 1 092 mm 1/16
印张:23.75 彩插:2 页
字数:549 千字 印数:1—1 500
版次:2010 年 12 月第 1 版 印次:2010 年 12 月第 1 次印刷

定价:68.00 元

黄齐璞同志留念

黄河下游治理，最终
必定按双岸整治为
归宿。

徐福龄
时年九
十八岁

2010年5月，著名治河专家徐福龄为作者题词

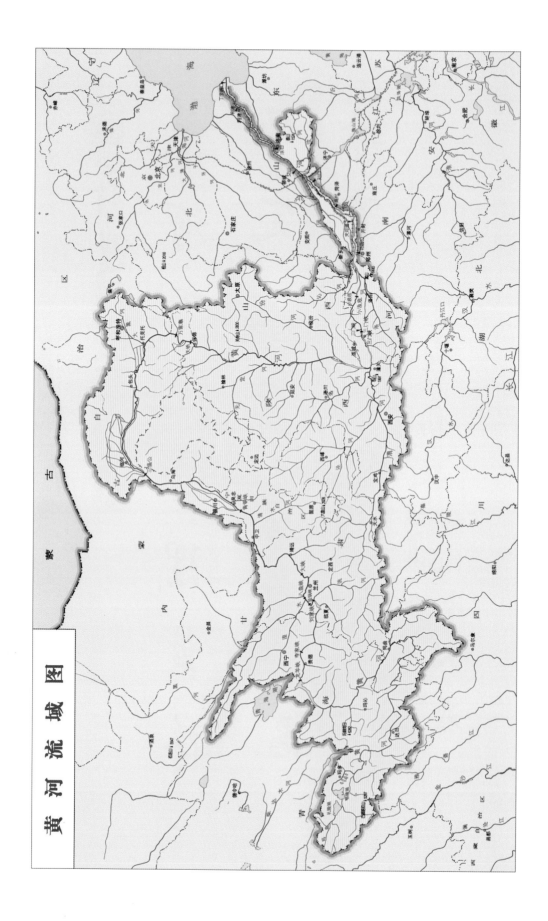

黄 河 流 域 图

1993年夏，作者查勘北洛河下游河道（赵文林 摄影）

2005年6月，黄河下游汉王城附近河势

2009年6月，黄河下游齐河官庄弯道（殷鹤仙 摄影）

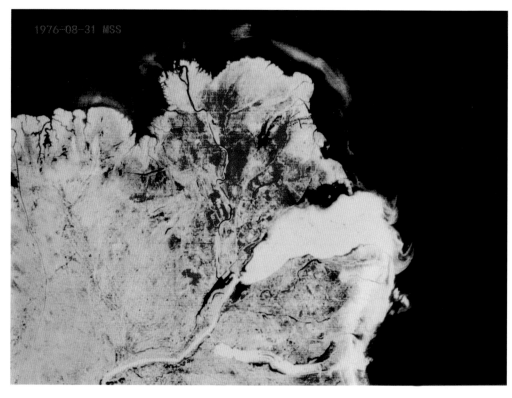

1976年8月31日，利津站流量为4 970 m³/s、含沙量为34.9 kg/m³时黄河河口遥感图（赵学英 供稿）

序　一

黄河是中国乃至世界上最为复杂难治的河流,一代又一代水利工作者在黄河的治理、开发和保护方面进行了艰辛探索和不懈努力。早在 1955 年,第一届全国人民代表大会第二次会议就通过了《关于根治黄河水害和开发黄河水利的综合规划的决议》,经过半个多世纪治理开发,已经取得举世瞩目的成就。

但是,黄河治理保护的任务仍然十分艰巨,黄河泥沙问题没有得到根本解决,黄河下游诸如河槽淤积抬高、"二级悬河"、横河斜河、滩区淹没等一系列的问题仍然是很大的困扰,防洪形势仍然严峻。黄河下游治理问题牵涉到黄河整个上中游的治理,下游防洪主要问题的根本原因是河槽不断的淤积,河床逐年的抬高。应该说,黄河下游治理的关键是如何实现河床不抬高。实现河床不抬高的核心是科学进行中游水库调水调沙和下游河道整治,增大洪水的输沙能力,使黄河"二级悬河"及滩区、河口泥沙等诸多问题得以解决。

近年来,水利部党组提出"堤防不决口、河道不断流、水质不超标、河床不抬高"的黄河治理总体目标,激发了无数水利科技工作者的热情,不断取得理论和实践成果。本书作者就是其中之一,他多年来一直致力于研究黄河治理特别是黄河下游泥沙问题。本书重点对黄河下游河道排洪输沙机理和能力、黄河下游游荡性河道演变和改造途径、水库联合调水调沙、高效泄洪输沙通道构建等作了深入分析研究,提出了自己的见解。研究成果的出版,给认识黄河下游泥沙问题打开了新的视角,值得祝贺。希望有更多的科技工作者投入到黄河治理开发的研究当中,为实现"河床不抬高"的宏伟目标做出贡献。

汪恕诚

2010. 3. 5

Preface 1[●]

The Yellow River is the most challenging river to manage in China, possibly even in the world, regarding flood prediction and protection, sedimentation, and water quality. Generations of water resources engineers painstakingly applied unremitting effort in exploring the research, development and protection of this river. As early as in 1955, a comprehensive plan on Controlling the Flood and Developing the Water Resources of the Yellow River was passed in the Second Session of the First National People's Congress. After a half century's research and engineering practices, great achievements attracted worldwide attention have been made.

However, it is still an extremely complex task to manage and protect the Yellow River. Sediment problems of the Yellow River have not been completely resolved. In the lower Yellow River, issues such as aggraded river bed due to siltation, secondary suspended river, transversal/diagonal river and floodplain inundation are still great threats. Flood protection remains a concern with potentially severe consequences.

Managing the complex lower reach is interrelated with managing the entire upper and middle reaches of this river. Flooding of the lower Yellow River is primarily caused by continuous siltation, which results in rising of the channel bed. A crucial element of sustainability is how to realize "no channel bed rising" in the lower reach. This condition can be achieved through water and sediment regulation employing combined operations of reservoirs in the middle reach, and regulations of the channels in the lower reach. This strategy will increase the sediment transport capacities by flood, and solve many problems such as secondary suspended river, and sedimentation on the floodplain and bayou.

In recent years, Committee of the Chinese Communist Party, Ministry of Water Resources proposed overall management objectives for the Yellow River: "no embankment breaching, no river course running dry, no pollution over standard and no river bed rising". Inspired by these objectives, many theoretical and practical research results have been obtained by numerous water resource engineers. The author of this book is one of them. For many years, he has focused on how to manage the Yellow River, especially the sediment problems of the lower reach. This book emphasizes on the author's own view and in‐depth analysis on the mechanisms of flood discharges and sediment transport capacity of the channels in the Lower Yellow River, the evolution and the reformation of the braided reach of the Lower Yellow

---

● 本序言的英文翻译经过美国 NMP 工程咨询公司资深水利工程师丹尼尔·奥莱瑞(Daniel J. O'Leary)先生校阅和修改,在此表示感谢。

River, water and sediment regulation based on combined operations of reservoirs, and construction of the high efficient flood discharge and sediment transport channel. The publication of this book should be celebrated, since it opens new path in understanding the sediment problems of the lower Yellow River. I sincerely wish more and more engineers would devote themselves to the research of managing and developing the Yellow River, and contribute to the ambitious goal of "no river bed rising".

Wang Shucheng
March 5,2010

序 二

齐璞同志长期致力于研究黄河泥沙问题,现在将他和合作者们的研究成果写成专著出版,嘱我写篇序言。我迟迟未敢应命,因为我对黄河情况知之甚少,对泥沙动力学和河道输沙问题更属外行,没有发言权。但考虑良久,还是握笔写了以下一些话,这与其说是一篇序言,还不如说是我的几点感受,写出来供作者和专家们参考批评。

黄河是中华民族的母亲河,黄河流域是中华文明的摇篮。但有史以来黄河流域的水旱灾害十分频繁,尤其由于河水含沙量高,下游河床不断淤积,成为地上悬河,发生大洪水时河堤溃决,千里汪洋,甚至河流改道,灾难深重,所以黄河又被称为中国的忧患,是世界上最难治理的河流。新中国成立以来,治黄已取得巨大成就,但泥沙问题并未得到根本解决,下游河道持续淤高,形成"二级悬河"。小浪底水利枢纽建成后,通过水库调水调沙,冲刷下游河道,取得了很好的成绩。但如何优化水沙调度,取得最大冲沙成效,关系到黄河下游的治理方向,仍存在种种争议。

本书作者30年来锲而不舍的研究重点就是如何利用流量大于3 000 m³/s的高含沙洪水输送泥沙入海,使下游河道的泥沙基本上达到冲淤平衡。根据作者对实测资料的对比分析,总结了河道的输沙规律,认为这个可能性是存在的,但其前提是要在下游塑造一个稳定的窄深河槽,并优化小浪底的调水调沙方式,泄放人工洪水,对泥沙进行多年调节,改变进入下游河道的水沙组成,使之适应高含沙洪水远距离流动的条件,从而能充分利用洪水排沙。能做到这些,就可将绝大部分泥沙输送入海,为下游河道保持冲淤平衡创造条件。作者从这一认识出发,对当前治黄理论和实践提出不同见解。

如果作者的设想能够实现,当然是绝大好事:黄河下游河段可以不再淤高,小浪底水库能长期发挥作用(代替拦淤),也不必依靠两岸滩地沉沙,"解放"滩地。但由于问题的复杂性和影响的严重性,目前对作者的研究成果和相应的治理方案存在不同的看法,这是可以理解的。科学是在不断讨论和争鸣中发展的,真理是在不断研究、试验和实践中确立的。但无论采用什么方案,对要在下游塑造一条稳定的深槽的看法是一致的,而深入研究、充分发挥其输沙潜力的方向总是不错的。本书的出版将有利于开展争鸣,我希望关心黄河治理的各界人士特别是研究黄河输沙规律的同行,能对本书的观点和结论开展讨论,也希望作者能以平常心对待和研究各种讨论与质疑意见,深化和改进自己的工作,为取得共识,实现黄河下游治理的终极目标做出更多贡献。

此外,为深入研究黄河下游河段治理问题,我觉得还有几个大问题值得进一步探讨:

一、历史上黄河下游的洪灾十分严重,而近数十年来,由于各种原因未发生大洪水,甚至汛期也形不成较大的洪峰。今后黄河下游河段的设防洪水标准应如何合理确定? 能否大量降低设防洪水流量? 遇超标准洪水如何应对? 这些问题必须有明确结论并经国家批准,作为治黄的目标和依据。

二、在采取各种整治措施后(包括作者的方案),如何合理稳妥地估算下游河道在近期每年还有多少淤积量? 预计何时可以完全达到冲淤平衡? 其时下游河道中的淤积总量及淤积形态如何? 对防洪的影响如何? 作者认为采用其治理方案可保持河床不淤积的可信度如何? 应该留有什么余地? 是否需要保留滩地的淤沙泄洪功能?

三、黄河出口于渤海,渤海是一个浅海,泥沙排出河口后不能自动进入深海海域,而表现为河口三角洲的不断延伸和河床坡降的不断平缓化,从而逐步影响泥沙的输送入海。如何从宏观上认识和具体解决这个问题,似有待做更深入的研究。

四、黄河下游治理的方向关系到依靠两岸300多万亩滩地为生的180多万农民的发展方向,这是当前黄河下游治理中最为现实的问题。如果认可作者的思路,两岸滩地农民可以逐步安居乐业;如果按目前的治理规划,两岸滩地应如何科学合理利用,滩地居民是否应有计划地转业,改变身份,需及早谋划。在治理意见暂时不能一致的情况下,先在下游塑造一条稳定的深槽是一个能兼顾各种设想、有利于逐步试探的方案。与此同时,可探索优化小浪底水库调水调沙方式,密切监测下游河道的减淤情况,看下游河床淤积是否可以控制,河槽过洪能力能否不断增强,再决定采用什么治理方案,似为一条既积极又稳妥的路。

当然,这些问题不属于本书研究范围,我只是借此机会,提出来供领导层和有心人士考虑。

以上算是我的一篇序言,供作者和读者参考批评。

潘家铮

2010年6月17日

Preface 2

I was asked by Mr. Qi Pu for his a new published collaborators' research monograph to write this preface. The book contains their long-term research results of the sediment problems in the Yellow River. I did it late because I do not feel to have the floor on the book due to that I am little known about the Yellow River circumstance, and in a layman especially on the sediment dynamics and the problem of sediment transport. After considering for a long time, I hold a pen and write the following words, this is a preamble, rather some feelings. I write out it for authors and experts to be referred and commented.

The Yellow River is the China's mother river, and the Yellow River basin is the cradle of Chinese civilization. Beyond the memory of men and throughout the history, floods and drought disasters in the Yellow River basin are very frequent and serious, especially due to that the sediment concentration in the river is huge, the downstream river bed silts up unceasingly, the river becomes the suspended river higher than its banks, and the river bank bursts during large floods, causing the vast area to be flooded, even river diversion makes disaster – ridden, therefore the Yellow River is also called China's misery, and is rivers which in the world is most difficult to be governed with. Since 1949, although the harnessing of the Yellow River has made great achievements, but did not solve the problem of sediment ultimately, the river bed is continuously silted up, forming a second – order – suspended river. After completion of the Xiaolangdi Multipurpose Dam project, very good results have been achieved via the reservoir regulation of water and sediment discharge to scour the sediment in the reservoir and its lower river channels. But how to optimize the operation of water and sediment discharge and make the most favorable effect of washing sediment deposition, it relates to the harnessing orientation of the lower Yellow River and still has all sorts of disputes.

The key research project by the authors to work with perseverance for 30 years is emphases on how to use the hyperconcentration flood flow larger than $3,000 \ \mathrm{m}^3/\mathrm{s}$ to transport the sediment into the sea, enable the sediment in downstream river channels basically to achieve the equilibrium of sediment erosion and deposition. This possibility exists according to the authors' comparative analysis of measured data and their summarization of the river sediment transport law, the premise is to create a stable downstream of narrow – deep river channel, and optimize a mode of water – sediment regulation in Xiaolangdi Reservoir to release an artificial flood, carry out overyear regulation of sediment, change incoming water and sediment composition of the lower river channels, which enable to suit the long distance flowing condition of hyperconcentration flow, thereby the flood can be fully used to discharge the sediment. If those could be achieved, the major part of sediment would be transported entering the sea, to create a balanced condition of sediment erosion and deposition in the lower river channels. From this understanding, the authors propose the different opinion to the current harnessing theory and practice of the Yellow River.

If the author's scenario can be achieved, of course, it is very good: the lower Yellow River channels can no longer be silted up, the Xiaolangdi Reservoir can bring into play in long term (instead of trapping), and also the floodplain can be released due to that it do not have to rely on both sides of the floodplain used for silting. Because of the complexity of problems and influencing severity, the author's research results and the corresponding harnessing programmes exist in different point of views, and this is understandable. Science progress constantly in discussions and debates, the truth is radicated under the continuous research, testing and in practice. However, no matter what scenario is adopted, it is consistent that a stable and deep river channel would be wanted to be created in the lower River reaches, and is always right that the orientation of to deep study it and give fully play to its sediment transport potential. The book published will facilitate debates. I hope the people of all circles concerned the Yellow River harnessing, especially the colleague who research sediment transport law of the Yellow River can discuss the viewpoints and conclusions of the book, and also the authors being calm and even – tempered to deal with various discussions and oppugned opinions, deepening and improving their work, and to reach a consensus, for the realization of the Yellow River's ultimate goal to make more contributions.

In addition, for the deep research on harnessing of the lower Yellow River reaches, I thought that also has several major problems to be worth further discussing:

(1) In history, flood disasters in the lower Yellow River reaches were very serious, but large floods here have not happened in recent decades due to various reasons, even in the flood seasons the larger flood peaks are also not to be formed. How the defence standard for the lower Yellow River flood from now on is determined in reason? Can the defence flood discharge be cut down largely? How to deal with the above – norm flood when meets? These problems must have clear conclusions approved by the State, as the objectives and warranty of the Yellow River harnessing.

(2) After a variety of harnessing measures (including the author's programme) to be adopted, how to secure a reasonable and reliable estimate of the annual sediment deposition quantity in the lower river channels in the near future? When can anticipatorily the sediment erosion and deposition equilibrium be completely reached? Meantime what are the gross sediment deposit amount and siltation shape in downstream river course? What is the impact of the flood control? How is the reliability of that the authors believe that their harnessing programme to be adopted can maintain the river channel to be not deposited? How much room should be left? Whether should the sediment deposition and flood discharge function of the

floodplain be reserved?

(3) The Yellow River empties itself into the Bohai Sea that is a shallow sea, sediment discharged out of the river mouth can not automatically entering the deep sea area, and it appears as the continuous extension of the Delta and smoothout of the riverbed slope, as a consequence those have a gradual impact of sediment transport into the sea. How to recognize in macroscopic way and specific solution to this problem seems to be doing more in – depth research.

(4) The harnessing orientation of the lower Yellow River relates the 1,800,000 farmer's development direction who depend upon more than 3,000,000 Chinese acres of floodplain by both banks for making a living. this is currently the most real problems on the lower Yellow River harnessing. If the author's suggestion was accepted, farmers housing on the floodplains within both banks would enjoy a good and prosperous life gradually. If according to the current river harnessing planning to put into practice, a early planning would be needed to do that how to scientifically and rationally use the floodplains in both banks, and whether or not the resident on the floodplain to be requalification or change the position. In the river harnessing opinion can not be temporarily in the consistent situation, to shape a stable and deep river channel in the downstream river reaches is a scenario of compromising all sorts of assumption and advantageous exploration step by step. Meanwhile, the operation mode for water and sediment regulation of the Xiaolangdi Reservoir may be explored and optimized, to closely monitor the sediment deposition reduction of the lower river channels, to see that whether the river bed sedimentation can be controlled or not, and whether the river channels' flood discharging capacity can be increased unceasingly or not, then to decide what river harnessing scheme can be adopted, it seems a positive and safe way.

Certainly, these questions do not belong to the research scope of this book, I just like to take this opportunity to put forward for leaderships and observant and conscientious persons to be taken into account.

Above is my preface for authors and readers to refer to and comment.

Pan Jiazheng

June 17, 2010

序　三

黄河问题的症结在于"水少、沙多,水沙关系不协调"。塑造协调的水沙关系,是黄河治理的主攻方向。在做好黄土高原水土保持尽量减少入黄泥沙的同时,如何结合高含沙洪水的输移规律、充分利用河道潜在的输沙能力,尽可能多地输送泥沙入海,是处理高含沙洪水的关键技术问题。

围绕高含沙洪水的运动特性、输移规律、处理技术等,国内外学者开展了长期不懈的研究和深入攻关,取得了很多突破性的认识,为"拦、排、调、放、挖"等综合处理泥沙提供了坚实的科技支撑。本书作者数十年如一日,潜心研究黄河治理,从高含沙洪水基本特性、黄河主要干支流实测资料的对比分析,得出窄深河槽有利于高含沙水流输送,进而提出塑造高含沙洪水的必要性;结合小浪底水库运用方式的研究,提出"多年调节泥沙,相机排沙",论证了通过水库联合调控形成高含沙洪水的可能性;结合黄河下游游荡性河道整治方案研究,提出"双岸整治,稳定主槽",研究构筑高效排洪输沙通道。

本书着力阐述了以下四个方面的内容:

(1)阐述了窄深河槽排洪输沙特性及潜力,分析了河槽输沙"多来多排"机理与条件、高含沙洪水输移与演变特性、洪峰突然增大的原因、黄河高含沙水流的阻力特性、含沙量和水流比降变化对泥沙输移影响、冲积河流洪水"涨冲落淤"以及窄深河槽过洪能力大的成因;

(2)阐述了游荡性河道河势变化规律与河型转化条件,提出了改造游荡性河道的途径;

(3)阐述了水库调水调沙关键技术、泥沙多年调节运用原则与控制条件、水库淤积物的土力学特性、洪水期泄空冲刷产生高含沙洪水的可能性、水库联合调水调沙方式、泥沙多年调节减淤效果及可节约输沙水量;

(4)阐述了游荡性河道整治存在的突出问题、"二级悬河"成因与生产堤存废分析、不同河道整治方案优劣比较、双岸同时整治的必要性,提出了构筑高效泄洪输沙通道的理论与技术。

不可讳言,本书提出的一些观点和见解在黄河问题研究的理论与技术层面仍有分歧。但也必须看到,黄河问题的复杂性,决定了在认识黄河、治理黄河的过程中产生一些分歧是不可避免的,而必要的争论是非常有益的。不同论点碰撞的火花,往往闪烁着真理的光芒。正如黄河接纳百川汇入大海那样,治黄事业需要纳百家之言,集诸子之智,不断迈出新步伐,走向新阶段。本书作者齐璞教授数十年从事治黄事业,书中字里行间凝结着作者孜孜以求探索治黄规律的辛勤汗水,其中不乏真知灼见。相信本书的出版,将为黄河自然规律研究进而为治黄事业的发展提供重要参考。

是为序。

Preface 3

Unbalanced relationship between water and sediment with less water but more sediment is the outstanding issue of the Yellow River. The main direction of harnessing the Yellow River should focus on developing a harmony relationship between water and sediment. With the implementation of Water and Soil Conservation Project of the Loss Plateau, sediment that comes into Yellow River can be reduced to the greatest extent. At the same time, how to make full use of the sediment transport characteristics of the hyperconcentrated flood, and the potential sediment transport capacity of the natural channel to transport as much sediment as possible to sea, becomes the key technical issue of dealing with the hyperconcentrated flood.

Focusing on the dynamic features, transport principles and processing technology of the hyperconcentrated flood, unremitting long term research and in – depth analysis have been carried out by domestic and foreign scholars throughout the years. Many breakthroughs in understandings were obtained, which provides solid scientific supports for the comprehensive sediment management strategies like "block, discharge, regulate, release and dredge". For three decades on ends, the author of this book painstakingly devoted himself to the research of managing the Yellow River. From the fundamental characteristics of the hyperconcentrated flood, and the analysis on comparing the field data collected along the main stem and tributaries, he made an important conclusion that a narrow and deep channel is suitable for transporting hyperconcentrated flow. Furthermore, he proposed the necessity of developing the hyperconcentrated flood. With the research on the operation mode of Xiaolangdi Reservoir, he proposed "sediment should be regulated on a multi – year basis, and it should be released at the right time", and he proved the feasibility of creating hyperconcentrated flood by combined reservoir operations. With the research on regulations of meandering reaches in the lower Yellow River, he proposed the two – bank training strategy to stabilize the main channel, and he studied on constructing an efficient flood discharge and sediment transport channel.

This book focuses on illustrating the following four key topics:

(1) It introduces flood discharge/sediment transport characteristics and potentials of the narrow and deep channel. With the analysis on the mechanism and the condition of a phenomena called "the more sediment comes in, the more sediment will be transported", it also explains the dynamics and evolution rules of the hyperconcentrated flood, reasons for abrupt increase of flood peaks, friction characteristics of hyperconcentrated flow, influences of the change in sediment concentration and energy slope on sediment transport, erosion during

rising and deposition during falling of a flood event in an alluvial river, and reasons for the huge flood discharge and sediment transport capacity of narrow and deep channel.

(2) It illustrates the principles of variation in the meandering reaches, and conditions of the river pattern transformation, and it provides methods to regulate the meandering reaches.

(3) It explains the key technologies of flow and sediment regulation by reservoir, application rules and control conditions of multi – year sediment regulations, geotechnique properties of reservoir sediment, possibilities that the hyperconcentrated flood can be created during reservoir emptying, flow and sediment regulation by combined reservoir operations, results of the reduced sediment deposition after multi – year sediment regulations, and the amount of water required for sediment transport that can be saved.

(4) It explains the outstanding issues in harnessing meandering reaches, causes for the secondary suspended river, analysis on whether the production dykes should be demolished or not, comparisons of the pros and cons between various river training plans, and the necessities of two – bank training. It also provides theories and technologies of how to construct an efficient channel for flood discharge and sediment transport.

It can not be denied that some views and opinions in this book are still in debate at the theoretical and practical level of studying the Yellow River issues. However, it should also be noted that due to the complex nature of the Yellow River, there are unavoidable disagreements in understandings and management strategies. Actually, some essential debates are very beneficial. The sparkles inspired by collisions between different opinions usually reflect the deep insights of the truth. Just like the Yellow River, which accepts numerous tributaries and flows into the ocean, for harnessing this river, we should allow different opinions, gather their intelligence, take new steps continuously, and march toward the new era. The author of this book, Prof. Pu Qi, has pursued his career of studying the Yellow River for several decades. Reading between the lines, the reader can reveal his assiduous efforts in exploiting the principles of managing the Yellow River, and also the genuine knowledge and profound opinions. I sincerely believe with the publication of this book, great references will be provided for the research on natural principles of the Yellow River, and then to the future developments of management strategies.

Li Guoying
January 22, 2009

前　言

　　黄河是中华民族的摇篮，素以泥沙多而闻名世界。由于其中游地区严重的水土流失，大量泥沙随洪水下泄，在下游河道中发生严重淤积，从而形成地上悬河，造成历史上频繁的堤防决口，给黄河两岸人民带来深重灾难。

　　早在 1955 年，第一届全国人民代表大会第二次会议就通过了《关于根治黄河水害和开发黄河水利的综合规划的决议》，经过半个世纪的治理开发，已经取得举世瞩目的成就。但是，黄河泥沙问题没有根本解决，黄河下游诸如河槽淤积抬高、"二级悬河"、横河斜河、滩区淹没等一系列的问题仍然是很大的困扰，防洪形势仍然严峻，寻求根治黄河水害的战略成为当务之急。

　　泥沙淤积是造成黄河下游洪水危害的根本原因。新中国成立初期，曾以"节节蓄水、分段拦泥"的规划原则，对黄河做了全面规划。想把黄河洪水泥沙全部拦蓄在中上游，解除下游泥沙淤积与洪水威胁。初步实践表明，黄土高原的水土保持与多沙支流的治理减沙作用并不明显，三门峡水库被迫进行两次改建，改"蓄水拦沙"运用为"滞洪排沙"运用。著名治黄专家王化云在 1987 年出版的《我的治河实践》一书中总结治河经验时指出：过去总认为黄河治本只是上中游的事，上中游的问题解决了，下游的问题就好办了。从失误和挫折中，当时我已认识到，黄河治本不再只是上中游的事，而是上中下游整体的一项长期艰巨的任务，下游也有治本任务。他在该书的序言中还指出：调水调沙治河思想虽然处于发展过程中，已有实践经验也不完全，但我认为这种思想更科学，更符合黄河的实际情况，未来黄河的治理与开发，很可能由此而有所突破。

　　黄河干流上已有的大型水利枢纽达十几座，仅龙羊峡、刘家峡、三门峡、小浪底四库防洪库容就达 156.2 亿 m^3，在主要支流上也兴建了许多大型水库，如伊河陆浑、洛河故县水库，其防洪库容分别为 6.77 亿 m^3 和 6.98 亿 m^3。花园口千年一遇洪水洪峰流量由 42 300 m^3/s 下降为 22 500 m^3/s；百年一遇洪水的洪峰流量由 29 200 m^3/s 下降为 15 700 m^3/s；若发生 1958 年的 22 300 m^3/s 洪水，花园口站洪峰流量将下降为 9 620 m^3/s；自 1982 年发生 15 300 m^3/s 大洪水以来近 30 年来，花园口站洪峰流量没有超过 8 100 m^3/s，洪水已经得到有效控制。黄河下游河道滩区治理的关键问题是如何使河槽不淤高。

　　但由于龙羊峡、刘家峡水库的联合运用及工农业用水的增长，汛期进入下游的水量大幅度减少，洪峰流量的减小，洪水造床作用减弱，水少沙多的矛盾更加突出，使三门峡水库"蓄清排浑"的运用方式面临许多问题，其局限性表现得更为突出。黄河下游的防洪将会出现新局面、新任务。

　　以往常把黄河下游河道的严重淤积，笼统地归结为水少沙多。以黄河年沙量 16 亿 t、水量仅 500 多亿 m^3 来说，与世界其他大河相比，黄河的确是水少沙多。然而多沙河流是否一定形成坏河呢？其实不然。仅以黄河中游的主要支流渭河、北洛河为例，即可说明多沙河流并非一定形成强烈淤积的游荡性河流。

钱宁教授开创的高含沙水流研究表明,黄河高含沙水流之所以具有强大的输沙能力,是由于细颗粒的存在改变了流体的性质,使水流黏性大幅度增加,粗颗粒的沉速大幅度降低,使得很粗的泥沙在高含沙水流中输送也变得很容易。而河床对水流的阻力没有明显的改变,仍可用曼宁公式进行水力计算,在同样比降、水深的情况下,产生的流速不会减小。因此,利用黄河高含沙水流特性输送黄河泥沙,是十分经济理想的技术途径。

钱正英院士对高含沙水流的研究与其在治黄中的应用寄托厚望,她曾在多次讲话中强调这项工作的重要性,希望在黄河治理中得到应用。

早在1988年她就指出:在整治河道这个问题上,我感到近些年来对下游河道也有很大的突破。除利用淤临淤背加固堤防外,黄科所同志提出的利用窄深河槽输送高含沙水流,以及进一步调节中小流量减少淤积等问题,都值得进一步研究。因为这些问题如果能够得到突破,那么对于下游河道输沙所需要的水量,以及输沙的能力都可能有很大的改变。现在输沙所需要的水量,据我所看到的资料,是 $10 \sim 30 \text{ m}^3/\text{t}$,就是说,每输送 1 亿 t 泥沙入海,有些人认为需要30亿 m^3 水,有些人认为需要10亿 m^3 水。现在拟定的输沙水量是200亿~240亿 m^3,其中非汛期为80亿~100亿 m^3。对输沙用水和河道输沙能力的各种意见,应当给予重视,希望规划中能尽可能地提出评价性意见,并提出今后的努力方向。

1992年4月15日,在听取黄河水利委员会工作汇报时,钱正英指出:黄河不仅是全国最复杂的河流,大概也是全世界最复杂的河流。过去这些年来,能做到这个样子,那是靠几代黄河人的努力。今后恐怕还得本着这么一种精神,就是怎样把扎扎实实地做好当前的工作和求实创新的前期探索相结合。我个人的体会就是这样。因为黄河每年都有现实的防洪任务,所以一定要扎扎实实做好当前工作。但另一方面,如果是保证了当年的防汛工作,而没有求实创新的前期探索,那也不行。就是讲,要是光探索,没做好当前的工作那是不行的;但光有当前工作,没有前期探索也不行。所以,黄河的治理需要这两方面密切的结合。

她在1993年为《黄河高含沙水流运动规律及应用前景》一书作序时就指出:黄河是世界上泥沙最多、最难治理的一条大河,随着上游龙羊峡、刘家峡等大型水库的投入使用,汛期进入河道的水量大幅度减少,下游水少沙多的矛盾更加突出。黄河流经的西北、华北地区均严重干旱缺水,亟须得到更多的水资源补给。如何更充分地利用黄河有限的水源,最大限度地满足这一需求,是黄河开发治理中的一个重要问题。

本书对高含沙水流的物理流变特性、运动特性、输沙特性等方面进行了理论研究,并结合黄河实测资料研究了河道输沙规律,认为窄深河槽具有极强的输沙能力,若能利用河道输送高含沙水流入海,可减少河道淤积,大量节省输沙用水。这是一个值得探索的课题。

黄河高含沙水流研究,从20世纪50年代钱宁教授开创距今已有几十年的时间,研究内容逐渐从理论发展到治黄应用。当前,如何结合黄河已有和正在兴建的工程,进行更加合理的调水调沙,各方面都在开展积极的研究,希望水利界的新老同志团结协作,共同努力,争取在黄河高含沙水流理论与实践中,做出更大贡献。

黄河是世界上泥沙最多、最难治理的一条大河,也是有希望治好的一条河。经过我国几代人对黄河泥沙输移的研究和实践,认识上终于有了突破,即可以利用窄深河槽的具有极强的排洪输沙能力输沙入海。

对于21世纪黄河的治理思路,水利部提出"堤防不决口、河道不断流、水质不超标、河床不抬高"的宏观治理目标。其中最难的是河床不抬高。黄河水利委员会针对小浪底水库自1999年10月投入拦沙、调水造峰冲刷运用下游河道出现的新情况、新问题,提出"稳定主槽,调水调沙,宽河固堤,政策补偿"的下游河道治理方略。

在"拦、排、调、放、挖"中,调是核心、是关键。只有把泥沙调节到洪水期输送才能充分利用下游窄深河道"多来多排"的输沙规律多输沙入海;只有把水流的含沙量调节到较高时,泥沙输送才能节省用水。因此,在黄河下游构建一个与排沙流量相对应,流路顺直的窄槽,就能够形成高效的排洪输沙通道。通过对小浪底水库进行泥沙多年调节,利用下游的窄深河槽的排洪输沙能力,就能够控制主槽的淤积,做到河床不抬高。

小浪底水库是黄河进入下游前最后一座具有较大调节能力的峡谷型水库,在投入运用后,将给黄河下游的防洪减淤和两岸供水条件的改善创造十分有利的条件。因此,如何利用其本身的有利条件,进行更加合理的调水调沙,改造宽浅游荡河道为高滩深槽,充分利用下游河道可能达到的输沙能力输沙入海,节省输沙用水,对黄河中下游的治理,具有十分重要的战略意义。衡量小浪底水库调水调沙运用方式优劣的标准有两条,一是有多少泥沙能够调节到洪水期输送,二是有多少水量通过水库的调节得到利用。

在对黄河窄深河道泄洪输沙规律认识的基础上,提出了游荡性河道整治的发展方向。稳定主槽形成窄深河槽才能保证防洪的安全;形成窄深河槽才能提高河道的输沙能力,充分利用下游河道在洪水期的输沙潜力多输沙入海。由此可见,形成有一定过洪能力的窄深河槽是游荡性河道治理主攻目标。主槽过流能力增大,洪水漫滩机会减少,才能使黄河滩区人们与自然和谐相处,滩区189万群众得到解放,23.93 hm^{2}耕地得到充分利用,这是以人为本、科学发展观对现今黄河下游河道治理的客观要求。只有把游荡性河道改造成窄深、规顺、稳定的高效排洪输沙通道,才有可能达到河床不抬高的目标。水资源短缺、"二级悬河"及滩区、河口泥沙等诸多问题便可得到妥善解决,即将在我们面前展现的会是一个高滩深槽的前景,黄河下游河床不抬高的战略目标一定能够实现。

小浪底水库自1999年10月投入拦沙、调水造峰冲刷、调节中小流量,减少艾山以下河道淤积的运用,使黄河下游河道冲刷量已达13亿m^3,高村以上和艾山以下河道均发生明显的冲刷,花园口至夹河滩河段2 000 m^3/s同流量水位已下降1.8 m,艾山以下河段也下降1 m。高村站的平滩流量已达5 300 m^3/s以上,加上生产堤的挡水作用,可以使今后一般洪水不上滩。但夹河滩以上河段河槽仍很宽浅,河槽宽度平均在2 000~3 000 m以上,亟须进行双岸整治。

在小浪底水库淤满调沙库容以后,进行泥沙多年调节,相机利用洪水排沙,把绝大部分泥沙调节到洪水时输送,是可以控制主槽不抬高,甚至下切的。因为每当发生高含沙量洪水时,主河槽都是冲的,洪水存在"涨冲落淤"的输沙特性。小浪底水库初期运用下泄清水与淤满调沙库容以后进行泥沙多年调节,相机利用洪水排沙,这两者组合起来,有可能使下游河床不抬高。

传统观点认为,河口淤积延伸是造成下游河道淤积抬高的主要原因,只有减少泥沙来源才有出路。来水来沙条件的优化对河口河段冲淤的影响,大于对河口泥沙堆积延伸的上游河道影响。充分利用洪水期的输沙潜力多输沙入海,增大了洪水的造床和输沙能力,对上游河道产生影响,可以通过河宽的变化,达到新的输沙平衡。

洪水输沙在河口地区将产生异重流,能使泥沙在大范围内沉积,利用海岸沿线的海洋动力将泥沙输向外海,使河口流路不再延伸,则河口对上游河道的不利影响就会消除。

李泽刚提出建立河口分洪分沙枢纽,充分利用黄河河口海域的海洋动力条件,海域的容沙能力和今后有利的来水来沙条件,使河口海岸淤积延伸对黄河下游河道的影响最小,为黄河下游河床不抬高创造条件。

本书的出版明确了黄河下游河道治理的关键所在,将会推动根治黄河下游水害、开发黄河水利的进程。作者提出的泥沙多年调节和下游高效泄洪输沙通道建设问题,河口的治理措施若能得到实施,黄河下游河道治本将得以完成后,黄河下游的洪水灾害由史不绝书,变为史不再书,永庆安澜。

在这几十年的研究中,得到了水利部、黄河水利委员会有关领导的大力支持,得到了水利界著名水利专家的关注、支持和帮助。在此我们衷心感谢钱正英、杨振怀、汪恕诚、陈雷、严克强、矫勇、胡四一、高安泽、戴定忠、李春敏、董哲仁及潘家铮、林秉南、刘善建、曾肇京、王寿昌等领导与专家的关心与支持,也十分感谢黄河水利委员会主任李国英、总工程师薛松贵及亢崇仁、陈效国、陈先德、席家治、高航、于强生等的支持与关怀,还十分感念黄秉维、吴致尧、窦国仁、严恺、徐乾清、陈清廉等专家生前的支持与帮助。没有他们的大力支持,不会取得今天的成果。

对于黄河治理的认识,目前不能统一,其主要原因是传统治黄者不愿看到黄河河道存在的巨大输沙潜力,这在后记中分析论述。

本书由齐璞执笔。彭红参加了河道整治资料分析工作。

作者
2010 年 11 月

Foreword

The Yellow River is the cradle of Chinese nationalities, and it is famous for its abundant sediment in the world. Due to the severe soil losses from the middle reach, a great amount of sediment is washed away by flood, and deposits in the channel of the lower reach. This process has resulted in "suspended river" and frequent levee breaches, which brought grave disasters to people living in this region.

As early as in 1955, a comprehensive plan on Controlling the Flood and Developing the Water Resources of the Yellow River was passed in the 2nd Session of the First National People's Congress. After half century's research and engineering development, great achievements attracting worldwide attentions have been made. However, sediment problems of Yellow River have not been completely resolved. In the lower Yellow River, issues such as aggraded river bed due to siltation, secondary suspended river, transversal/diagonal river and floodplain inundation are still great threats. Flood protection remains a concern with potentially severe consequences. Seeking a strategy that can radically eliminate flood hazards becomes a high priority task.

Siltation is the main reason for flood hazard in the lower Yellow River. In the early days of the foundation of P. R. China, based on the planning principles of "store water and trap sediment by reaches", a comprehensive plan on the Yellow River was proposed. This goal was trying to keep all the sediment in the upper and middle reaches, which could thus alleviate the sediment deposition and flood threats in the lower reach. As the preliminary results in reality showed, the effect of Water and Soil Conservation Project of Losses Plateau and management of sediment-laden tributaries to reduce sediment was not so obvious. Sanmenxia Reservoir was forced to be twice, and its function was altered from "store water and trap sediment" to "detent flood and release sediment". In the book published in 1987 entitled "My River Management Practices", the famous river training expert Mr. Huayun Wang pointed out during his conclusions of the experiences gained on managing the Yellow River, "In the past, it was always thought that managing the Yellow River should focus on issues related with the upper and middle reaches. Once those issues are resolved, so are the issues related with lower reach. From the failures and frustrations, I have learned that to manage the Yellow River, we should not solely focus on upper and middle reaches, but rather on all reaches as a long and painstaking task, also on the lower reach". In the preface of this book, he also pointed out "The thinking of water and sediment regulation is still in the developing stage, and the experiences gained are not completed yet. But in my opinion, this approach is more scientific, and meets the realistic situation better. In the future development, great breakthroughs can be achieved from this aspect.

There are more than 10 major water conservancy projects on the main stem of the Yellow River. The total flood control capacity of Longyangxia Reservoir, Liujiaxia Reservoir, Sanmenxia Reservoir and Xiaolangdi Reservoir reach 15. 62 billion m^3. On the major tributaries, there are also many big reservoirs, such as Luhun Reservoir on Yihe River, and Guxian Reservoir on Luohe River, with flood control capacity of 0. 677 billion m^3 and 0. 698 billion m^3, respectively. Once in 1,000 year flood at Huayuankou Hydrologic Station has reduced the peak discharges from 42,300 m^3/s to 22,500 m^3/s. Once in 100 year flood has reduced from 29,200 m^3/s to 15,700 m^3/s. If the 1958 flood of 22,300 m^3/s happened today, the peak discharge would be reduced to 9,620 m^3/s. After the 1982 flood of 15,300 m^3/s, for almost 30 years, peak discharges at Huayuankou have never exceeded 8,100 m^3/s, which means the flood is under fully control. The key issue of managing the floodplains of the lower Yellow River is how to achieve the non – aggregation of the river bed.

Due to the combined operations of Longyangxia Reservoir and Liujiaxia Reservoir, and the increased industrial and agricultural water demand, the amount of water flowing into the lower Yellow River have been reduced significantly. The peak discharges have also been reduced, which results in the weakened bed – shaping function of a flood, and the conflicts between less water and more sediment is more and more severe. The planned function of Sanmenxia Reservoir, "store clear water and release muddy water" now faces more and more challenges, and the limitations is more and more obvious. There are new situations and tasks emerging for the flood protection of the lower Yellow River.

In the past, people always concluded the main reason for the severe depositions on the lower Yellow River as "less water and more sediment" in general. Compared with other major rivers in the world, the average annual sediment of 1. 6 billion t with the discharge of only 50 billion m^3 should really be called "less water and more sediment". However, does a heavily sediment – laden river always lead to a "bad" river? The answer is "no". As an example of the major tributaries like Weihe River and Beiluohe River in the middle Yellow River reach, sediment – laden rivers do not necessarily lead to a severely deposited meandering river.

As the research on hyperconcentrated flow initialized by Prof Ning Qian demonstrates, the reason for the huge sediment carrying capacities by hyperconcentrated flow is due to the existence of fine particles which change the characteristics of the fluid. With the dramatic increase of the flow viscosity, and the decrease of fall velocity for coarse particles, even the coarse particles are easier to be transported in the hyperconcentrated flow. The resistance of the river bed to flow does not increase accordingly, which can still be calculated by Manning's equation. Under the conditions of same slope and water depth as the clear water flow, the velocity of hyperconcentrated flow will not be decreased. Therefore, sediment transport by using the characteristics of hyperconcentrated flow in Yellow River is really an economic and ideal technical measure.

Prof. Zhengying Qian, member of the Chinese Academy of Engineering, has paid great expectations on the research of the hyperconcentrated flow and its application on the Yellow River. She has emphasized the importance of related research many times during her speeches, and wished its applications on managing the Yellow River.

As early as in 1988, she pointed out, "Concerning the river training issues, I feel that there is a great breakthrough in understanding the lower Yellow River channel. Besides the levees can be strengthened by siltation inside and outside of the banks, researchers from the Yellow River Institute of Hydraulic Research proposed sediment transport by using hyperconcentrated flow and management of medium and small discharges to reduce siltation, which deserves in – depth studies and analysis. If there is a breakthrough in research, the amount of water needed for sediment transport, and the sediment carrying capacity of the channel will likely to change dramatically. The amount of water needed for sediment transport, from some reference I have read, ranges from 10 m^3/t to 30 m^3/t. That means, for transporting every 100 million t of sediment to sea, some people think 3 billion m^3 of water is needed, while some other people think only 1 billion m^3 is needed. Now the planned water quantity for sediment transport is 20 ~ 24 billion m^3, and 8 ~ 10 billion m^3 during non – flood season. We should really pay attention to different opinions about water needed for sediment transport, and the sediment carrying capacity of the channel. I hope in the future plan, there are evaluative comments about those opinions, and the future work direction should be proposed. "

On April 15, 1992, during the working conference with the Yellow River Conservancy Commission, she pointed out "Yellow River is the most challenging river to manage in China, possibly even in the world. During the past years we achieved great accomplishments with the efforts from generations of researchers and engineers. For future plans, we need to keep up the good spirits, and try to combine the diligent work on current issues with early explorations based on reality and innovative thinking. That is from my personal experience. Since every year there is realistic flood protection task, we need to accomplish this task first with great performances. However, only finishing the flood protection task, but no future explorations based on reality and innovative thinking, is not enough. That is to say, both tasks are important to us, and we need to combine them closely to manage the Yellow River.

In 1993, when she wrote the preface for the book entitled "The Dynamic Principles of Hyperconcentrated Flow in the Yellow River and Its Applications", she pointed out "The Yellow River is the most sediment – laden river in the world, and it is the most difficult river to manage. With the construction of big reservoirs like Longyangxia Reservoir and Liujiaxia Reservoir in the upper river, the amount of water flowing into the main stem has been reduced significantly. The conflicts between less water and more sediment become more and more prominent. The Yellow River flows through the most arid region like Northwest China and North

China, which needs urgent compensation by more water sources. How to make full use of the limited water resources of the river, and try to furthest satisfy water demands, becomes the most important issue in developing and managing the Yellow River.

This book emphasizes on illustrating the fundamental research on the rheological properties, dynamics and sediment transport characteristics of the hyperconcentrated flow. Based on the field surveyed data, the principle of sediment transport theory was studied, and the conclusion was the narrow and deep channel has significant sediment transport capacity. Make full use of the channel to transport sediment to sea, reduce the deposition on the river bed, save water needed for sediment transport, could be a very worthy research topic to be explored.

Initialized by Prof. Ning Qian in the 1950's, it has been several decades for the basic research on hyperconcentrated flow in the Yellow River. The research topics gradually evolve from pure theories to engineering practices. Active researches are now focusing on how to regulate the water and sediment more scientifically with the current and future projects on the Yellow River. I hope both the old and young colleagues in the water resources engineering field can cooperate to achieve greater accomplishments in developing the theories and practices of hyperconcentrated flow.

The Yellow River is the most sediment – laden river in the world, and it is perhaps the most difficult river to be managed. However it is also a promising river to be harnessed. After several generations' research and engineering practice in our country, there is a major breakthrough in the knowledge and understanding on sediment transport of the Yellow River, i. e. use the high discharging capacity of flood and sediment in narrow and deep channel to transport sediment to sea.

Ministry of Water Resources proposed the overall management objectives for the Yellow River in 21st century, "no embankment breaching, no river course running dry, no pollution over standard, and no river bed rising". The most difficult objective is to achieve "no river bed rising". For the new situations emerged since October, 1999, after the Xiaolangdi Reservoir began operations for trapping sediment and creating flood to scour downstream channel, the Yellow River Conservancy Commission also proposed detailed technical measures for managing the downstream channel, "stabilize the main channel, regulate the water and sediment, widen the river and strengthen the levees, and compensate the flood inundation".

Among the five major sediment managing measures, "trap, discharge, regulate, release and dredge", "regulate" is the most important component. Only when the sediment is regulated to be transported during flood season, the transport characteristics of the narrow and deep channel called "more sediment coming in, and more sediment will be transported" can be fully used to transport more sediment to sea. Only when the sediment concentration in the flow is regulated to a certain high level, the water required for sediment transport can be reduced.

As a conclusion, constructing a straight narrow channel with certain sediment discharge capacities can form an efficient flood discharge and sediment transport corridor in lower Yellow River. By using the multi – year sediment regulation operation of Xiaolangdi Reservoir and sediment discharge capacity of the narrow and deep channel, the deposition on the main channel can be controlled, and the non – aggradations of the river bed in the lower Yellow River can be achieved.

Located just upstream of the lower reach of the Yellow River, Xiaolangdi Reservoir is the last big valley – type reservoir with large regulation capacity. After its operation, better conditions can be provided for improving the flood protection, silt reduction and water supply for residents living in the vicinity. Thus, how to make full use of its advantages to regulate water and sediment more wisely, transform the channel shape from shallow and wide to narrow and deep, make full use of the sediment carrying capacities of the channel, and save the water needed for sediment transport, have great strategic significance for managing the middle and lower reaches of the Yellow River. There are two major criteria to judge the pros and cons of the water and sediment regulation rules of a reservoir:① how much sediment can be regulated to be transported during flood season; ②how much water can be utilized through the reservoir regulation.

Based on the understanding of the flood discharge and sediment transport principles of the narrow and deep channel of the Yellow River, this book proposes the future direction of managing the meandering reaches. Stabilizing the main channel and developing a narrow channel can secure the flood protection, and the sediment transport capacity of the channel can thus be increased. As a result, the sediment transport capacity during flood season can be fully used to transport more sediment to sea. From this perspective, developing a narrow and deep channel with certain flood discharge and sediment transport capacities should be the major objectives for managing the meandering reaches. The increased of flow capacity of the main channel will reduce the opportunity of overtopping flood on the floodplain, which will develop a harmony relationship between the people living in the floodplain with the nature. The 1. 8 million people living in the floodplain can be totally free of worries, and 23. 93 million hm² of farmland can be fully used. From the people – oriented, scientific development point of view, the management method introduced in this book is the objective requirement for managing the lower Yellow River. Only when the channel is regulated to narrow, deep, straight, smooth and stable with high efficient flood and sediment discharge capacity, the objectives of the non – aggregation of the river bed can be achieved. The problems of water resources shortage, secondary suspended river and its floodplain, sediment of the bayou, etc. Can thus be resolved properly. What will appear in front of us is a deep channel with floodplain at high elevation. The strategic objectives of non channel bed rising can then be accomplished.

Since October, 1999, the Xiaolangdi Reservoir began operations for trapping sediment, creating flood to scour downstream channel, and regulating medium and small discharges to reduce the siltation in the channel downstream of Aishan. The total amount of scoured sediment in the downstream channel has reached 1. 3 billion m^3. Channels upstream of Gaocun and downstream of Aishan have all been scoured. Between Huayuankou and Jiahetan, for the discharge around 2,000 m^3/s, the water depth reduced about 1. 8 m. This value also reduced 1 m in the channel downstream of Aishan. Bankfull discharge at Gaocun station has reached 5,300 m^3/s or more. With the effect from the production dykes, average flood will not overtop the levee. But the reach upstream of Jiahetan is still shallow and wide, with an average width of 2,000 m to 3,000 m, which needs two – bank regulation urgently.

After the sand fills the sediment – regulation volume of Xiaolangdi Reservoir, regulate the sediment on a multi – year basis, release the sediment at the right moment, transport most sediment during flood season, can all contribute to the non – rising of the river bed, or even scoured river bed. Since every time when hyperconcentrated flood occurs, the main channel is always scoured, and the sediment transport characteristics can be described as "scour during the rising of flood and deposition during the falling of the flood". Release clear water from Xiaolangdi Reservoir at the initial stage, regulate sediment on a multi – year basis after the sediment fills the sediment – regulation volume, release the sediment at the right moment, can be successfully combined to achieve the non – aggradations of the river bed.

The traditional opinions think the extended siltation at the bayou is the main reason for aggradations of the channel in the lower reach. The only solution is to reduce sediment source. The impact of optimal incoming flow and sediment condition on scour and deposition in the channel of the bayou has greater effect than that of sediment deposition and extension in the bayou on the upstream channel. The sediment transport potential could be fully utilized to transport more sediment to sea during flood season, and bed – shaping function of flood and sediment transport capacity can also be increased. The impact on the upstream channel can be adjusted by varying the river width to reach the new equilibrium of sediment transport.

Sediment transport by flood will create density current at bayou, and the sediment will be deposited in a larger area. By using the wave dynamics from the ocean along the coast line, sediment can be transport to open sea. The flow path in bayou will not extend any more, and the negative impact on channels in the upper reach can be mitigated.

Proposed by Mr. Zegang Li, a flood and sediment diversion project at bayou should be constructed. By making full use of the wave dynamics of the ocean and storage capacity of the sediment in the sea area, and the better incoming flow and sediment condition henceforth, impact of the extended siltation at the bayou on the channel of the lower reach can be minimized, and non – aggradations of the river bed will be achieved.

The publication of this book clarifies the critical issues of managing the channel of the lower reach, and it will continue to contribute to the process of eliminating the flood – hazard and developing the water resources. With the implementation of bayou management and regulations of the lower reach channel, multi – year sediment regulations and constructing the high efficient sediment transport corridor is proposed by the author of this book. The flood hazard will not occur again in the future as it was in history, and people will enjoy the peaceful life forever.

The main reason that the understandings of managing the Yellow River can not be reconciled at present is that traditional river managers do not want to recognize the flood discharge and sediment transport potentials of the lower Yellow River channel. Everyone says "less water with more sediment" is the crucial issue of this river. But if we do admit the findings in this book, the major management issues of the Yellow River will change. The understandings of this river and the regulation strategies will also have significant modifications. The process of how I researched the Yellow River will be introduced in the postscript of this book.

目 录

第 4 篇 高效泄洪输沙通道构建

Contents

Part Two　Evolutions of the Wandering Channels in the Lower Yellow River and the Training Strategies

Part Four   Constructing a High Efficient Flood Discharge and Sediment Transport Channel

第1篇　黄河下游河道排洪输沙机理、能力与潜力

第1章　黄河下游防洪的主要问题

三门峡水库1974年投入"蓄清排浑"运用,把非汛期的小水挟带的泥沙调节到汛期排放,减少了下游河槽的淤积,极为宽浅的河槽断面形态正在向有利的方向发展,河流的游荡性有所减弱。

但随着清水资源的优先开发,龙羊峡、刘家峡(以下简称龙刘)两座大型水库的投入运用,以及上中游地区工农业用水量的增长,使得汛期进入下游的水量大幅度减小,含沙量增加,洪峰流量减小,洪水的造床作用减弱,河槽严重淤积并萎缩,平滩流量减小,"二级悬河"进一步发展,几乎年年出现长时间断流,并出现"小水大灾",防洪和水资源利用问题更加突出。三门峡水库"蓄清排浑"运用方式面临新的困难,即汛期流量减小,难以冲刷走非汛期的淤积物,从而维持库区冲淤平衡,且小水排沙也会增加下游河槽淤积,对防洪十分不利。在新的水沙条件下,小浪底水库如何合理地运用,是众所关心的问题。

小浪底工程,是黄河进入平原前的最后一座峡谷型水库,具有较强的调节能力,不管黄河上中游水沙如何变化,都要经过小浪底水库的调节进入下游河道。因此,小浪底水库的调水调沙作用是其他水利工程无法替代的。应充分发挥水库调水调沙作用,充分利用下游河道在洪水期的输沙潜力输沙入海,改变进入下游的水沙条件,塑造有利于输沙的新河槽,为下游河道治理做出应有的贡献。

钱正英同志在总结中国水利经验[1]、论述可持续发展时,对江河治理做出如下的提示:"过去着重控制洪水和泥沙的来源,对于在来水来沙改变后,下游河道可能发生的变化,注意和研究不够。未能更自觉地将河流上下游作为整体来研究水沙资源的合理利用及河流生态环境的合理规划。"目前黄河中下游出现的问题,就是由于上游大型水库投入运用后所带来的,因此我们要总结经验,从河流学观点出发,研究水库调水调沙产生有利水沙组合,塑造新河槽,维持河流的生机。

1.1　黄河水沙条件的变化

近年来黄河水沙条件发生了较大的变化,其主要原因是控制黄河总水量近58%的龙

刘两座大型水库的联合运用。龙羊峡水库 1986 年 10 月投入运用,调节库容 193.6 亿 m^3,刘家峡水库 1968 年投入运用,调节库容 41.5 亿 m^3,共计 235.1 亿 m^3,形成对上游水量的多年调节,使得水量在年内、年际间分配都发生较大变化。表 1-1 给出龙羊峡水库投入运用以来进入黄河下游水沙条件的变化。

1.1.1 年际和年内水量变化

汛期水量和丰水年水量大幅度减少,非汛期的水量有所增加。其中汛期水量由 1919 ~ 1985 年长系列 278 亿 m^3 减至 1985 ~ 1996 年的 140 亿 m^3,占年水量的比例也由 60% 减至 47%。汛期水量减少最多者可达 100 亿 m^3,如 1988 年、1991 年的汛期;造成丰水出现机会和年水量减少,如 1989 年汛期实测水量 199 亿 m^3,若无龙刘水库的调节,汛期水量近 300 亿 m^3。小浪底水库 2000 年投入运用后,龙刘水库在 2005 年汛期蓄水量达 121.51 亿 m^3,创历史最大值。

1.1.2 年沙量向两极分化方向发展

由表 1-1 给出的年沙量变化情况可知,由于黄河上、中游黄土高原的治理及降雨量偏少,1986 ~ 2006 年年均沙量仅 6 亿 t,较长系列 1950 ~ 1985 年年均 13.5 亿 t 减少 7.5 亿 t,约为 38%。但年际间的减沙幅度不同,枯水枯沙年减沙幅度较大,丰水丰沙年减沙幅度小。11 年中年沙量大于 12 亿 t 的出现 2 年,实测最大年沙量仍达 15.37 亿 t(1988 年),年沙量小于 8 亿 t 出现 5 年,最小年沙量仅 2.83 亿 t(1987 年)。丰沙年汛期沙量占全年沙量的 99%,如 1988 年、1993 年。年际间沙量的变化朝两级分化方向发展。

1.1.3 中小洪水出现机会增多

图 1-1 给出 1950 ~ 1986 年和 1987 ~ 1996 年汛期平均情况,各级流量出现的天数,龙刘水库投入运用以前,洪峰流量大,经常出现 3 000 ~ 5 000 m^3/s 的洪水,2 000 ~ 3 000 m^3/s 出现的天数最多,年均达 30 d。而近年来大于 3 000 m^3/s 洪水出现天数明显减少,

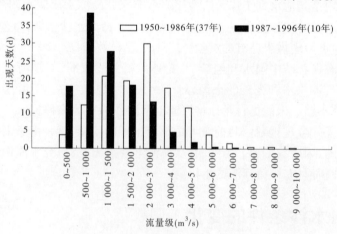

图 1-1 各级流量出现的天数变化

表 1-1　黄河下游 1986～2006 年来水沙量和龙刘两座大型水库蓄泄水量

年份	三门峡站水量(亿 m³)				三门峡站沙量(亿 t)				含沙量(kg/m³)			三门峡洪峰流量(m³/s)	龙刘两库蓄(+)、泄(-)水量(亿 m³)		
	年	非汛期	汛期	汛期/年(%)	年	非汛期	汛期	汛期/年(%)	年	非汛期	汛期		年	非汛期	汛期
1985～1986	296	167	129	44	4.12	0.40	3.72	90	13.9	2.4	28.8	4 260	50.27	-8.5	58.77
1986～1987	200	121	79	40	2.83	0.17	2.66	94	14.1	1.4	33.7	4 820	65.08	29.4	35.68
1987～1988	311	126	185	60	15.37	0.07	15.30	100	49.4	0.6	82.5	5 680	92.75	-6.44	99.19
1988～1989	369	170	199	54	8.02	0.49	7.53	94	21.7	2.9	37.8	5 860	-36.23	-55.3	19.07
1989～1990	341	207	134	39	7.23	0.56	6.67	92	21.2	2.7	49.9	3 970	-35.56	-51.5	15.94
1990～1991	239	181	58	24	4.86	2.37	2.49	51	20.4	13.1	42.9	3 050	64.4	-36.6	101
1991～1992	245	117	128	52	11.06	0.46	10.60	96	45.2	4.0	82.9	4 620	30.86	-23.6	54.46
1992～1993	295	157	138	47	6.08	0.45	5.63	93	20.6	2.9	40.9	4 020	-38.46	-44	5.54
1993～1994	277	145	132	47	12.29	0.16	12.13	99	44.4	1.1	92.2	5 740	-32.2	-73.6	41.4
1994～1995	247	134	113	46	8.22	0	8.22	100	33.2	0	72.6	3 690	2.96	-18.2	21.16
1995～1996	238	121	117	49	11.14	0.14	11.00	99	47.0	1.2	94.2	5 100	-0.74	-27.68	26.94
1996～1997	147	96	51	35	4.28	0.03	4.25	99	29.3	0.4	84.2	4 140	45.40	-28.30	73.70
1997～1998	174	94	80	46	5.73	0.26	5.47	95	32.9	2.8	68.6	5 170	41.80	-37.00	78.80
1998～1999	192	105	87	45	4.98	0.07	4.91	99	26.0	0.7	56.3	3 030	-43.40	-38.10	-5.30
1999～2000	166	99	67	40	3.57	0.23	3.34	93	21.4	2.4	49.6	2 840	-19.80	-46.60	26.80
2000～2001	135	81	54	40	2.94	0	2.94	100	21.8	0	54.6	2 890	-46.54	-37.49	-9.05
2001～2002	158	108	50	32	4.47	0.98	3.49	78	28.2	9.1	69.3	4 470	59.23	-29.73	88.96
2002～2003	217	70	147	68	7.76	0.005	7.755	100	35.8	0.1	52.8	4 500	9.57	-43.33	52.90
2003～2004	180	113	67	37	2.72	0	2.72	100	15.1	0	40.9	5 130	88.54	-32.97	121.51
2004～2005	208	103	105	50	4.08	0.46	3.62	89	19.6	4.4	34.6	4 430	-44.56	-64.89	20.33
2005～2006	209	127	82	39	2.32	0.22	2.10	91	11.1	1.7	25.6	4 860			
1986～2006 年平均	231	126	105	45	6.38	0.36	6.02	94	28	3	58				
1919～1985 年平均	466	188	278	60	15.60	2.10	13.50	87	34	11	49				
1950～1985 年平均	412	175	237	58	13.50	1.9	11.60	86	33	11	49				

年均只有 5 d,500～1 000 m³/s 洪水出现的天数最多,年均达 36 d。流量的变化使得各级流量挟带沙量所占的比例发生明显变化。

1.1.4 水沙搭配的变化

表 1-1 给出的三门峡站最大洪峰流量均小于 6 000 m³/s,最小洪峰流量仅 2 840 m³/s,经小浪底、故县、陆浑等水库调节,进入黄河下游的洪峰流量很难超过 10 000 m³/s,黄河下游的防洪将会出现新局面,面临新任务。

由图 1-2 可见,1987～1996 年和 1950～1986 年平均情况相比,流量小于 2 000 m³/s 挟带沙量明显增加,流量大于 2 000 m³/s 挟带沙量明显减少。其中减少最多的是 3 000～5 000 m³/s 这级流量挟带的沙量。因此,黄河下游近年来出现了小水挟带大沙,中小流量高含沙洪水出现机会增加,洪水造床和输沙作用减弱,近 30 年来花园口站的最大洪峰流量仅 8 100 m³/s。

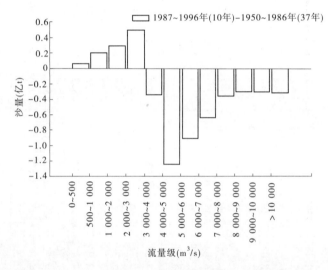

图 1-2　1950～1986 年与 1987～1996 年平均情况各级流量挟带沙量的变化

1.1.5 黄河洪水发生的机会大幅度减少的趋势不可逆转

黄河的泥沙随中游洪水而来,输沙入海也要利用洪水。因此,研究黄河洪水的变化及发展趋势对黄河的治理十分重要。华北地区的河流相继都变成干河,偶尔才有洪水下泄,黄河流域也属干旱、半干旱地区,水库大量兴建,水土保持与灌溉及农业的发展,引起下垫面汇流条件的巨大变化,已使黄河实测洪水大幅度减小。

据熊贵枢、丁六一等 1994 年统计,黄河干支流上已有的大中小型水利枢纽达 600 余座[2],总库容达 700 亿 m³。仅龙羊峡、刘家峡、三门峡、小浪底四库防洪库容就达 156.2 亿 m³(相当于黄河千年一遇洪水 12 d 的总量)。在主要支流上也兴建许多大型水库,如伊河陆浑、洛河故县水库,防洪库容分别为 6.77 亿 m³ 和 6.98 亿 m³。千年一遇洪水花园口站洪峰流量由 42 300 m³/s 降为 22 500 m³/s;百年一遇洪水的洪峰流量由 29 200 m³/s 降为 15 700 m³/s;若发生 1958 年的 22 300 m³/s 洪水,花园口站洪峰流量将降为 9 620

m^3/s。自 1982 年发生 15 300 m^3/s 大洪水以来,近 30 年来花园口站洪峰流量没有大于 8 100 m^3/s,洪水已经得到有效控制,大洪水发生的机会大幅度减少。如花园口站 1950~2008 年历年实测最大洪峰流量变化过程(见图 1-3),近十几年花园口站没有发生最大流量大于 5 000 m^3/s 的洪水。

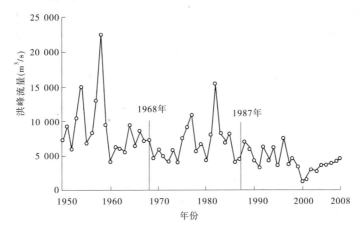

图 1-3　花园口站历年实测最大洪峰流量变化过程

黄河兰州站的径流量占黄河总水量的 58%,龙刘等水库的联合运用及工农业用水的增长,使汛期进入下游的水量大幅度减少。洪峰流量减小,洪水造床作用减弱,水少沙多的矛盾更加突出。水库的防洪运用,削峰淤沙作用已代替天然洪水漫滩后滞洪、滞沙作用,洪水漫滩机会也会大量减少。

1.2　黄河下游防洪的主要问题

1.2.1　河槽严重淤积、平滩流量减小、出现小水大灾

1986 年以来,黄河下游河槽发生严重淤积[3],1986~1999 年,全断面年均淤积量为 3.12 亿 t,其中河槽淤积 2.33 亿 t,占全断面年均淤积量的 74.7%,十几年间下游河槽淤高 1.3~2.93 m,详见表 1-2。

表 1-2　1986~1999 年(运用年)黄河下游河道河槽淤积量及淤积厚度

项目	花园口以上	花园口—夹河滩	夹河滩—高村	高村—孙口	孙口—艾山	艾山—泺口	泺口—利津
淤积量(亿 m^3)	2.72	4.81	3.23	1.81	0.98	1.53	1.56
淤积厚度(m)	1.76	1.92	2.93	1.30	2.04	2.00	1.69

主槽的严重淤积造成洪水位升高,连年出现历史最高洪水位。表 1-3 给出近年来花园口站典型洪水位变化情况。从表中给出的最高洪水位与平滩流量的对应关系可以看出,洪水位最高,平滩流量最小,二者同时发生,如发生历史最高洪水位的 1973 年、1992

年、1996年相应汛前的平滩流量均很小。造成洪水位偏高的主要原因是前期河床条件,当前期连续几年枯水,河槽连年淤积,或汛初小水大沙均会造成前期河床集中淤积,使水位大幅度抬升,在本年汛期出现历史最高洪水位。

由表1-3给出历年汛初3 000 m³/s和1 000 m³/s的水位数据可以看出,在出现历史最高洪水位的年份,汛初3 000 m³/s和1 000 m³/s的水位均表现最高,如1973年、1992年、1996年。其中1969~1973年为枯水系列,花园口站3 000 m³/s水位累计抬升0.93 m。龙羊峡水库投入运用后,汛期水量大幅度减少,1986~1996年也是枯水系列,其中1986~1992年3 000 m³/s水位抬升1.0 m,到1996年汛前抬高1.35 m。由此可见,造成最高洪水位的主要原因是前期连续枯水引起河床连续淤高。主槽的严重淤积,使得平滩流量减小,一旦洪水漫滩将造成小水大灾。表1-4给出近20年下游河道平滩流量的变化情况[3]。

表1-3　花园口站近年典型洪水位与平滩流量变化情况

年-月-日	1973-08-30	1976-08-27	1977-07-09	1977-08-08	1982-08-02	1992-08-16	1996-08-05
流量(m³/s)	5 020	9 210	8 100	10 800	15 300	6 260	7 860
水位(m)	94.18	93.22	92.90	93.19	93.99	94.33	94.73
含沙量(kg/m³)	450	53	546	809	47.3	534	126
历史最高否	最高					最高	最高
汛初水位(m) 3 000 m³/s	92.89	92.42	92.36		92.76	93.40	93.75
1 000 m³/s	92.12	91.75	91.83		92.10	92.65	93.00
平滩流量(m³/s)	3 500	5 500	6 000	6 000	6 000	4 000	3 500

表1-4　黄河下游河道近20年平滩流量变化情况　　　　　　(单位:m³/s)

年份	花园口	夹河滩	高村	孙口	艾山	利津
1985	6 800	7 000	6 900	6 500	6 700	6 000
1997	3 900	3 800	3 000	3 100	3 100	3 400
2000	3 700	3 300	2 500	2 500	3 000	3 100
2006	5 700	5 200	4 500	3 500	3 7000	4 000

1996年8月花园口站发生洪峰流量7 860 m³/s,最大含沙量126 kg/m³,花园口站水位达94.73 m,洪水大漫滩,使高滩上水,并顺堤行洪,造成走一路淹一路,极不合理的洪水演进过程,致使300多万亩(1亩 = 1/15 hm²,下同)滩地受淹,受灾人口达100多万人[4],比1958年发生的流量22 300 m³/s特大洪水所造成的淹没损失还大。造成小水大灾的主要原因是"二级悬河"的普遍存在与河槽的过流能力小。产生"二级悬河"的主要原因是在游荡性河道不利的来水来沙条件没有得到根本改变之前,在游荡性河道上进行河势控导的结果。

游荡性河流以小水挟沙过多而造成河槽严重淤积著称。在小水挟沙过多没有得到控制之前,单纯地采取工程措施控导主流,对当时的防洪虽起到积极的作用,但因主流的摆动范围得到控制,小水淤积的范围也随之固定,经常走水的主槽不断淤高而不能摆动,改变了天然游荡性河道通过主流摆动平衡滩槽差的演变规律。生产堤的破除,虽然洪水上滩后增加了滩地的淤积,但滩地面积大,大漫滩机会少,且在滩面形成滩唇和1/2 000 横比降,主槽的抬升速度仍大于滩区,久而久之形成目前的"二级悬河"。

随着黄河流域的治理与开发和近年来降雨偏少,黄河水资源的供需矛盾更加突出。1972 ~1997 年的26 年中,下游共有20 年断流,断流时间和断流河段的长度呈逐年增加的趋势。尤其是进入20 世纪90 年代以来,黄河下游的断流状况日趋严重,1995 年断流122 d,1996 年断流136 d,1997 年断流226 d,断流河段长达600 多 km。断流给下游工农业生产和人民生活用水造成严重影响。长时间的断流使下游河道萎缩,对黄河下游防洪极为不利。

1.2.2 提高高村以上游荡性河道输沙能力,整治河道,稳定河槽

高村以上游荡性河段长约300 km,由于河槽极为宽浅,不仅使得高含沙洪水的输沙能力低,同时在高含沙洪水输送过程中产生一些特殊现象,如流量沿程增大、河势突然变化等给水文预报、防汛造成严重的困难,在小浪底水库投入运用后是河道整治的重点。

高村以上河段,已修建整治工程90 处,坝垛2 881 道,单位河长的工程长度已达882.4 m/km,由于一岸整治,河势仍未得到有效控制,主流在3 ~4 km 甚至更大的范围内摆动,常出现平工出险、险工脱流、背着石头撵河的被动局面。其主要原因就是河槽极为宽浅,无法控导主流,使得整治工程难以布置,大部分河道整治工程都是因抢险而兴建。在小浪底水库投入运用初期下泄清水、滩地坍塌展宽后,河势更难以控制。

2003 年汛期来水较多,中水持续时间长,2003 年6 月在蔡集工程上游1 000 多 m 主流遇黏土抗冲层开始坐弯,形成畸形河势,中水流量2 600 m³/s 长时间作用下,引起河势不断上提,造成蔡集工程出大险,直至冲垮生产堤,在"二级悬河"最为严重河段,洪水走一路淹一路,造成滩区严重的淹没损失和极为不利的影响。蔡集工程出现重大险情[5],引起党中央、国务院的关注。

为了有利于形成窄深河槽,应抓紧研究下游河道进一步整治措施,使主流游荡摆动得到有效的控制,同时也可提高河道输沙能力,为排沙入海创造条件。

小浪底水库自1999 年10 月投入拦沙、调水造峰冲刷、调节中小流量减少艾山以下河道淤积的运用[6],使黄河下游河道冲刷量已达13 亿 m³,高村以上和艾山以下河道均发生明显的冲刷,花园口至夹河滩河段2 000 m³/s 同流量水位已下降1.8 m,艾山以下河段也下降1 m 以上。但东坝头以上河段河槽仍很宽浅,河槽宽度在1 500 ~2 000 m 以上,亟须进行双岸整治。

面对黄河下游出现的严重问题,三门峡水库受库区条件限制不能对黄河水沙进行大幅度调节,因此无法解决目前下游河道出现的问题。为此,三门峡水库应与小浪底水库调水调沙运用相结合,充分利用河道输沙潜力与河槽形态调整变化对输沙的影响规律,从而更合理地调节水沙,并与下游河道整治紧密结合,以期达到较为理想的治理下游河道的目标。

1.3 结 论

（1）控制黄河总水量近58%的龙刘两座大型水库的联合运用，形成对上游水量的多年调节，使得水量在年内、年际间分配都发生较大变化。汛期水量和丰水年水量大幅度减少，非汛期的水量有所增加，洪水的造床和输沙作用减弱，水少沙多的矛盾更加突出。

（2）三门峡水库"蓄清排浑"运用，把非汛期的小水挟带泥沙调节到汛期排放，减少了下游河槽的淤积，极为宽浅的河槽断面形态正在向有利的方向发展，河流的游荡性有所减弱。但仍经常有小水排大沙的不利情况发生。

（3）造成出现历史最高洪水位的主要影响因素，是前期连续多年枯水引起河床连续淤高，主槽的严重淤积，使得平滩流量减小，一旦洪水漫滩将造成小水大灾。利用洪水排沙是控制河槽淤积的主要途径。

（4）在小浪底水库投入运用初期下泄清水、滩地坍塌展宽后，河势仍难以控制。2003年6月在蔡集工程形成畸形河势，中水流量 2 600 m^3/s 长时间作用下，直至冲垮生产堤，在"二级悬河"最为严重河段，洪水走一路淹一路，造成滩区严重的淹没损失和极为不利的影响。蔡集工程出现重大险情，说明游荡性河道治理任务仍很艰巨。

参 考 文 献

[1] 钱正英. 中国水利的发展方向[J]. 中国三峡建设,1998(12):1-7.

[2] 熊贵枢,丁六一,周建波. 黄河流域水库水沙泥沙淤积调查报告[R]. 郑州:黄河水利委员会水文局,1994.

[3] 申冠卿,等. 2000 年黄河下游河道冲淤演变特性及对防洪的影响[R]. 郑州:黄河水利科学研究院,2001.

[4] 黄河防汛总指挥部. 黄河下游"96·8"洪水综合分析汇编[R]. 郑州:黄河防汛总指挥部办公室,1999.

[5] 黄河防汛总指挥部. 蔡集抢险启示录(初稿)[R]. 郑州:黄河防汛总指挥部办公室,2005.

[6] 黄河水利科学研究院. 黄河水利科学研究院 2003 年度咨询及跟踪研究[R]. 郑州:黄河水利科学研究院,2004.

第2章 黄河下游河道泄洪输沙特性

黄河下游河道从铁谢至河口长 900 多 km,在形成的漫长历史时期,流域的来水来沙条件及人类与黄河奋斗历史塑造了目前的河道形态,从而也形成不同河段的演变特性与冲淤特性,使河流的来水来沙条件沿程不断地调整,形成不同的河槽形态。按河槽形态可将下游划分成三段,铁谢至高村长 290 km,比降 2.7‰ ~ 1.7‰,两岸堤距 8 ~ 20 km,为典型的游荡性河流,也称宽浅型河流;高村至陶城铺长 165 km,比降 1.7‰ ~ 1.1‰,是过渡段;陶城铺以下至河口长约 460 km,比降 1‰,堤距 0.4 ~ 5 km,俗称为弯曲性河流,实际为窄深型河流。

2.1 黄河下游河道输沙特性

2.1.1 河槽形态的沿程变化

黄河下游各河段的河槽形态与流量间的变化规律,可用 $B = J_1(Q)$、$B/H = J_2(Q)$、$q = J_3(Q)$ 描述。据多年实测大断面的资料统计,各河段的河槽特性如图 2-1 所示。小流量时,随着流量的增加,水面宽均很快地增加,但各河段的变化情况不同。艾山以下河段,流量大于 2 000 m³/s 则水面宽随流量增加变化很小,相应河宽在 400 ~ 500 m 变化。高村以上河段则不同,随着流量的增加水面宽增加较快,且没有明显拐点,在同流量时,水面宽变幅很大,受来水来沙条件调整的影响明显。流量为 4 000 m³/s 时,高村以上河段平均水面宽在 1 300 ~ 2 500 m 变化,艾山以下河段为 440 m,仅是高村以上河段的 1/6 ~ 1/3,高村至艾山河段水面宽为 800 ~ 1 100 m,介于两者之间。

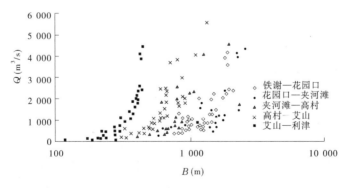

图 2-1 黄河下游不同河段河宽与流量间的关系

为了说明河槽水力形态的沿程变化特性,图 2-2 给出上述各河段流量与平均宽深比 B/h 值间的关系。由图中点群可以看出,艾山至利津河段,随着流量的增加,B/h 值减小,当流量为 1 500 m^3/s 时，B/h 值约为 150；当流量为 4 000 m^3/s 时，B/h 值减为 80。高村以上河段，随着流量增加 B/h 值增大，流量为 4 000 m^3/s 时，B/h 值为 1 000 ~ 2 500，其值与来水来沙条件有关。当高含沙洪水发生时塑造了窄深河槽，B/h 值变小，清水冲刷时河槽展宽，B/h 值变大。B/h 值与流量间的不同变化规律，反映了河槽的不同水力特性。B/h 值随着流量的增加而增加，称为宽浅型河槽；B/h 值随着流量增加而减小，定义为窄深河槽。过渡段的 B/h 值与流量间的变化规律介于两者之间。

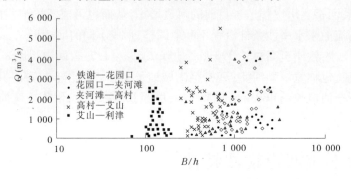

图 2-2 黄河下游不同河段宽深比与流量间的关系

由于河槽形态的不同，同流量的单宽水流条件沿程产生较大差别，图 2-3 为流量与单宽流量沿程变化情况。由图中的点群关系可知，随着流量的增加，各河段的单宽流量均增大；随着沿程河道比降与水面宽的减小，同流量的单宽流量沿程增大。以 4 000 m^3/s 为例，高村以上河段的单宽流量仅为 1.6 ~ 3.2 $m^3/(s \cdot m)$，艾山到利津河段的单宽流量达 9 $m^3/(s \cdot m)$；过渡段为 4 $m^3/(s \cdot m)$。同流量下，窄深型河段的单宽流量是宽浅型河段的 4 ~ 5 倍。造成窄深型河段单宽流量大于上游宽浅型河段的主要原因是河宽缩小，造成同流量时水深、流速下段大于上段。

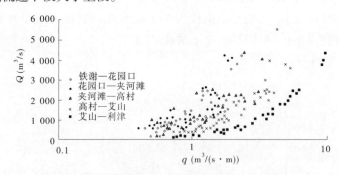

图 2-3 黄河下游不同河段单宽流量与流量间的关系

表 2-1 给出根据黄河下游各河段实测大断面资料，得出流量为 4 000 m^3/s 时平均水深、流速值的沿程变化情况。在流量为 6 000 m^3/s 以下没有大漫滩的情况，随着河道比降和水面宽的减小，平均水深、流速沿程增加。高村以上河段平均水深仅 1.4 ~ 2.0 m，高村至艾山为 2.6 m，艾山至利津为 4.5 ~ 4.8 m，相应的平均流速值也由宽浅型河段的 1.1 ~ 1.6 m/s 增加到艾山以下 2 m/s。造成宽浅型河段平均流速低的主要原因是河槽宽浅，洪

水漫边滩。宽浅河段主槽流速一般可达 $2 \sim 3$ m/s,而边滩的流速只有 $0.3 \sim 1.5$ m/s,使得单宽流量在断面上的分配极不均匀,主槽的单宽流量可达 $5 \sim 7$ m³/(s·m),甚至 10 m³/(s·m)以上,而边滩的单宽流量只有 $0.2 \sim 1$ m³/(s·m)。滩槽水流条件的显著差别,必然会造成滩淤槽冲,从而影响河道的输沙特性。黄河下游不同河段河槽形态不同,其输沙特性也有很大差别。

表 2-1　黄河下游河槽水力形态的沿程变化

河段	铁谢—高村	高村—艾山	艾山—利津
比降(‰)	$2.0 \sim 1.7$	$1.7 \sim 1.1$	1.0
水面宽(m)	$1\,300 \sim 1\,500$	$800 \sim 1\,100$	440
平均水深(m)	$1.4 \sim 2.0$	2.6	4.6
平均流速(m/s)	$1.1 \sim 1.6$	1.7	2.0
单宽流量(m³/(s·m))	$1.6 \sim 3.2$	4.5	9.2
γhJ(kg/m²)	$0.28 \sim 0.40$	0.32	0.46

2.1.2　河道输沙能力的沿程变化

根据黄河下游各河段输沙资料分析,其河道的输沙特性常用 $Q_s = KQ^\alpha S_{\perp}^\beta$ 描述。即本站的输沙率,不仅与本站的流量大小有关,还与上站的含沙量大小有关,它反映了冲积河流挟带细颗粒泥沙的输移特性。从不同特性河段的实测资料分析,其含沙量的指数 β 值与河段的河槽形态有关,流量的指数 α 值与河段比降有关。

由于泥沙总是容易在水流弱的边滩上先淤,因此含沙量的方次 β 值,随着黄河下游各段的河槽形态 B/h 值的变化,逐渐增加,从游荡性河段的 $0.6 \sim 0.8$ 至艾山以下窄深河段增加到 0.976,表现出河槽形态越窄深越有利于泥沙输送的特性。β 值接近 1 时表明,河段的输沙的多少取决于上站的含沙量,即"多来多排"的输沙特性。河槽形态变化对高含沙洪水输沙特性的影响较对低含沙洪水明显,主要是高含沙洪水在滩地上的淤积特别强烈。为了分析黄河下游各河段含沙量较高时的输沙特性,我们分析了平均含沙量大于 50 kg/m³ 洪峰时各河段的输沙特性。图 2-4 给出黄河下游各河段输沙能力变化。河段排沙比用进入本河段的含沙量与输出本河段的含沙量之比表示,用流经本河段的含沙浓度的变化反映河道的输沙特性,可以消除测验误差的影响。各河段的流量与排沙比之间的关系表明,下游河道的输沙能力呈沿程增加趋势。游荡段和过渡段的输沙能力较低,当流量大于 $3\,000$ m³/s 时,河段的排沙比只有 $60\% \sim 90\%$,且随着含沙量的增加,河段排沙比降低。从图中给出的不同级别含沙量测点的分布可看出,在流量相同的情况下,来水含沙量小时,河段排沙比大,来水含沙量大时,河段排沙比小,表现出宽浅型河段"多来多淤多排"的输沙特性,多淤的泥沙主要淤积在边滩。

艾山以下窄深河段的排沙比与流量间的关系表明,随着流量的增加,河段平均排沙比增大,流量大于 $2\,000$ m³/s 后,河段排沙比达 100%,且看不出含沙量变化对河道输沙能力的明显影响。河段的冲淤主要取决于流量的大小,在流量大于某临界值后,河段的输沙能力取决于上站含沙量,河道的输沙特性呈"多来多排"状态。

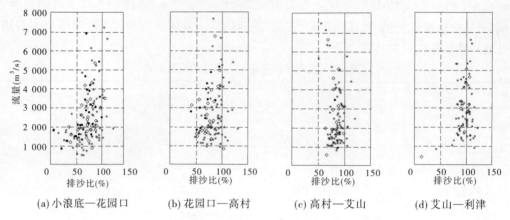

注:图中·表示含沙量为50~100 kg/m³,◇表示含沙量为100~150 kg/m³,
·表示含沙量大于150 kg/m³。

图2-4 黄河下游各河段输沙能力变化

图2-5给出艾山至利津河段,汛期、非汛期平均流量与断面法测得冲淤量、3 000 m³/s水位差及用含沙量表示的河段排沙比的关系。由图2-5(a)可知,当流量小于1 000 m³/s时,随着流量的增加,淤积量增大,在平均流量为800~1 000 m³/s时,淤积最为严重,非汛期的淤积量可达几千万立方米。进入汛期,随着流量的增加,河道淤积量减少,当平均流量达到1 800 m³/s,由淤积转为冲刷。图2-5(b)、(c)给出的3 000 m³/s水位差及河段含沙浓度变化与流量间的变化规律也显示出,河道的冲淤主要取决于流量大小的特性。

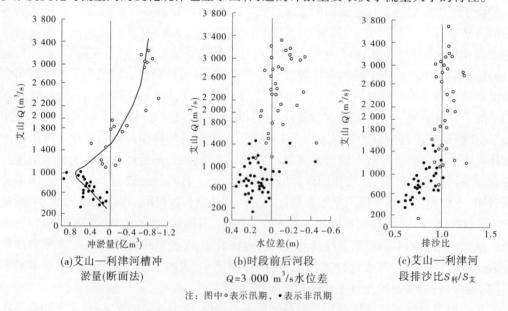

注:图中○表示汛期,·表示非汛期

图2-5 艾山至利津河段平均流量与冲淤量、水位差、排沙比的关系

需要特别说明的是，利用洪峰前后水位的变化，判断河床冲淤，其精度受限。从非恒定流定床的水位流量关系可知，在床面没有冲淤的情况下，水位流量关系呈逆时针，同流量的水位峰后高于峰前，主要是洪水涨水时附加比降为正值、流速大，故水位低；而在落水时，附加比降为负值、流速小，故水位高。在冲积河道上，如用于判断河床冲淤，则不一定准确。当水位流量关系是顺时针，洪峰前后水位降低，河槽发生了较强烈冲刷；当河床不冲不淤时，水位呈抬高状态。因此，利用洪峰前后水位的变化，判断河床冲淤其精度受限。

表 2-2 给出的 1959 年、1973 年、1977 年 6 场含沙量较高的洪水，艾山至利津河段的输沙情况表明，当平均流量为 3 000 ~ 4 500 m³/s 时，最大含沙量为 246 ~ 184 kg/m³，平均含沙量为 80 ~ 154 kg/m³ 的洪水，河床一般为冲刷，一场洪水冲刷面积 100 ~ 300 m²，只有 1977 年 8 月洪水略有淤积。图 2-6 给出四场含沙量较高洪水，艾山、泺口、利津三个水文站洪水前后断面套绘情况说明，均没有发生明显淤积。流量 3 000 m³/s 水位差变化也说明上述洪水期的河床没有发生严重淤积。从表 2-2 给出的以浓度比变化表示的排沙比达 0.97 ~ 1.10 可知，含沙量较高洪水均可顺利输送。

图 2-7 给出利用 1950 ~ 1988 年的洪峰时段，艾山站含沙量大于 50 kg/m³ 的 60 场洪水资料，绘制的平均流量与河段排沙比 $S_下/S_上$ 间的关系表明，随着流量的增大，流出与流入本河段的含沙浓度比值增加，河段排沙比增大，在流量小于 2 000 m³/s 时，"多来多排多淤"，在流量大于 2 000 m³/s 时，河段由淤积变为输沙平衡，河段输沙比平均达 100%，流量在 3 000 m³/s 以后，河段的输沙比一般均大于 100%（漫滩洪水排沙比小于 100%），河床由输沙平衡过渡到略冲状态。

为了说明河道的输沙量在流量大于 1 800 m³/s 时，主要取决于上游来水含沙量，根据 1950 ~ 1988 年洪峰时段平均流量大于 1 800 m³/s 的 201 场洪水的实测资料，点绘成图 2-8。从图可知，当平均含沙量为 50 ~ 150 kg/m³ 时，河段的排沙比为 80% ~ 120%，看不出含沙量的变化对河道排沙比的明显影响，呈现出窄深河槽"多来多排"的输沙特性。

2.1.3 清水下泄期下游河道冲淤与输沙特性

小浪底水库的主要任务是防洪和减淤，同时也应尽量满足其他方面的兴利要求。三门峡水库 1960 年 9 月至 1964 年 10 月蓄水拦沙阶段，库区潼关以下淤积泥沙 36.5 亿 t，下游河道冲刷 23 亿 t，其中高村以上冲刷 16.9 亿 t，占下游河道冲刷量的 73%。

小浪底水库 6 次调水调沙运用，用水量 250 亿 m³，下游河道共冲刷 2.8 亿 t，总输沙量 4.63 亿 t。图 2-9 是根据三门峡水库下泄清水期洪峰时段和小浪底水库历次调水调沙运用水沙资料，点绘的下游不同河段日平均冲刷量和花园口站流量间的关系，由于用洪峰时段日平均冲淤量点绘该图，图中的横坐标建立在同一个时间基础上，更能客观地反映不同河段的冲淤特性。在资料分析中，考虑了三门峡水库下泄清水期位山枢纽运用和破坝的影响。实测资料表明，三门峡水库下泄清水期和小浪底水库调水调沙运用点群基本重合，影响冲刷距离的主要因素是流量。从图 2-9 可以看出，花园口流量小于 1 500 m³/s 时，高村以上和艾山以上冲刷量点群重合，说明冲刷只发展到高村站；流量大于 1 500 m³/s 时，点群逐渐分离，说明冲刷可以发展到高村至艾山间。从图中给出的艾山—利津河段的日均冲淤量与流量间的关系表明，流量小于 500 m³/s 时基本不淤，在流量小

表 2-2　艾山至利津河段较高含沙洪水输沙情况与河床冲淤情况

年份	时段 (月-日)	站名	Q_{max} (m³/s)	流量比 ($Q_下/Q_上$)	Q_{cp} (m³/s)	S_{max} (kg/m³)	S_{cp} (kg/m³)	输沙浓度比 ($S_下/S_上$)	河床冲淤面积 (m²)	洪峰前后水位差 (m)	比较流量
1959	08-21~27	艾山	7 650	0.94	4 550	187	115	1.08			
		利津	7 180		4 365	184	124				
	08-28~31	艾山	5 970	0.90	4 720	117	95	1.08	-386	-0.21	3 860 m³/s 与 3 750 m³/s
		利津	5 360		4 630	106	103		-296	+0.22	3 190 m³/s 与 3 320 m³/s
	09-01~07	艾山	5 360	0.94	4 000	106	86	1.10			
		利津	5 020		3 740	104	95				
1973	08-30~09-08	艾山	3 880	0.95	3 010	246	145	1.04	-54.1	+0.46	2 390 m³/s 与 2 630 m³/s
	09-01~10	利津	3 680		2 994	222	151		-174	-0.09	2 650 m³/s 与 2 760 m³/s
	07-09~15	艾山	5 540	0.95	4 490	218	121	1.02	-292	-0.02	3 050 m³/s 与 3 280 m³/s
	07-10~16	利津	5 280		4 180	196	124		-168	+0.36	2 430 m³/s 与 2 900 m³/s
1977	08-08~14	艾山	4 600	0.89	3 100	243	147	0.97	+20.8	+0.15	3 240 m³/s 与 3 670 m³/s
	08-09~15	利津	4 100		2 944	188	143		+62.4	-0.20	3 030 m³/s 与 2 790 m³/s

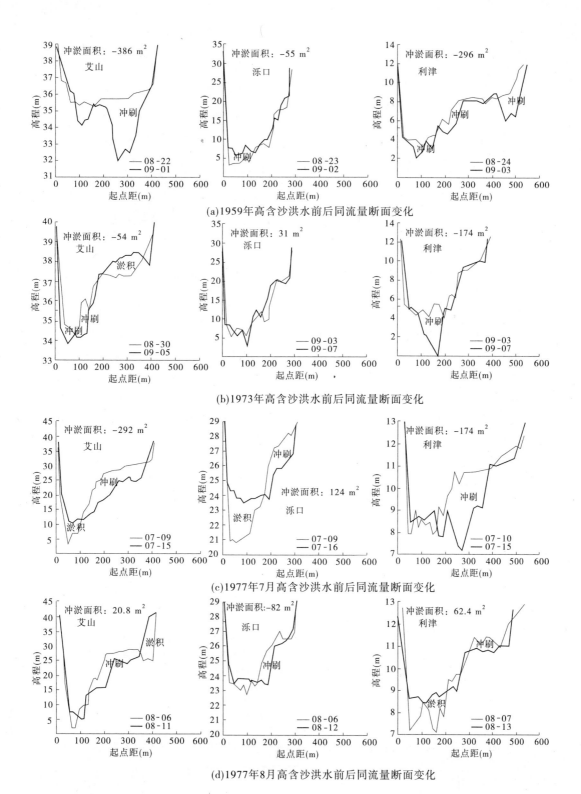

(a)1959年高含沙洪水前后同流量断面变化

(b)1973年高含沙洪水前后同流量断面变化

(c)1977年7月高含沙洪水前后同流量断面变化

(d)1977年8月高含沙洪水前后同流量断面变化

图2-6　艾山、泺口、利津站1959年、1973年、1977年高含沙洪水前后断面套绘情况

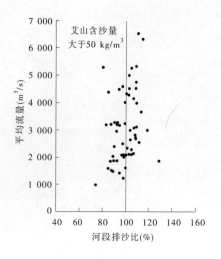

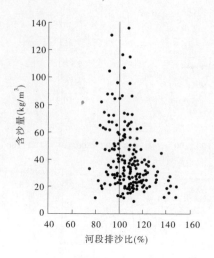

图 2-7　艾山—利津河段平均
流量与河段排沙比

图 2-8　艾山—利津河段流量大于
1 800 m³/s 时含沙量与河段排沙比

于 1 500 m³/s 时随着流量的增大,该河段的淤积量增大,1 500 m³/s 时淤积最强烈,但淤积量绝对值很小。而后随着流量的增大淤积强度减弱,在流量大于 2 500 m³/s 后河道发生冲刷,在流量为 4 000 m³/s 时,冲刷最强烈,冲刷 1 t 泥沙用水量仍达 345 m³,而艾山以上河段冲刷 1 t 泥沙用水量仅 86 m³,即 80% 冲刷量发生在艾山以上河段。由此可见,对艾山—利津河段冲刷 1 亿 t 泥沙的需水量相当可观。根据以上分析,在制定水库运用原则时,可将兴利流量上限适当放大,既照顾了发电和下游用水要求,又不致造成艾山以下河段的严重淤积。

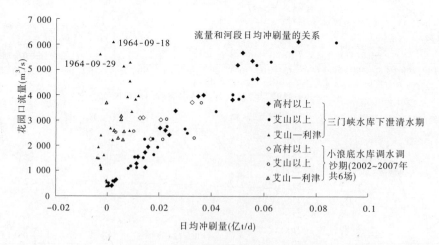

图 2-9　三门峡水库清水期和小浪底水库调水调沙期日冲刷量和花园口站流量关系

2.1.4　结　论

(1)黄河下游各河段的河槽形态,在高村以上游荡性河段随着流量增加 B/h 值增大,称为宽浅型;艾山以下河段随着流量增加 B/h 值减小,称为窄深型;高村至艾山河段随着流量增加 B/h 值不变,称为过渡型。

(2)在高村以上宽浅型河段,河道的输沙特性表现为"多来多淤多排",主槽"多来多排",在边滩多来多淤;艾山以下河段在流量大于 1 800 m^3/s 后,河道的输沙特性呈现"多来多排"不多淤。

(3)黄河下游各河段河槽形态的沿程变化,没有因比降沿程变小而使洪水的输沙能力降低。而是因河宽的沿程变小,使洪水的输沙能力沿程增加。

(4)小浪底水库历次调水调沙运用水沙资料与三门峡水库 1960 年 9 月至 1964 年 10 月蓄水拦沙阶段下泄清水期洪峰资料,不同河段日平均冲刷量和花园口站流量间的关系点绘的点群基本重合,影响冲刷距离的主要因素是流量。

2.2 黄河下游河道排洪能力

2.2.1 窄深河槽具有很强的过洪能力

$$Q = \frac{B}{n}R^{5/3}J^{1/2} \tag{2-1}$$

式中:Q 为流量;B 为河宽;n 为糙率;R 为水深;J 为比降。

从式(2-1)可知,Q 与 R 的高次方有关,在 B、n、J 不变的情况下,水深增大对河道的过洪能力影响最大。

表 2-3 给出的艾山站、泺口站 1958 年、1976 年、1982 年实测窄深河槽的过流能力表明,艾山站在 1958 年 7 月 21 日、22 日,在河宽分别为 476 m、468 m,平均水深分别为 8.9 m、10.6 m 的条件下,分别下泄 12 300 m^3/s 和 12 500 m^3/s 洪水;泺口水文站在 1958 年 7 月 22 日、23 日主槽宽分别为 295 m、296 m,平均水深分别为 10.6 m 和 13.1 m 的条件下,通过的洪峰流量分别为 10 100 m^3/s 和 11 100 m^3/s。造成窄深河槽输水能力强的主要原因是单宽泄量和水深的高次方有关($q = \frac{1}{n}R^{\frac{5}{3}}J^{\frac{1}{2}}$),形成在河宽不变的情况下,水深的绝对值越大,水位涨率越小。其流量与水位涨率可用下式表示

$$\frac{dH}{dQ} = \frac{0.6\left(\frac{n}{\sqrt{J}}\right)^{0.6}}{B^{0.6}Q^{0.4}} \tag{2-2}$$

式(2-2)中的水位涨率 $\frac{dH}{dQ}$,与流量的 0.4 次方成反比,表明流量增大,单位流量的水位增值将随之减小。因此,形成随着流量的增大,水位的涨势趋缓的水位流量关系。在冲积河道中,随着流量的增大,水面宽会略有增加,加之河床不断冲深,水位涨率在高水期会更加平缓。

造成黄河下游游荡性河段的洪水位涨率小于艾山以下窄河段的涨率,除上述水深、河宽的影响因素外,还与河道的比降陡缓有关。由式(2-2)可知,比降 2‰与 1‰的两类河道,在其他条件相同的情况下,因比降不同,前者的水位涨率只有后者的 81%左右。

表 2-3　艾山、泺口站最大洪峰流量各水力因素

艾山站

时间 （年-月-日）	水位 （m）	流量 （m³/s）	断面面积 （m）	河宽 （m）	流速（m³/s）		水深（m）	
					平均	最大	平均	最大
1958-07-19	40.11	6 460	1 920	416	3.36	5.01	4.62	5.7
1958-07-20	41.22	8 790	2 830	393	3.11	4.77	7.2	13.0
1958-07-21	42.90	12 300	4 260	476	2.89	3.76	8.9	16.0
1958-07-22	43.08	12 500	4 940	468	2.53	3.44	10.6	17.5
1976-09-03	42.39	7 890	3 240	433	2.44	4.32	7.5	11.0
1976-09-04	42.59	9 180	3 830	433	2.40	3.47	8.8	12.7
1982-08-02	41.41	4 510	1 760	412	2.56	4.12	4.27	9.5
1982-08-07	42.65	7 300	3 070	414	2.38	3.86	7.4	13.0

泺口站

时间 （年-月-日）	水位 （m）	流量 （m³/s）	断面面积 （m）	河宽 （m）	平均	最大	平均	最大
1958-07-18	28.47	5 510	1 990	284	2.90	4.11	6.7	8.9
1958-07-20	29.52	7 090	2 290	285	3.10	4.29	8.0	9.8
1958-07-22	31.06	10 300	4 150	1 410	2.48	4.21	2.94	14.0
槽	31.06	10 100	3 120	295	3.24	4.21	10.6	14.0
滩	31.03	200	1 030	1 110	0.27	0.55	0.93	2.0
1958-07-23	32.08	11 800	5 990	1 410	1.97	4.05	4.25	18.1
槽	32.08	11 100	3 870	296	2.87	4.05	13.1	18.1
滩	31.83	700	2 120	1 110	0.36	0.66	1.91	2.8
1976-08-30	30.93	5 490	1 940	308	2.83	4.06	6.30	8.0
1976-09-06	32.09	7 800	4 070	1 033	1.91	3.94	3.93	11.6
槽	32.09	7 470	2 580	309	2.90	3.94	8.3	11.6
滩	31.99	331	1 490	724	0.22	0.44	2.06	3.20
1982-08-07	31.49	5 710	2 000	309	2.86	4.05	6.5	9.0
1982-08-08	31.63	5 960	2 200	311	2.71	3.88	7.0	9.8

综上所述，影响水位涨率的因素是多方面的。

表 2-4 给出的窄深河槽泄流能力表明，比降为 2‰ 的河道在 600 m 河宽时泄 10 000 m³/s，水深只需 4.9 m。同样由 $Q = \frac{B}{n}B^{5/3}J^{1/2}$ 可知，在河宽、水深、n 值相同的条件下，比降由 1‰ 增加到 2‰，河槽的过流能力增加 41%；若泄量控制不变，则水深可减少 23%。但由于比降陡的游荡性河道，同流量水面宽远大于下游比降缓的窄深河道，因此窄深河槽的

过洪能力常不引人注意。在宽达几千米的水面中主流带的宽度常常只有几百米。

表2-4　窄深河槽的泄流能力($n = 0.012$)

流量(m^3/s)	槽深(m)		利津实测($n = 0.01$)	
	2‰(600 m)	1‰(500 m)	水深(m)	水面宽(m)
6 000	3.61	5.95	4.40	524
8 000	4.28	5.89	5.30	539
10 000	4.90	6.73	6.00	555

当主槽宽 $B = 600$ m,$n = 0.012$,比降为1‰和2‰时,尽管河道比降相差1倍,但通过相同流量时,前者比后者的水深只增加23%。当比降一定,且 $\mathrm{d}Q/Q$ 足够小时,可用 $\mathrm{d}H = 0.6A\mathrm{d}Q/Q^{0.4}$ 计算因流量变化而引起的水深增值。表2-5 给出不同基流流量,每增加1 000 m^3/s 引起的水深增值 ΔH(当河床不冲不淤时,水位的增值等于水深的增值)。表中的计算结果表明,随着基流流量的增加,对比降2‰和1‰的两种河道,ΔH 值均逐渐减小,且两者的 ΔH 差值变化不大。每增加1 000 m^3/s 流量,前者的 ΔH 值是后者 ΔH 值的81%左右。

表2-5　流量每增加1 000 m^3/s 水深增加值 ΔH

$Q(m^3/s)$	$\Delta Q(m^3/s)$	$\Delta H(m)$		ΔH 值变化(m)
		2‰	1‰	
5 000	1 000	0.39	0.48	0.09
6 000	1 000	0.36	0.44	0.08
7 000	1 000	0.34	0.42	0.08
8 000	1 000	0.32	0.40	0.08
9 000	1 000	0.31	0.38	0.07
10 000	1 000	0.29	0.36	0.07

2.2.2　游荡性河道的洪水主要通过主槽排泄

由表2-6 可知,花园口站在1958 年洪水期主槽宽分别为600 m、1 000 m时,其过流量均可达到10 000 m^3/s 以上,最大达 15 022 m^3/s,占全断面过流总量的70%~90%,甚至达到98%。对游荡性河道主槽进行详细研究,认为日前所用整治河宽偏大。

图2-10、图2-11 给出的花园口、夹河滩站流量与水面宽的关系表明,平均水面宽随流量的增加而增宽,但1977 年、1988 年、1996 年水面宽的下限值,随着流量的增大几乎不变,均为500~600 m。

从图2-12 给出的单宽流量沿河宽的变化情况可知,主槽的单宽流量可达 20 $m^3/(s \cdot m)$ 以上,滩地虽很宽,但过流能力很小,单宽流量一般不足 1 $m^3/(s \cdot m)$。水流在宽浅河道上总是在一定宽度的主槽内集中输送。尤其是高含沙洪水通过后,滩地大量淤积,主槽强烈冲刷,塑造出的窄深河槽同样具有极强的输水能力。

表 2-6   黄河下游花园口站 1958 年洪水不同主槽宽度的过流能力

项目		7月15日 14时55分 至 20时00分	7月17日 4时30分 至 9时30分	7月17日 16时35分 至 19时30分	7月18日 7时30分 至 13时00分	7月18日 15时25分 至 21时53分
全断面	水位(m)	93.2	93.8	94.1	93.8	93.3
	水面宽度(m)	1 205	5 360	5 350	4 434	1 365
	流量(m³/s)	5 890	11 500	16 200	17 200	14 800
主槽宽度 600 m 时	流量(m³/s)	5 281	8 979	11 348	12 168	11 862
	占全断面流量比例(%)	89.7	78.1	70.0	70.7	80.1
	断面面积(m²)	1 754	2 927	3 733	3 870	3 614
	平均水深(m)	2.92	4.88	6.22	6.45	6.02
	平均流速(m/s)	3.01	3.07	3.04	3.14	3.28
	平均河底高程(m)	90.24	88.89	87.86	87.31	87.27
	河槽冲深(m)		-1.35	-2.54	-2.93	-2.97
主槽宽度 1 000 m 时	流量(m³/s)	5 803	10 333	13 380	15 022	14 502
	占全断面流量比例(%)	98.5	89.9	82.6	87.3	98.0
	断面面积(m²)	1 993	3 434	4 450	4 821	4 660
	平均水深(m)	1.99	3.43	4.45	4.82	4.66
	平均流速(m/s)	2.91	3.01	3.01	3.12	3.11
	平均河底高程(m)	91.17	90.34	89.63	88.94	88.63
	河槽冲深(m)		-0.83	-1.54	-2.23	-2.54
600 m 与 1 000 m 槽宽下 河底高程差(m)		0.93	1.45	1.77	1.63	1.36

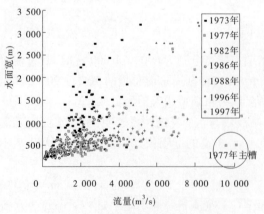

图 2-10   花园口实测流量与河宽的关系   图 2-11   夹河滩实测流量与河宽的关系

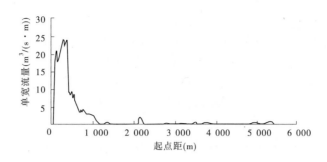

图 2-12 花园口站 1958 年 7 月 17 日单宽流量特征

(4 时 30 分至 9 时 30 分)

表 2-7 给出的花园口站实测主槽的过流能力表明,在 1977 年经过 7 月和 8 月两场高含沙洪水塑造,在 8 月 8 日花园口站两次实测的主槽宽分别为 467 m、483 m,相应水深分别为 5.4 m、5.3 m,平均流速分别为 3.58 m/s、3.73 m/s,过流量分别达到 8 980 m³/s、9 540 m³/s。由此可见,主槽的过流能力很大,只要能保持较大的水深,泄洪要求的河宽并不是很大。

表 2-7 1977 年花园口站洪水期主槽过流能力变化

项目		实测流量时段(月-日 T 时)				
		07-08T06 ~ 09	07-08T16 ~ 19	07-09T14 ~ 16	08-08T12 ~ 13	08-08T15 ~ 16
全断面	流量(m³/s)	6 330	5 610	7 390	10 800	9 690
	水位(m)	92.73	92.69	92.58	92.94	92.62
	水面宽(m)	2 640	2 640	2 180	2 540	1 140
	水深(m)	1.13	0.97	1.49	1.51	2.48
	流速(m/s)	2.12	2.18	2.28	2.81	3.42
	含沙量(kg/m³)	65.4	97.8	387	438	420
	过水面积(m²)	2 980	2 560	2 150	3 840	2 830
主槽	流量(m³/s)	3 860	3 820	5 510	8 980	9 540
	水面宽(m)	534	531	730	467	483
	水深(m)	2.57	2.54	2.60	5.40	5.30
	流速(m/s)	2.82	2.83	2.90	3.58	3.73
	n	0.009	0.010	0.013	0.015	0.012
	过流能力(%)	61.0	68.1	74.6	82.1	98.4
	过水面积(m²)	1 370	1 350	1 900	2 520	2 560
滩地	流量(m³/s)	2 470	1 790	1 880	1 850	153
	水面宽(m)	211	211	1 450	2 070	660
	水深(m)	0.76	0.58	0.92	0.64	0.40
	流速(m/s)	1.53	1.47	1.40	1.30	0.58
	过流能力(%)	39.0	31.9	25.4	17.1	1.58

2.2.3 窄深河槽的泄洪机理

洪水在冲积河床中流过,随着洪峰流量的增加,不仅水位上升,同时河床不断刷深,使得河道的过流能力迅速增加。不仅高含沙洪水如此,低含沙洪水也是如此。河床刷深、水深增加对过洪能力的影响往往大于水位抬升的影响。甚至由于河床剧烈的刷深,洪水位反而大幅度降低。

在涨水期,主槽冲刷是必然的,这是因为在洪水演进过程中底沙的运动速度远远小于洪水的传播速度,随着洪水的上涨,水深增加,作用在河床底部的剪力增大,底沙的输送强度增加,河床不断冲深,在最大洪峰时,水深达最大,作用在床面上的剪力最大,底沙输沙强度最大。在涨水的过程中,水流要从河床中不断地补给底沙。在最大洪峰稍后,河底高程到达最低。此后,在落水过程中作用在床面上的剪力减小,床面上的输沙强度渐渐变弱,河床在落水期不断淤积抬高。

图2-13为1958年花园口、泺口两站洪水期水沙过程与河床平均河底高程的变化过程。由图中最低点高程的变化过程可知,黄河窄深河槽在洪水期的输水能力大的主要原因,是在涨水过程中主河槽不断冲刷,最大洪峰稍后河床高程到达最低,水深达最大。

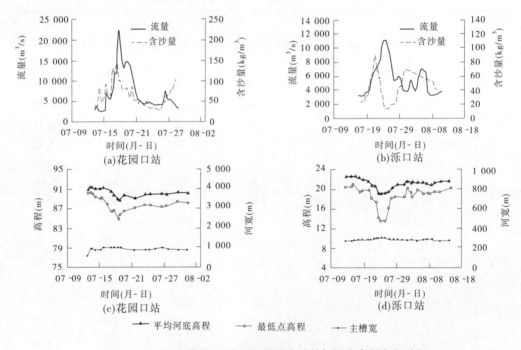

图2-13　1958年花园口、泺口两站洪水过程与河底高程变化过程

1958年花园口站的水位流量关系表明,流量从5 000 m³/s增加到15 000 m³/s,水位只升高了1 m,河床平均冲深1.83 m,而主槽的平均水深却由1.99 m增加到4.82 m,增加了2.83 m,水深增长的幅度远大于水位的增幅。由式(2-1)可知,泄量与水深的1.67次方成正比,因此使得河槽的泄流能力迅速增大。洪峰前后5 000 m³/s水位下降1 m,主槽河底高程下降近3 m。

1958 年汛期,泺口站流量从 5 000 m³/s 增加到 10 000 m³/s,水位升高 2.95 m,平均河底高程冲深 3.45 m,但主槽平均水深由 6.70 m 增加到 13.1 m,增加了 6.4 m,远大于水位的升高值,最大水深由 8.9 m 增至 18.1 m,增加了 9.2 m,水深增加幅度也远大于水位升幅。在涨水过程中水深迅速增加是窄深河槽过流能力增大的主要原因。

图 2-14 给出的花园口、夹河滩、高村、柳园口水文站 1954 年、1958 年、1982 年大洪水时流量涨幅与河槽宽 600 m 时平均河底高程冲深之间的关系表明,随着流量涨幅的增加,河床冲深增大,当流量涨幅为 5 000~6 000 m³/s 时,河床冲深可达 2 m 以上。从底沙的运动速度比洪水波传播速度慢上分析,涨水期河床冲刷是必然的。

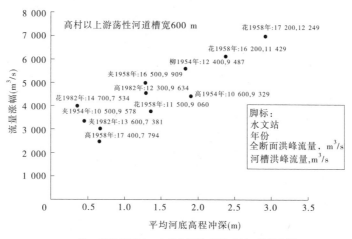

注:花指花园口,夹指夹河滩,高指高村,柳指柳园口。

图 2-14　洪水流量涨幅与平均河底高程冲深的关系

2.2.4　结　论

(1)造成黄河下游窄深河槽输水能力强的主要原因,是单宽泄量和水深的高次方有关$(q = \frac{1}{n}R^{\frac{5}{3}}J^{\frac{1}{2}})$,在河宽不变、河床不冲不淤的情况下,形成水深的绝对值越大,水位涨率越小。比降分别为 2‰ 和 1‰ 的两种河道,每增加 1 000 m³/s 流量,前者的水位增值 ΔH 值是后者 ΔH 值的 81% 左右。

(2)洪水期实测资料分析表明,游荡性河道的洪水主要通过主槽排泄。花园口站 1958 年洪水实测 600 m 河宽时,泄流量可达 12 000 m³/s;1977 年的高含沙洪水时,河宽不足 500 m,泄流量达 9 000 m³/s。只要能保持较大的水深,泄洪要求的河宽并不是很大。

(3)窄深河槽的过洪机理。随着洪峰流量的增大,河床不断刷深,使得河道的过流能力迅速增加。水深增加对过洪能力的影响往往大于水位抬升的影响。随着洪水的上涨,水深增加,作用于河床底部的剪力增大,在最大洪峰时,水深达最大;在最大洪峰稍后,河底高程到达最低。

(4)实测资料分析表明,一场洪水河床的冲刷深度与洪水的流量涨幅有关,随着流量涨幅的增大,河床冲深增加,当流量涨幅为 5 000~6 000 m³/s 时,河床冲深可达 2 m 以上。

2.3 窄深河槽的输沙机理

2.3.1 造床质粗泥沙的输沙规律

20世纪60年代麦乔威、赵业安、潘贤娣等发现黄河下游洪水期输沙特性存在着窄深型河道多来多排、宽浅型河道多来多排多淤、主槽多来多排而滩地多淤的输沙规律。不仅全沙如此,造床质泥沙($d > 0.025$ mm 粗泥沙)也存在着同样的输沙规律[1](见图2-15)。

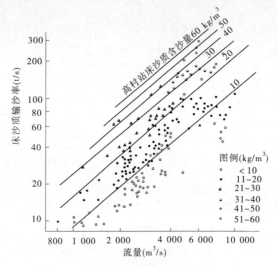

图 2-15 孙口站流量床沙质输沙率关系

2.3.2 河槽水力几何形态

河槽水力几何形态是水流与河槽形态、动床阻力、输沙特性的综合反映,河床冲淤不仅取决于水流条件,而且与床沙的水力特性、底沙的运动特性有关[2]。图2-16给出了利津水文站实测河槽水力几何形态。河道的水力几何形态随流量的变化特性,决定了河床的冲淤状态,而洪水与底沙的相对运动决定了冲淤过程。对这些问题深入地进行分析研究,有助于了解河道的冲淤特性和输沙特性形成机理。

河槽水力几何形态一般常用下列公式描述

$$B = K_1 Q^{\beta_1} \tag{2-3}$$

$$H = K_2 Q^{\beta_2} \tag{2-4}$$

$$V = K_3 Q^{\beta_3} \tag{2-5}$$

式中:K 值的大小反映变量的初值;β 值的大小表示水力几何形态随着流量的变率。由水流连续公式 $Q = BHV$ 可知,$K_1 K_2 K_3 = 1$,$\beta_1 + \beta_2 + \beta_3 = 1$。当河槽形态为矩形时,水面宽 B 为常数,$\beta_1 = 0$,$\beta_2 = 0.6$,$\beta_3 = 0.4$。由于天然河流中的河槽形态极不规则,河床阻力也会随着水流条件变化,使得河槽水力几何形态较为复杂。

依据艾山、泺口、利津三个水文站的实测资料,研究河道的水力几何特性。图2-16给

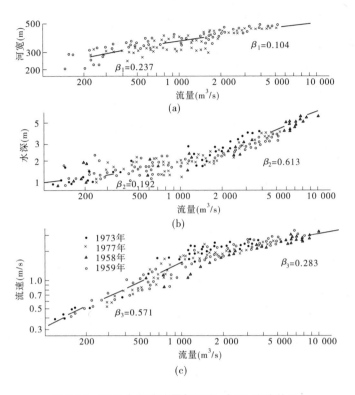

图 2-16 利津水文站流量与河宽、水深、流速关系

出的利津水文站实测流量与河宽、水深、流速的点群关系不是直线,而是以流量 1 500 ~ 1 800 m³/s 为界的斜率不同的折线。各站流量的指数与系数见表 2-8。

表 2-8 黄河山东河道水力几何形态特性

流量级	站名	K_1	K_2	K_3	β_1	β_2	β_3
<1 500 m³/s	艾山	110	0.303	0.030	0.178	0.258	0.564
	泺口	48.2	0.96	0.021 6	0.242	0.145	0.613
	利津	87.2	0.500	0.023 0	0.237	0.192	0.571
>1 500 m³/s	艾山	300	0.018	0.186	0.032	0.645	0.323
	泺口	215	0.012 4	0.376	0.032	0.742	0.226
	利津	208	0.020 8	0.220	0.104	0.613	0.283

表 2-8 表明,小于与大于 1 500 ~ 1 800 m³/s 时,β 值与 K 值有较大差别。下面着重讨论 β 值的变化对水流特性及动床阻力的影响(为了行文方便,分界流量以 1 500 m³/s 标记)。

从表 2-8 分析可知,流量小于 1 500 m³/s 时,β_1 值较大,说明河槽宽浅,随着流量的增加,水面宽增加较快,而在流量大于 1 500 m³/s 时,β_1 值较小,表明河宽随流量变化很小。β_2 值的大小代表水深随流量的变化率,当流量小于 1 500 m³/s 时,β_2 仅 0.145 ~ 0.258,流量大于 1 500 m³/s 时,β_2 值达 0.613 ~ 0.742,水深随流量增加变化很快,河槽窄深。流速随流量的变化取决于 β_3 值,当流量小于 1 500 m^3/s 时,β_3 值达 0.564 ~ 0.613,流速随流量增加变化较快,当流量大于 1 500 m^3/s 时,β_3 值较小,仅 0.226 ~ 0.323。指数 β_1、β_2、β_3 的不同组合,构成冲积河流动床阻力特性。表 2-8 给出的 β 值在流量小于或大于 1 500 m^3/s 时的不同组合,说明了山东河道的阻力特性随着流量的不同变化。各级流量时水深、流速、阻力变化情况见表 2-9。从表 2-9 可看出平均情况的动床阻力随流量的变化规律:当流量小于 1 500 m^3/s 时,随着流量的增加,河床阻力迅速减小;当流量为 1 500 ~ 2 000 m^3/s 时,河床阻力呈现最小状态,只有在泺口站随着流量的增加,n 值略有增加;当流量为 5 000 ~ 6 000 m^3/s 时,泺口、利津站河床阻力明显增大。

表 2-9　各级流量水深、流速、阻力变化情况

项目		流量(m^3/s)							
		500	1 000	1 500	2 000	3 000	4 000	5 000	6 000
艾山	$h(m)$	1.5	1.8	2.0	2.5	3.2	4.0	4.5	5.0
	$V(m/s)$	1.0	1.5	1.8	2.0	2.5	2.8	3.0	3.2
	n	0.013	0.01	0.009	0.009	0.009	0.009	0.009	0.009
泺口	$h(m)$	2.5	2.5	2.6	3.4	4.6	6.0	7.0	8.0
	$V(m/s)$	1.0	1.5	1.9	2.1	2.35	2.5	2.7	2.8
	n	0.018 5	0.012 3	0.010	0.011	0.012	0.013 2	0.013 6	0.014 3
利津	$h(m)$	1.5	1.8	2.0	2.3	2.8	3.4	3.8	4.4
	$V(m/s)$	0.9	1.5	1.8	2.0	2.2	2.4	2.5	2.6
	n	0.014	0.01	0.009	0.009	0.009	0.009	0.010	0.010

2.3.3　床沙组成的水力特性

从艾山、泺口、利津三站实测的床沙组成可知,D_{50} 在 0.05 ~ 0.1 mm 变化,$D > 0.15$ mm 的粗沙一般小于 10%,最大粒径为 0.5 mm。黄河下游床沙组成较细,粒度比较均匀。

图 2-17[3] 给出用沙玉清公式计算得出的水深为 1 m 时,粒径与起动和扬动流速的关系。由图 2-17 可知,床沙粒径为 0.07 ~ 0.2 mm,均处于最容易起动的区域,粒径由 0.07 mm 增加到 0.2 mm,所需的起动流速均为 0.42 m/s,但相应的扬动流速却由 0.35 m/s 增加到 0.76 m/s。由图 2-17 给出的实测悬沙组成可知,起动和扬动流速曲线交点粒径为 0.08 mm,相当于悬沙组成中 d_{95},说明只有在泥沙的起动流速远大于扬动流速时,才能以悬移的形式输送,即泥沙颗粒一旦起动,就可能顺利输移。在床沙组成的级配曲线中,大于交点粒径 0.08 mm 的含量一般占 30% ~ 70%,其扬动流速远大于起动流速,因此造成床沙虽然容易起动,而难以以悬移的形式输送,绝大部分仍以底沙的形式输送,黄河床沙所固有的水力特性将会影响河床阻力特性与输水输沙特性。

2.3.4　床面形态与动床阻力特性

黄河山东河道床沙组成,$D_{50} = 0.05 ~ 0.1$ mm,属细粉沙河床,床面形态的变化是影响

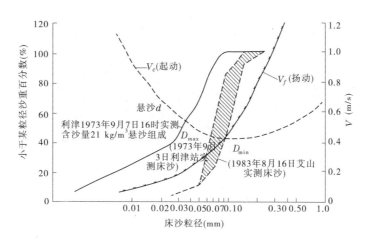

图2-17 黄河床沙水力特性

河床阻力变化的主要原因。

河槽水力几何形态中的指数 β_1、β_2、β_3 的不同组合,构成冲积河流动床阻力特性。表2-8给出的 β 值在流量小于或大于 1 500 m^3/s 时的不同组合,说明了山东河道的阻力特性的不同变化。从表2-8、表2-9可看出平均情况的动床阻力随流量的变化规律:当流量小于 1 500 m^3/s 时,随着流量的增加,河床阻力迅速减小;当流量为 1 500 ~ 2 000 m^3/s 时,河床阻力 n 值呈现最小状态。由以上分析可知,当流量小于 1 500 m^3/s,$\beta_3 > \beta_1 + \beta_2$ 时,动床阻力随着流量的增加不断减小,而当流量大于 1 500 m^3/s,$\beta_2 \gg \beta_1 + \beta_3$ 时,动床阻力随着流量的增加略有增大。阿伦(Alltn)[4]用希尔兹参数 $\tau_0/(r'D)$ 与无量纲沙粒径点绘各种床面形态的出现区域如图2-18所示。床沙粒径在 0.1 mm 附近,存在着沙纹与高输沙平整床面重叠现象。据表2-9给出的利津站不同流量时的水深,计算出各级流量时的无量纲床面剪切应力 $\theta = \rho ghs/[(\sigma-\rho)gD]$ 的值,用床沙粒径 0.08 mm 点绘在图中,发现当流量大于 2 000 m^3/s 以后,床面处于高输沙动平整床面;当流量为 500 ~ 1 500 m^3/s 时,床面形态处于沙纹与高输沙动平整床面重叠区。

2.3.5 动床阻力特性与"多来多排"的输沙机理

从艾山、泺口、利津三站实测的床沙组成可知,D_{50} 在 0.05 ~ 0.1 mm,粒度比较均匀,均处于最容易起动的区域。分析图2-19给出的流量与 n 值的关系可知,当流量小于 400 m^3/s 时,n 值最大达 0.015 ~ 0.026,主要是床面形态阻力较大所致;当流量为 400 ~ 1 100 m^3/s 时,n 值的变化范围最大,最大达 0.026,最小仅 0.006,这是假潮现象发生的区域[5]。

由于床面阻力形态不稳定,当有沙纹存在时,形态阻力较大,引起邻近上游河槽蓄水,下泄流量逐渐减小,流量达最小时,河床形态阻力达最大。但蓄水量达到一定程度,开始泄水,流速增加,沙纹逐渐消失,阻力随之降至最低,流量达最大,随后流量逐渐减小,沙纹逐渐形成并发展,形态阻力又逐渐增大,又引起临近上游河段水位……周而复始,形成黄河窄深河道特有的假潮现象。在沙纹形成、发育、消亡的过程中,造成动床阻力较大变化。

当流量大于 1 000 m^3/s 以后,主流区床面进入动平整状态,假潮消失,形态阻力逐渐

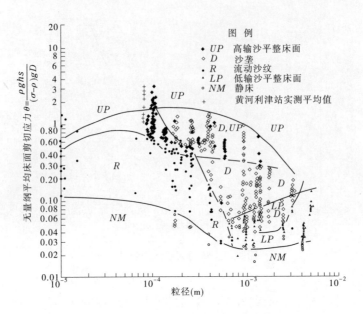

图 2-18 稳定单向水流中床面各发展阶段存在的区域

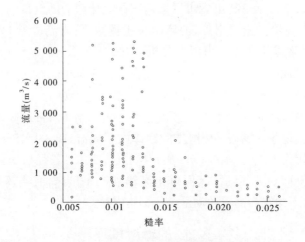

图 2-19 利津站流量与糙率关系

趋向于零,河床阻力较低,随着流量的进一步增大,进入动平整状态的床面所占的比重进一步扩大,甚至沿整个河宽都处于阻力最小的动平整状态,此时流量在 2 000 m³/s 左右,河床阻力达到最小。

图 2-20 给出的利津站水深与流速间的关系表明,在水深 1~2 m 范围内,流速点群的变幅很大,最小者仅 0.2 m/s,最大者可达 2 m/s,当水深为 1.5~2 m 时(相应流量在 500~1 500 m³/s),流速在 0.7~2 m/s 变化,而在水深大于 2 m 以后,流速点群的变幅大幅度减小。根据文献[2]对床面形态的研究,造成水深相同、流速多值的主要原因是床面存在不同的形态。不同河床形态产生的条件与水深、流速、床沙组成有关。黄河的床沙组成与文献[4]中的床沙为 0.1~0.14 mm 组成情况相近,把该组资料中水深与流速值点绘

在图 2-20 中,并用不同符号标明沙纹、高输沙动平整床面和逆行沙垄的测点分布情况。其水深虽然与黄河实测水深相差较大(文献[4]中的最大水深为 0.8 m,黄河实测水深一般均大于 1 m),但水深与流速间的点群分布状态却很相似。其沙纹与高输沙动平整床面分界区的延伸线,把黄河实测水深与流速的点群分为三个区域,流速小于 0.7 m/s 者处于沙纹区(流量小于 500 m³/s);当水深为 1.5 ~ 2 m 时,流速在 0.7 ~ 2 m/s 变化,床面处于沙纹和高输沙动平整床面重叠出现区(流量在 500 ~ 1 500 m³/s);水深 2 m 以上及流速大于 1.5 m/s 的测点(流量大于 1 500 m³/s),床面处于高输沙动平整状态,本站无处于逆行沙垄区的测点。

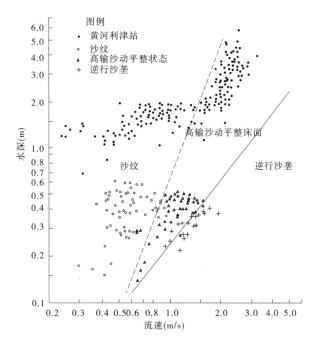

图 2-20 利津站水深与流速的关系

根据文献[6]给出的床面形态判式 $Uc/(gD)^{1/2} > 55$ 计算,当 D 为 0.1 mm 时,流速大于 1.72 m/s 床面将进入高输沙动平整状态。由表 2-9 给出的不同流量级时的平均流速可知,当流量为 1 000 m³/s 时,主流区床面处于高输沙动平整状态。

综上所述,黄河下游山东艾山以下河道在流量大于 1 500 m³/s 以后,由于床面形态全面进入高输沙率动平整状态,河段输沙特性进入"多来多排"状态。

2.3.6 结 论

(1)河道输沙特性与河槽水力几何形态关系密切。艾山以下河道的流量与河宽、水深、流速的点群关系不是直线,而是以流量 1 500 m³/s 为界的斜率不同的折线,是由于河槽形态、动床阻力特性的变化所致,是河床冲淤的分界点,河床的动床阻力处于最小状态。

(2)河槽水力几何形态是水流与河槽形态、动床阻力、输沙特性的综合反映。河床冲淤不仅取决于水流条件,而且与床沙的水力特性、底沙的运动特性有关,当床沙粒径为

0.1 mm 时,流速大于 1.72 m/s 床面将进入高输沙动平整状态。此时,比悬沙粗得多的床沙都处于强烈的输移状态,悬沙自然不会在床面落淤,河段输沙特性呈现"多来多排",形成窄深河槽的输沙机理。

（3）黄河床沙粒径在 0.07 ~ 0.2 mm 范围内为粉细沙,均处于最容易起动的区域,实测资料分析表明,利用洪水排沙不必刻意拦粗排细。

参 考 文 献

[1] 麦乔威,赵业安,潘贤娣. 多沙河流拦沙水库下游河床演变计算方法[C]∥麦乔威论文集. 郑州:黄河水利出版社,1995.

[2] 齐璞,孙赞盈. 黄河下游冲积河床动床阻力、冲淤特性与输沙特性形成机理[J]. 泥沙研究,1994(2):1-10.

[3] 沙玉清. 泥沙运动学引论[M]. 北京:中国工业出版社,1965.

[4] J B 索撒德. 冲积河道的床面形态及有关水温悬移质含量影响的综述[C]∥中美黄河下游防洪措施学术讨论会论文集. 北京:中国环境科学出版社,1988.

[5] 王益良,王义安,齐华林. 黄河下游假潮现象[J]. 泥沙研究,1984(3):39-51.

[6] 王士强. 冲积河渠床面阻力试验研究[J]. 水利学报,1990(12):18-29.

第3章 黄河高含沙洪水输移及"异常"现象

3.1 1977年三门峡水库中高含沙洪水

3.1.1 基本情况

三门峡水库自1962年由蓄水拦沙运用改为滞洪排沙运用后,其泄流设施经两次扩建,于1973年投入蓄清排浑正常运用。非汛期防凌、春灌蓄水、发电运用,绝大部分泥沙淤积在库内;汛期降低水位发电,不仅能冲刷掉非汛期因蓄水而淤积在潼关以下库段的泥沙,而且流量较大的高含沙洪水也能顺利输送出库。表3-1给出了1970~1977年六场高含沙洪水的来水来沙情况,以及潼关以下库段的排沙比及坝上壅水情况。表3-1给出的排沙比表明,绝大多数情况下高含沙洪水挟带的大量泥沙均能顺利输送出库,尤其是1977年汛期的两场洪水,在坝前严重壅水的情况下,库区的排沙比仍近100%。分析其形成原因,有助于加深对高含沙水流输沙规律的认识。

表3-1 高含沙洪水在三门峡水库(潼关以下河段)输移情况

时段 (年-月-日)	潼关站来水来沙情况						水库	
	Q_{max} (m^3/s)	Q_{cp} (m^3/s)	S_{max} (kg/m^3)	S_{cp} (kg/m^3)	$S > 400$ kg/m^3 历时(h)	d_{50} (mm)	排沙比 (%)	坝上最高 水位 (m)
1970-08-03~13	8 420	2 440	826	324	35	0.04~0.06	106.4	311.37
1971-07-25~28	10 200	2 928	633	292	5	0.04~0.06	80.0	312.84
1971-08-18~24	2 200	1 301	746	241	22	0.05	100	306.29
1973-08-26~09-03	5 080	3 427	527	209	17	0.04~0.06	124.6	305.48
1977-07-06~09	13 600	5 069	616	391	38	0.04~0.05	97	317.18
1977-08-03~09	15 400	3 908	911	369	50	0.06~0.10	99	315.15

1977年是枯水丰沙年,三门峡年水量为307亿m^3,年沙量为20.8亿t。沙量主要集中在7月、8月连续出现的两场高含沙洪水,占年沙量的69%。7月洪水主要来自渭河、北洛河、延水等支流的暴雨,8月洪水主要来自龙门以上偏关河至秃尾河之间的暴雨。

图3-1给出两场洪水进出三门峡水库的流量、含沙量及出库泥沙组成过程线。两场洪水入库潼关站的最大洪峰流量分别为13 600 m^3/s和15 400 m^3/s,最大含沙量分别为616 kg/m^3、911 kg/m^3。7月洪水的泥沙组成较细,d_{50}为0.04 mm,$d < 0.01$ mm的占15%~20%。8月洪水的泥沙组成较粗,d_{50}达0.105 mm,$d < 0.01$ mm的占5%~8%。由于三门峡水库壅水滞洪,出库流量分别为7 900 m^3/s和8 900 m^3/s,坝前最高水位分别为

317.18 m 和 315.15 m,坝前 41.2 km 范围最小日平均水面比降分别为 0.27‰和 0.92‰,但出库的最大含沙量却分别为 589 kg/m³、911 kg/m³,洪峰大幅度削减,但沙峰并没有明显变化,进出库的排沙比分别达到 97% 和 99%,显示出黄河高含沙水流可以在较弱的水流条件下输送大量泥沙的特点。

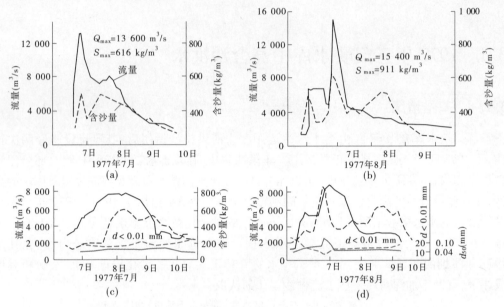

图 3-1 1977 年高含沙洪水进出库流量、含沙量、泥沙组成过程线

3.1.2 库区冲淤分布特点

从时段上分析,库区淤积主要发生在高含沙洪水期间。由大断面测量成果可知,淤积主要发生在边滩,集中在较宽浅的河段,主槽发生强烈冲刷。

表 3-2 给出 5 月 10 日至 8 月 19 日,用输沙量法得出的各时段冲淤情况。表 3-2 表明,自 5 月 10 日至 7 月 5 日洪水前的平水期,库区冲刷 0.267 亿 t。7 月 10 日至 8 月 2 日库区冲刷 0.114 亿 t。8 月 10~19 日洪水后,库区淤积 0.071 5 亿 t,其中 7 月 6~9 日与 8 月 3~9 日的两场高含沙洪水,进、出库的排沙比虽然分别达到 97% 和 99%,但由于来沙绝对量大,淤积量分别达 0.2 亿 t 和 0.104 亿 t,这是造成该时段淤积的主要原因。

表 3-2 三门峡库区潼关以下各时段冲淤情况

时段	5 月 10 日至 7 月 5 日	7 月 6~9 日	7 月 10 日至 8 月 2 日	8 月 3~9 日	8 月 10~19 日	合计
平均流量(m³/s)	665	5 069	1 519	3 908	2 095	
平均含沙量(kg/m³)	14.8	391	52.7	369	45.7	
库区排沙比(%)	156	97	107	99	91.4	100
淤量(亿 t)	−0.267	0.20	−0.114	0.104	0.071 5	0.01

表 3-3 给出了 5 月 10 日、7 月 20 日和 8 月 19 日三次大断面测量结果,5~7 月潼关以下的库区冲刷 0.084 2 亿 m³,7~8 月淤积 0.434 亿 m³,共计淤积 0.349 8 亿 m³。从表中

给出的滩槽冲淤量分配可知,7月洪水冲刷 0.612 亿 m^3,边滩淤积 0.523 亿 m^3,主槽的冲刷量大于边滩的淤积量;8月洪水主槽虽然淤积,但其淤积量仅占总淤积量的 10%,边滩淤积量占 90%,淤积也主要集中在边滩处。

表 3-3　三门峡库区潼关以下 5~8 月冲淤分配

时段(月-日)	总冲淤量(亿 m^3)	主槽冲淤量(亿 m^3)	边滩冲淤量(亿 m^3)
05-10~07-20	−0.084 2	−0.612	0.523
07-20~08-19	0.434	0.044	0.399
合计	0.349 8	−0.568	0.912

由图 3-2 给出的 5~8 月主槽平均河底高程沿程变化可知,主槽的强烈冲刷普遍存在,在坝前 40 km 范围内主槽普遍冲深 0.5~1.5 m,在 34 号断面以上冲刷最强烈,主槽一般下降 1~2 m,其中 5~7 月的大断面测量结果表明,全库段主槽平均河底高程下降 0.83 m,7~8 月主槽平均淤高 0.06 m。

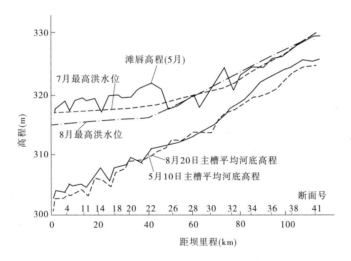

图 3-2　三门峡库区 5~8 月主槽平均河底高程沿程变化

由图 3-3 给出的全断面冲淤沿程分布可知,冲淤沿程分布是不均匀的,在坝前 14 号断面以下,主槽的冲刷与边滩的淤积相抵后呈现冲刷状态,淤积最严重的发生在 25~34 号断

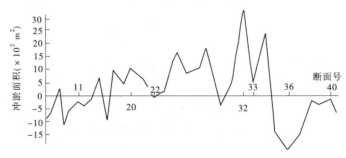

图 3-3　三门峡库区全断面冲淤沿程分布

面,35 号断面以上发生强烈冲刷,冲刷最强烈的是 36 号断面,净冲刷面积达 2 000 m²。

由图 3-4(a)给出的淤积最多的 32 号断面变化可知,因前期断面宽浅,在高含沙洪水塑造窄深河槽的过程中,边滩大幅度堆积,是造成强烈淤积的主要原因。洪水塑造冲刷的主槽一般宽 600 ~ 700 m,即使在坝上壅水较严重的河段,河床调整也是这样,如图 3-4(b)给出的 20 号断面的变化过程。

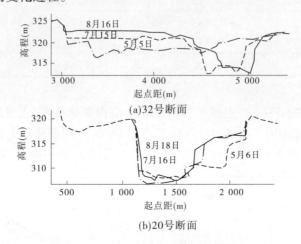

图 3-4　三门峡库区典型断面变化

3.1.3　库区流态

水槽试验和渠道输送高含沙水流的实践均要求将流态控制在紊流,才能保证其稳定输送[1]。7 月高含沙洪水在坝前段比降仅 0.27‰ 的条件下,流态影响着对输沙规律的认识。根据三门峡出库站实测最大含沙量和相应的泥沙组成,用费祥俊公式❶计算出两场洪水最大含沙量的流变参数见表 3-4。

表 3-4　三门峡实测含沙量、颗粒级配和流变参数(1977 年)

时间 (月-日 T 时)	小于某粒径(mm)的百分数(%)						S_{max} (kg/m³)	τ_B (kg/m²)	η(×10⁻⁴) ((kg·s)/m²)
	0.007	0.010	0.025	0.05	0.10	0.50			
07-08T08：00	12.6	15.5	28.3	53.4	89.5	100	589	0.064	3.5
08-07T11：00	7.2	7.9	18.5	24.9	53.0	99.9	911	0.222	8.9

由图 3-2 给出的库区最高洪水位的沿程变化可知,壅水主要发生在坝前 22 号断面以下,将计算得到的壅水最严重的 12 号断面以下的六个断面的有关数据列入表 3-5 中。由表 3-5 给出的 7 月洪水各断面的数据可知,虽然断面平均流速仅 1 m/s 左右,但由于水深较大,均在 10 m 左右,因此有效雷诺数 $Re_m = \rho V4R/\mu_e (\mu_e = \eta + \tau_B H/2V)$ 仍保持在 10 000 ~ 30 000,处于充分紊流区。其中 ρ 为浑水密度,V 为平均流速,R 为水力半径,τ_B 为屈服应力

---

❶　费祥俊,杨美卿. 高含沙水流的物理特性,1985 年北京国际高含沙水流学术讨论会论文.

(kg/m^2), η 为刚度系数 $((\text{kg} \cdot \text{s})/\text{m}^2)$,表示浑水的黏滞性,$\mu_e$ 为有效黏度。8 月高含沙洪水时,虽然最大含沙量达 911 kg/m^3,但由于其泥沙组成很粗,$d_{50} = 0.105$ mm,$d < 0.01$ mm 的细粒含量仅占 5%,流体的黏性增加不多,加之坝前壅水水位低,平均流速较大(变化范围为 1.2 ~ 1.8 m/s),其有效雷诺数为 20 000 ~ 80 000,远大于临界值 2 000,也处于充分紊流区。

表 3-5 7 月高含沙洪水在坝前段流态

断面号	1	2	4	8	11	12
水位(m)	317.18	317.20	317.20	317.30	317.40	317.50
水面宽(m)	700	600	850	800	620	580
平均水深(m)	12.9	11.3	8.07	9.60	8.77	9.36
平均流速(m/s)	0.87	1.16	1.15	1.02	1.45	1.45
$Re_m = \dfrac{\rho V 4R}{\mu_e}$ $(\times 10^4)$	1.29	2.30	2.25	1.81	3.56	3.61

综上所述,这两场洪水在三门峡库区坝前壅水段处于充分紊流状态,保持一定的水流挟沙能力是其能顺利输送的重要条件。

3.1.4 库区输沙特性分析

根据对黄河主要支流渭河、北洛河与黄河干流游荡性河段大量高含沙洪水输沙资料的系统分析,河道具有窄深河槽是保证高含沙水流长距离稳定输送的必要条件[2]。三门峡水库之所以形成如此强大的输沙能力,主要也是库区具有较为窄深的河槽,详见表 3-6 和表 3-7。

表 3-6 1977 年三门峡库区汛期各段平滩河槽形态变化

库段(km)	1 ~ 22 号 (42.28)			24 ~ 31 号 (30.04)			32 ~ 36 号 (21.67)			37 ~ 41 号 (19.22)			全库段 (113.21)		
时间 (月-日)	B (m)	H (m)	$\dfrac{\sqrt{B}}{H}$	B (m)	H (m)	$\dfrac{\sqrt{B}}{H}$	B (m)	H (m)	$\dfrac{\sqrt{B}}{H}$	B (m)	H (m)	$\dfrac{\sqrt{B}}{H}$	B (m)	H (m)	$\dfrac{\sqrt{B}}{H}$
05-10	887	9.98	2.98	1 006	5.69	5.57	1 410	3.18	11.8	1 540	3.35	11.7	1 094	6.9	4.79
07-15	884	9.98	2.97	942	4.96	6.19	846	5.50	5.29	1 162	4.82	7.07	920	7.38	4.11
08-20	887	10.4	2.86	926	6.23	4.88	882	4.72	6.29	990	3.44	9.15	887	7.95	3.75

表 3-7 1977 年三门峡水库坝前段比降与排沙能力

时间(月-日)	北村至史家滩日平均水面比降(‰)	日平均含沙量(kg/m³)		排沙比(%)	ω_0/ω_s
		潼关	三门峡		
07-07	0.83	444	434	98	3.60
07-09	0.27	490	485	99	4.30
08-06	1.69	505	510	101	4.60
08-07	0.92	511	442	86.5	3.61
08-08	1.64	498	556	112	5.05

1977 年 7 月、8 月的高含沙洪水虽然在坝前壅水较高,其最高洪水位分别为 317.18 m 和 315.15 m。但从图 3-2 给出的汛前 5 月滩唇高程的沿程变化可知,在壅水较为严重的坝前段,最高洪水位都低于滩唇高程,洪水没有漫滩,均在窄深主槽中输送,因此输沙能力很强。

从表 3-6 给出的平滩河槽形态变化可知,洪水前潼关以下河段平均河宽仅 1 094 m,平均 $\sqrt{B/H}$ 值为 4.79,与黄河小北干流及下游游荡性河段的 $\sqrt{B/H}$ 值达 30~60 相比[3]属于窄深河槽,具有较大的滩槽高差。在坝前 1~22 号断面平均槽深达 10 m,槽宽平均近 900 m,$\sqrt{B/H}$ 值仅为 3,库尾段河槽较宽浅,槽深 3~4 m,$\sqrt{B/H}$ 值近 12。

经这两场高含沙洪水的塑造,凡是河宽较大的河段,$\sqrt{B/H}$ 值都大幅度地缩小。如表 3-6 中给出 32~36 号与 37~41 号两河段,平均宽由洪水前的 1 400~1 500 m 缩窄到 800~1 000 m,$\sqrt{B/H}$ 值由 11.8 减小到 5~9,槽深明显增加,由洪水前的 3 m 增加到 4~6 m。坝前窄深河段的河槽形态变化不明显。含沙量的增加,引起流体流变特性的改变,其黏性的增加会使粗颗粒沉速降低,是高含沙水流在窄深河槽中输沙能力大的物理力学成因。

图 3-5 给出了三门峡、龙门两站实测的浑水流变曲线。由图 3-5 可以看出,在含沙量大于 300 kg/m^3 以后,流体已由牛顿体变为宾汉体,出现屈服应力 τ_B 值,其黏滞性明显增加,在含沙量为 300 kg/m^3 时,相对黏滞系数 $\mu_r = \eta/\mu_0$ 达 2 以上(η 为浑水的刚度系数,μ_0 为清水的黏滞系数);由于水流物理力学特性的改变,泥沙颗粒在垂线上的分布更加均匀,有利于粗沙的输移。从黄河主要干支流不同测站实测相对水深 0.2 与 0.8 的测点含沙量比值的变化可知[2],在含沙量大于 300 kg/m^3 以后,含沙量在断面上分布变得相当均

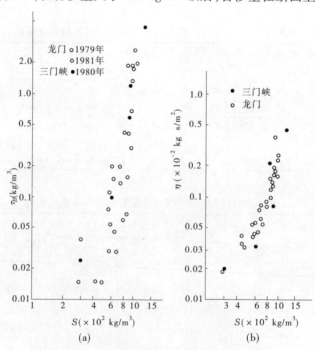

图 3-5　三门峡、龙门两站实测的浑水流变曲线

匀,相对水深 0.2 与 0.8 测点含沙量的比值达 0.9 以上。可构成均质流。

1977 年的两场洪水的最大含沙量分别达 616 kg/m³ 和 911 kg/m³,平均含沙量都在 400~500 kg/m³,具有高含沙水流的输沙特性。沉速公式用斯托克斯公式表示,若只考虑含沙量的增加引起流体黏滞性和容重的变化,从表 3-7 给出的相对沉速变化可知,清水、浑水的相对沉速可用 $\omega_0/\omega_s = [(\gamma_s - 1)/(\gamma_s - \gamma_m)]\mu$ 计算。当含沙量为 400~500 kg/m³ 时,相同粒径的颗粒在浑水中的沉速仅是在清水中沉速的 1/5~1/4。因此,很粗的颗粒在高含沙水流中也能顺利输送。从图 3-1 和表 3-4 给出的出库泥沙最粗组成($d_{50} = 0.105$ mm,$d_{90} = 0.3$ mm)可知,粗沙也能在高含沙水流中长距离输送。

3.1.5 结 论

在三门峡库区,1977 年的两场洪水的最大含沙量分别达 616 kg/m³ 和 911 kg/m³,平均含沙量为 400~500 kg/m³,具有高含沙水流的输沙特性。沉速公式用斯托克斯公式分析,若只考虑含沙量的增加引起流体黏滞性和容重的变化,相同粒径的颗粒在浑水中的沉速仅是在清水中沉速的 1/5~1/4;三门峡库区多年"蓄清排浑"运用,形成 600 m 宽的主河槽;在水面比降只有 0.2‰~0.4‰ 的条件下,出库泥沙最粗组颗粒 $d_{50} = 0.105$ mm,$d_{90} = 0.3$ mm;粗沙也能在高含沙水流中长距离输送。

3.2 1977 年黄河下游高含沙洪水

1977 年 7 月、8 月黄河下游出现了历史上少有的两场高含沙洪水,在花园口以上河段发现了一些新问题,引起了各方面的重视与关注,各方提出了不同的看法。正确地认识其特性对黄河下游河道的防洪与治理都十分重要。本书根据实测资料和高含沙水流特性综合分析了下游河道洪水发生异常现象的原因,并讨论了高含沙洪水对黄河下游防洪的影响。

3.2.1 高含沙洪水概况

1977 年是枯水丰沙年,三门峡站年水量为 307 亿 m³,年沙量为 20.8 亿 t。沙量主要集中在 7 月、8 月两场高含沙量洪水,三门峡站沙峰流量分别为 7 900 m³/s、8 900 m³/s,最大含沙量分别为 616 kg/m³、911 kg/m³,7 月洪水泥沙组成较细,8 月洪水泥沙组成较粗。在这两场洪水发生期间,三门峡至花园口区间支流基本无洪水汇入。

这两场高含沙洪水在黄河下游河道中均发生了槽冲滩淤。由于滩地的淤积量远大于主槽的冲刷量,在总量上表现为严重淤积,全河淤积量达 9.44 亿 t,高村以上的宽浅游荡河段的淤积量占总淤积量的 80% 以上,艾山至利津淤积量只占 3%~5%,详见表 3-8。

由于河道沿程淤积,最大含沙量沿程大幅降低,到夹河滩或高村为 300 kg/m³,但艾山以下河道直到利津最大含沙量沿程降低的很少(详见表 3-9),而洪水的平均含沙量沿程有时还有所提高。7 月洪水在夹河滩以上河段主槽产生强烈冲刷,洪水前后 5 000 m³/s 水位下降 0.6~1.2 m;8 月洪水在花园口以上河段洪水位发生"异常现象"。将在后文中详述。

表 3-8　1977 年两场高含沙洪水泥沙淤积沿程分布

时段（月-日）	项目	小浪底—花园口	花园口—夹河滩	夹河滩—高村	高村—艾山	艾山—利津	全河	高村以上	高村以下
07-06 ~ 13	冲淤量（亿 t）	+1.55	+0.59	+1.48	+0.56	+0.13	+4.31	+3.62	+0.69
	占全河百分比（%）					3	100	84	16
08-07 ~ 10	冲淤量（亿 t）	+1.58	+1.73	+0.93	+0.62	+0.26	+5.13	+4.25	+0.88
	占全河百分比（%）					5	100	83	17

表 3-9　最大含沙量沿程变化　　　　　　　　　　（单位:kg/m³）

时间（年-月）	三门峡	小浪底	花园口	夹河滩	高村	孙口	艾山	洛口	利津
1977-07	589	535	546	405	405	227	218	216	196
1977-08	911	941	809	338	284	235	243	195	188

由于主槽的冲刷,滩地淤高,河槽的断面形态趋向窄深,河势也由散乱多股变成单股规顺。

造成高含沙洪水主槽强烈冲刷的主要原因是洪水涨水,作用在床面上的剪力增加,加之含沙量高,容重大,流体特性发生变化,因断面形态调整,水深增加,冲刷起来的泥沙很容易被输走。

由图 3-6 给出的 8 月洪水小浪底到花园口流量、含沙量及区间各站水位过程线可知,在小浪底开始涨水,含沙量猛增时,相应 8 日 2 时花园口的实测流量过程不仅不涨,反而发生降落,6 h 后实测峰谷流量为 4 600 m³/s,而随后流量发生猛涨,3.7 h 后流量增加到 10 800 m³/s,大于小浪底站的洪峰 10 100 m³/s。区间赵沟以下各水位站也出现相应的降落和猛涨的过程。由图 3-6 可见,花园口站峰前涨水过程变陡,流量涨率比小浪底站增加 4 倍,达 1 676 m³/(s·h)。

关于以上异常现象产生的原因有以下三种不同看法。

（1）浆河—溃决[3,4]。持这种看法者认为浆河的危害性大,在发生浆河河段的下游会发生较大的洪峰,即: $Q_{溃决洪峰} = KQ_{洪峰}$, K 值变化范围为 8 ~ 106。浆河发生的条件是: $\gamma_m hJ < \tau_B$,其中 γ_m 为浑水容重,h 为水深,J 为比降,τ_B 为泥浆的屈服应力。认为上述异常现象是先浆河后溃决产生的。

（2）滩地浆滞—恢复流动[5]。持这种看法者认为:1977 年 8 月的高含沙洪水漫滩后先是在花园口以上局部河段滩地上发生停滞,随后流量加大,水深增加,部分水体又重新恢复流动,在下游出现水位猛然上升、流量突然加大的现象。

（3）不是形成浆河。以下将详细讨论不是形成浆河的原因。

3.2.2　1977 年 8 月洪水能否形成浆河

根据水槽试验观测[6],只有当均质（不分选）泥浆组成的高含沙水流进入层流区后,才会出现不稳定性流动、阵流、间歇流或浆河,若是非均质泥浆,当水流条件变弱后产生分选淤积,而不会产生不稳定流动。

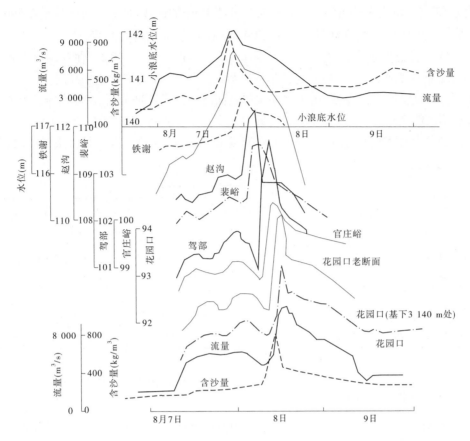

图 3-6 1977 年 8 月小浪底到花园口流量、含沙量、区间各站水位过程

要判断上述异常现象是否属于高含沙水流的不稳定流动,首先要确定洪水时泥浆的特性。在需要确定的流变参数中,主要是屈服应力 τ_B 值的选用,计算结果表明,文献[6]给出的公式计算结果与实测比较接近,如表 3-10 所示。文献[3]采用的 τ_B 值与实测值相

表 3-10 实测、计算与文献[3]采用 τ_B 值的比较

类别	沙样来源		d_{50} (mm)	$d < 0.01$ mm(%)	d_{90} (mm)	d_{95} (mm)	含沙量 (kg/m³)	τ_B (kg/m³)	d_0 (mm)	泥浆特性
方宗岱采用	室内水槽试验介质自来水		0.042	12	0.085	0.10	900	3.4	17.8	均质
实测	8 日上午花园口取黄河水样						779~925	0.336		
用费祥俊公式计算值	实测级配及含沙量	小浪底	0.105	5.9	0.30	0.39	901	0.262	1.37	均质
			0.06	9.5	0.26	0.36	540	0.042 3	0.17	非均质
			0.02	13.1	0.15	0.22	350	0.022 6	0.09	非均质
		花园口	0.105	5.9 (借用小浪底对应值)	0.30	0.39	809	0.157	0.78	均质

比偏大近10倍。由表中给出的不沉粒径 d 与悬沙中 d_{95} 的比较可知,只有含沙量在 800 ~ 900 kg/m³ 时为均质泥浆,含沙量在 500 ~ 600 kg/m³ 时均为非均质泥浆。

表 3-11 的流态判别表明,主流区在花园口站均处在紊流区。因此,在花园口以上河段不会出现全河浆河。文献[4]在论证形成浆河的条件时,没有进行流态判别。

关于在滩地上浆滞的泥沙,由洪水期实测断面滩地只淤不冲分析,淤积在滩地上的大量泥沙也不可能重新整体运动,并引起流量大幅度增加。由 8 月 8 日花园口最大流量与最大含沙量发生时间并不对应看,造成洪峰流量 10 800 m³/s 的原因不是由浆滞溃决(包括滩地)产生的。

表 3-11 1977 年高含沙量洪水主流区流态判别

站名	时间 (月-日 T 时)	流量 (m³/s)	流速 (m/s)	水深 (m)	比降 (‰)	含沙量 (kg/m³)	密度 (kg·s²/m⁴)	τ_B (kg/m²)	μ_e (kg·s/m²)	Re (×10⁵)	流态
小浪底	08-07T20	9 720	3.87	9.7	12.8	901	159	0.262	0.337	7.08	紊流
花园口	08-08T06	4 590	2.82	3.76	1.37				0.111	5.86	紊流
	08-08T10					809	153.3	0.157			
	08-08T12	8 980	3.58	5.4	3.06				0.125	9.48	紊流

3.2.3 强烈冲淤引起流量变化

在高含沙洪水中,除了低含沙洪水在传播中河道槽蓄等影响因素,泥沙强烈冲淤与洪水各部位传播速度不同,也会引起峰形的变化。在含沙量为 500 ~ 1 000 kg/m³ 时,泥沙全部淤积将使下游站水量减少 36% ~ 72%,含沙量越高,影响越大。此外,泥沙强烈冲刷也会使流量增加。

由图 3-7 给出的 1977 年 8 月洪水小浪底站和花园口站输沙率过程(考虑传播时间为 13 h)套绘发现,在涨水期,花园口以上河段发生强烈淤积,由图中给出的输沙率差 ΔQ_s,河床淤积物容重按 1.4 t/m³ 计,求出因冲淤引起的流量差值 $\Delta Q = \dfrac{\Delta Q_s}{1.4}$,按对应区间叠加到花园口实测流量过程上,得到不冲不淤状态的花园口流量过程。泥沙强烈淤积,引起流量减小,在涨水期水位发生降落,在其他场洪水中也曾多次发生,只是含沙量低,引起的水位变化小,不太引人注意。1977 年 7 月洪水中在赵沟、裴峪、驾部也发生过类似现象。

在 1977 年的两场高含沙洪水过程中,涨水期水位降落部位逐渐向下游推进。据分析,主要是前期河床断面宽浅,高含沙水流通过发生贴边淤积,造成流量沿程减小,水位降落,塑造河床部位逐渐向下游推进。

3.2.4 驾部险工水位陡涨的原因

造成 1977 年 8 月 8 日水位陡涨的原因主要是流量突然增加。由表 3-12 给出的三个水文站流量、水位变幅和每涨 1 000 m³/s 水位升值及主槽宽可以看出,其升值的大小与主

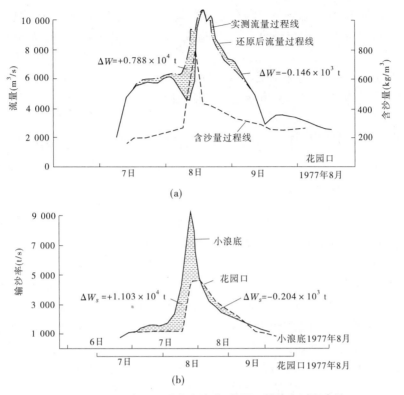

图 3-7 1977 年 8 月洪水小浪底、花园口输沙率过程套绘

槽宽有关。花园口站的上升值与其他年份资料相比并不特殊。

表 3-12 1977 年 8 月 7~8 日各站陡涨时流量、水位变幅统计

站名	流量变幅 （m³/s）	洪水涨率 （m³/h）	水位变幅 （m）	每涨 1 000 m³/s 水位升值（m）	主槽宽 （m）
小浪底	5 100~10 100	384	2.31	0.462	251~259
花园口	4 600~10 800	1 676	2.04（老基本断面） 1.42（基下 3 140 m）	0.329 0.229	433~467
夹河滩	4 600~8 000	340	0.7	0.206	1 450~1 530

此外，各站的水位涨幅还与当时的主流河势、顶冲与否有关。如表 3-12 给出的位于花园口将军坝上下游的两处水尺，相距 3 140 m，流量变幅及河宽相同，在此次洪水陡涨中水位变幅差 0.62 m。位于将军坝上游受主流顶冲的水尺涨幅 2.04 m，位于将军坝下游的水尺只涨 1.42 m，驾部水位陡涨 2.84 m，也与当时的河势有关。据当时在驾部险工负责抢险的技术负责人讲，当时黄河在南岸孤柏嘴坐死弯，形成南北横河，主流顶冲驾部险工造成水位壅高。在黄河下游其他险工处，因主流顶冲坝上下水位差 1 m 多的情况也常有发生。

3.2.5 结 论

（1）根据水槽试验观测，只有当均质泥浆组成的高含沙水流进入层流区后，才会出现

不稳定性流动、阵流、间歇流或浆河。对流态判别表明,在花园口站主流区均处在紊流区,因此在花园口以上河段不会出现全河浆河,造成洪峰流量(10 800 m³/s)大于上站的原因不是浆滞溃决。

(2)泥沙强烈淤积,引起流量减小,在涨水期水位发生降落,是造成 1977 年 8 月洪水小浪底站和花园口站洪水过程异常变化的主要原因。

3.3 1973 年、1977 年、1992 年高含沙洪水洪峰流量增大分析

3.3.1 洪峰流量沿程增大概况

高含沙洪水的异常现象主要指在黄河下游游荡型河段流量沿程增大。根据对渭河、北洛河下游窄深河道实测高含沙洪水大量实测资料分析,最大洪峰流量沿程均是减小的,没有出现过增大情况,流量的增大有特殊原因。

花园口站的洪峰流量大于小浪底站的洪峰流量,除 1977 年 8 月洪水外,还有 1973 年洪水和 1992 年洪水。1973 年高含沙洪水时的泥浆特性经初步分析仍为非均质泥浆,因此流量增大的原因也不是浆滞溃决。在游荡性河道上洪水演进本身就是一个复杂的问题,再加上高含沙洪水中沙量的沿程变化给水量平衡带来的影响,使问题更加复杂化。

当高含沙洪水连续发生或者历时较长时才出现异常,如 1973 年、1977 年、1992 年。在小浪底到花园口河段发生流量沿程增大的现象,如表 3-13、表 3-14 所示。历次洪水产生流量增大均不是由浆河、阵流形成。浆河、阵流均发生在层流区,而黄河下游河道均处在充分紊流区,因此不会出现流量成倍增加的现象。这在黄河水利委员会 1984 年上报给水利部"1977 年高含沙洪水异常现象的分析"的报告中已有明确结论[7]。

表 3-13　1973 年、1977 年高含沙洪水洪峰流量增大情况与水沙及河床前期条件

年份	洪峰序号	河段	洪水特征值统计						S_{max} (kg/m³)	S_{max} 与 Q_{max} 关系	河床形态变化
			时间 (月-日 T时:分)	Q_{max} (m³/s)	$Q_出/Q_入$	S (kg/m³)	传播时间 (h)	传播速度 (m/s)			
1977	1	龙门 潼关	07-06T17:00 07-07T06:00	14 500 13 600	0.93	575 615	13	2.80	690 616		滩淤 槽冲
	2	龙门 潼关	08-03T05:00 08-03T15:00	13 600 12 000	0.88	145 185	10	3.61	551 235		滩淤 槽冲
	3	龙门 潼关	08-06T15:00 08-06T23:00	12 700 15 400	1.21	480 911	7.5	4.81	821 911	前 8.5 h 相应	滩淤 槽冲
	1	小浪底 花园口	07-08T15:30 07-09T19:00	8 100 8 100	1.00	170 450	28.5	1.25	535 546		滩淤 槽冲
	2	小浪底 花园口	08-07T21:00 08-08T12:42	10 100 10 800	1.07	840 437	15.7	2.26	941 809	前 1 h 前 3 h	滩淤 槽冲

年份	洪峰序号	河段	洪水特征值统计						S_{max} (kg/m³)	S_{max} 与 Q_{max} 关系	河床形态变化
			时间（月-日 T 时:分）	Q_{max} (m³/s)	$Q_出/Q_入$	S (kg/m³)	传播时间 (h)	传播速度 (m/s)			
1973	1	小浪底	08-27T01:42	4 320	1.10	110	33.3	1.07	110		
		花园口	08-28T11:00	4 710	(1.00)	120			150		
	2	小浪底	08-30T00:00	3 630	1.38	360	22	1.60	509	前 22 h	滩淤
		花园口	08-30T22:00	5 020	(1.30)	230			450	前 22 h	槽冲
	3	小浪底	09-02T12:00	4 400	1.34	325	22	1.60	338	前 2 h	滩淤
		花园口	09-03T10:00	5 890	(1.27)	330			348	前 2 h	槽冲

表 3-14　1992 年 8 月洪水的传播特性流量增大情况与水沙及河床前期条件

洪峰编号	河段	月-日 T 时:分	Q_m (m³/s)	$Q_出/Q_入$	传播时间 (h)	ω (m/s)	S_{max} (kg/m³)	S_{max} 与 Q_m 关系
1	小浪底	08-10T22:00	3 430	0.81	23	1.54	192.1	后 10 h
	花园口	08-11T21:00	2 780				91.1	前 3.5 h
2	小浪底	08-12T08:00	2 930	1.11	26	1.37	193	同时
	花园口	08-13T10:00	3 260				133	后 4 h
3	小浪底	08-13T20:00	3 780	1.12	28~36	0.98~1.26	389	前 12 h
	花园口	08-15T 00:00~8:00	4 080				258	前 13.12 h
4	小浪底	08-15T16:00	4 570	1.37	28	1.26	535	前 2 h
	花园口	08-16T20:00	6 260	(1.34)			488	前 6 h

注：16 日 20:00 洪峰受区间来水 150 m³/s 的影响。

　　高含沙量洪水在游荡性河道上输送,洪峰沿程增加是高含沙量洪水所特有的。其可能是由两方面原因造成:一是泥沙强烈冲刷引起流量增大,如 1977 年 8 月 6 日龙门到潼关高含沙量洪水峰值的增大[8],是因前期高含沙洪水滩淤槽冲,河槽断面形态由宽浅变窄深,在游荡性河道比降陡的条件下,主槽产生强烈冲刷,含沙量增大引起流量加大;二是河槽形态的剧烈调整,使得洪水在运动过程中各部分水体的传播速度不同造成的峰形变化,如河床宽浅漫滩严重时洪水传播得慢,河槽塑造成窄深冲刷后传播速度加快,在一场历时较长的高含沙洪水过程中形成"后浪涌前浪",使流量有增加的趋势,在漫滩不严重时可能出现下站流量大于上站,如 1973 年、1977 年、1992 年花园口站出现的情况。

　　由以上原因而形成的流量增值因受漫滩的制约,其幅度是有限的,实测最大只有 30% 多(1973 年),因此它给防洪带来的影响有一定限度,不会产生流量成倍增加的严重局面。在高含沙洪水输送过程中因河槽极为宽浅,沿程强烈淤积会使流量减小,造成 1977 年 8 月高含沙洪水花园口的流量过程与小浪底站不适应[7]。1977 年 8 月龙门至潼关连续发生3场高含沙洪水,在前两场洪水造床作用下,形成了窄深河槽,第三场洪水在输送时发生强烈冲刷,因含沙量增大而造成潼关站洪峰流量大于龙门站。

图3-8给出1992年8月高含沙洪水期间小浪底、花园口、夹河滩三站的洪水过程线[9],在区间无来水的情况下,花园口站的最大洪峰流量达6 260 m³/s,比相应上游小浪底站的最大洪峰流量4 570 m³/s净增1 690 m³/s。这种现象在1973年的高含沙洪水过程中也曾出现过。

从图3-9给出1973年的高含沙洪水过程的沿程变化可知,这场洪水历时较长,达6~7 d。在洪水初期,沿程削峰明显,下站洪峰流量大于上站发生在洪水的后期。由流量、含沙量过程线可知,洪峰流量发生在最大沙峰534 kg/m³之后。这种表面现象与其形成过程存在着内在的联系,应首先分析洪水过程中河床条件的变化。

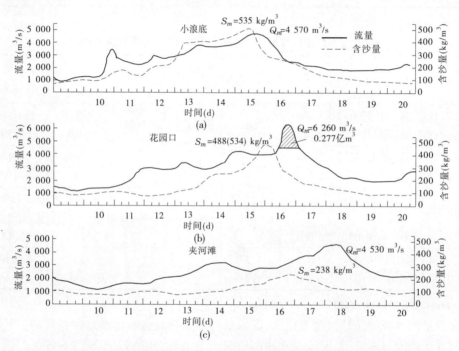

图3-8　1992年8月的高含沙洪水过程沿程变化

3.3.2　洪水期间河槽的冲淤过程

图3-10给出了花园口站流量、含沙量过程线与主槽平均河底高程和最低点的变化过程。可见,平均河底高程在高含沙洪水期间,发生了明显的冲刷,在最大洪峰流量时,河底最低,其主槽最深点刷深表现得尤为突出,在8月15日的1 d内冲刷深度达3 m。洪水过程中河床"涨冲落淤"的特性在沿程的其他断面也一样。

图3-11给出距花园口站上游近100 km的逯村水位站的水位流量变化过程,在8月15日、16日2 d内,流量4 000 m³/s水位下降2 m,主槽发生了强烈的冲刷。从高含沙洪水前后的大断面测量可知,通过滩淤槽冲,宽浅河槽变成了窄深河槽。

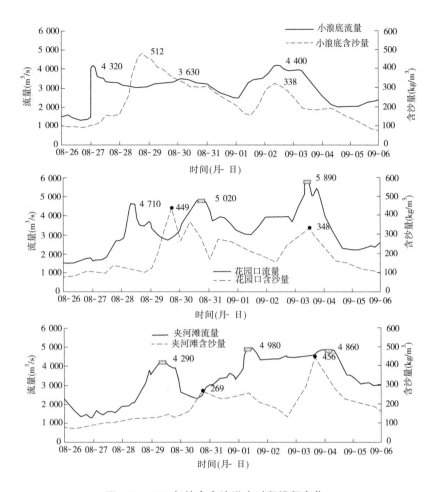

图 3-9　1973 年的高含沙洪水过程沿程变化

3.3.3　影响洪水波传播速度的因素

洪水波的传播速度 ω 与水流的平均流速及河槽形态有关,常用 $\omega = Av$ 表示。在河道较宽时水力半径可用水深代表,洪水的传播速度 ω 值与河槽形态有关,即

$$\omega = v\left(\frac{5}{3} - \frac{2}{3}\frac{R}{B}\frac{\partial B}{\partial y}\right) \tag{3-1}$$

式中:B 为水面;R 为水力半径;y 为水位;v 为断面平均流速。

由式(3-1)可知,当 $\dfrac{\partial B}{\partial y} = 0$ 时,$A = \dfrac{5}{3}$,河槽形态为矩形;当 $\dfrac{B}{R} > \dfrac{\partial B}{\partial y} > 0$ 时,$A = 1 \sim \dfrac{5}{3}$,河槽形态为三角形、抛物线形;当 $\dfrac{\partial B}{\partial y} > \dfrac{B}{R} > 0$ 时,$A < 1$,河槽形态为宽浅型。

高含沙洪水通过滩淤槽冲可以使河槽形态由宽浅型变成窄深型,使 A 值由小于 1 变成大于 1。此外,断面形态由宽浅变窄深断面,使平均水深增加,平均流速也增大,A 值增加,v 值增大,使洪水传播速度发生了较大变化。表 3-13 给出 1977 年三场洪水龙门—潼

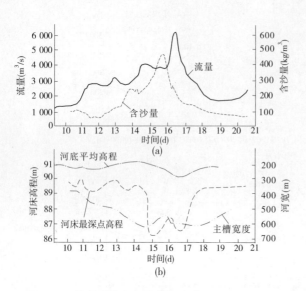

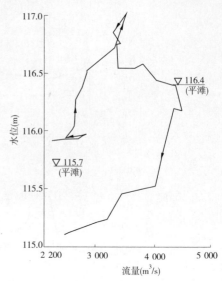

图 3-10　花园口洪水与主槽河底高程和变化过程　　图 3-11　逯村水位站的水位流量变化过程

关河段洪峰传播速度的变化表明,洪峰流量基本相同的三场洪水,其河段平均的传播速度由第一场洪水的 2.8 m/s 到第二场和第三场分别增加到 3.61 m/s 和 4.81 m/s,小浪底至花园口间的传播速度也由第一场洪水的 1.25 m/s 增加到第二场的 2.26 m/s。

3.3.4　洪峰流量沿程增大的原因

　　高含沙洪水在冲积河流上演进是一个十分复杂的问题,目前完全从理论上解释尚有一定的困难。但从高含沙洪水期间的边界条件的变化对洪水演进影响上进行深入分析,有助于对问题认识的深化。

　　就一般洪水演进的影响因素而言,造成洪峰流量沿程增大的影响因素有:①区间来水;②河槽冲刷、含沙量增加,使浑水流量增加;③测验误差;④洪水传播特性的变化引起的峰型的变化。由图 3-8 和图 3-9 给出的最大流量与含沙量间的对应关系可知,最大洪峰流量均出现在最大含沙量之后,相应最大洪峰流量时的含沙量与上站相比没有明显的增加,因此可以排除主槽强烈冲刷对洪峰增大的影响。

　　由这些场次的高含沙洪水过程可知,它们具有如下特点:①历时均比较长,或者几场高含沙洪水连续发生,如 1973 年和 1992 年 8 月的高含沙洪水历时都在 6~7 d,而 1977 年 7 月、8 月连续出现的两场高含沙洪水,含沙量均较高;②洪水期间主槽产生强烈冲刷,使得同流量水位降低;③由于前期连续几年枯水淤槽,平滩流量小,洪水位很高,漫滩范围广。

　　由以上分析可知,造成花园口站洪峰流量增大的主要原因,是洪水传播特性变化引起的洪峰变形。在洪水历时较长的过程中,由于高含沙洪水能将宽浅河槽塑成窄深河槽,因此会引起洪水过程中传播速度的变化,形成后浪赶前浪,使得原来为双峰的洪水过程演变成一个胖峰。如 1973 年的高含沙洪水花园口至夹河滩第二、三场峰型的变化。由于在洪水过程中,主槽会产生强烈冲刷,流量水位大幅度降低,前期漫滩水迅速回归主槽,形成高含沙量洪水在宽浅河道上边塑造窄深河槽,边冲刷,边水位降低,漫滩水不断向主槽内汇流的过程,因此造成花园口站洪峰流量大于上站。

3.3.5 结 论

(1)当高含沙洪水在游荡河道上连续发生时,因洪水塑造了窄深河槽,洪水的传播速度与河段输沙能力迅速提高,甚至在输送时发生强烈冲刷。

(2)洪峰流量在游荡河道上沿程增大的原因:一是泥沙强烈冲刷引起流量增大,如1977年8月6日龙门到潼关高含沙量洪水峰值的增大;二是洪水传播特性变化引起的洪峰变形所致。在洪水历时较长的过程中,由于高含沙洪水能将宽浅河道塑成窄深河槽,因此会引起洪水过程中传播速度的变化,形成后浪赶前浪,使得原来为双峰的洪水过程演变成一个胖峰。

3.4 小浪底水库投入运用后下游发生的流量增大的原因

黄河干支流河道大量实测资料表明,高含沙洪水在窄深河槽中输送时不仅输沙能力强,且没有发生洪峰流量沿程增大的情况,只有在游荡性河道输送时因河槽形态迅速调整,高含沙洪水能将宽浅河道塑成窄深河槽,才会引起洪水过程中传播速度的变化,形成后浪赶前浪,使得原来为双峰的洪水过程演变成一个胖峰,如1973年、1977年、1992年洪水。泥沙强烈冲刷引起流量增大,如1977年8月6日龙门到潼关高含沙量洪水峰值的增大过程。

当小浪底水库下泄清水时,下游河道床沙变粗,河槽阻力n值将由0.01增大到0.03~0.04,当洪峰流量突然增大时,作用在床面上的剪力增加,河床阻力突然减小,流速的增大引起槽蓄量的突然减小,使洪峰流量、水量的沿程增大,由于洪峰流量受平滩过流能力控制,所以只发展到花园口站。如2004年8月和2010年7月的两场洪水。

3.4.1 2004年8月洪水排沙期洪峰流量突然增大

黄河2004年8月下旬发生的高含沙洪水,小浪底水库出库水量为14.6亿m³,沙量为1.42亿t,最大流量为2 690 m³/s,最高含沙量为346 kg/m³,平均含沙量为104 kg/m³。这场洪水具有流量不大、含沙量高和泥沙组成很细的特点,是小浪底水库投入运用以来出库含沙量最高的洪水,也是输沙量最大的一次洪水,它在黄河下游的淤积量为0.06亿~0.14亿t,经利津入海沙量为1.29亿t,下游河道排沙比达91%~96%。除孙口站外,高含沙洪水期间的同流量水位显著降低。分析比较了2004年各场洪水的水位流量和平均河底高程变化,结果表明,同流量水位显著降低的主要原因是高含沙洪水期间河槽发生了显著的冲刷。

分析"04·8"洪水在黄河下游的冲淤和输沙特性,对于指导小浪底水库拦沙期的运用,具有重要的现实意义。

3.4.1.1 河道输沙情况

"04·8"洪水小浪底出库的水沙过程见图3-12和表3-15。2004年8月22日08:00~

31 日 20:00,三门峡水库泄放了一场最大流量为 2 960 m³/s、最大含沙量为 542 kg/m³ 的高含沙洪水过程。该次洪水 100 kg/m³ 以上含沙量持续时间达 3.1 d,出库水量为 9.22 亿 m³,沙量为 1.66 亿 t。该期间小浪底水库的库水位为 218.63 ~ 224.89 m,水库存在浑水水库,坝前浑水面为 191 ~ 203 m。受入库高含沙洪水、前期浑水水库,以及入库水流在明流段冲刷的影响,小浪底水库出库含沙量也很高。从 8 月 22 日 08:00 到 31 日 20:00,小浪底出库的最大流量为 2 690 m³/s,出库最大含沙量为 346 kg/m³。其中在第三天,为减小花园口洪峰流量、预防下游大范围漫滩,小浪底水库下泄流量控制在 1 000 m³/s 以下约 12 h,使得 9 d 多的洪水过程变为两个较为明显的洪峰过程。其中第一阶段从 8 月 22 日 08:00 至 8 月 25 日 08:00 的 3 d(72 h),第二阶段是 8 月 25 日 08:00 至 31 日 08:00 的 6 d(144 h)。两阶段的小浪底水库出库的水量分别是 4.39 亿 m³ 和 9.2 亿 m³,分别占该次洪水总水量的 32% 和 68%,第一阶段洪峰流量、含沙量都较高,第二阶段洪峰流量和含沙量较低。两阶段的最大含沙量分别为 346 kg/m³ 和 156 kg/m³。两阶段的沙量分别是 0.83 亿 t 和 0.6 亿 t,分别占总排沙量的 58% 和 42%。两阶段的平均含沙量分别为 189 kg/m³ 和 65 kg/m³。该次洪水期间,含沙量大于 100 kg/m³ 的时间约 1.83 d(44 h),小浪底水库补水约 4.7 亿 m³,水库出库水量为 13.59 亿 m³,沙量为 1.42 亿 t,平均含沙量为 104 kg/m³,水库的排沙比为 89%。“04·8”洪水期间,小花间支流伊洛河和沁河加水仅 1.25 亿 m³,没有加沙。

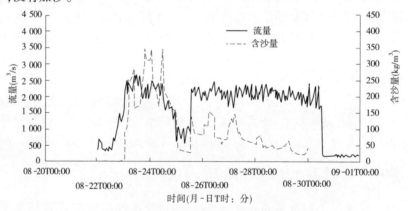

图 3-12 “04·8”洪水小浪底水库出库水沙过程线

表 3-15 “04·8”洪水水沙特征统计

项目		径流量 (亿 m³)	输沙量 (亿 t)	历时 (h)	平均流量 (m³/s)	平均含沙量 (kg/m³)	最大流量 (m³/s)	最大含沙量 (kg/m³)
三门峡		9.22	1.66	228	1 123	180	2 960	542
小浪底	第一阶段	4.39	0.83	72	1 696	189	2 690	346
	第二阶段	9.20	0.60	144	1 775	65	2 430	156
	合计	13.59	1.43	216	1 748	105	2 590	352
小黑武		14.85	1.43	216	1 910	96	2 790	

注:小黑武的最大流量根据小浪底的最大流量和黑石关、武陟的流量计算。

将"04·8"洪水作为一个整体,用等历时法计算冲淤量。表3-16是用等历时法(9.5 d)和考虑了洪水的传播,统计出的"04·8"洪水各站的实测输沙量和冲淤量。"04·8"洪水全下游淤积0.14亿t,其中花园口以上和孙口—艾山两个河段计算呈冲刷,其他河段呈淤积。由于缺少引水实测资料,表中没有计算引沙量,这使计算的淤积量存在计算偏大的可能。尽管如此,就进入下游的总沙量1.42亿t而言,全下游淤积0.14亿t,仅占来沙量的9.8%,相对淤积量不大。

河道淤积的严重程度还可以用相对指标——河段排沙比来反映。"04·8"洪水期间,整个下游的沙量法排沙比约90.8%,其中高村以上河段的排沙比为98.2%,高村以下河段的排沙比为92.5%,艾山—利津河段的排沙比为87%。

由于缺少实测引水资料,引沙量是按照如下方法考虑的:如果下站的水量小于上站,则认为水量差的90%为引水量(另10%为蒸发和区间河道下渗量),而引水的含沙量按上、下站的平均含沙量计算。按照这种方法计算的整个下游的淤积量为0.06亿t。可见,"04·8"洪水期间,有1.42亿t的泥沙进入下游,有1.29亿t的泥沙被输送到利津。按全下游淤积0.06亿t、河道排沙比为96%来衡量,"04·8"洪水对下游河道造成的淤积都不严重。从表3-16中给出的下游各站平均含沙量沿程变化情况可知,小浪底至孙口含沙量虽然在沿程减少,但孙口站平均含沙量达84.4 kg/m^3。由于大汶河加水4.3亿m^3,艾山站的平均含沙量降为75.3 kg/m^3,利津站最大含沙量为146 kg/m^3,平均含沙量为66.8 kg/m^3,仍较清水冲刷形成的入海含沙量15~20 kg/m^{3}高得多,由此可见,黄河下游河道存在很强的输沙能力。

表3-16 "04·8"洪水下游各河段冲淤量计算结果(不考虑引水引沙量)

站名	开始时间(月-日 T时)	结束时间(月-日 T时)	历时(d)	径流量(亿m^3)	输沙量(亿t)	平均含沙量(kg/m^3)	河段冲淤量(亿t)	2 000 m^3/s 水位差(m)
小浪底	08-22T08	08-31T20	9.5	13.67	1.42	105		
黑石关	08-22T08	08-31T20	9.5	0.85				
武陟	08-22T08	08-31T20	9.5	0.47			-0.10	
小黑武			9.5	14.99	1.42	95		
花园口	08-23T14	09-02T02	9.5	16.44	1.52	92		-0.22
夹河滩	08-24T02	09-02T14	9.5	16.66	1.41	85	0.11	0.194
高村	08-24T10	09-02T22	9.5	16.40	1.40	85	0.02	-0.061
孙口	08-24T18	09-03T06	9.5	15.52	1.31	84.4	0.09	0.316
艾山	08-25T00	09-03T12	9.5	19.77	1.49	75.3	-0.18	-0.085
泺口	08-25T11	09-03T23	9.5	19.03	1.38	72.5	0.11	-0.056
利津	08-25T22	09-04T10	9.5	19.30	1.29	66.8	0.09	0.012
合计							0.14	

表3-16给出的2 000 m³/s同流量水位统计表明,"04·8"洪水除夹河滩、孙口两站洪峰前后2 000 m³/s水位有所升高外,其他各站同流量水位均有不同程度下降,一般下降0.1 m左右,说明河床产生明显冲刷。

从非恒定流清水定床时水位流量关系为逆时针、同流量水位峰后高于峰前分析,在冲积河床上,同流量水位略有抬升,河床不一定发生淤积。从该场洪水夹河滩站测流断面,水面宽近似相等时平均河底高程变化冲深0.31 m(见表3-17),孙口站平均河底高程变化冲深0.10 m(见表3-18)说明,单纯用水位变化判定河床冲淤有一定局限性,因为只有河槽发生了强烈冲刷,才能使同流量水位明显降低。

表3-17　夹河滩站"04·8"洪水近似水面宽的平均河底高程变化　　（单位:m）

时间（月-日 T 时）	水面宽	平均河底高程	平均河底高程变化
08-20T09:39	636	74.48	−0.26
09-08T09:13	624	74.22	
08-17T09:00	489	73.99	−0.06
09-17T10:07	494	73.93	

表3-18　孙口站"04·8"洪水平均河底高程变化　　（单位:m）

时间（月-日 T 时）	水面宽	平均河底高程	水位变化
08-25T14:39	503	46.35	−0.16
08-26T09:03	503	46.19	
08-26T17:03	494	46.05	0.07
08-30T08:54	496	46.12	

把"04·8"洪水对过流能力的影响与2004年其他场次的洪水进行比较,点绘2004年各场洪水的水位流量关系,限于篇幅,此处仅以艾山站为例说明(见图3-13)。可见,"04·8"洪水与前期调水调沙时各场洪水相比同流量水位最低,其他各站的水位流量关系与艾山站变化情况相同,只有孙口站各场洪水水位流量关系变化不明显。以上分析说

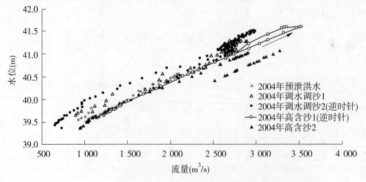

图3-13　艾山站2004年各场洪水水位流量关系

明"04·8"洪水在黄河下游河道输送中基本上没有发生淤积,高含沙洪水被顺利输送入海。

3.4.1.2 洪水洪峰流量突然增大情况

从表 3-19 给出的 2004 年 8 月洪水下游各站流量和含沙量过程可知,这场洪水流量沿程增加产生的原因与以往是不同的。因没有漫滩,小浪底至花园口洪峰流量由 2 690 m³/s 增大到 3 990 m³/s,高村站的最大洪峰流量为 3 820 m³/s,且沙峰前起涨阶段水量沿程增大,由花园口站的 0.92 亿 m³,到夹河滩站增加到 1.56 亿 m³,到高村站增加到 1.82 亿 m³。图 3-14、图 3-15 给出了高村站以上流量和含沙量过程线的沿程变化。为什么小浪底至花园口洪峰流量突然增大? 为什么高村以上河段水量沿程增大?

表 3-19　2004 年 8 月洪水第一阶段涨水期水量统计

站名	起涨时刻 (月-日 T 时:分)	峰现时刻 (月-日 T 时:分)	起涨流量 (m³/s)	洪峰流量 (m³/s)	最大含沙量 (kg/m³)	起涨阶段水量 (亿 m³)	洪峰滞后沙峰时间 (h)
小浪底	08-22T12:36	08-23T08:36	351	2 690	346	0.69	15.4
花园口	08-23T14:00	08-24T00:48	743	3 990	359	0.92	18
夹河滩	08-24T02:00	08-24T19:00	740	3 830	258	1.56	16
高村	08-24T10:00	08-25T07:00	758	3 820	199	1.82	25
孙口	08-24T18:00	08-25T19:36	951	3 930	179	2.15	36.4
艾山	08-25T00:00	08-26T05:54	1 230	3 520	177	2.64	24.9
泺口	08-25T11:00	08-26T14:54	1 260	3 330	152	2.24	49.1
利津	08-25T22:00	08-27T10:00	1 160	3 200	146	2.90	46

注:部分站的洪峰流量为按最大流量统计。

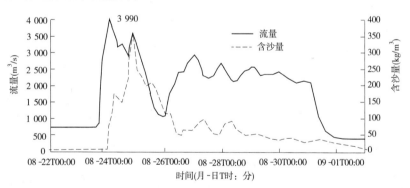

图 3-14　2004 年 8 月花园口站流量、含沙量过程线(整编资料)

小浪底水库 1999 年投入运用后到 2004 年底,黄河下游河道全线发生冲刷,全河共冲刷 6.52 亿 m³,其中高村以上的游荡河段冲刷 5.22 亿 m³。流量 2 000 m³/s 水位,花园口站下降 1.5 m,夹河滩、高村站分别下降 0.73 m 和 1.19 m,艾山、利津次之,均下降 0.65 m。由于长期冲刷,花园口以上河段平滩流量大于 5 000 m³/s,伊洛河口以上大于 7 000 m³/s,花园口至高村平滩流量也有 4 000 m³/s,使得这场洪水基本没有漫滩。高村站的最大洪峰流量达 3 820 m³/s,表明了高村以上河段平滩的过流能力。

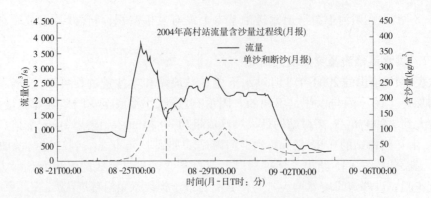

图 3-15 2004 年 8 月高村站流量、含沙量过程线（月报）

2004 年 8 月洪水是在小浪底水库投入运用后,下游河道经长期清水冲刷,床沙组成粗化,河床阻力增加的条件下发生的[1]。1999 年汛后下游各河段床沙中值粒径均在 0.05 mm 左右,2004 年 7 月花园口以上粗化最为明显,中值粒径由原来的 0.061 mm 增大为 0.272 mm。床沙粗化导致河床阻力增加,尤其在花园口以上河段最为明显,1999 年 10 月到 2003 年 10 月,白鹤—官庄峪、官庄峪—花园口两河段糙率分别由 0.013 和 0.012 增大至 0.042 和 0.025;花园口—夹河滩河段变化也较大,中值粒径由 0.07 mm 左右增加到 0.15 mm,夹河滩—高村河段由 0.06 mm 增加到 0.11 mm,高村以下变幅较小,自上而下由 1999 年汛后的 0.05 mm 左右增加到 0.06 ~ 0.09 mm。

表 3-20 给出了 2004 年 8 月洪水期间花园口站实测流量成果,洪峰前后糙率由 0.028 ~ 0.022 变化到 0.011 ~ 0.018。

表 3-20 "04·8"洪水花园口实测流量成果

时间 （月-日 T 时:分）	流量 （m³/s）	断面面积 （m²）	平均流速 （m/s）	最大流速 （m/s）	水面宽 （m）	最大水深 （m）	水面比降 （‰）	糙率	平均 含沙量 （kg/m³）
08-23T21:21	3 190	1 170	2.73	3.48	395	5.2			
08-24T03:00	3 840	1 930	1.99	3.04	575	6.2	6.2	0.028	93.5
08-24T06:33	3 280	1 690	1.94	3.26	575	5.3	5	0.024	168
08-24T17:33	3 020	2 290	1.32	3.41	815	8	2.2	0.022	316
08-25T07:06	2 500	1 710	1.46	2.58	445	5.4	1.2	0.018	206
08-25T15:27	1 260	1 230	1.02	1.62	435	5.4	1.6	0.025	194
08-26T08:30	2 140	1 270	1.69	2.53	435	6	0.8	0.011	60.3
08-27T09:48	2 280	1 590	1.43	2.31	445	6	1	0.018	87.7
08-29T09:03	2 300	1 370	1.68	2.78	435	5	1.6	0.016	50.4

---

[1] 小浪底水库运用六年来水库淤积和下游河道冲刷情况,泥沙信息参阅,国际泥沙研究培训中心,2007 年第 1 期(总第 4 期),2007。

3.4.1.3 阻力大幅度减小引起流量增大

"04·8"洪水产生流量增大的主要原因,可能是小浪底水库泄水流量突然增大,作用在床面上的剪力增加,使得河床形态由枯水时形成阻力大的沙浪夷为平整状态,阻力大幅度减小,水流流速突然增大,引起槽蓄量的减小,导致洪峰流量与水量的沿程增大。由于洪峰流量沿程变化受平滩的过流能力的控制,洪峰流量在花园口站以下没有增大显现出:与高村站以下河段因动床阻力的变化引起假潮现象形成的机理相同,都是由于动床阻力的变化所致。

黄河下游河道高村站以下河段动床阻力的变化经常发生假潮现象[10],图 3-16 给出了高村站以下河段假潮现象引起的沿程水位变化过程。d_{50} 在 0.1 mm 处于最容易起动的区域。分析图 2-19 给出利津的流量与 n 值的关系可知,流量小于 400 m^3/s 时,n 值最大达 0.015 ~ 0.026,主要是床面形态阻力较大所致。流量在 400 ~ 1 100 m^3/s 时,床面形态处于不稳定状态,n 值的变化范围最大,最大达 0.026,最小仅 0.006,这是假潮现象发生的区域。

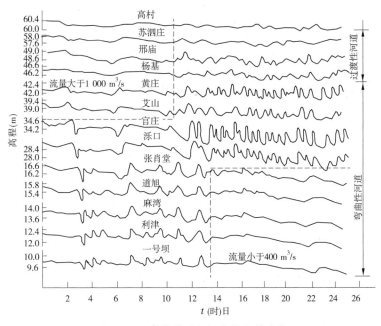

图 3-16　高村站以下河段假潮的变化

根据三门峡水库下泄清水及小浪底水库下泄清水期,黄河下游河道床沙 D_{50} 由 0.1 mm 变粗到 0.2 ~ 0.3 mm,河槽阻力将由 0.01 增大到 0.03 ~ 0.04,在极细沙组成的高含沙洪水来临时,因流量突然增大,引起作用在床面上的剪力增加,使得河床形态由枯水清水期时形成阻力大的沙浪夷为平整状态,阻力大幅度减小,流速的增加,引起槽蓄量减小是造成花园口以上河段洪水洪峰流量与洪量增大的主要原因。又由于高含沙洪水来临时水流比重大,必然会挤压河槽中的清水,使下泄流量增大。以河槽流量 1 500 m^3/s 为例,当曼宁系数由 0.03 突然减小到 0.015 时,水流平均流速由 1 m/s 增加到 2 m/s,相应过水面积也会由 1 500 m^2 减小到 750 m^2,由此会引起槽蓄量的变化与释放。

由此分析花园口水量大于小黑武的水量也是可能的。若有部分主流区床面进入动平整状态,河床阻力突然降低,则会出现与花园口站水量相比,上站相对增加的情况发生。花园口—夹河滩河段变化也同样,但受平滩过流能力的控制,在本河段流量没有发生沿程增大。

3.4.2　2010 年 7 月洪水排沙期洪峰流量突然增大

3.4.2.1　调水造峰出库水沙概况

2010 年调水造峰自 6 月 18 日 11 时开始,至 7 月 8 日结束,历时共 20 d。期间,小浪底水库出库水量 52.81 亿 m^3、排沙 0.51 亿 t,加上这期间黑石关和武陟的水量 1.36 亿 m^3,则进入下游的水量为 54.17 亿 m^3。但考虑到洪水在下游演进过程中沙峰“滞后”于洪峰,将计算结束时间延长 2.9 d,延长到 22.9 d,即小浪底计算结束时间为 7 月 11 日 09:12,这 22.9 d 小浪底水库泄水 56.02 亿 m^3,排沙量仍为 0.51 亿 t。

小浪底水库的平均流量和平均含沙量分别为 2 831 m^3/s 和 9.09 kg/m^3,最大流量和最高含沙量分别为 3 980 m^3/s(6 月 29 日 20:00)和 288 kg/m^3(7 月 4 日 19:12)。水库排沙全部集中在 7 月 4 日 12:05 至 7 月 11 日的 7.3 d 内,先后 2 次排沙,两场沙峰含沙量分别为 288 kg/m^3 和 193 kg/m^3,泄水 4.09 亿 m^3,相应平均含沙量为 46.82 kg/m^3,其中 7 月 4 日 12:05 至 7 月 6 日 12:00 排沙最为集中,共排沙 0.48 亿 t,平均含沙量为 241 kg/m^3,即水库 95% 的排沙集中在这两天内。图 3-17 给出了小黑武流量及含沙量过程线。

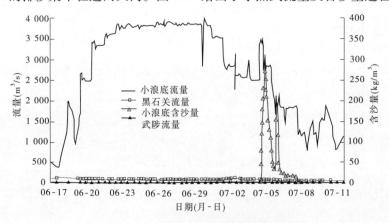

图 3-17　小黑武流量及含沙量过程线

3.4.2.2　洪水在下游演进过程中的“异常”现象

和“04·8”洪水、“05·7”洪水及“06·8”洪水相似,2010 年调水调沙洪水在下游的演进过程中,发生了小浪底—花园口洪峰流量增大和沙峰“滞后”于洪峰的“异常”现象。

3.4.2.3　小浪底—花园口洪峰流量增大

小浪底水库于大约 7 月 4 日 12:00 开始排沙,在这之前的 7 月 1~4 日,将出库流量由 3 860 m^3/s 减小到 2 830~2 550 m^3/s。在 7 月 4 日小浪底水库出现较大流量 3 490 m^3/s,7 月 4 日 19:00 出现第一次沙峰 288 kg/m^3;这期间小浪底—花园口加水的流量不超过 86 m^3/s,则排沙时段小黑武的总洪峰流量为 3 575 m^3/s,洪水在小浪底—花园口演进过程中发生流量沿程增大的现象,演进到花园口站时,洪峰流量增大了 3 100 m³/s,增大为 6 680 m³/s,增幅近 100%。排沙时段小黑武和花园口的流量及含沙量过程线见图 3-18。

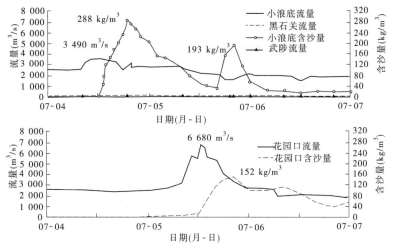

图 3-18　小黑武和花园口流量、含沙量过程线

但洪峰流量增大的现象仅发生在小浪底—花园口区间。花园口站出现 6 680 m³/s 的洪峰流量后,在花园口以下演进的过程中洪峰不断明显坦化,相应夹河滩、高村、孙口、艾山、泺口和利津的洪峰流量分别为 5 290 m³/s、4 700 m³/s、4 510 m³/s、4 450 m³/s、4 370 m³/s 和 3 900 m³/s。也就是说,花园口以下河段未发生洪峰流量增大的现象。

3.4.2.4　沙峰不断"滞后"于洪峰

在排沙时段,小浪底水库于 7 月 4 日 12:00 出现最大流量 3 490 m³/s,沙峰在其后的 7.2 h 出现。洪水在下游(不限于花园口以上河段)的演进过程中,沙峰不断"滞后"于洪峰(见图 3-19),在花园口、夹河滩、高村、孙口、艾山、泺口和利津站,沙峰"滞后"于洪峰的时间分别为 7.4 h、14.6 h、16.3 h、33.0 h、32.9 h、45.7 h 和 55.0 h。也就是说,利津站的沙

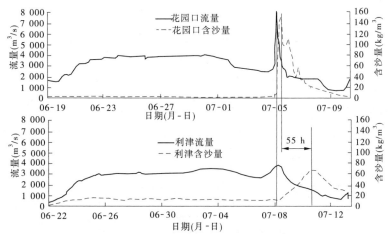

图 3-19　水沙过程线反映的沙峰"滞后"现象

峰"滞后"于洪峰的时间约为花园口站的 7.4 倍。表 3-21 给出了排沙时段的洪水特征值统计。

表 3-21 表明,在黄河下游花园口到利津沿程沙峰"滞后"于洪峰的时间不断地延长,是由于前期河槽中低含沙量洪水流量大,槽蓄量大,洪水在河道演进过程中自然形成。如果前期河床是枯水,流量很小,则不会产生上述现象。

表 3-21　2010 年调水造峰洪水排沙时段的洪水特征值统计

水文站	洪峰流量 (m³/s)	洪峰出现时间	沙峰 (kg/m³)	沙峰出现时间	沙峰滞后时间(h)
小浪底	3 490	7 月 4 日 12 时 00 分	288	7 月 4 日 19 时 12 分	7.2
黑石关	85				
武陟	0.2				
小黑武	3 575.2				
花园口	6 680	7 月 5 日 12 时 36 分	152	7 月 5 日 20 时 00 分	7.4
夹河滩	5 290	7 月 6 日 01 时 25 分	105	7 月 6 日 16 时 00 分	14.6
高村	4 700	7 月 6 日 12 时 42 分	90	7 月 7 日 05 时 00 分	16.3
孙口	4 510	7 月 7 日 00 时 00 分	83.2	7 月 8 日 09 时 00 分	33.0
艾山	4 450	7 月 7 日 05 时 06 分	80.9	7 月 8 日 14 时 00 分	32.9
泺口	4 370	7 月 7 日 16 时 18 分	85.1	7 月 9 日 14 时 00 分	45.7
利津	3 900	7 月 8 日 07 时 00 分	67	7 月 10 日 14 时 00 分	55.0

3.4.2.5　洪水在下游河道中的输送与冲淤

为区别对待清水时段和排沙时段,将整个过程划分为前 15.6 d(清水时段)和后 7.3 d(排沙时段)两个阶段,分别计算其在下游各河段的冲淤过程,见图 3-20。

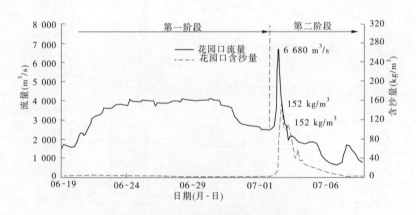

图 3-20　花园口流量和含沙量过程线

表 3-22 为两个阶段的历时、水量和沙量统计。两个阶段小浪底水库泄水量分别为

表 3-22 两个时段的历时、水量和沙量统计

阶段	水文站	开始时间	历时 (d)	水量 (亿 m³)	沙量 (亿 t)	平均流量 (m³/s)	平均含沙量 (kg/m³)
第一阶段	小浪底	6 月 18 日 11 时 36 分	15.6	45.15	0	3 350	0
	黑石关	6 月 19 日 01 时 36 分	15.6	1.17	0	87	
	武陟	6 月 19 日 01 时 36 分	15.6	0	0	0	
	小黑武	6 月 18 日 11 时 36 分	15.6	46.31	0	3 436	0
	花园口	6 月 19 日 01 时 36 分	15.6	45.65	0.10	3 387	2.19
	夹河滩	6 月 19 日 13 时 36 分	15.6	46.15	0.19	3 424	4.16
	高村	6 月 19 日 23 时 36 分	15.6	42.26	0.23	3 136	5.51
	孙口	6 月 20 日 09 时 36 分	15.6	40.25	0.29	2 986	7.23
	艾山	6 月 20 日 13 时 36 分	15.6	38.87	0.32	2 884	8.33
	泺口	6 月 20 日 23 时 36 分	15.6	39.05	0.36	2 897	9.13
	利津	6 月 21 日 09 时 36 分	15.6	36.35	0.42	2 697	11.63
第二阶段	小浪底	7 月 4 日 02 时 00 分	7.3	10.87	0.51	1 724	46.82
	黑石关	7 月 4 日 16 时 00 分	7.3	0.33	0	52	
	武陟	7 月 4 日 16 时 00 分	7.3	0	0	0	
	小黑武	7 月 4 日 02 时 00 分	7.3	11.20	0.51	1 776	45.44
	花园口	7 月 4 日 16 时 00 分	7.3	11.38	0.43	1 804	37.89
	夹河滩	7 月 5 日 04 时 00 分	7.3	11.15	0.40	1 769	35.57
	高村	7 月 5 日 14 时 00 分	7.3	10.44	0.31	1 656	30.03
	孙口	7 月 6 日 00 时 00 分	7.3	10.34	0.32	1 639	30.61
	艾山	7 月 6 日 04 时 00 分	7.3	10.74	0.32	1 702	29.48
	泺口	7 月 6 日 14 时 00 分	7.3	11.36	0.34	1 801	30.09
	利津	7 月 7 日 00 时 00 分	7.3	10.96	0.29	1 738	26.29
合并	小浪底	6 月 18 日 11 时 36 分	22.9	56.02	0.51	2 831	9.09
	黑石关	6 月 19 日 01 时 36 分	22.9	1.50	0	76	0
	武陟	6 月 19 日 01 时 36 分	22.9	0	0	0	0
	小黑武	6 月 18 日 11 时 36 分	22.9	57.52	0.51	2 907	8.85
	花园口	6 月 19 日 01 时 36 分	22.9	57.03	0.53	2 882	9.31
	夹河滩	6 月 19 日 13 时 36 分	22.9	57.31	0.59	2 896	10.27
	高村	6 月 19 日 23 时 36 分	22.9	52.71	0.55	2 664	10.37
	孙口	6 月 20 日 09 时 36 分	22.9	50.59	0.61	2 557	12.01
	艾山	6 月 20 日 13 时 36 分	22.9	49.61	0.64	2 507	12.91
	泺口	6 月 20 日 23 时 36 分	22.9	50.41	0.70	2 548	13.86
	利津	6 月 21 日 09 时 36 分	22.9	47.31	0.71	2 391	15.03

45.15 亿 m³ 和 10.87 亿 m³;第一阶段水库未排沙,第二阶段排沙量为 0.51 亿 t。从平均含沙量沿程变化看,第一阶段含沙量沿程不断增加,平均含沙量由花园口的 2.19 kg/m³ 增加到利津的 11.63 kg/m³;第二阶段的平均含沙量则是沿程不断减小的,平均含沙量由小浪底的 46.82 kg/m³ 减小到利津的 26.29 kg/m³。但从整个过程的平均含沙量看,沿程平均含沙量仍是增加的,由小浪底的 9.09 kg/m³ 增加到利津的 15.03 kg/m³。

　　表 3-23 给出了根据实时水情资料采用等历时沙量法计算的两个阶段沿程各河段的冲淤量,从洪水"涨冲落淤"的角度看,第一阶段由于处于涨水期,且流量大,为清水下泄,沿程各河段均表现为冲刷,总冲刷量为 0.49 亿 t;第二阶段由于处于落水期,流量小而含沙量大,沿程各河段必然多为淤积,与含沙量大小关系不明显,共淤积 0.18 亿 t,小浪底—利津的排沙比只有 57%。由于第一阶段的冲刷量大于第二阶段的淤积量,沿程各河段基本上发生冲刷,小浪底—利津仍表现为净冲刷,总冲刷量为 0.31 亿 t,排沙比为 140%。

表 3-23　下游各河段冲淤量计算结果

河段	冲淤量(亿 t)		
	第一阶段	第二阶段	合并
小浪底—花园口	−0.10	0.08	−0.02
花园口—夹河滩	−0.09	0.03	−0.06
夹河滩—高村	−0.06	0.06	0
夹河滩—孙口	−0.07	−0.01	−0.08
孙口—艾山	−0.04	0	−0.04
艾山—泺口	−0.03	−0.03	−0.06
泺口—利津	−0.09	0.04	−0.05
合计	−0.49	0.18	−0.31

3.4.2.6　洪水在下游的水位表现

　　将第二阶段涨水期的水位流量关系与 2008 年、2009 年调水造峰洪水涨水期的水位流量关系套绘时相比,发现当流量为 3 000 m³/s 时,2010 年调水造峰洪水的同流量水位均比 2008 年、2009 年的调水造峰洪水的低,见表 3-24。

表 3-24　近 3 年黄河下游各水文站 3 000 m³/s 同流量水位变化　　　(单位:m)

年份	花园口	夹河滩	高村	孙口	艾山	泺口	利津
2008	92.23	75.47	62.06	47.97	40.74	30.12	12.89
2009	92.31	75.38	61.87	47.61	40.74	30.20	12.79
2010	92.10	75.24	61.64	47.73	40.70	29.86	12.75

注:表中均采用首场洪水涨水期的同流量水位。

3.4.2.7　近年历次同类洪水统计

　　从表 3-25 和表 3-26 给出的 5 场高含沙洪水流量增大情况看,各次洪水流量增大存在共同的特点:均是在造峰后期,异重流排沙形成的高含沙洪水造成河床冲刷,使河床沙浪形态阻力迅速减小,流速突然增大,引起槽蓄量的减小,槽蓄水量突然释放造成的洪峰流量沿程增大。2010 年 7 月洪水出现的问题与 2004 年 8 月洪水出现的问题属于同一类。

表 3-25 历次发生"异常"现象的异重流排沙洪水统计

洪水		"04·8"	"05·7"	"06·8"	"07·7"	"10·7"
年份		2004	2005	2006	2007	2010
洪水序号		1	2	3	4	5
花园口开始时间(月-日 T 时)		08-23T14	07-06T08	08-03T08	07-29T08	07-04T02
历时(d)		9.5	9.88	5.05	11	7.3
小浪底	水量(亿 m³)	13.67	8.59	6.97	20.02	10.87
	沙量(亿 t)	1.42	0.41	0.25	0.459	0.51
	含沙量(kg/m³)	103.88	47.73	35.87	22.93	46.82
	Q_{max}(m³/s)	2 590	2 330	2 230	2 380	3 490
	S_{max}(kg/m³)	346	152	303	177	288
小浪底至花园口区间	支流流量(m³/s)	200	55	110	1 890	86
	支流水量(亿 m³)	1.64	0.469	0.480		0.542
花园口	水量(亿 m³)	16.66	10.31	7.36	26.71	11.38
	沙量(亿 t)	1.53	0.32	0.16	0.364 2	0.43
	含沙量(kg/m³)	91.84	31.04	21.74	13.64	37.89
	Q_{max}(m³/s)	4 150	3 640	3 360	4 160	6 680
	S_{max}(kg/m³)	368	87	138	47.3	152
小花间洪峰增值	绝对量(m³/s)	1 360	1 255	1 020		3 104
	相对量(%)	49	53	44		87
利津	水量(亿 m³)	19.3	11.83	7.68	25.48	10.96
	沙量(亿 t)	1.29	0.34	0.2	0.449 3	0.29
	含沙量(kg/m³)	66.84	28.74	26.04	17.63	26.29
	Q_{max}(m³/s)	3 200	2 910	2 380	3 690	3 900
	S_{max}(kg/m³)	146	55.9	59.2	39.3	67
花园口至利津排沙比(%)		84	106	125	123	67
河段冲淤量(亿 t)	小浪底—花园口	−0.11		0.09	0.094 4	0.08
	花园口—夹河滩	0.11	−0.007	−0.01	0.016 2	0.03
	夹河滩—高村	0.02	0.002	0.02	−0.003 2	0.06
	高村—孙口	0.09	−0.021	−0.05	−0.062 7	−0.01
	孙口—艾山	−0.18	0.021	0.01	−0.012 9	0
	艾山—泺口	0.11	−0.016	−0.01	−0.006 1	−0.03
	泺口—利津	0.09	−0.047	0	−0.026	0.04
	小浪底—利津合计	0.13	−0.07	0.04	0	0.18
	花园口—利津	0.24	−0.07	−0.05	−0.094 4	0.10

表 3-26 历次发生"异常"现象的异重流排沙峰滞后洪峰时间变化　　　（单位:h）

洪水	"04·8"	"05·7"	"06·8"	"07·7"	"10·7"
小浪底	15.4	10.0			7.2
花园口	18.0	8.6	7.8	8.9	7.4
夹河滩	16.0	8.8	10.0	16.0	14.6
高村	25.0	10.8	15.5	18.0	16.3
孙口	36.4	24.0	24.7	19.7	33.0
艾山	24.9	20.0	26.9	11.0	32.9
泺口	49.1	28.0	36.0	24.4	45.7
利津	46.0	36.0	44.3	31.0	55.0

注:1. 考虑到花园口以上有西霞院水库,计算排沙比以花园口—利津为主;

2. "07·7"洪水期间小花间估计也发生了洪峰增值(因为峰型发生了显著变化),但由于小花间支流加水较大,具体增加的具体数值难以确切计算;

3. "07·7"洪水小浪底站的沙峰滞后时间可能不准确,仅供参考。

洪水在裴峪以上河段 7 月 5 日以后水位普遍比调水造峰期间低流量 4 000 m³/s 水位降低[11],而在 7 月 7 日早上在伊洛河口以下的枣树沟开始漫滩削峰,估计此时的最大流量洪峰可能大于 7 500 m³/s,因经过漫滩削峰后,花园口站在 7 月 7 日 12 时实测最大洪峰还有 6 680 m³/s。洪水在裴峪以上河段水位普遍降低的原因是在长期清水冲刷后,河床粗化形成沙浪,阻力较大,水流流速缓慢,河槽槽蓄量大,高含沙洪水冲刷能力强,作用在河床上的剪力增大,沙浪被移平,阻力大幅度减小,槽蓄水量迅速释放,形成更大的洪峰流量。如果不漫滩,在河槽输送还不致引起大家的关注,这与高村以下河段产生的假潮现象产生的机制完全一样。当流量一定时,如果河床阻力减小一半,流速则增大一倍,河槽的过水面积将减小一半。因此,造成河槽中的流量愈大,释放的水量愈多,对洪水流量增长的影响愈大。这与 2004 年 8 月洪水产生异常现象的原因是相同的。

3.4.3　结　论

（1）小浪底水库投入运用后,2004 年 8 月洪水进入下游的沙量为 1.4 亿 t,它在黄河下游河道的总淤积量为 0.06 亿~0.14 亿 t,河道排沙比达 91%~96%,河道输沙能力很强,对黄河下游河道淤积的影响很小。

（2）比较"04·8"洪水和本年前几场洪水的同流量水位,除孙口站的同流量水位和 2004 年调水调沙的第一场洪水相近外,其他水文站的同流量水位几乎都显著低于前几次洪水的同流量水位,主要是高含沙洪水期间河槽发生了剧烈冲刷,说明"04·8"洪水对黄河下游河道的过流能力没有产生不利影响。

（3）从"04·8"洪水在黄河下游河道的输沙情况可知,小浪底水库应充分利用洪水排沙,才能充分利用下游河槽"多来多排"的输沙特性多排沙入海,在黄河下游河道治理中具有现实重要意义。

（4）小浪底水库下泄清水期间,下游河道床沙变粗,河槽阻力 n 值将由 0.01 增大到

0.03～0.04,当洪峰流量突然增大时,作用在床面上的剪力增加,河床阻力突然降低,流速增大引起的槽蓄量的突然减小,使洪峰流量、水量沿程增大,由于洪峰流量受平滩过流能力的控制,所以只发展到花园口站。

（5）在黄河下游沿程花园口到利津站,沙峰"滞后"于洪峰的时间由 7.4 h 延长至 55.0 h。也就是说,利津的沙峰"滞后"于洪峰的时间是花园口站的 7.4 倍。这是由于前期河槽中低含沙量洪水流量大,槽蓄量大,洪水在河道演进过程中自然形成。

（6）洪水输送是非恒定的,高含沙洪水在游荡性河道上输送,因为河槽形态与河床阻力的迅速变化,均会引起洪水传播速度的变化与河槽槽蓄量变化,进而引起流量的增大。1973 年、1977 年、1992 年发生的洪水是前者,2004 年 8 月与 2010 年 7 月花园口发生的 6 680 m³/s 洪水属于后者。

（7）为了防止类似的情况发生,今后调水造峰后不要立即排沙搞水沙接搭,要控制到下游河道流量小于 500 m³/s 时水库再排沙。只有这样才不会造成洪峰流量沿程增大,影响防洪安全。

参 考 文 献

［1］钱意颖,杨文海,赵文林,等．高含沙均质水流基本特性［C］//北京国际高含沙水流学术讨论会论文,1985.
［2］齐璞．黄河高含沙量洪水的输移特性及其河床的形成［J］．水利学报,1982(8):34-43.
［3］方宗岱,等．浆河形成规律的初步探讨［R］．郑州:黄河水利委员会水科所,1977.
［4］方宗岱．黄河防洪的特殊问题［J］．中国水利,1983(5):5-6.
［5］许文为．黄河下游河道高含沙水流［J］．水文,1982(3).
［6］黄河水利委员会水科所,等．高含沙水流室内试验研究［R］．郑州:黄河水利委员会水科所,1978.
［7］齐璞,赵业安,等．1977 年黄河下游高含沙洪水的输移与演变分析［J］．人民黄河,1984(4):1-8.
［8］三门峡库区水文实验总站．关于 1977 年 7、8 月三次洪水峰值初步订正及有关问题的分析［R］．三门峡:三门峡库区水文实验总站,1978.
［9］齐璞,等．1992 年 8 月高含沙洪水在黄河下游的输移与演变分析［J］．人民黄河,1993(8):1-5.
［10］王益良,王义安,齐华林．黄河下游假潮现象［J］．泥沙研究,1984(3):39-51.
［11］翟家瑞．对 2010 年汛初黄河调水调沙的思考［J］．人民黄河,2010(9):1-2.

第4章 黄河下游河道输沙潜力

4.1 黄河高含沙水流的阻力

黄河中下游干支流经常出现的高含沙洪水,给防洪带来一些问题[1],但若能合理利用其很强的输沙能力,对解决黄河下游的泥沙问题具有重要的现实意义[2]。为此,需要研究黄河高含沙水流的阻力特性。以往高含沙水流的阻力特性研究,主要利用室内水槽试验[3-6]。但是,室内试验有一定的局限,试验水深较浅,试验所用泥浆的黏性又与天然高含沙水流的黏性相似,这就造成大部分试验测点都处在层流区和过渡区,而充分紊流区和粗糙区的测点不多。天然河道中的高含沙水流由于水深较大,故均处于充分紊流区和粗糙区,与试验情况有很大差别。因此,综合分析室内和野外的实测资料,有助于正确认识高含沙水流的阻力特性。

4.1.1 高含沙水流阻力特性的表达形式

决定高含沙水流阻力的因素,主要是流体性质、运动状况与河床边界条件。由细颗粒泥沙组成的浑水,其阻力损失与其结构的破坏状况有着密切的关系。黄河高含沙水流可以用宾汉模式描述。其阻力规律一般常用有效黏度 μ_e 定义的雷诺数 Re_m 或刚度系数 η 定义的雷诺数 Re_η,分别与阻力系数 λ_m 建立关系表达式。如图4-1所示,图中各参数表达

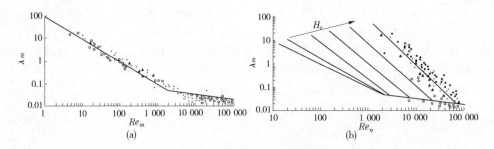

图4-1 高含沙水流阻力特性

式如下

$$Re_m = \frac{\rho v 4R}{\mu_e} \qquad \lambda_m = \frac{8gRJ}{v^2}$$

$$\mu_e = \eta + \frac{\tau_B H}{2v} \qquad Re_\eta = \frac{\rho v 4R}{\eta}$$

式中:τ_B 为屈服应力;ρ 为浑水密度;R 为水力半径;v 为平均流速;H 为水深。

由图4-1(a)可见,用有效雷诺数 Re_m 表达时,在层流区是一条直线,而由图4-1(b)可

见,用刚度系数定义的雷诺数 Re_η 表达时,在层流区是以 $H_e = \rho\tau_B(4R)^2/\eta^2$（式中 H_e 为赫氏数）为参数的一组直线。造成这种差别的主要原因是层流区浑水结构的影响,应该用 μ_e 表示其黏性。由此可见,在层流区用 Re_m 与 λ_m 建立关系较为合适,可得到单一的关系。

当流态由层流区过渡到紊流区,随着边界附近剪切力的增强,浑水结构受到严重的破坏,由结构形成的 τ_B 对阻力损失的影响大幅度减弱,甚至不起作用。此时,若再用 Re_m 去描述此区的阻力规律,点绘 $Re_m \sim \lambda_m$ 关系曲线时,见图4-1（a）,会出现过渡区测点落在清水光滑线下方的“减阻”现象。若用 Re_η 为横坐标点绘这部分测点,则测点落在清水光滑线的两侧,“减阻”现象不存在（见图4-2）。

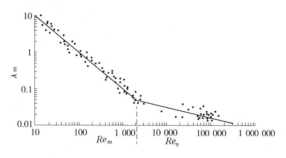

图4-2　不同流区的阻力

同样,在管道高浓度输送中也有类似的情况,当用 Re_m 描述紊流区的阻力规律时,阻力系数不仅与 Re_m 有关,还与管径粗细有关;而用刚度系数定义的雷诺数表示时,却可组成单一的相关关系[7]。根据 E. J. 瓦斯普在管道设计中的实践经验,用刚度系数定义雷诺数,既方便（因 η 值容易确定）,又足够安全。因此,在层流区用有效黏度定义雷诺数,在紊流区用刚度系数定义雷诺数,这样来表达其阻力特性较为合适。

4.1.2　影响黄河高含沙水流阻力计算精度的因素

4.1.2.1　流速测验精度

水文站使用的流速仪都是在清水中率定的。流速仪清浑水对比试验表明[8],清水中检定的流速仪公式用于浑水流速测验时,随着含沙量的增大流速偏小,含沙量越高误差越大。

表4-1列出采用55型旋杯流速仪的试验结果。由表中给出的数字来看,含沙量越大,流速越小,造成的误差越大。试验用沙为 $d_{50} = 0.042$ mm,小于 0.01 mm 的细颗粒占 13% 左右,与黄河高含沙洪水的泥沙组成相近。由于黄河所用流速仪型号较多,目前还不能进行全面改正,故在实测资料分析中,需要考虑由此产生的影响。

4.1.2.2　水深在断面上分布不均匀对阻力计算的影响[9]

在黄河游荡河段,河槽极为宽浅,水深在断面上分布很不均匀,采用曼宁公式计算全断面综合阻力时,常出现阻力特别小的情况,这除与黄河下游河道阻力特性固有的原因有关外,还与水深在断面上分布很不均匀有关。由表4-2给出的曼宁糙率可知,无论高、低含沙水流,全断面的糙率均小于主槽或滩地的糙率,且多数滩地的糙率小于主槽的糙率,这种不合理现象是由曼宁公式 $V = 1/nH^{2/3}J^{1/2}$ 计算断面综合阻力引起的。由于比降和流速是实测值,当用断面平均水深参加计算时,流量与水深的高次方关系没有得到真实的反映,因此计算出的 n 值偏小。断面越宽浅,水深在断面上分布越不均匀,滩槽水深相差越大,采用全断面平均水深计算 n 值偏小越多。

表 4-1　清浑水流速测验试验结果比较

含沙量 (kg/m³)	类别	每秒流速仪转数				
		0.5	1.0	2.0	3.0	4.0
0	流速(m/s)	0.351	0.694	1.38	2.066	2.752
420	流速(m/s)	0.371	0.719	1.414	2.109	2.804
	误差(%)	5.7	3.6	2.5	2.1	1.9
659	流速(m/s)	0.382	0.734	1.438	2.142	2.846
	误差(%)	8.8	5.8	4.2	3.7	3.4
870	流速(m/s)	0.417	0.772	1.481	2.190	2.989
	误差(%)	18.8	11.2	7.3	6.0	5.3
1 060	流速(m/s)	0.473	0.828	1.538	2.248	2.958
	误差(%)	34.8	19.3	11.4	8.8	7.5

注:表中误差(%)的计算公式为 $(V_浑 - V_清)/V_清$。

表 4-2　1977 年花园口站主槽、滩地、全断面糙率 n 值比较

编号	测验时间 (月-日 T 时:分)	全断面			主槽		滩地		$n_实$	K	P
		Q (m³/s)	S (kg/m³)	n	Q (m³/s)	n	Q (m³/s)	n			
1	07-08T06:20~09:55	6 330	65.4	0.006 7	3 860	0.008 7	2 470	0.007 0	0.008 5	0.213	1.23
2	07-08T16:08~19:00	5 610	97.8	0.006 7	3 820	0.009 7	1 790	0.007 0	0.009 4	0.290	1.43
3	07-09T14:10~16:40	7 390	387	0.011	5 510	0.012 8	1 880	0.013 2	0.013 7	0.197	1.27
4	08-08T12:10~16:40	10 800	438	0.008	8 980	0.015	1 850	0.009 4	0.014 6	0.453	1.85
5	08-08T15:10~16:15	9 690	420	0.008	9 540	0.012	153	0.013 6	0.013 0	0.384	1.66

注:表中,$K = (n_实 - n_全)/n_实 = (1 - \frac{1}{P})$,$P = \sum_{i=1}^{n} H_i^{1.67}\Delta B_i/(BH_{cp}^{1.67})$。

　　只有在河道的断面形态接近矩形时,用上述方法计算得出的 n 值才接近实际。从图 4-3 可知,随着 P 值的增加,全断面平均 n 值偏小百分数 K 值增大;在比值为 1.0,即断面形态为矩形时,计算出全断面的 n 值才不偏小。在黄河下游河道的实测资料中,有时出现 n 值仅为 0.006~0.007,比玻璃水槽阻力还小的反常情况,如表 4-2 中的 1、2 测次,全断面的 n 值仅为 0.006 7。造成这类现象除与比降的精度、河势变化等因素有关外,计算方法不尽合理也是造成误差的一个主要原因。根据每条测深垂线的实测水深与垂线平均流速计算得出 1、2 测次的 $n_实$ 分别为 0.008 5 和 0.009 4,较 0.006 7 分别大 27% 和 40%。因此,在工程计算中应区别不同情况,避免因断面概化不尽合理,使得计算出的全断面 n 值大幅度偏小的现象发生。

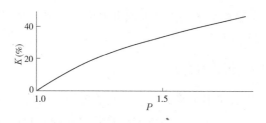

图 4-3　全断面平均 n 值偏小百分数 K 值与断面形态关系

4.1.2.3　河道实测水深与流速关系

由曼宁阻力公式可知,在比降相同时,水深与流速的关系相同,预示着糙率 n 值相等。

通过对黄河干支流水文站实测断面平均水深与平均流速关系的分析,在含沙量变幅为 $0 \sim 943$ kg/m³,流量变幅为 $100 \sim 10\,500$ m³/s,水深变幅为 $1 \sim 10.2$ m 的情况下,看不出含沙量的高低对水深与流速关系的明显影响。从图 4-4 中的点群关系来看,三门峡站点群比较集中,含沙量变化对流速大小的影响不明显。但小浪底站和花园口站的点群略显分散,多数高含沙量测点流速值偏小。但考虑到天然河道中高含沙水流流速测验偏小的影响,可以认为高、低含沙水流的水深与流速关系基本相同。

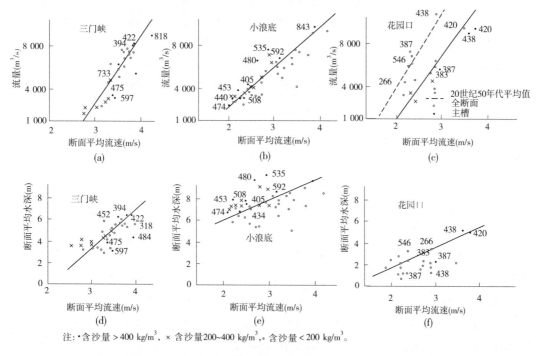

注:·含沙量 > 400 kg/m³, × 含沙量 $200 \sim 400$ kg/m³,○ 含沙量 < 200 kg/m³。

图 4-4　三门峡、小浪底和花园口站流量、水深与流速关系

在天然河道中,洪峰的暴涨暴落是造成水深与流速关系分散的主要原因。涨(落)水期的正(负)附加比降的变化是造成相同水深(或流量)的流速偏大(偏小)的原因。在黄河干支流上常出现附加比降超过河床纵比降的情况。由曼宁公式可知,当比降相差 1 倍、n 不变时,相同水深时的流速将相差 41%。在比降等边界条件相同时,清、浑水水深与流速的关系相同,表示能量损失率相同。若用水头表示,则清、浑水的水头损失值相等。这

是因为在重力明流中,尽管浑水水流损失的能量大于清水水流的,但浑水水流因容重增大而引起的势能增大又与其相适应。

4.1.3 黄河高含沙水流阻力特性

由图 4-2 给出的雷诺数与阻力系数 λ_m 的关系可知,在光滑紊流区随着雷诺数的增加,λ_m 值逐渐减小。因此,要确定 λ_m 值则要先计算雷诺数,而且在阻力平方区,还要给出相对粗糙度,使用起来不够方便。目前多习惯于用曼宁公式进行水力计算,这时阻力系数便可改成

$$n = \sqrt{\lambda_m} R^{1/6} 2 \sqrt{2g}$$

从水槽试验资料与河道实测资料点绘的 n 值与雷诺数关系来看(见图 4-5)。当 Re_m 大于 6 000 时,n 值为常数,与雷诺数变化无关,只取决于床面状况。文献[3]、[4]的水槽试验研究成果也表明,在粗糙区阻力系数只与相对粗糙度有关,与雷诺数无关。由于黄河实测点据均处在充分紊流区,当水深与流速关系相同时,即可利用低含沙水流实测的 n 值进行高含沙水流的水力计算。小浪底站为卵石河床,实测高含沙洪水与低含沙洪水的 n 值比较结果(见表 4-3)表明,低含沙洪水的 n 值略小于高含沙洪水的 n 值(与平均值差 5%),但考虑到高含沙水流流速测验时会造成流速偏小,可认为高、低含沙水流的 n 值相等。这样,当流量相近时,便可利用低含沙洪水的 n 值代替高含沙水流的 n 值进行水力计算,这将给实际工作带来很多方便。

表 4-3 小浪底站高含沙洪水与低含沙洪水曼宁 n 值比较

高含沙洪水						低含沙洪水					
时间 (年-月-日)	Q (m^3/s)	S (kg/m^3)	H (m)	V (m/s)	n	时间 (年-月-日)	Q (m^3/s)	S (kg/m^3)	H (m)	V (m/s)	n
1977-08-07	5 420	268	7.5	2.93	0.036	1982-08-01	7 450	56.5	8.1	3.48	0.038
1977-08-07	5 120	324	7.5	2.74	0.041	1982-08-01	7 220	56.5	7.4	3.66	0.036
1977-08-07	6 910	592	8.6	3.10	0.043	1982-08-01	6 230	56.5	7.1	3.35	0.038
1977-08-07	9 720	843	9.7	3.87	0.042	1982-08-02	9 400	55.0	8.6	4.05	0.036
1977-08-08	6 550	356	8.9	2.91	0.049	1982-08-02	9 290	55.0	9.2	3.76	0.041
1977-08-08	4 590	405	7.5	2.43	0.045	1982-08-02	7 710	55.0	8.6	3.40	0.039
1973-08-28	3 110	440	7.2	2.19	0.041	1982-08-02	5 150	69.1	7.9	3.03	0.038
1973-08-28	3 520	508	7.8	2.32	0.037	1982-08-03	5 660	91.1	7.6	2.84	0.041
1973-08-28	2 880	324	7.8	2.53	0.036	1982-08-03	4 790	99.6	7.0	2.72	0.037
1973-09-02	4 150	313	7.7	2.30	0.040	1982-08-04	4 150	82.0	7.1	2.37	0.041
						1982-08-04	3 550	82.0	6.6	2.29	0.040
						1982-08-05	2 970	66.4	7.2	2.01	0.043
平均					0.041						0.039

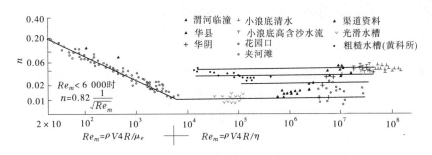

图 4-5　高含沙水流的雷诺数与曼宁 n 值关系

4.1.4　黄河高含沙水流阻力计算

河道中输送的高含沙水流,由于水深较大,一般均在充分紊流区,Re_m 大于 10^6,故 n 值与 Re_m 无关,只要选定的 n 值合理,就可取得精度可靠的计算成果。从水槽试验和引洛东干渠输送高含沙水流的实践可知,只有控制流态在紊流区,才能保证高含沙水流的顺利输送[5]。根据 E. J. 瓦斯普给出的宾汉体层、紊流过渡流速的计算方法[7],对于明渠水流,过渡流速的计算公式为

$$V_k = \sqrt{\frac{Re_m}{8}} \sqrt{\frac{\tau_B}{\rho}}$$

当过渡雷诺数给定后,则可根据流体的 τ_B、ρ 值确定 V_k 的值。由图 4-5 可知,当 $Re_m >$ 6 000 时,阻力规律与流体浑水结构无关。考虑一定的安全度,可取过渡区的 $Re_m =$ 10 000。在黄河泥沙平均组成为 $d_{50} = 0.036$ mm,$d < 0.01$ mm 占 21% 的情况下,不同含沙量的临界流速如表 4-4 所示。从表 4-4 还可以看出,当河床比降为 1‰时,H_k 值随着含沙量的增加而增加,当含沙量大于 800 kg/m³ 时,H_k 值增加变快,这说明,在上述泥浆的流变参数情况下,适宜输送的含沙量上限为 800 kg/m³。当输送的泥沙组成改变引起流变参数变化时,适宜输送的含沙量上限也将改变,这时就需要进行具体计算。

表 4-4　不同含沙量时的临界流速 V_k 值与相应输送条件

$S(\mathrm{kg/m^3})$		500	600	700	800	900	1 000	1 100
$\rho(\mathrm{kg \cdot s^2/m^4})$		133.5	139.6	145.8	157.0	159.0	165.1	171.2
$\tau_B(\mathrm{kg/m^2})$		0.055	0.100	0.182	0.331	0.601	1.09	2.10
$\eta(\times 10^{-3}\mathrm{kg \cdot s/m^2})$		0.43	0.54	0.69	0.93	1.35	2.1	4.0
$V_k(\mathrm{m/s})$		0.716	0.945	1.25	1.64	2.17	2.87	3.91
$H_k(\mathrm{m})$	1‰	0.80	1.21	1.84	2.76	4.20	6.39	10.2
	2‰	0.473	0.72	1.09	1.64	2.50	3.80	6.04
$q_k(\mathrm{m^2/s})$	1‰	0.31	1.14	2.30	4.52	9.11	18.3	39.9
	2‰	0.34	0.679	1.36	2.69	5.42	10.9	23.6

当断面十分宽浅,滩地流速远小于表 4-4 中的 V_k 值时,水流进入层流状态,阻力增加,造成滩地的大量淤积,形成高含沙洪水塑造窄深河槽的现象,其结果使断面形态改变。因

此,在河道泄流能力实际计算时,可以不予考虑滩地的过流能力,只计算主槽的过流能力。

4.1.5 结 论

(1)在黄河游荡河段,河槽极为宽浅,当用曼宁公式计算全断面综合阻力时,有时出现 n 值仅为 0.006 ~ 0.007,比玻璃水槽阻力还小的反常情况。这主要是因为水深在断面上分布很不均匀,当采用曼宁公式用断面平均水深反算糙率时,流量与水深的高次方关系没有得到真实的反映。

(2)水槽试验资料与河道实测资料表明,黄河高含沙洪水均处于充分紊流区,当流量相近时,便可利用低含沙洪水的 n 值代替高含沙水流的 n 值,进行黄河高含沙水流的水力计算。

(3)高含沙水流的运动不存在减阻的问题,以往在过渡区出现减阻现象是由于选择的雷诺数的表达形式不合理。

4.2 黄河下游河道的输沙潜力

河道的输沙能力主要受水流条件控制。在天然河流中,河道的输沙特性与河槽形态关系密切的主要原因是河槽形态决定某一级流量水流条件的强弱,从而决定了河道的输沙特性。河道的输沙能力在实测资料范围内,自然无可置疑。但也可通过对水流输沙情况的充分论证,说明河道具有的输沙潜力。本书将通过对本河段实测输沙特性[10]、含沙浓度对泥沙悬浮的影响及对流速分布的影响,与相似河流的输沙资料分析与计算,多方面论证黄河下游河道的输沙潜力。

4.2.1 窄深河槽的输沙特性

黄河中游的主要支流渭河、北洛河下游,是具有窄深河槽的弯曲性河流,与艾山以下河道河型相同。表4-5 给出的三条河流的特性表明,艾山以下河道的比降、河槽形态、平滩流量与渭河相近,北洛河的平滩流量最小,河槽最窄深。三条河流的河槽型态相同,均随着流量的增加,B/h 值减小。这与宽浅河道随着流量的增加,B/h 值增加的变化规律不同。

表 4-5 黄河山东河道与渭河、北洛河特性

河名	河段	比降(‰)	$\sqrt{B}/h$	平滩流量(m³/s)
黄河	艾山—利津(282 km)	1	3 ~ 6	4 000 ~ 6 000
渭河	临潼—潼关(165 km)	0.57 ~ 4	3 ~ 6	3 000 ~ 5 000
北洛河	洛 17—朝邑(87 km)	1.62 ~ 5	2 ~ 3	500 ~ 1 000

表4-6 所列为渭河、北洛河的高含沙洪水的实测资料,最大含沙量为 600 ~ 1 010 kg/m³,泥沙组成 d_{50} 一般为 0.04 ~ 0.06 mm,$d < 0.01$ mm 的含沙量占 10% ~ 20%。当洪水时段最大流量,渭河大于 1 500 m³/s,北洛河大于 300 m³/s 时,洪水前后主槽会产生

0.2～3.2 m 的强烈冲刷,渭河和北洛河的冲刷距离分别达 165 km 和 87 km,即全河段均可产生冲刷。河段的排沙比为 90%～120%,甚至流量更小的高含沙洪水仍可在上述窄深河槽中顺利输送。

表 4-6　渭河、北洛河高含沙量洪水的水沙条件与输沙特性

河流名称	时段（年-月-日）	来水来沙情况					河道冲淤与输沙比				说明
		最大流量（m³/s）	最大日平均流量（m³/s）	最大含沙量（kg/m³）	大于400 kg/m³ 历时（h）	d_{50}（mm）	$d<0.01$ mm 的含沙量（%）	主槽冲淤深度（m）	冲刷长度（km）	输沙比（%）	
渭河	1977-07-05～13	5 550	4 120	690	43	0.04～0.06	15～20	−2.5	165	97	主槽冲淤值取华县500 m³/s 流量时的水位差
	1964-08-12～17	3 970	1 999	670	120	0.03～0.04	14～22	−0.4	165	108	
	1964-07-16～21	3 120	1 870	600	30	0.05～0.06	12～22	−0.5	165	120	
	1970-08-02～10	2 930	2 250	800	24	0.03～0.04	17～25	−0.32	165	104	
	1975-07-24～08-01	2 290	1 350	645	30	0.03～0.05	10～40	−0.25	165	100	
北洛河	1975-07-28～31	2 190	1 120	725	32	0.04～0.05	15～19	−1.31	87	90	主槽冲淤值取邑朝站河底均高程差
	1971-08-17～20	1 100	504	885	79	0.04～0.06	10～20	−1.13	87	96	
	1977-07-06～08	3 070	1 080	850	60	0.04～0.06	10～16	−3.16	87	112	
	1969-07-30～08-02	1 290	504	880	81	0.04	8～16	−0.51	87	120	
	1973-08-25～09-03	765	380	860	130	0.04～0.05	10～17	−1.63	87	123	
	1977-08-06～09	800	298	1 010	84	0.04	10～16	−0.64		100	

由图 4-6 给出的渭河下游最大流量仅 1 300 m³/s 的高含沙洪水的含沙量过程线的沿程变化可知,在水深为 3～4 m,比降仅 0.5‰的情况下,经过几十千米,甚至 100 km 的河道后,最大含沙量均在 800 多 kg/m³,上下站间的过程没有明显变化,表现出窄深河槽的输沙特性。

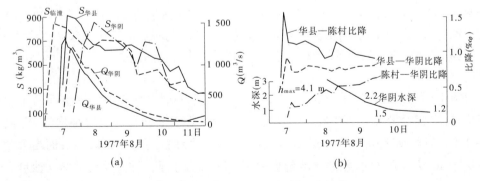

图 4-6　渭河高含沙洪水过程线沿程变化

图 4-7 给出北洛河、渭河下游三门峡、潼关以下河段及艾山以下河段窄深河槽的输沙特性。比降为 0.3‰ ~ 2‰,单宽流量为 2 ~ 6 m³/s,含沙量范围为 100 ~ 800 kg/m³,上游站与下游站间含沙量相关成 45°线表明,含沙浓度在窄深河槽中输送无变化,窄深河槽具有极大的输沙能力。

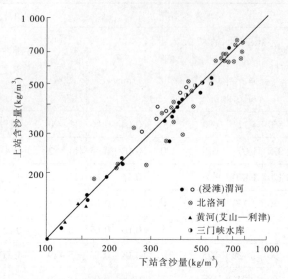

图 4-7　窄深型(矩形)河槽的输沙特性

4.2.2　含沙量变化对含沙浓度垂线上分布特性的影响

水流中含沙量的增大,细颗粒含量的增加,一方面引起流体黏性增加,另一方面使流体容重增大[2],因而会使粗颗粒的沉速大幅度降低,甚至形成不分选泥浆。从黄河主要干支流,黄河下游花园口、夹河滩、高村、孙口、艾山、泺口,渭河下游华县、华阴与北洛河下游朝邑 9 个水文站,共 96 组次实测流量、输沙率原始记录资料可知,在泥沙组成 d_{50} = 0.03 ~ 0.10 mm 时,相对水深为 0.2 与 0.8 的测点含沙量的比值 $K_s = S_{0.2}/S_{0.8}$ 与断面平均含沙量间的变化情况表明,当含沙量在 200 kg/m³ 以下时,尽管水流的 Fr 很大,达 0.2 以上,但含沙量在垂线上分布仍不均匀,K_s 值只有 0.4 ~ 0.9,详见图 4-8。绘制图 4-8 的全部资料列入表 4-9,包括实测流量(Q)、断面平均水深(h)、平均流速(v)、平均含沙量(S)、相对水深为 0.2 与 0.8 时的测点含沙量比值(K_s)与相应的测点流速比值(K_v)、断面平均的水流弗劳德数(Fr)、悬沙平均粒径(d_{50})、实测垂线数与总测点数(线/点),可供进一步分析研究。

由图 4-8 可知,在含沙量小于 200 kg/m³ 时,K_s 值为 0.4 ~ 0.9,含沙量在垂线上分布很不均匀;在含沙量大于 300 kg/m³ 以后,含沙量在垂线上分布却变得很均匀,K_s 值为 0.9 ~ 1.0。当含沙量为 200 kg/m³、K_s = 0.6 时,底部含沙量约为 333 kg/m³;而当含沙量为 300 kg/m³、K_s = 0.9 时,底部含沙量也为 333 kg/m³。由此可见,垂线平均含沙量虽然由 200 kg/m³ 增加到 300 kg/m³,但底部含沙量增加并不明显,显示出黄河高含沙水流特性。

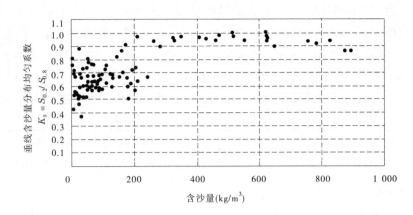

图 4-8   相对水深分别为 0.2 与 0.8 时测点含沙量比值 K_s 与含沙量关系

造成上述悬沙分布特性的主要原因是水流中含沙量的增加,引起流体的黏性大幅度增大和容重增加及水流紊动的共同作用结果。其中流体性质的变化对输移悬浮的影响可用下列方法分析。

沉速选用斯托克斯公式,则清、浑水的相对沉速可写成

$$\frac{\omega_0}{\omega_s} = \frac{\gamma_s - 1}{\gamma_s - \gamma_m}\mu_r \tag{4-1}$$

式中:ω_0 和 ω_s 分别为泥沙颗粒在清水和浑水中沉速;γ_s 和 γ_m 分别为泥沙颗粒的比重和浑水的容重;μ_r 为浑水的刚度系数 η 和清水的黏滞系数的比值。随着含沙量的增加,μ_r 值增大,颗粒在浑水中的沉速大幅度降低。当 $d_{50} = 0.036$ mm,$d < 0.01$ mm 的含沙量占 20%(相当于黄河平均泥沙组成)时,计算给出平均泥沙组成和实测悬沙组成 μ_r 值的变化和平均泥沙组成的含沙量与 ω_0/ω_s 值间的关系,见表4-7。

表 4-7   含沙量对沉降特性的影响

含沙量 (kg/m^3)	0	100	200	300	400	500	600	700	800	说明
μ_r	1.0	1.49	2.08	2.74	3.48	4.32	5.40	6.93	9.33	(平均泥沙组成)
ω_0/ω_s	1.0	1.55	2.25	3.09	4.10	5.32	6.97	9.38	13.4	

从表中给出的计算成果可知,随着含沙量的增加,ω_0/ω_s 值增大,颗粒在浑水中的沉速大幅度降低,当含沙量为 300 kg/m^3 时,浑水中沉速仅是清水中沉速的 1/3;当含沙量为 700 kg/m^3 时,为 1/10,这使得粗颗粒泥沙在高含沙水流中更容易悬移。以上计算分析结果与图 4-8 给出的实测垂线含沙量分布特性随含沙量的变化规律一致,均说明含沙量的增加会使泥沙颗粒沉速降低,含沙量在垂线上分布更均匀,输沙更容易。

4.2.3   含沙量为 200 kg/m^3 左右时泥沙输送最困难

从表4-8给出的黄河下游艾山、泺口水文站实测含沙量粒径在断面上的分布可知,在

平均含沙量为 200 kg/m³ 时,临近河床底部的最大含沙量可达 300 kg/m³ 以上,此区的泥沙组成也较粗,d_{cp} 达 0.04 ~ 0.05 mm,较断面平均粒径 0.03 ~ 0.04 mm 粗。由表 4-8 给出的山东河道平均含沙量 200 kg/m³ 时垂线分布特性可知,表层只有 130 ~ 140 kg/m³,底层达 300 kg/m³,相差一倍。因此,引起水流黏滞性在垂线上分布的不均匀性,用公式计算的结果表明,表层与底层的刚度系数相差近一倍,由此必然会造成流速分布特性的变化。

表 4-8　实测含沙量粒径在断面上分布情况

站名	时间 (年-月-日)	Q (m³/s)	h (m)	V (m/s)	含沙量(kg/m³)			粒径(mm)		
					平均	表层	底层	平均	表层	底层
艾山	1973-09-05	3 000	3.13	2.40	200	140	300	0.038		
	1977-08-11	3 670	3.89	2.32	180	130	300	0.036	0.02	0.05
泺口	1973-09-07	2 900	4.73	2.09	149	110	250	0.031	0.02	0.05
	1977-07-13	4 700	6.40	2.39	208	160	350	0.041		
	1977-08-12	2 780	4.24	2.17	167	130	270	0.029		

　　图 4-9 是根据上述黄河水文站 96 组实测资料(见表 4-9)点绘的相对水深为 0.2 与 0.8 的测点流速比值 $K_V = V_{0.2}/V_{0.8}$ 与含沙量间的点群关系。图 4-9 表明,在含沙量小于 200 kg/m³ 时,随着含沙量增加,K_V 值增大。K_V 值由清水时的 1.4 到含沙量 200 kg/m³ 时增长到 1.8。含沙量大于 200 kg/m³ 时,随着含沙量增加,K_V 减小,在含沙量为 300 ~ 900 kg/m³ 变幅内,平均 K_V 值为 1.4,与清水时 K_V 值相同。K_V 值在含沙量为 200 kg/m³ 时最大,说明此时的流速在垂线上分布最不均匀,与钱宁[5]、张瑞瑾的研究成果[11],在含沙量为 200 kg/m³ 时,卡门常数 K 值最小一致。若平均流速相同,作用在床面附近的流速值最小,而在含沙量大于 300 kg/m³ 以后,垂线含沙量均匀分布与流速均匀分布的一致性,说明 K_V 值变化主要是含沙量分布特性造成的。以上分析表明,若以作用在床面附近流速大小分析,含沙量为 200 kg/m³ 时底部流速最小,作用在床面上功率小,输送的水流条件最为不利。

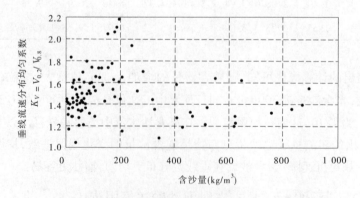

图 4-9　相对水深分别为 0.2 与 0.8 时测点流速比值 K_V 与含沙量关系

表4-9 黄河河道实测含沙量、流速测点资料

序号	河名	站名	时间(年-月-日)	Q (m³/s)	z (m)	h (m)	v (m/s)	S (kg/m³)	$V_{0.2}$ (m/s)	$V_{0.8}$ (m/s)	K_V	$S_{0.2}$ (kg/m³)	$S_{0.8}$ (kg/m³)	K_s	F_r	d_{cp} (mm)	线/点
1	渭	华县	1964-07-07	440	334.85	1.52	1.51	264	2.05	1.35	1.519	269	286	0.940 6	0.153 1	0.025 2	9/21
2		华县	1964-07-07	268	334.67	1.41	1.10	172	1.63	1.06	1.538	149	164	0.908 5	0.087 6	0.035	17/49
3		华县	1964-07-15	634	335.27	1.56	1.94	158	3.04	1.75	1.737	152	175	0.868 6	0.246 2	0.03	10/26
4		华县	1964-07-18	2 260	336.28	2.73	1.87	624	2.45	1.99	1.231	597	627	0.952 2	0.130 7	0.057 6	11/31
5		华县	1964-08-14	3 530	327.44	7.00	2.26	626	3.14	2.44	1.287	616	638	0.965 5	0.074 5	0.079 9	11/31
6		华县	1970-08-04	998	338.02	2.61	1.76	282	2.59	1.53	1.693	271	299	0.906 4	0.121 1	0.029 3	10/28
7		华县	1970-08-28	668	336.53	2.53	1.49	460	1.96	1.48	1.324	448	471	0.951 2	0.089 5	0.046	8/20
8		华县	1973-07-21	512	337.29	1.65	1.35	516	1.63	1.35	1.207	506	515	0.982 5	0.112 7	0.051 9	12/42
9		华县	1973-08-19	803	338.41	2.19	1.23	624	1.58	1.32	1.197	618	631	0.979 4	0.070 5	0.061 3	16/26
10		华县	1973-08-28	2 880	340.7	1.25	1.02	431	1.76	1.49	1.181	440	458	0.960 7	0.084 9	0.046 5	32/49
11		华县	1975-07-30	1 150	337.4	5.9	1.18	343	1.65	1.51	1.093	340	348	0.977	0.024 1	0.034	8/24
12		华县	1975-09-21	1 440	337.97	4.42	1.35	207	1.984	1.73	1.15	203.4	209	0.972 7	0.042 1	0.022 2	11/23
13		华县	1977-07-08	1 400	336.7	2.82	1.73	409	2.01	1.58	1.272	406	419	0.969	0.108 3	0.039	11/41
14		华县	1977-08-07	1 260	335.24	2.72	2.41	873	2.64	1.9	1.389	820	943	0.869 6	0.217 9	0.106	10/30
15		华县	1977-08-30	108	333.28	1.91	0.87	552	1.25	0.76	1.645	537	564	0.952 1	0.040 4	0.038	8/20
16	河	华阴	1963-05-15	621	327.65	2.45	1.97	19.5	2.18	1.71	1.275	14.1	26.5	0.532 1	0.161 6	0.041 3	7/25
17		华阴	1963-05-21	1 380	329.06	3.45	2.50	34	3.18	3.04	1.046	27.4	41.3	0.663 4	0.184 9	0.036 9	6/21
18		华阴	1963-05-28	1 820	329.82	4.85	1.82	28.7	2.03	1.43	1.42	27.01	30.5	0.884 7	0.069 7	0.037 8	8/30
19		华阴	1963-09-13	808	328.42	2.84	1.85	329	2.06	1.52	1.355	320	338	0.946 7	0.123	0.045 7	7/29
20		华阴	1963-09-22	1 540	328.95	3.74	2.25	47.2	2.38	1.62	1.469	41.8	56.2	0.743 8	0.138 1	0.042 2	3/34
21		华阴	1964-08-13	434	329.71	3.37	0.682	323	0.79	0.55	1.436	342	358	0.955 3	0.014 1	0.034 9	13/57
22		华阴	1975-07-27	1 220	330.08	5.6	1.54	514	1.9	1.39	1.367	509	511	0.996 1	0.043 2	0.052 3	8/25
23		华阴	1977-07-09	1 160	327.17	3.01	1.39	410	1.76	1.11	1.586	402	415	0.968 7	0.065 5	0.040 8	8/23
24		华阴	1977-08-08	840	330.51	3.26	1	755	1.11	0.85	1.306	772	830	0.930 1	0.031 3	0.083	14/66

序号	河名	站名	时间 （年-月-日）	Q （m³/s）	z （m）	h （m）	v （m/s）	S （kg/m³）	$V_{0.2}$ （m/s）	$V_{0.8}$ （m/s）	K_V	$S_{0.2}$ （kg/m³）	$S_{0.8}$ （kg/m³）	K_s	F_r	d_{cp} （mm）	线/点
25	北洛河	朝邑	1964-08-04	141	334.82	2.16	1.05	650	1.51	0.93	1.624	626.3	696	0.900 5	0.052 1	0.053 4	10/18
26		朝邑	1964-09-09	244	336	1.9	1.88	50	2.02	1.68	1.202	43.82	55.6	0.788 4	0.189 8	0.037 8	7/19
27		朝邑	1964-10-30	99.8	335.47	1.2	0.978	5.87	1.46	1.03	1.417	3.615	8.59	0.420 8	0.081 3	0.053 4	8/16
28		朝邑	1964-11-25	48.6	335.1	1.34	0.669	2.04	0.84	0.58	1.448	1.8	2.38	0.756 3	0.034 1	0.059 2	12/22
29		朝邑	1969-07-30	177	334.9	1.82	1.77	146	2.25	1.58	1.424	128.8	158	0.814 9	0.175 7	0.043	5/13
30		朝邑	1971-08-18	361	336.81	3.55	1.59	825	1.52	1.12	1.357	803.5	851	0.944 7	0.072 7	0.040 8	6/16
31		朝邑	1973-07-14	161	334.82	3.35	1.05	894	1.33	0.86	1.547	815.5	938	0.869 9	0.033 6	0.053 2	7/21
32		朝邑	1975-07-31	329	334.73	5.2	1.35	468	1.49	1.15	1.296	467.2	476	0.982 1	0.035 8	0.049 4	7/21
33		朝邑	1976-09-10	101	332.76	1.06	1.42	51	1.71	1.21	1.413	39.85	63	0.632 3	0.194 1	0.047 5	6/18
34		朝邑	1977-07-08	293	333.29	4.5	0.90	621	1.01	0.84	1.202	647.9	637	1.017 5	0.018 4	0.045	8/24
35		朝邑	1977-08-09	111	331.8	2.66	0.69	777	0.82	0.58	1.414	742.5	805	0.922 9	0.018 3	0.047	6/18
36	黄河下游	花园口	1959-08-07	4 360	92.53	1.97	1.9	130	2.63	1.52	1.73	105.2	154	0.682 8	0.187		6/18
37		花园口	1959-08-09	4 730	92.55	1.75	2.25	188	2.72	1.29	2.109	163	267	0.610 5	0.295 2		6/10
38		花园口	1959-08-23	7 860	93.06	2.81	2.31	244	2.94	1.51	1.947	211.2	317	0.667 1	0.193 8		7/17
39		花园口	1979-09-06	1 910	92.57	1.07	1.57	25.54	1.97	1.44	1.368	18.73	31.7	0.590 1	0.235 1	0.033	16/52
40		花园口	1981-07-10	5 170	93.15	0.94	2.23	63.2	2.66	2.2	1.209	48.56	86.2	0.563 3	0.539 8	0.018	18/45
41		夹河滩	1959-08-07	5 370	73.22	1.94	2.68	106	2.52	1.96	1.286	84.15	115	0.731 7	0.377 8		6/11
42		夹河滩	1959-08-09	7 120	73.45	2.1	2.78	177	3.46	2.37	1.46	136.3	270	0.504 9	0.375 5		6/14
43		夹河滩	1959-08-15	3 910	72.84	1.67	2.56	85.7	3.34	2.24	1.491	72.38	112	0.648	0.400 4		6/20
44		夹河滩	1959-08-19	4 100	72.88	1.54	2.58	76.1	3.26	2.39	1.364	59.86	101	0.592 1	0.441 1		9/22
45		夹河滩	1959-08-23	9 600	73.67	1.96	2.94	202	4.09	2.83	1.445	152	204	0.746 9	0.45		6/22
46		夹河滩	1959-09-03	3 810	72.76	1.54	2.40	133	3.35	2.13	1.573	111.1	167	0.666 5	0.381 7		7/19
47		夹河滩	1979-10-06	2 430	74.22	1.56	1.70	21.5	2.01	1.39	1.446	14.55	32	0.455 1	0.189	0.038	10/39
48		夹河滩	1981-09-27	4 930		2.13	2.49	27	2.9	2.27	1.278	15.32	42	0.365 2	0.297	0.032	11/45

续表 4-9

序号	河名	站名	时间 (年-月-日)	Q (m³/s)	z (m)	h (m)	v (m/s)	S (kg/m³)	$V_{0.2}$ (m/s)	$V_{0.8}$ (m/s)	K_v	$S_{0.2}$ (kg/m³)	$S_{0.8}$ (kg/m³)	K_s	Fr	d_{cp} (mm)	线/点
49	黄河下游	高村	1959-07-25	5 550	61.25	1.87	2.60	80	3.12	2.05	1.522	60.09	94.4	0.636 8	0.368 9	0.030 8	10/30
50		高村	1959-08-08	5 020	61.35	1.62	2.74	91.2	3.7	2.47	1.498	73.88	111	0.664 8	0.472 9	0.028 5	8/18
51		高村	1959-08-09	7 030	61.98	2.16	2.83	193	3.72	2.33	1.597	203.4	284	0.716 7	0.378 3	0.028 5	8/88
52		高村	1959-08-11	2 190	60.57	1.19	2.29	125	3.05	1.86	1.64	104.6	151	0.692 5	0.449 7	0.030 5	8/14
53		高村	1959-08-22	4 840	61.61	1.69	2.57	121	3.62	2.09	1.732	96.6	161	0.599 3	0.398 8	0.033 7	6/16
54		高村	1959-08-23	8 210	62.5	1.46	2.86	177	4.26	2.63	1.62	147.7	224	0.659 4	0.571 7	0.035 9	7/21
55		高村	1959-08-26	4 330	61.52	1.54	2.76	99.8	3.39	2.17	1.562	72.3	125	0.577 3	0.504 7	0.033 9	6/18
56		高村	1959-08-28	5 490	61.6	1.7	2.98	90.7	3.54	2.69	1.316	69.05	118	0.586 5	0.533	0.033 9	7/19
57		高村	1973-09-11	3 460	62.05	2.43	2.16	66.5	3.11	1.95	1.595	52.28	86.3	0.606 1	0.195 9	0.036 2	12/58
58		高村	1975-09-06	2 880	61.67	2.06	2.36	72.2	2.72	1.95	1.395	54.3	85.4	0.636 1	0.275 9	0.030 8	13/61
59		高村	1978-09-08	2 310	61.63	1.55	2.32	69.7	2.69	1.84	1.462	52.94	90.5	0.584 8	0.354 3	0.032	14/60
60		高村	1978-09-23	4 180	62.19	2.26	2.73	49.3	2.98	2.34	1.274	37.81	65.8	0.574 8	0.336 5	0.036	14/64
61		高村	1979-07-24	520	60.72	1.13	1.39	13.6	1.71	1.22	1.402	11.09	16.6	0.670 1	0.174 5	0.021	13/43
62		高村	1979-08-10	2 100	61.47	2.17	2.02	50.0	2.28	1.7	1.341	41.18	60.9	0.675 9	0.191 9	0.028	13/61
63		高村	1979-10-21	1 530	61.35	1.58	1.99	19.0	2.91	1.59	1.83	13.58	24.6	0.551 6	0.255 8	0.037	15/57
64		高村	1981-07-10	2 680	62.19	2.58	1.77	56.7	1.96	1.27	1.543	41.81	70.6	0.592 6	0.123 9	0.021	12/56
65		高村	1981-08-20	2 800	62.07	1.81	2.67	61.4	2.88	2.15	1.34	50.35	65.5	0.769 3	0.401 9	0.026	13/55
66		高村	1981-08-23	3 260	62.27	1.98	2.69	68.1	3.26	2.31	1.411	58.11	85.8	0.677 1	0.372 9	0.026	13/61
67		高村	1981-08-28	4 970	62.78	2.77	2.59	51.3	2.8	2.1	1.333	44.64	69.9	0.639	0.247 1	0.025	15/59
68		孙口	1967-08-31	4 540		2.38	2.15	45.2	2.84	1.99	1.427	35.26	58.8	0.599 9	0.198 2	0.030 1	13/61
69		孙口	1970-08-11	1 700	45.34	2.09	1.59	109.0	2.26	1.48	1.527	97.68	129	0.757 7	0.123 4	0.030 2	11/61
70		孙口	1973-02-23	274	45.21	1.38	0.63	3.31	0.74	0.52	1.423	2.8	3.44	0.814	0.029 3	0.045 2	10/36
71		孙口	1973-07-27	2 040	46.46	2.21	2.15	63.7	2.59	1.73	1.497	52.03	81.7	0.636 7	0.213 4	0.026 3	11/56
72		孙口	1973-09-08	2 990	47.02	2.95	2.28	80.3	2.90	1.62	1.79	66.25	107	0.617 8	0.179 8	0.030 3	12/60

序号	河名	站名	时间 (年-月-日)	Q (m³/s)	z (m)	h (m)	v (m/s)	S (kg/m³)	$V_{0.2}$ (m/s)	$V_{0.8}$ (m/s)	K_V	$S_{0.2}$ (kg/m³)	$S_{0.8}$ (kg/m³)	K_s	Fr	d_{cp} (mm)	线/点
73		孙口	1974-08-15	1 680	46.69	2.35	1.70	56.7	3.05	2.12	1.439	50.75	64.9	0.782 6	0.125 5	0.021 6	11/53
74		孙口	1976-08-05	1 830	46.29	1.82	1.56	40.1	2.09	1.49	1.403	32.64	44.6	0.732 3	0.136 4	0.029 9	10/48
75		孙口	1977-08-29	976	45.85	1.51	1.40	48.9	1.68	1.04	1.615	43.5	54	0.805 7	0.132 5	0.021	11/49
76		孙口	1979-08-10	2 050	46.63	1.92	2.17	62.4	2.62	1.56	1.679	52.56	80.4	0.653 7	0.250 3	0.026	11/53
77		孙口	1979-08-28	2 990	47.02	2.18	2.41	41.5	3.02	2.03	1.488	29.58	57.1	0.517 9	0.271 9	0.032	12/58
78	黄 河 下 游	孙口	1979-09-24	2 140	46.72	1.82	2.06	21.5	2.44	1.57	1.554	14.93	29.9	0.500 2	0.237 9	0.034	12/54
79		孙口	1981-09-01	2 150	47.01	1.92	1.95	34.2	2.49	1.62	1.537	25.99	43.4	0.599 5	0.202 1	0.021	12/58
80		孙口	1981-09-19	3 400	47.56	2.36	2.38	35.3	3.03	1.88	1.612	22.53	43.4	0.518 8	0.244 9	0.03	12/60
81		孙口	1981-10-03	5 480	48.5	3.66	2.35	27.7	2.88	1.81	1.591	20.57	39.7	0.518 1	0.154	0.037	12/62
82		艾山	1959-08-13	1 410	37.29	1.79	2.23	96.5	2.69	1.68	1.601	81.11	116	0.698 2	0.283 5	0.020 1	20/86
83		艾山	1959-08-22	3 660	38.93	3.18	2.79	90.2	3.41	1.97	1.731	70.7	124	0.569 3	0.249 8	0.024 6	20/113
84		艾山	1959-08-30	4 260	39.08	3.16	2.86	111	3.53	2.14	1.65	89.13	145	0.615 7	0.264 1	0.023 7	19/113
85		艾山	1973-08-29	1 680	38.95	2.03	2.10	89.9	3.04	1.91	1.592	71.5	109	0.654 7	0.221 7	0.033	11/41
86		艾山	1973-09-05	3 000	39.91	3.13	2.40	200	3.55	1.63	2.178	155	275	0.563 6	0.187 8	0.038	11/39
87		艾山	1977-04-29	1 220	38.34	2.44	1.47	11.7	1.69	1.25	1.352	8.14	14.5	0.559 8	0.090 4	0.055	11/41
88		艾山	1977-08-03	1 900	38.75	2.66	1.78	27.5	2.35	1.66	1.416	23.79	34.7	0.685	0.121 5	0.027	11/43
89		艾山	1977-08-11	3 670	39.98	3.89	2.32	180	3.76	1.81	2.077	146	244	0.598 4	0.141 2	0.036	10/46
90		艾山	1977-10-22	672	37.89	1.49	1.17	7.23	1.5	1.16	1.293	5.8	8.39	0.691 3	0.093 7	0.036	10/30
91		泺口	1973-09-07	2 920	29.44	4.73	2.09	149	2.64	1.29	2.047	120.5	177	0.680 1	0.094 2	0.031 4	8/36
92		泺口	1977-05-14	972	27.36	3.23	1.26	10.3	1.31	1.12	1.17	7.63	14.3	0.532 1	0.050 2	0.047	8/30
93		泺口	1977-07-13	4 700	30.12	6.4	2.39	208	2.84	1.73	1.642	167.3	264	0.633 3	0.091 1	0.041	9/27
94		泺口	1977-07-15	3 300	29.41	4.88	2.23	87.3	2.69	1.8	1.494	72.94	106	0.685 5	0.104	0.029	8/40
95		泺口	1977-08-12	2 780	28.92	4.24	2.17	167	2.64	1.49	1.772	132	189	0.698 4	0.113 3	0.029	9/27
96		泺口	1977-11-11	744	27.79	5	0.91	9.85	0.92	1.05	0.876	8.1	11.4	0.713	0.016 9	0.033	7/29

图 4-10 是赵文林对渭河高含沙洪水的输沙特性研究[12]。图 4-10 表明，平均含沙量为 100～200 kg/m³ 的洪水输沙情况，较含沙量大于 200 kg/m³ 的高含沙洪水，与含沙量小于 100 kg/m³ 的低含沙洪水所需的不淤流量都大，前者的不淤流量为 800～1 000 m³/s，后者的不淤流量为大于 500 m³/s，也说明含沙量在 200 kg/m³ 左右，输送最困难。

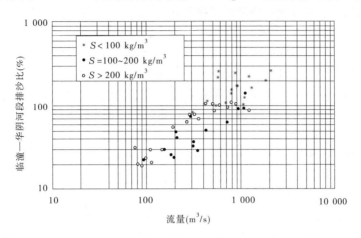

图 4-10 渭河洪水排沙比与流量的关系

图 4-11 是万兆惠收集的黄河干支流及渠道挟沙水流资料[13]，考虑水流中含沙量的增加，引起流体的黏性大幅度增大和容重增加对输沙影响，挟沙水流的 $V^3/(gh\omega)$ 值随着含沙量的增加而增加，含沙量大于 200 kg/m³ 后，挟沙水流的 $V^3/(gh\omega)$ 反而减小。研究结果也说明含沙量在 200 kg/m³ 左右时输送最困难。

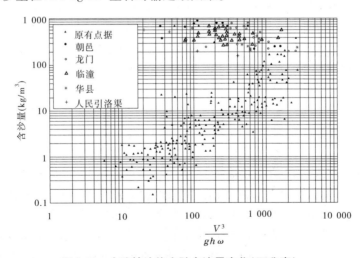

图 4-11 水流挟沙能力随含沙量变化(万兆惠)

4.2.4 "粗泥沙"在高含沙洪水中的输移

在第 2 章中我们利用洪水期河床冲刷的实测资料讨论了"粗泥沙"在低含沙洪水中的输移特性。关于"粗泥沙"在高含沙洪水中的输移目前尚存在着不同的认识。从黄土高原的泥沙组成与高含沙洪水的泥沙组成比较结果可知,高含沙洪水的泥沙组成较黄土高原的黄土组成粗得多(前者的泥沙组成主要为 0.03~0.04 mm,而后者的泥沙组成主要为 0.04~0.10 mm,甚至有 0.1~0.3 mm 的粗沙),且随着含沙量的增大泥沙组成变粗。造成上述差别的主要原因在于发生高含沙洪水期间,中游干支流的河床发生了较强烈的冲刷,前期河床中的粗沙淤积物随洪水挟带进入黄河下游,说明高含沙洪水有较强的输沙能力。

有人认为渭河、北洛河的泥沙组成较细,其下游河道的输沙实测资料不能用来说明黄河下游河道在高含沙洪水期的输沙潜力,两者不能类比。对渭河、北洛河下游洪水期悬沙组成进行较全面的分析,其结果是一般情况下,进入渭河、北洛河下游的泥沙组成较细,但主要高含沙洪水(如 1964 年、1973 年、1977 年)泥沙组成都较粗[14],有些情况下的悬沙组成甚至比黄河下游花园口站的还要粗(相同含沙量)。如花园口站 1977 年 8 月 8 日 10 时,实测含沙量为 809 kg/m³,d_{90} 为 0.3 mm;渭河临潼站 1973 年 8 月 18 日 20 时,实测流量为 508 m³/s,含沙量为 823 kg/m³,d_{90} 高达 0.606 mm,d_{50} 为 0.062 mm,$d>0.1$ mm 的粗沙所占比例达 28.2%;华县站 1977 年 8 月 7 日,实测流量为 1 200 m³/s,含沙量为 820~905 kg/m³,d_{90} 达到 0.359 mm,d_{50} 为 0.05 mm,$d>0.1$ mm 所占百分数达 18.7%~24.1%;北洛河㳜头站 1973 年 8 月 10~14 日含沙量为 112~327 kg/m³,d_{90} 达 0.208 mm,$d>0.1$ mm 的百分数达 26.3%~34.1%。但这些场次的洪水在渭河、北洛河下游河道中均产生强烈的冲刷,说明了洪水挟带粗泥沙的能力,详见表 4-6 和表 4-10。

由表 4-10 给出的渭河华县、华阴,北洛河朝邑站实测含沙量在垂线上分布资料可知,在流量为 107~3 530 m³/s,水深为 2~5.9 m,流速为 1~2.4 m/s,含沙量为 329~984 kg/m³,悬沙 $d_{cp}=0.04~0.106$ mm,$d_{90}=0.084~0.36$ mm,$d<0.01$ mm 的含量在 8.7%~22.9% 范围内,看不出泥沙组成的粗细对垂线含沙量分布特性的影响,相对水深 0.2 与 0.8 处的测点含沙量比值 K_S 在 0.87~0.99 变化,其中包括 $d_{90}=0.36$ mm 这样的粗沙洪水。其实在冲积河流中随着含沙量的增大,泥沙组成变粗本身就已说明高含沙洪水的挟沙能力随含沙量变大而增大。

随着含沙量的增加,流体的黏性增加,泥沙颗粒沉速降低,输沙能力增强,对于渭河、北洛河这样的悬沙组成来说已无可非议。由表 4-7 可知,μ_r 值随着含沙量的增加而增加。

黄河高含沙洪水输移的高效输沙特性在水库中也表现得很明显。三门峡水库在 1977 年 7 月、8 月的两场高含沙洪水,在库区水面宽 600~800 m,水库严重壅水的情况下,坝前 41.2 km 比降为 0.27‰~0.92‰,两场洪水的进出库的排沙比分别达到 97%~99%,出库的最大含沙量分别达到 589~911 kg/m³,最粗的平均粒径达 0.105 mm,d_{90} 达到 0.35 mm,详见表 4-11[15]。表 4-11 表明粗泥沙在高含沙水流的情况下可以顺利输送。

综上所述,黄河高含沙水流之所以具有强大的输沙能力,是由于细颗粒的存在改变了流体的性质,水流黏性大幅度增加,粗颗粒的沉速大幅度降低,使得很粗的泥沙在高含沙水流中输送也变得很容易。而河床对水流的阻力没有明显的改变,仍可用曼宁公式进行水力计算,在同样比降、水深的情况下,产生的流速不会减小。因此,利用黄河高含沙水流特性输送黄河泥沙,是十分经济理想的技术途径。

表 4-10 渭河、北洛河下游河道实测粗、细泥沙洪水含沙量垂线分布特性

站名	时间 (年-月-日)	S (kg/m³)	d_{cp} (mm)	d_{90} (mm)	$d<0.01$ mm (%)	H (m)	V (m/s)	Q (m³/s)	$S_{0.2}$ (kg/m³)	$S_{0.8}$ (kg/m³)	K_s	$V_{0.2}$ (m/s)	$V_{0.8}$ (m/s)	K_v	说明
华县	1977-08-07	873	0.106	0.360	13.5	2.72	2.41	1 260	820	943	0.87	2.64	1.90	1.39	7/21 积点
华县	1964-08-14	626	0.079 9	0.233	16.6	3.56	2.26	3 530	616	638	0.96	3.14	2.44	1.29	11/31 积点
华县	1964-07-18	624	0.057 6	0.116	15.3	2.73	1.87	2 260	597	627	0.95	2.45	1.99	1.23	10/28 积点
华县	1973-07-21	516	0.053 3	0.131	20.1	1.65	1.35	512	506	515	0.98	1.63	1.35	1.21	7/27 积点
华阴	1975-07-27	514	0.052 3	0.155	18.3	5.60	1.54	1 220	509	511	0.99	1.90	1.39	1.37	6/10 积点
华县	1975-07-30	343	0.050 3	0.109	22.9	5.90	1.18	1 150	340	348	0.98	1.65	1.51	1.093	7/21 积点
朝邑	1973-07-14	894	0.053 2	0.095	8.7	3.35	1.05	161	815	937	0.87	1.33	0.86	1.55	7/21 积点
朝邑	1971-08-19	825	0.040 8	0.088	15.8	3.55	1.59	361	803	850	0.94	1.52	1.12	1.36	5/13 积点
朝邑	1977-08-09	777	0.047	0.095	15.3	2.66	0.69	111	742	804	0.92	0.82	0.58	1.41	6/18 积点
华阴	1977-08-08	755	0.050	0.092	14.8	3.26	1.0	840	772	830	0.93	1.11	0.85	1.31	8/36 积点
朝邑	1964-08-04	650	0.053 4	0.090	16.0	2.16	1.05	141	626	695	0.90	1.51	0.93	1.62	10/18 积点
华县	1977-08-30	552	0.038	0.085	16.0	1.91	0.87	108	537	564	0.95	1.25	1.76	1.64	7/19 积点
华县	1970-08-28	460	0.042 6	0.084	19.7	2.53	1.49	668	448	471	0.95	1.96	1.48	1.32	7/19 积点
朝邑	1975-07-31	468	0.049 4	0.095	14.4	5.2	1.35	329	467	471	0.95	1.49	1.15	1.30	7/19 积点
华阴	1963-09-13	329	0.045 7	0.092	16.7	2.84	1.85	808	320	338	0.95	2.05	1.52	1.35	7/29 积点

表 4-11　三门峡水库在 1977 年 7、8 月的两场高含沙洪水排沙情况

时段	洪峰流量（m³/s）	平均流量（m³/s）	最大含沙量（kg/m³）	平均含沙量（kg/m³）	d_{50}（mm）	库区比降（‰）	水库排沙比（%）	库区冲淤量（亿 t）
7 月 6~9 日	13 600	5 069	616	391	0.04~0.05	0.27	97	0.200
8 月 3~9 日	15 400	3 908	911	369	0.06~0.10	0.92	99	0.104

4.2.5　黄河下游河道的巨大输沙潜力

黄河下游河道从铁谢至河口长 900 多 km，在其形成的漫长历史时期，流域的来水来沙及人类与黄河的奋斗历史塑造了目前的河道形态，从而形成不同的河槽形态（河型），也形成不同河段的演变特性与输沙特性。以往的研究只在下游河道实测资料范围内进行，没有分析研究类似具有窄深河槽的输沙特性及随着含沙量的增加，流体的黏性增加，泥沙颗粒沉速降低，输沙能力增强。

表 4-6 给出渭河、北洛河下游河道与黄河下游山东河段的特性，它们均具有窄深河槽，随着流量的增加宽深比 B/h 减小。比降为 0.57‰~4‰，单宽流量为 2~6 m³/(m·s)。实测资料分析表明，北洛河、渭河下游窄深河槽具有极大的输沙能力。由于河槽宽度不同，因此造成输沙的不淤流量的不同，北洛河下游槽宽 80 m，流量为 300 m³/s 高含沙洪水则可不淤，渭河下游华阴河段的比降 0.57‰，河槽宽度 260 m，则要流量达到 1 000 多 m³/s 才可不淤。由此可见，河宽的大小是控制不淤流量大小的主要因素。

图 4-12 给出的历年含沙量最高的五场洪水平均含沙量沿程变化情况表明，在高村以上宽浅河段含沙量急剧降低，平均含沙量由 220~320 kg/m³ 迅速降至 80~150 kg/m³，艾山以下比降平缓的窄深型河段经过 300 km 长的河道，含沙量不仅没有降低，反而略有增加，表现出"多来多排"的输沙特性。

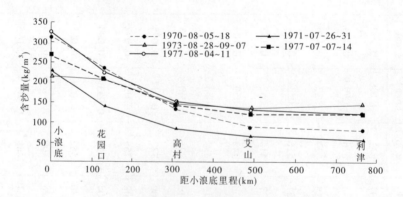

图 4-12　历年高含沙洪水实测平均含沙量沿程变化

黄河下游艾山以下河道比降为 1‰，从第 2 章表 2-2 给出的 1959 年、1973 年、1977 年 6 场含沙量较高的洪水，艾山至利津河段的输沙情况表明，以水流中含沙浓度变化表示的河段的排沙比在 0.97~1.10，当流量为 3 000 m³/s、最大含沙量为 200 kg/m³ 时输送洪水

最困难，均可顺利输送。

含沙量的增加，虽有利于泥沙颗粒的悬浮，但为了保证高含沙水流的顺利输送，防止不稳定的阵流、间歇流的发生，必须控制高含沙水流在紊流状态输送。因此，在一定的河道条件下，存在着适宜输送的上限含沙量。

由于高含沙水流在天然河道中均在充分紊流区，与清水的阻力规律相同，可用曼宁公式进行水力计算，因此可以用实测低含沙水流时的水深流速关系进行水力计算。山东河道不同流量时的水深、流速见第 2 章中表 2-9。从表中给出的不同流量时的水深、流速值可知，在流量相同时，利津站的水深最小，流速值最低，故采用利津站的水流条件作为输送高含沙水流的控制条件。

由表 4-4 给出控制流态在紊流区，保证高含沙水流的顺利输送条件可知，取黄河悬沙的平均组成 $d_{50} = 0.036$ mm，$d < 0.01$ mm 占 20%：当输沙流量为 2 000 m³/s 时，最大含沙量为 700 kg/m³，所需的水深 $H_k = 1.84$ m，流速 $V_k = 1.25$ m/s，第 2 章中表 2-9 中给出实测水深为 2.3 m，流速为 2 m/s；在输沙流量为 3 000 m³/s，输送含沙量为 800 kg/m³ 时，表 4-4 给出控制流态在紊流区，所需的水深 $H_k = 2.76$ m，流速 $V_k = 1.64$ m/s，第 2 章表 2-9 中给出实测水深为 2.8 m，流速为 2.2 m/s。山东河道在流量为 2 000 ~ 3 000 m³/s 时，实测水深流速值均大于表 4-4 给出的控制不进入层流相应值，能保持在充分紊流区输送。

综上所述，目前的山东河道流量为 2 000 ~ 3 000 m³/s，不仅可以输送实测含沙量小于 200 kg/m³ 的洪水，待含沙量增加到 400 ~ 500 kg/m³ 时，会更有利于输送，最大输送含沙量可控制在 700 ~ 800 kg/m³ 以内。

由于黄河下游河道上段宽浅（见图 4-13），在洪水含沙量大时，河道输沙呈现"多来多排多淤"，主槽多来多排，边滩多来多淤。因此，利用河道输送高含沙洪水入海的主要障碍是宽浅游荡河段，改造宽浅游荡河段为窄深型稳定的河槽是解决问题的关键之一。

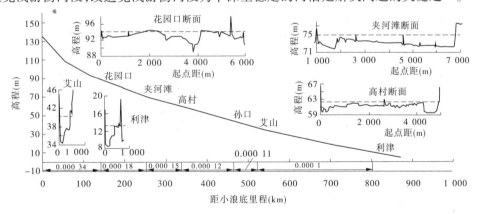

图 4-13 黄河下游河道纵横断面沿程变化

4.2.6 结 论

（1）河道中的高含沙水流均在充分紊流区，高含沙水流的阻力与低含沙水流相同，均可用曼宁公式进行阻力计算。由于含沙量的增加，水流黏性的增大，造成泥沙颗粒沉速大幅度的降低,进而造成黄河高含沙水流高效输沙,而河床对水流的阻力并没有变化。

(2)由于黄河泥沙组成较细,$d_{50} = 0.03 \sim 0.10$ mm,在河道中随着含沙量的增加,泥沙在垂线上的分布变得更加均匀,当含沙量大于 200 kg/m³ 以后发生突变,粗颗粒泥沙在垂线上分布变得更加均匀。

(3)从泥沙存在对水流结构的影响,流速在垂线上的分布特性上分析可知,含沙量为 200 kg/m³ 时输送最困难,并得到河道实测资料的证实,黄河高含沙洪水在窄深河槽中具有高效输沙特性。

(4)黄河下游艾山以下河段实测洪水的最大含沙量为 200 kg/m³,由于黄河高含沙洪水具有高效输沙特性,在流量为 2 000 ~ 3 000 m³/s 时,含沙量小于 700 kg/m³ 的洪水均可顺利输送。利用河道输沙入海的主要障碍是宽浅游荡河段,将其改造成为窄深型稳定的河槽是解决问题的关键之一。

参 考 文 献

[1] 齐璞,赵业安,等. 1977 年高含沙洪水在黄河下游输移与演变[J]. 人民黄河,1984(4):1-8.

[2] 齐璞. 利用窄深河槽输沙入海调水调沙减淤分析[J]. 人民黄河,1988(6):7-13.

[3] 钱意颖,杨文海,赵文林,等. 高含沙均质水流基本特性[C]//北京国际高含沙水流学术讨论会论文,1985.

[4] 张浩,任增海. 明渠高含沙水流阻力规律探讨[J]. 中国科学(A),1982(6).

[5] 钱宁,等. 高含沙水流运动[M]. 北京:清华大学出版社,1989.

[6] 武汉水利电力学院. 河流泥沙动力学[M]. 北京:水利电力出版社,1989.

[7] E J Wasp,等. 固体物料浆体管道输送[M]. 黄科所译. 北京:水利电力出版社,1980.

[8] 黄河水利委员会水文处. 清浑水检定流速仪试验介绍[J]. 水利电力技术,1979.

[9] 齐璞,韩巧兰. 黄河高含沙水流的阻力特性与计算[J]. 人民黄河,1991(3):16-21.

[10] 齐璞. 黄河高含沙洪水的输沙特性与河床形成[J]. 水利学报,1982(8):34-43.

[11] 张瑞瑾,谢鉴衡,王明甫,等. 河流泥沙动力学[M]. 北京:水利电力出版社,1988.

[12] 赵文林,茹玉英. 渭河下游河道输沙特性与形成窄深河槽的原因[J]. 人民黄河,1994(3):1-4.

[13] 万兆惠,沈受百. 黄河泥沙研究报告选编 1978 年第一集(下册)[R]. 郑州:黄河水利科学研究院,1978.

[14] 齐璞,孙赞盈. 北洛河下游河槽形成与输沙特性[J]. 地理学报,1995(2):169-177.

[15] 齐璞. 高含沙洪水在三门峡水库中输移分析[J]. 水利水电技术,1992(4):5-9.

第5章 洪水输沙的非恒定性

早在20世纪60年代就有人发现黄河泥沙在大水时存在"多来多排"的输沙特性,不仅全沙如此,造床质"粗泥沙"也存在多来多排现象[1]。由于黄河下游河道上段宽浅,下段具有窄深河槽,因此输水输沙特性呈现出在洪水含沙量大时,上段河道滞洪滞沙,洪峰沿程减小,河道输沙"多来多排多淤",其中主槽"多来多排",边滩"多来多淤"。艾山以下河段呈现"多来多排"的输沙特性。但对洪水"涨冲落淤"的输沙特性研究不够。

洪水都是非恒定流,比降、水深、流速等水力要素都随时间变化,在洪水过程中河床因冲淤也在变化,影响因素复杂,其输沙特性也有别于均匀恒定流。其中底沙的运动速度比洪水波传播得慢,对洪水长距离冲刷的影响也往往不被重视。

圣维南方程可以描述非恒定渐变流的运动[2],它由水流连续方程和水流动力方程组成。洪水波在河道比较顺直、区间没有加水和引水、断面比较匀整的河流中传播,属于渐变的不稳定流。圣维南方程可以简化为

$$J = \frac{Q^2}{K^2} + \frac{1}{g} \frac{\partial v}{\partial t} + \frac{v}{g} \frac{\partial v}{\partial x}$$

式中:J为总比降;Q为流量;K为恒定均匀流的流量模数;g为重力加速度;v为洪水传播速度;t为时间;x为水流方向的坐标轴。

渐变流时$\frac{v}{g} \frac{\partial v}{\partial x}$远小于阻力项$\frac{Q^2}{K^2}$,可忽略不计;对于平原河流中的洪水,$\frac{1}{g} \frac{\partial v}{\partial t}$的数值也可忽略不计,因此运动方程简化为

$$J = \frac{Q^2}{K^2} \tag{5-1}$$

水面比降J可以看做由三部分组成:河道纵比降、水深的沿程变化、洪水波运动引起的附加比降ΔJ。其中河道纵比降和水深的沿程变化以J_c表示,附加比降(ΔJ)定义为水流质点在纵向上上升的高度和同一时段内该质点在横向上运动的长度的比值,等于水位的涨落率$\frac{\partial Z}{\partial t}$和洪水波的传播速度$U$的比值,即$\Delta J = \frac{1}{U} \frac{\partial Z}{\partial t}$。因此,总比降$J$为

$$J = J_c + \frac{1}{U} \frac{\partial Z}{\partial t} \tag{5-2}$$

把式(5-2)代入式(5-1),整理得洪水涨落影响的流量公式为

$$Q = K \sqrt{J_c + \frac{\mathrm{d}Z}{U\mathrm{d}t}} = K \sqrt{J_c} \sqrt{1 + \frac{1}{J_c U} \frac{\mathrm{d}Z}{\mathrm{d}t}}$$

式中:$K \sqrt{J_c}$为稳定流的流量,以Q_c表示,则有

$$Q = Q_c \sqrt{1 + \frac{1}{J_c U} \frac{\mathrm{d}Z}{\mathrm{d}t}} \tag{5-3}$$

其中的 $\sqrt{1 + \dfrac{1}{J_c U}\dfrac{\mathrm{d}Z}{\mathrm{d}t}}$ 称为校正因数,式(5-3)为受洪水涨落影响下的流量公式。

洪水上涨时,其涨落率为正,附加比降为正,从式(5-3)中知涨水的校正因数大于1,因此其流量大于同水位的稳定流量。同理,落水时的涨落率为负,其流量小于同水位的稳定流量。这样,一次洪水涨落过程的水位流量关系曲线呈现为一逆时针绳套曲线。洪水涨落影响时各水力因素极值的出现顺序依次为最大比降(最大涨率)、最大流速、最大流量、最高水位,如图 5-1 所示。

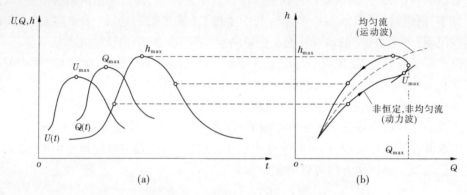

图 5-1 非恒定非均匀流 $Q = f(h)$ 及 $h = f(t)$ 关系示意图

从非恒定流定床的水位流量关系可知,在床面没有冲淤的情况下,水位流量关系是一逆时针绳套曲线[2],峰后同流量的水位高于峰前,主要是涨水时附加比降为正值,流速大,故水位低;而在落水时,附加比降为负值,流速小,故水位高,详见图 5-2。在冲积河道上,如用于判断河床冲淤,则不一定准确。当河床不冲不淤时,同流量的水位呈抬高状态;当水位流量关系是顺时针时,洪水峰前后同流量的水位降低,河槽要发生较强烈冲刷。因此,利用洪峰前后同流量的水位变化,无法判断河床微冲微淤情况,只有河槽发生较强烈冲刷,同流量的水位才会降低。

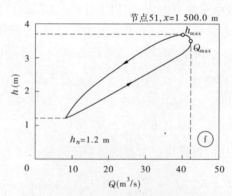

图 5-2 定床非恒定流的水位流量关系

从表 4-5 给出的黄河中游的主要支流渭河、北洛河下游与艾山以下河道的特性可知,三条河流均具有窄深型河槽,河道的比降相近、河槽形态相同。表 4-6 所列渭河、北洛河的高含沙洪水的实测资料表明,全河段均可产生冲刷。河段的排沙比为90%～120%,甚至流量更小的高含沙洪水仍可在上述窄深型河槽中顺利输送。但在洪水过程中都存在"涨冲落淤"的输沙特性。

5.1　冲积河流洪水过程中"涨冲落淤"的输沙特性

5.1.1　渭河下游河道

图5-3给出了1977年7月实测渭河下游河道的河槽形态沿程变化情况,其中耿镇—渭淤13号断面,比降由5.9‰过渡到2.1‰,渭淤13号断面到渭拦2号断面,比降由1.72‰变缓到0.57‰。

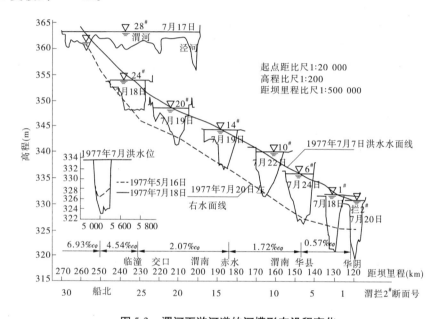

图5-3　渭河下游河道的河槽形态沿程变化

表5-1给出了渭河下游高含沙量洪水主槽沿程冲刷情况。由粗沙组成的高含沙洪水,平均流量为800～2 000 m³/s,含沙量为600～800 kg/m³,泥沙组成d_{50}达0.1 mm,高含沙洪水前后主槽冲刷的沿程变化,这几场洪水均在渭河下游河道比降5.9‰～0.57‰的河段内主槽均可产生强烈冲刷[3],在比降1‰以下的河段可以顺利输送。

由表5-1可知,各站洪峰前后同流量500 m³/s水位下降值为0.1～2.0 m,随着比降的沿程变缓,主槽在洪水期强烈冲刷的深度并没有沿程减弱,而是略有加强。如华阴站比降仅为0.57‰,在1977年7月的高含沙洪水中,洪峰前后流量500 m³/s水位下降2 m,为渭河下游河道历年洪峰前后同流量水位的最大下降值。从表5-1给出的洪水过后断面主槽最深点测量结果知,冲深在0.4～3.0 m,个别断面主槽最深点测出冲深为3.7 m(如1970年8月洪水),均大于各站峰前后同流量500 m³/s水位下降值。

表 5-1　渭河下游高含沙量洪水主槽沿程冲刷情况

时间 （年-月-日）	各站 500 m³/s 水位下降值（m）							主槽最深点 冲刷情况
	临潼	交口	沙王	华县	陈村	华阴	吊桥	
1964-08-12 ～ 17	-0.5 (670)			-0.4 (643)	-0.7	-0.8 (604)	-0.1	洪水过后未测断面
1966-07-26 ～ 31	-0.9 (688)	-0.6	-1.2	-0.5 (636)	-0.6	-1.4 (579)	-1.4	洪水后测断面 14 个，其中 10 个 断面最深点降低 0.4～3 m
1970-08-02 ～ 10	-0.3 (801)	-0.45	-0.6	-0.32 (702)	-0.8		-0.7	洪水过后测断面 20 个，其中 19 个 断面最深点降低 0.6～3.7 m
1977-07-06 ～ 10	-0.7 (695)		-1.3	-1.9 (695)		-2.0 (703)		洪水过后测断面 21 个，其中 19 个 断面最深点降低 0.4～3 m

注：表中括号内数字为最大含沙量，单位为 kg/m³。

图 5-4 给出了渭河临潼站 1977 年 7 月的高含沙洪水"涨冲落淤"特性。临潼站在洪水过程中，平均河床高程最大冲深竟达 4 m，最深点降低竟达 7 m，洪峰后最深点又淤高 2 m。洪水过后最深点降低 3 m，平均河床高程冲深 3 m，而表 5-1 给出流量 500 m³/s 水位下降值仅 0.7 m。

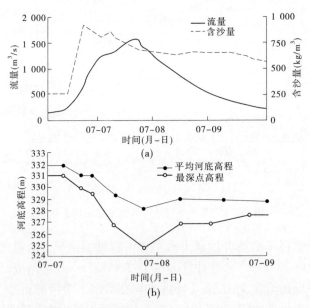

图 5-4　临潼站 1977 年洪水与河床变化过程

图 5-5 给出了渭河华阴站 1964 年、1977 年高含沙洪水与河床变化过程。由图 5-4 可知，高含沙洪水与河床均有明显的"涨冲落淤"过程。1964 年的高含沙洪水，华阴站在洪水过程中河床最深点降低达 1.6 m，洪峰后又淤高 1.2 m。1977 年 7 月高含沙洪水华阴站在洪水过程中河床最深点降低达 5 m，洪峰后没有落淤。河床的冲深都大于表 5-1 给出的各站洪峰前后流量 500 m³/s 水位下降值。

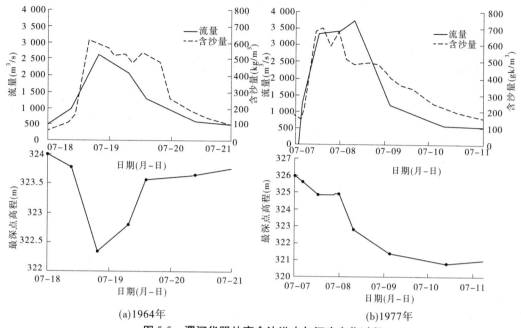

图5-5　渭河华阴站高含沙洪水与河床变化过程

图5-6给出了渭河华县站2003年汛期洪水与河床变化过程。在涨水过程中,不论是含沙量高达400~600 kg/m³的高含沙量洪水,还是含沙量只有20~30 kg/m³的低含沙量洪水,当洪峰流量上涨时,河床均有明显冲深,而在落水过程河床均发生淤积。这次历时2个月的洪水使渭河华县站河床累积冲深达2 m,洪水漫滩滩地淤积,主槽冲刷的河道演变特点十分显著。汛期前后大断面两测次间主槽冲刷1.01亿 m³,滩地淤积0.84亿 m³。

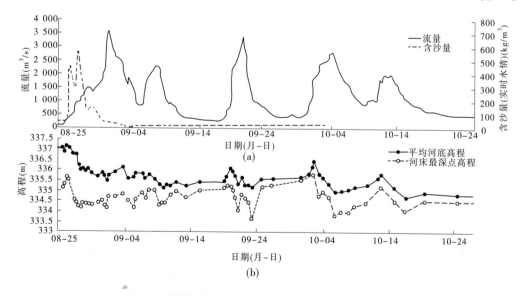

图5-6　渭河华县站2003年汛期洪水与河床变化过程

5.1.2　北洛河下游河道

图 5-7 给出了北洛河下游河道 1977 年 7 月实测的纵剖面图及河槽形态沿程变化情况[4]。北洛河下游河道长 100 km,河槽宽一般在 80~100 m,且沿程变化不大,均具有窄深的河槽形态。河床纵比降沿程变缓,由洑头以下河段的 5.4‰ 到洛淤 17 号至洛淤 7 号断面降至 1.62‰,洛淤 7 号断面至朝邑河段比降为 1.88‰,河流沿程输沙特性不因河流比降的变缓而受到影响。

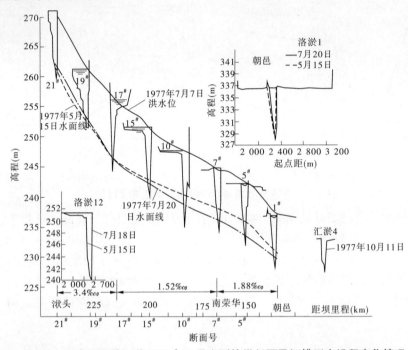

图 5-7　北洛河下游河道 1997 年 7 月实测的纵剖面及河槽形态沿程变化情况

表 5-2 给出的北洛河小流量高含沙量洪水输沙情况表明,平均流量仅 60~122 m³/s,含沙量最高达 400~915 kg/m³ 的洪水,经过 87 km 长的河道均可基本不淤,经过长 100 km 河段的排沙比可达 96%~109%,主要是这段时间内来水来沙条件有利,形成非常窄深的河槽形态。当流量为 100 m³/s 时,B/h 值仅在 15~20,而在一般情况下 B/h 值在 40 以上。河道沿程输沙特性不因河流比降的变缓而受到影响。

表 5-2　北洛河小流量高含沙量洪水输沙情况

时段 (年-月-日)	洑头站				洑头至朝邑	
	平均流量(m³/s)		平均含沙量(kg/m³)		冲淤量 (亿 t)	排沙比 (%)
	最大日	时段	最大日	时段		
1968-07-28~29	169	122	738	687	−0.012	108
1970-08-25~31	166	88	842	632	−0.025	107
1973-06-15~19	125	52	607	457	−0.010	109
1973-07-11~15	174	59	741	578	+0.006	96
1974-07-28~08-03	118	61.5	915	683	+0.011	96

图 5-8 给出了北洛河下游河道朝邑站 1977 年 7 月高含沙量洪水输沙的非恒定性,河床在涨水期强烈冲刷,落水期淤积,高含沙量洪水都具有"涨冲落淤"的输沙规律。

由图 5-4 ~ 图 5-8 可知,渭河下游河道临潼、华县、华阴站,北洛河下游河道朝邑站洪水输沙都具有非恒定性,均存在"涨冲落淤"规律。不管高含沙量、低含沙量,比降陡、比降缓的河段,河床在涨水期都是强烈冲刷的,落水期都是淤积的,高、低含沙量洪水都具有"涨冲落淤"的输沙特性。

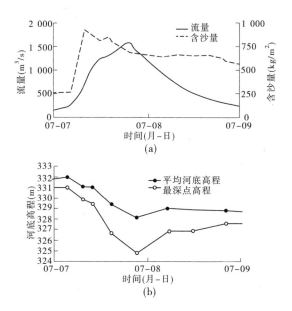

图 5-8　朝邑站 1977 年 7 月洪水与河床过程

5.1.3　黄河下游河道

5.1.3.1　低含沙洪水沿程变化

图 5-9 给出了艾山、泺口、利津三站 1983 年、1985 年汛期实测低含沙洪水时平均河底高程与流量间变化情况。图 5-9 表明,当流量达到 1 500 m³/s 以后,随着流量增加,河床高程降低,在流量最大时河床高程达到最低。说明艾山以下河段河床组成粒径为 0.07 ~ 0.1 mm 的粗泥沙在流量大于 1 500 m³/s 时也能发生冲刷,顺利输送。

图 5-10 给出了利津站 1982 年洪水涨冲落淤过程。在涨水期河床强烈冲刷,每小时冲刷深度达 7 cm,平水期有冲有淤,河床高程变化不明显。在落水期,强烈淤积,每小时淤高 1.4 cm。

由表 5-3 给出的黄河下游主要低含沙洪水过程中河床冲淤情况可知,"涨冲落淤"是普遍存在的。在高村以上游荡性河段、过渡段,因河势变化、断面位置变动,有时出现反常情况,艾山以下的窄深河段均为"涨冲落淤"。底沙运动滞后于洪水波传播的特性,使洪水输送入海的底沙不是本场洪水原挟带的泥沙,而是河口河段前期淤积物。由此分析,似乎不同地区来源的洪水,对下游河道主槽的冲淤不应产生明显的影响。

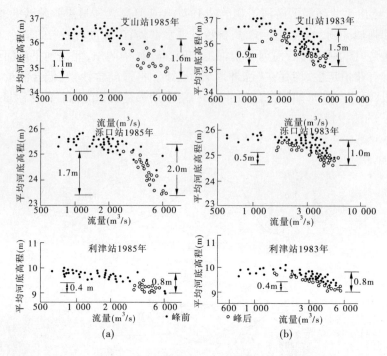

图 5-9　艾山、泺口、利津站汛期"涨冲落淤"河床过程

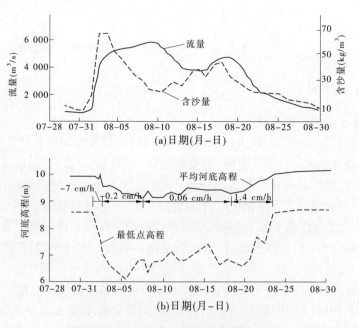

图 5-10　利津站 1982 年洪水涨冲落淤过程

表 5-3　黄河下游低含沙洪水过程河槽冲淤变化统计

编号	峰现时间 （年-月）	Q_{max} （m³/s）	S_{cp} （kg/m³）	花园口	夹河滩	高村	孙口	艾山	泺口	利津
1	1958-07	22 300	76	A	A	摆动	A	A	A	A
2	1953-08	12 300	45				A	A	A	A
3	1973-07	3 290	58.9	A		AB	AB			
4	1974-08	3 700	67.6	A		A	A	A		A
5	1974-09	4 150	27	A		AB	AB	A		A
6	1974-10	4 010	32.7	A		AB	AB	A		A
7	1975-07	5 660	99.5	AB		A	A	A		A
8	1975-09	7 580	39.4	AB		A	A	A		A
9	1976-07	5 120	39.1	B		B	B	A		A
10	1976-08	9 210	35.4	AB		A	A	A		A
11	1982-08	15 300	32.6	AB	AB	A	A	A		A
12	1983-07	5 800	21.7	AB		A	AB	A		A
13	1985-09	7 770	38.9	A		A	A	A		A
14	1988-08	7 000	46.7	A	A	AB	AB	A	A	A
15	1996-08	7 860	66	A	AB	A	B	A	AB	A
16	2005-06	3 540	87	A	B	B	B	A	A	A

注：表中 A 表示涨冲落淤，B 表示涨淤落冲，AB 表示涨冲落冲。

5.1.3.2　高含沙洪水沿程变化

图 4-12 给出的历年高含沙洪水平均含沙量沿程变化情况表明，在高村以上宽浅河段含沙量急骤降低，平均含沙量由 220～320 kg/m³ 迅速降至 80～150 kg/m³，艾山以下比降平缓的窄深河段经过 300 km 长的河道，含沙量不仅没有减小，反而增加，表现出"多来多排"的输沙特性。

表 5-4 给出了历年高含沙洪水在黄河下游河道高含沙洪水中"涨冲落淤"的输沙特性。表 5-4 统计的资料中洪峰流量为 6 260～10 800 m³/s，平均含沙量为 195～225 kg/m³。16 场洪水中只有孙口站 1977 年 7 月的洪水是涨冲落冲的，其余 15 场洪水均是涨冲落淤的，占 94%。如图 5-11 给出了 1977 年 7 月高含沙量洪水在利津站河床冲刷过程。

表 5-4　黄河下游河道高含沙洪水的"涨冲落淤"输沙特性

编号	峰现时间 （年-月）	Q_{max} （m³/s）	S_{cp} （kg/m³）	花园口	高村	孙口	艾山	利津
1	1973-08	5 890	207.7	A	A	A	A	A
2	1977-07	8 100	205	A	A	AB	A	A
3	1977-08	10 800	225	A	A	A	A	A
4	1992-08	6 260	195	A				

注：表中 A 表示涨冲落淤，B 表示涨淤落冲，AB 表示涨冲落冲。

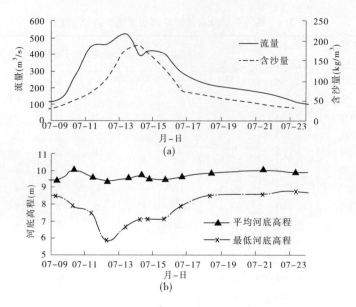

图 5-11　1977 年高含沙量洪水在利津站河床冲刷过程

5.1.4　比降变化对河流输沙的影响

比降是河流洪水输移演进的动力。比降在冲积河流调整过程中是缓慢变化的,不像河槽横断面形态变化那样剧烈,经过一场高含沙洪水的塑造即可使断面形态发生巨大的变化,从而对输沙产生明显的影响。冲积河流的比降一般是沿程变缓的,呈下凹形。但河流的调整往往使得流速沿程变化不明显,水流的流速没有因比降的变缓而降低,而是始终保持某一固定的数值,甚至沿程增大。其调整的机制主要是通过河宽的变化来调整水深值,从而使流速始终处于较高的数值,尽可能地输送上游洪水挟带的巨量泥沙。

5.1.4.1　比降、河宽、流速的沿程变化

黄河下游河道的各水文站的水力几何形态的沿程变化表明[5],河宽、水深、流速与流量、比降的变化关系为

$$B = 36.5Q^{0.33}J^{1.25} \tag{5-4}$$

$$H = 0.17Q^{0.34}J^{-0.96} \tag{5-5}$$

$$V = 0.16Q^{0.33}J^{-0.29} \tag{5-6}$$

公式中的河宽、水深、流速与流量成正比,而水深、流速与比降成反比。在流量为常数时,流速没有因沿程比降变小而减小,而是沿程增加。

表 5-5 给出的黄河下游河道主槽 1973 年、1977 年汛期洪水过后,实测流量为 3 000 m³/s 时,下游各水文站的比降、河宽、水深、流速的沿程变化表明,比降由花园口站的 2.5‰,到艾山以下河段减小到 1‰,河宽变化范围为 400 ~ 600 m,水深变化范围为 2.2 ~ 3 m,平均流速并没有减小,而是由 2.0 m/s 增加到 2.5 m/s,因此使得平滩流量的水流挟沙能力沿程不会降低。

表 5-5 1973 年、1977 年汛期水力要素沿程变化

项　目	小浪底	花园口	高村	孙口	艾山	利津
比降(‰)	8.0	2.5	1.5	1.2	1.0	1.0
水深(m)	7.0	2.5	2.2	2.5	3.0	3.0
流速(m/s)	2.0	2.0	2.5	2.5	2.5	2.4
河宽(m)	214	600	545	480	400	410

渭河下游、北洛河下游河道的比降沿程变化也较大。图 5-3 给出耿镇—渭淤 13 号断面，比降由 5.9‰过渡到 2.1‰，渭淤 13 号断面到渭拦 2 号断面，比降由 1.72‰变缓到 0.57‰。由图中给出的各断面的形态可知，水面宽是沿程减小的，由上段的 700 ~ 800 m，到华阴以下河段减小至 250 m。图 5-7 给出北洛河下游的比降由洑头以下河段的 5.4‰到洛淤 17 号断面至洛淤 7 号断面下降至 1.62‰，使得洪水水流流速沿程不会降低。

5.1.4.2　比降变化对河流输沙的影响

根据渭河下游、北洛河下游、三门峡库区及艾山以下窄深河段的 151 场实测洪水资料，流量变化范围为 50 ~ 5 150 m³/s，含沙量变化范围为 10 ~ 786 kg/m³，河段比降变化范围为 0.27‰ ~ 4.50‰，得出的输沙公式为 $Q_s = 0.001\,32Q^{1.087}S_{上}^{0.848}J^{0.006}$，式中的 $S_{上}$ 为上站含沙量，实测比降的方次仅为 0.006，接近于零，对输沙的影响很微弱。但式中流量的方次大于 1，随着流量的增加，河道输沙能力增大。上述输沙特性还与含沙量增加、流体黏性增大、沉速大幅度降低、输送更容易有关。

从表 4-6 给出的不同河流比降的变化范围可知，几乎在同一比降条件下，不同河流之所以均能达到输沙平衡，是由于不同流量级的洪水塑造了不同的河宽。如北洛河主槽宽仅 80 m，流量为 100 ~ 200 m³/s 的高含沙洪水均可输送，渭河下游华阴以下河段比降不足 1‰，河宽仅 100 ~ 250 m，1 000 m³/s 洪水均可输送。因此，形成大水塑造大的河宽，小水塑造小的河宽，且均可输送流域的来沙。

综上所述，从冲积河流实测比降的变化范围看不出比降的变化对洪水输沙的明显影响。

5.2　河道"涨冲落淤"的原因分析

由黄河下游及主要支流渭河、北洛河下游河道高含沙洪水前后主槽冲刷的沿程变化情况可知，在河道比降相差十倍的条件下河床均可发生长距离强烈冲刷，显然用一般水流挟沙能力理论无法解释。不平衡输沙恢复长度一般只有几百米，最多几千米，无法解释洪水在几百千米长的河段都发生冲刷，只有从洪水的非恒定的物理图形寻找答案。

5.2.1　河道"多来多排"及沿程冲刷条件

5.2.1.1　动床阻力特性与输沙特性

对艾山以下窄深河段流量与动床阻力特性研究表明，当流量小于 500 m³/s 时，n 值最

大达 0.015 ~ 0.026；流量在 500 ~ 1 500 m^3/s，n 值变化范围最大，随着流量的增大而逐渐减小，最大值达 0.026，最小值仅为 0.006，主要是床面形态变化所致。图 5-12 给出利津站流量与 n 值及艾山至利津河段排沙比之间关系。当流量大于 1 500 m^3/s 时 n 值的平均值最小，n 值约为 0.01，艾山至利津河段排沙比达到 100%，河道的输沙特性进入"多来多排"状态，床面进入高输沙动平整状态[6]。据对黄河冲积河道动床阻力与输沙特性形成机理的分析，当床面进入高输沙动平整状态，悬沙则不会在床面上淤积，河道的输沙特性将进入"多来多排"状态的原因是比悬沙组成粗得多的床沙(粒径为 0.07 ~ 0.1 mm)在河床上都存在强烈运动，比床沙细得多的悬沙(粒径小于 0.05 mm)自然会顺利输送，详见图 2-20 给出的利津站及水槽试验得出的床面形态(即阻力特性)对水深与流速关系的影响。

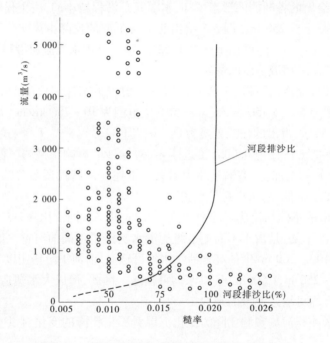

图 5-12　利津站流量与 n 值、艾山—利津排沙关系

5.2.1.2　河床冲刷形成条件

　　根据黄河河道实测断面平均水深与流速关系图，将发生拐点的临界水深、流速值列入表 5-6。从表中给出的资料表明，临界水深的变化范围为 1.5 ~ 2 m，临界流速的变化范围为 1.8 ~ 2 m/s，单宽流量的变化范围为 3 ~ 6 $m^3/(s \cdot m)$，作用在床面上的剪力只有 0.2 ~ 0.3 kg/m^2，功率为 0.4 ~ 0.6 $kg/(m \cdot s)$。当河宽为 300 m 时，进入高输沙动平整状态的输沙流量约为 1 500 m^3/s，河道的输沙特性将进入"多来多排"的输沙状态。当河宽变化时不淤流量也会相应变化。根据多年对艾山以下窄河段输沙特性的分析，流量大于 1 500 m^3/s 时河道输沙特性呈"多来多排"的输沙状态[6]，其确切的不淤流量值与当时河宽有关。由于近年来连续枯水塑造的河宽变窄，流量在 1 000 ~ 1 500 m^3/s 时该河段平均排沙比达 100%。

表 5-6　床面输沙进入高输沙动平整状态的水流条件

站　名	花园口	夹河滩	高村	孙口	艾山	泺口	利津
水深(m)	1.5	1.5	1.7	2.0	2.0	3.0	2.0
流速(m/s)	2.0	1.8	1.8	2.0	1.8	2.0	2.0
单宽流量(m³/(s·m))	3.0	2.7	3.1	4.0	3.6	6.0	4.0
剪力(kg/m²)	0.3	0.25	0.23	0.23	0.2	0.3	0.2
功率(kg/(m·s))	0.6	0.44	0.46	0.46	0.36	0.6	0.4

图 5-13 给出在利津站 1983 年洪水过程中,流量大于 1 500 m³/s 后,随着流量的增大,平均河底高程逐渐降低,峰后同流量的河底高程均低于峰前,河床在洪水过程中涨冲落淤非常明显。在洪水流量稳定的平水段,作用在床面上的剪力或功率虽然很强烈,床面上存在强烈的底沙运动,但底沙运动强度变化不明显,因此不会发生强烈冲刷,床面仍会处于准输沙平衡状态,故河底高程也不会产生急速的变化。河床处于高输沙动平整状态会造成河道长距离冲刷。

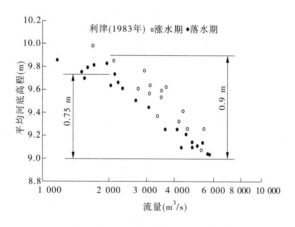

图 5-13　河床冲刷与流量间的关系

由表 5-7 给出的黄河艾山、泺口、利津三站 5 场洪水涨水期冲深值、落水期回淤值与净冲深值可知,前两者均远大于后者。在汛期 200 亿～300 亿 m³ 洪水的作用下,艾山以下 300 km 长的河段,一般只冲深 0.2～0.5 m,远小于涨水期河床冲深 1～2.7 m 的幅度。只有利津站 1976 年净冲深值等于落水期的回淤值,这是由于 1976 年河口改道清水沟流路大幅度缩短流程 37 km 有关。从利津站净冲深 1 m、泺口站净冲深 0.6 m、艾山站净冲深 0.4 m 也可看出与河口改道引起溯源冲刷有直接关系。河床在汛期冲深表明,较粗的泥沙颗粒($D_{50} = 0.05 \sim 0.1$ mm)在洪水期也能顺利输送。

表 5-7　黄河艾山以下河道洪水过程中涨冲、落淤与净冲深值

站名	年份	汛期水量 （亿 m³）	最大流量 （m³/s）	涨水冲深值 （m）	落水期回淤值 （m）	净冲深值 （m）
艾山	1975	319.7	7 020	1.40	1.20	0.20
	1976	331.5	9 180	2.70	2.30	0.40
	1982	225.3	7 300	2.40	1.60	0.80
	1983	342.8	5 920	1.70	1.40	0.30
	1985	250.0	7 000	1.80	1.50	0.30
泺口	1975		6 160	1.60	1.20	0.40
	1976		7 800	2.00	1.40	0.60
	1982		5 960	1.00	0.80	0.20
	1983		5 680	0.95	0.70	0.25
	1985		6 400	2.10	1.70	0.40
利津	1975	304.3	6 470	0.90	0.70	0.20
	1976	322.3	8 020	2.00	1.00	1.00
	1982	207.6	5 670	0.90	0.50	0.40
	1983	316.8	5 740	0.90	0.75	0.15
	1985	222.0	6 300	0.75	0.55	0.20

表 5-8 给出黄河艾山、泺口、利津三站仅有的 5 场洪水经过涨水期冲深前后实测断面平均河床质变化资料,在河床冲深 1.2～2 m,其中有两次床沙颗粒粗细无变化,两次变细,一次变粗,变粗发生在 1976 年,可能与河口改道河床发生单向冲刷有关。床沙在冲刷时没有分选现象,说明洪水期床沙质无论粗细沙均被洪水带走。

表 5-8　河床冲深与河床组成变化

站名	时间 （年-月-日）	平均河床高程 （m）	冲深 （m）	床沙组成 D_{50}（mm）	床沙组成 变化情况
艾山	1975-09-15 ～ 10-10	36.60 34.89	1.71	0.083 0.083	无变化
艾山	1976-08-10 ～ 09-21	36.15 34.91	1.21	0.077 0.078 5	无变化
艾山	1985-09-01 ～ 09-21	36.32 34.94	1.38	0.078 0.064	变细
泺口	1985-09-11 ～ 09-19	25.64 23.60	2.04	0.104 0.062	变细
利津	1976-08-08 ～ 09-10	10.37 8.38	1.99	0.082 0.096	变粗

5.2.2 河床的冲淤取决于作用在床面上的剪力或功率变化

5.2.2.1 河床涨落冲淤原因分析

河床的冲淤主要取决于底沙运动情况。一般认为,当来沙量大于底沙的输送能力时,河床发生淤积;否则,发生冲刷。但是,由于黄河河道输沙特性具有多来多排的特点,因此河床的冲淤取决于底沙输移强度的变化。

底沙的运动强度与作用在床面上的剪力或功率有关。在涨水过程中,随着流量的增加,作用在床面上的剪力增大,而落水过程中,随着流量的减小,作用在床面上的剪力减小。图 5-14 给出利津站洪水过程中流量与作用在河床上的剪力和功率之间的关系,图中的点群分布比较集中,分辨不出涨水与落水之间的差别,随着流量的增加,τ 值增大,在流量为 1 500 ~ 5 500 m³/s 时,τ 值的变化范围为 0.2 ~ 0.5 kg/m²,远大于 $d = 0.1$ mm 所需要的临界起动剪力($\tau = 0.025$ kg/m²)。由图中给出的点群关系可知,在涨水期与落水期流量相同的情况下,作用在床面上的剪力相等,但为什么在涨水期产生冲刷,而在落水期淤积,是需要回答的问题。

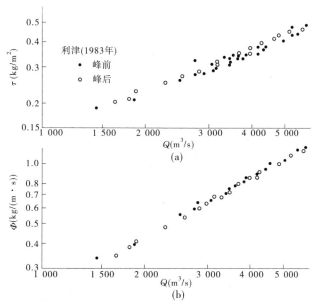

图 5-14 流量与作用在床面上的剪力及功率间关系

5.2.2.2 河床的冲淤取决于作用在床面上剪力或功率的变化

1) 基本物理图形

床面处在高输沙动平整状态时,河床的冲淤取决于底沙输移强度的变化。已有的研究成果表明,底沙的运动强度取决于作用在床面上的剪力 $\tau = \gamma hJ$ 或功率 $\Phi = \gamma hJv$。当作用在床面上的剪力或功率逐渐增加,底沙的输移强度逐渐增强时,河床产生冲刷;否则河床发生淤积[7]。在流量稳定,作用在床面上的剪力为常数时,底沙的输移强度不变:当 $\Phi_1 = \Phi_2$ 时,河床为输沙准平衡;当 $\Phi_1 < \Phi_2$ 时,河床为冲刷;当 $\Phi_1 > \Phi_2$ 时,河床为淤积。见图 5-15。

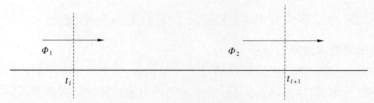

图5-15 河床输沙状态判别

2) 洪水过程中的流量、水深、流速、附加比降的变化

附加比降是指洪水波水面比降与同水位均匀流水面比降的差。某一水质点在一个很短的时间内,它在水平方向的位移是 ∂x,在垂直方向上向上的位移是 ∂y,那么其附加比降为 $\Delta J = \dfrac{\partial y}{\partial x}$。因此,对于水面上的一个水质点,从时刻 t_1 到时刻 t_2 的时段(Δt)内水位由 Z_1 变化到 Z_2,水位的变化量为 ΔZ,水质点在流线方向运行的距离为 ΔX,则附加比降 ΔJ 可按下式计算

$$\Delta J = \frac{Z_2 - Z_1}{\Delta X} = \frac{\dfrac{Z_2 - Z_1}{t_2 - t_1}}{\dfrac{\Delta X}{t_2 - t_1}} \tag{5-7}$$

通常水面的流速接近实测最大流速,即

$$\frac{\Delta X}{t_2 - t_1} \approx V_{\max} \tag{5-8}$$

其中 $V_{\max}$ 为最大流速,于是附加比降可按下式计算

$$\Delta J = \frac{\dfrac{Z_2 - Z_1}{\Delta t}}{V_{\max}} \tag{5-9}$$

涨水过程中随着流量的增加,作用在床面上的剪力不断增大,水流输送底沙的能力不断加强,因底沙滞后于洪水运动,因此上游输入底沙量总是小于水流的输沙能力,造成河床不断冲刷,平均河底高程不断降低。当流量达到最大时,作用在床面上的剪力也达最大,底沙的运动强度达到最强,河床高程为最低。而后随着流量的减小,作用在床面上的剪力不断减小,底沙的运动强度逐渐减弱。由于底沙运动速度滞后于洪水传播速度,原来运动着的粗细泥沙全在河床上落淤,引起河床在落水期不断淤高,且无粗化现象(见表5-8)。

利用非恒定流圣维南方程洪水演进的计算结果表明[2],在定床情况下,在洪水上涨时,附加比降为正值,洪水降落时,附加比降为负值,因此最大流速出现在最大洪峰之前,最大水深出现在最大洪峰之后,水位流量关系呈逆时针绳套。在洪水过程中河床迅速冲刷时,水位流量关系呈现顺时针绳套。洪水过程中的流量、流速、水深和附加比降的变化过程概化如图5-16所示。

3) 洪水期作用在河床上的剪力或功率变化过程与河床冲淤变化关系

从图5-17给出的洪水过程中相应作用在床面上的剪力或功率变化概化图可知,由于洪水流量随时间的剧烈变化,水深、流速、比降发生相应的调整,从而引起作用在床面上的剪力或功率相应变化:增强或减弱,造成底沙输移强度的增强或减弱。因此,剪力或功率

在涨水期增强,河床必然冲刷;剪力或功率在落水期减弱,河床必然淤积。

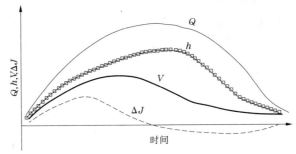

图 5-16　洪水过程中水力因子变化

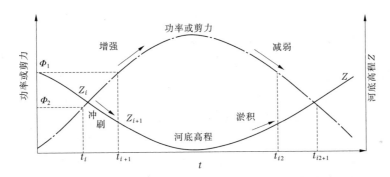

图 5-17　作用在床面上的剪力变化与河床冲淤之间的关系

由图 5-18 给出的 1983 年利津水文站实测水沙与河床冲淤过程可知,最大流速出现在最大洪峰之前,最大水深出现在最大洪峰之后,随着作用在床面上剪力的增加,平均河床不断冲刷,在最大洪峰之后,出现最低河底高程,说明以上理论分析是合理的。

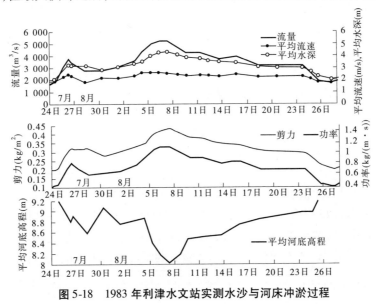

图 5-18　1983 年利津水文站实测水沙与河床冲淤过程

5.2.3 洪水期河床长距离沿程冲刷产生原因

5.2.3.1 洪水波的传播速度小于底沙的运动速度

洪水波的传播速度 ω 与水流的平均流速及河槽形态有关,常用 $\omega = Av$ 表示,在河道较宽时水力半径可用水深代表,洪水的传播速度 ω 值与河槽形态有关(见式(3-1))。

对于窄深河槽,洪水传播的速度均大于断面平均流速,河槽越窄深 A 值越大,洪水波的传播速度越快;河槽形态为矩形时 $A = \dfrac{5}{3}$,宽浅型河槽 A 值小于1,洪水波的传播速度慢,洪峰削减幅度大。

据实测资料统计,在流量为 3 000 m³/s 时,洪峰由艾山站传到利津站约需 32 h,平均传播速度为 2.53 m/s,而底沙的运动速度与底部流速大小有关,其输移的速度都小于底部流速,最大等于底部流速。据对1977年8月11日艾山站实测流量 3 670 m³/s 的底部流速的统计结果(距床面 0.2 m),主流区底部流速为 0.26 ~ 1.05 m/s,11 条垂线底部流速的平均值为 0.65 m/s。由此可知,底沙的运动速度最多为洪水传播速度的1/4。由于底沙主要集中在床面附近以层移质的形式输移,实际的运动速度将比距床面 0.2 m 处的流速还小(实测资料分析表明,底部流速只有平均流速的1/5 ~ 1/10)。底部流速不仅小于平均流速,更小于洪水波传播速度(漫滩情况例外)。因此,一场洪水挟带的悬沙可随洪水输送入海,而底沙在洪水演进的过程中不断地滞后于洪水波,水流又不断地从河床中得到底沙的补给,形成洪水演进过程中常见的涨冲落淤现象。

5.2.3.2 河槽窄深有利于洪水沿程冲刷

在给定的流量条件下,河槽越窄,水深越大,流速越大;河宽减小一半,水深与流速的乘积增大一倍。同样的流量变幅,窄深河槽中水位涨得快,涨水时附加比降较宽浅河槽大,使得洪水波传播的速度远大于底沙的运动速度,形成涨水期水流对河床的强烈冲刷。水流不断地从河床中冲起底沙,河床高程不断降低,在最大洪峰流量稍后,河床最低。在落水过程中,作用在床面上的剪力或功率逐渐减小,造成落水期河床必然淤积,反映出非恒定流的输沙特性与冲淤特性特别强烈。

由于窄深河槽洪水传播的速度均远大于底沙运动流速,因此洪水输移的底沙都是河床前期淤积物,与洪水所挟带的悬沙运动状况不同。这种强烈的涨冲落淤的输沙特性,在洪水流过的河床长距离冲刷均可产生,而与河道的比降陡缓关系不明显,如洪水期黄河下游、渭河下游河道,在比降 0.57‰ ~ 4.5‰ 范围内均可产生强烈冲淤。由于涨水期冲深大于落水期淤积值,河道呈现为长距离冲刷。

由于洪水输送的底沙都是前期河床中的物质,在床沙组成沿程变细的情况下,即使在输沙平衡情况下,底沙组成也会沿程变细。水库调水调沙造峰的持续时间,也不一定非要大于洪水波传播到河口所需的历时,因为河床高程变化是涨冲落淤综合作用的结果。洪水历时越长,输送入海的粗沙量越多,从上游带到下游河段的底沙也越多。在平水期河道输沙处于多来多排状态。同样的水量怎样造峰有利于山东河道冲刷,值得进一步研究。

5.2.4 相邻两次断面实测流量相差较大时测得的河段冲淤量不可信

由于在洪水期间河床高程随着流量的增大河床高程不断降低,因此造成流量大河床高程低,流量小河床高的普遍现象。因此,出现两次大断面实测时,河道流量不同,对断面测量冲淤量会产生巨大影响。当汛前流量小、汛后流量大时,测出的断面冲淤量必然为冲刷;反之测得河道的冲淤量必然为淤积。如1985年汛前5月14~19日,实测大断面时的流量为933 m³/s,1985年汛后10月18~22日实测大断面时流量为4 205 m³/s,大断面测量得出艾山至利津河段的冲刷量为1.11亿m³,相应时段用输沙率法计算出河段冲淤量为淤积0.173亿t;而非汛期大断面法测得艾山至利津河段的淤积量为1.081亿m³,比相应时段进入艾山站的总来沙量1.03亿t还多,比用输沙率法计算出的淤积量为0.465亿t大得多,显然不合理。其原因是目前的水文测验方法,在流量大时在近床面存在强烈移动的底沙,测验沙量成果不能充分反映这部分运动中沙量。

由此可见,利用大断面法测量河道冲淤量时一定要考虑两次实测大断面时的流量是否相近,若相差很大,则会带来无法定性的困难,测量出的冲淤量不可信。但用大断面法计算多年河道冲淤量还是可靠的。

5.3 结 论

(1)由于洪水的非恒定性,比降、水深、流速等水力要素都随时间变化,在洪水过程中,河床因冲淤的变化,都影响河床的过流能力,洪水在定床时的水位流量关系均为逆时针,所以不能简单地用洪水前后水位差值判断河道冲淤。

(2)当床面进入高输沙动平整状态时,洪水非恒定性造成作用在床面上的剪力或功率的变化,引起底沙输移的不平衡,在涨水期作用在床面上的剪力增强,河床发生冲刷;在落水期作用在床面上的剪力减弱,河床发生淤积,形成"涨冲落淤"的输沙特性。

(3)冲积河流的比降虽然沿程变缓,但水面宽沿程变窄,水深、流速沿程增大,致使洪水期输沙能力沿程不但不减小,反而增加。

(4)底沙的运动速度比洪水波传播的慢是造成洪水长距离冲刷的根本原因,使得比降变化对洪水的造床与输沙作用的影响不明显,河槽窄深有利于洪水冲刷。造峰冲刷的历时不必大于洪水传播到河口的历时,因为洪水挟带入海粗沙都是河床的前期淤积物。

(5)由于洪水的非恒定性对河床冲淤带来的影响,利用断面法测量河道冲淤量时,一定要考虑两次实测大断面时的流量是否相近,若相差很大,测量出的冲淤量不可信。但断面法用于多年河道冲淤量计算还是可靠的。

参 考 文 献

[1] 麦乔威,赵业安,潘贤娣.多沙河流拦沙水库下游河床演变计算方法[C]//麦乔威.麦乔威论文集.郑州:黄河水利出版社,1995.

[2] 格拉夫,阿廷拉卡.河川水力学[M].赵文谦,万兆惠,译.成都:成都科技大学出版社,1997.

[3] 赵文林,茹玉英.渭河下游河道输沙特性与形成窄深河槽的原因[J].人民黄河,1994(3):1-4.

[4] 齐璞,孙赞盈.北洛河下游河槽的形成与输沙特性[J].地理学报,1995(2):168-177.

[5] 麦乔威.黄河下游河道形态的初步分析[C]//麦乔威.麦乔威论文集.郑州:黄河水利出版社,1995.

[6] 齐璞,孙赞盈.黄河冲积河床动床阻力、冲淤特性及输沙特性形成机理.泥沙研究,1994(2)):1-8.

[7] 齐璞,孙赞盈,侯起秀,等.黄河洪水的非恒定性对输沙及河床冲淤的影响[J].水利学报,2005(6):637-643.

第2篇 黄河下游游荡性河道演变与改造途径

第6章 黄河下游游荡性河道河势变化规律

6.1 游荡性河道的形成、演变与稳定条件

游荡性河道的形成有其特定的来水来沙条件及河床边界条件。由长期水沙条件塑造的边界条件虽然属次生,但对河流演变特性所产生的影响却是不能忽视的,甚至在流域来水来沙条件改变后,仍会对河道的稳定性起控制作用。因此,在治理游荡性河道时,应进行综合治理,在加强工程整治时,应重视已存在的边界条件的制约作用。

6.1.1 河道特性

国内外大量河流的统计资料表明,游荡性河道具有比降陡、河槽宽浅、河床组成粗和抗冲能力差的特点。图6-1为苏联河流的最大流量与河谷比降及不同河型出现的规律[1]。图6-2是张海燕教授收集整理的美国主要河流与渠道的流量和比降及河宽的变化

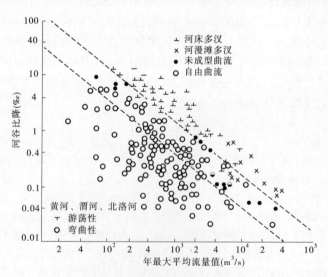

图6-1 苏联河流的最大流量与河谷比降及河型

规律●[2]。两家的研究成果均表明,随着河流的流量增加,河道比降变小,在流量相同时,比降大的形成游荡性(或宽浅型)河流,比降小的均为弯曲性河流。

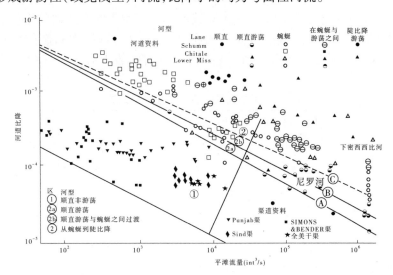

图 6-2　美国主要河流与渠道的流量与河谷比降及河型

黄河中下游主要干支流河段的情况也是如此。表 6-1 给出的流量与比降的数值表明,黄河小北干流与下游夹河滩以上游荡河段的比降均较艾山至利津河段陡,也较渭河下游与北洛河下游的比降大。花园口站 1964 年平均最大洪峰流量为 8 000 m^3/s,比降为 2.5‰,落在图 6-1 中的河漫滩多汊区;而渭河、北洛河的资料落在弯曲河流区。由此可见,它们遵循共同的规律。

表 6-1　黄河主要干支流河道特性

河段名称		比降 (‰)	$\sqrt{B}/H$	多年平均水沙条件		
				流量 (m^3/s)	含沙量 (kg/m^3)	d_{50} (mm)
黄河	小北干流	3~6	100	1 090(9 580)	33.4	0.044
	夹河滩以上	2~2.5	30~50	1 350(8 117)	37.7	0.038
	艾山—利津	1	4~8	1 410(6 103)	25.4	0.031
渭河下游		1~3	3~6	296(3 904)	47.3	0.024
北洛河下游		1.7	2~3	25.4(1 020)	128	0.036

注:括号中的数字为最大平均流量。

游荡性河道比降陡是造成河床不稳定的次生重要因素,其演变特性如同在地形陡的情况下,没有设计跌水而形成的不稳定渠道。由于水流的冲刷始终不能保持渠岸的稳定,总是演变成宽浅散乱的河床形态,游荡性河道与此极为相似。

● 张海燕. 河流的最小能量和河型. 万兆惠,尹学良,译. 中国水科院泥沙研究所印 1979 年 5 月.

6.1.2 形成条件

河流的水沙条件,在天然河流中是由流域的降雨产沙条件和区间的输移汇流条件决定的。尹学良对我国主要河流的研究结果表明[3],河型与输沙率和流量间的方次有关$(Q_s \propto Q^m)$。不管多沙或少沙河流,当 m 值大于 2.5 时一般为弯曲性河流,小于 2.5 时则为游荡性河流,见表6-2。

表6-2　尹学良堤出的河性与 m 值的关系

河流	站名	m	河性	河流	站名	m	河性
渭河	华县	4	弯曲	黄河	龙门	2.5	游荡
北洛河	洑头	5.5	弯曲	黄河	陕县	2.0	游荡
汾河	河津	2.8	弯曲	黄河	花园口	2.0	游荡
南运河	馆陶	4	弯曲	永定河	三家庄	2.2	游荡
黄河	包头(中低水)	3.7	弯曲	潭沱河	黄壁庄	2.4	游荡
辽河	铁岭(中低水)	2.9	弯曲	黄河	包头(高水)	2.0	游荡
下荆江	监利	2.2	弯曲	辽河	铁岭(高水)	2.0	游荡

卢金友等统计的结果与尹学良得出的结论基本一致[4],只是分界的 m 值略有不同,m 值大于 2 形成弯曲性河流,小于 2 形成游荡或分汊河流,见表6-3。造成上述差别的主要原因可能是,后者从弯曲河流能量最小的观点出发,认为 $Q_s \propto (QJ)^m$ 成比例,比降一般要用常数。

表6-3　卢金友提出的河性与 m 值的关系

河流	站名	河性	m	河流	站名	河型	m
上荆江	新厂	弯曲	2.03	长江中游	螺山	分汊	1.37
下荆江	监利	蜿蜒	2.43	长江中游	汉口	分汊	1.83
汉江下游	仙桃	蜿蜒	3.02	长江下游	大通	分汊	1.25
沅江下游	桃源	蜿蜒	3.0	汉江中游	襄阳	分汊	1.97
唐河下游	郭滩	蜿蜒	2.81	汉江中游	碾盘山	分汊	2.10
白河下游	新店铺	弯曲	2.60	赣江下游	外州	分汊	1.90
北洛河	洑头	蜿蜒	5.05	湘江下游	湘潭	分汊	1.85
渭河下游	华县	蜿蜒	3.6	北江中游	石角	分汊	1.77
南运河	临清	蜿蜒	3.11	嫩江下游	江桥	分汊	1.46
辽河	巨流河	弯曲	2.55	黄河下游	花园口	游荡	1.93
黄河下游	泺口	弯曲	2.25	黄河下游	高村	游荡	1.94
黄河下游	利津	弯曲	2.42				

据实测资料分析:m 值的大小反映了进入河流的大、小水的水沙搭配情况,决定了河槽的冲淤关系,形成不同的河槽形态,从而发展成不同河型。

m 值较大时,表明流入河流的泥沙主要由洪水输送,枯水时含沙量低,即在流量大时,挟带的含沙量高,流量小时挟带的含沙量低;而在 m 值小时,进入河流的泥沙,在小水期挟带的含沙量相对较多,大水期挟带的含沙量相对较少;当大、小水的含沙量相同时,m 值为 1,当大水时的含沙量低于小水期的含沙量时,m 值将小于 1。表 6-4 给出不同的 m 值,当大、小水的流量变幅为 10 倍时,相应大、小流量的含沙量比值 $P = S_i/S_o$ 不同。

表 6-4 大、小水含沙量变幅 P 值与输沙率及流量方次 m 值关系

m	0.71	1	2	3	4	5
$P = S_i/S_o$	0.5	1.0	10	100	1 000	10 000

由表 6-4 可知,m 值的大小取决于大、小水挟带的含沙量变幅。由表 6-2 给出的各条河流的 m 值可知,北洛河的 m 值最大,达 5.5,其次是渭河的 m 值。北洛河洪水期的含沙量一般为 700 ~ 800 kg/m³,甚至达 1 000 kg/m³,而枯水期的含沙量常不足 1 kg/m³,渭河的水沙搭配与其类似。

当输沙含沙量公式用 $S = KQ^{m-1}$ 表示时,黄河中下游主要站的流量与含沙量的关系如图 6-3 所示。游荡性河道黄河小北干流与黄河下游的 $m-1$ 值分别为 1.6 和 1,远小于北洛河与渭河的 $m-1$ 值 4 和 3。

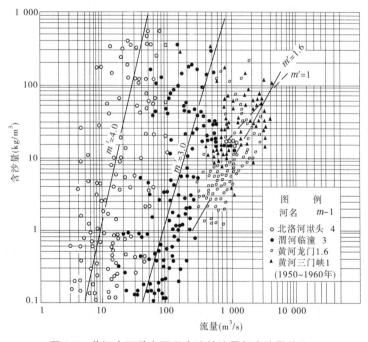

图 6-3 黄河中下游主要干支流的流量与含沙量关系

由于冲积河流一般均存在大水槽冲滩淤、小水淤槽的冲淤特性,因此 m 值大者,在小水期河槽不淤,甚至发生冲刷,流量大时槽冲滩淤,能塑造较规顺窄深的河槽;而 m 值小

者,由于小水淤槽,则会形成宽浅的河槽形态。规顺窄深的河槽的形成有利于河流长期输沙平衡,宽浅河槽的存在使河流输沙能力较低,小水期河槽强烈堆积,河槽变宽浅,淤积进一步加重,比降变陡,河床稳定性降低,使规顺窄深河槽更难以形成与稳定,始终保持游荡状态。

6.1.3 稳定条件

游荡性河道具有比降陡、河槽极为宽浅和不稳定的特性。游荡性河流就像在比降陡的地形条件下没有兴建跌水的不稳定渠道。

游荡性河道河槽,随着流量的增加,宽深比 B/h 值增大。图 6-4 给出黄河干支流典型水文站实测流量与宽深比 B/h 值间的关系表明,花园口、上源头站游荡性河段资料,随着流量的增大 B/h 值增大,洑口站却相反,随着流量的增大 B/h 值减小。前者定义为宽浅型河槽,后者定义为窄深型(矩形)河槽。因此,它们具有完全不同的演变特性,也是形成不同河型的根本原因。北洛河与渭河下游河道则具有窄深型河槽。

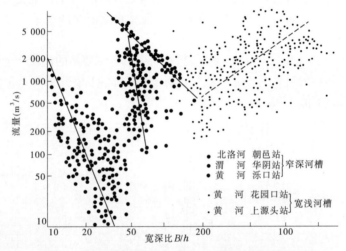

图 6-4　黄河主要干支流代表站 B/h 值与流量间的关系

对不同河型演变特性的分析结果表明,弯曲性河流较稳定,其整治也较容易,只要做到护湾导流,就可达到预定的稳定河道的目标。黄河下游夹河滩以上游荡河段与弯曲性河流相比,用相同的比尺绘制的黄河下游花园口、洑口与渭河下游的华阴、北洛河下游的朝邑站断面形态,如图 6-5 所示。河槽形态上的主要差别是前者极为宽浅,后者具有窄深型河槽。由于河槽极为宽浅,不仅输沙能力低,易造成河床淤积抬高,河道游荡摆动,也是产生横河、斜河的根本原因。河槽宽浅无法约束水流,洪水在极宽浅的河床流动极不稳定。

由以上分析可知,形成稳定的中水河槽是治理游荡性河道的关键。为此,需要从其形成原因及造成不稳定条件着眼,采取相应的有效措施,使其能形成并保持稳定的中水河槽。

6.1.4 形成游荡性河流的边界条件

游荡性河流具有比降陡、河槽宽浅、河床组成粗、抗冲能力差和河道输沙能力低的特点。黄河下游高村以上河段为典型的游荡河段,造成河段输沙能力低的主要原因是河槽极为宽浅。由图 6-6 可知,在小浪底水库投入运用后,床沙组成虽然由 0.1 mm 增加到 0.2 mm,但起动流速没有增加,均处在最容易起动范围内。因此,由于游荡性河道的固有原因,比降陡、河床组成易冲,在来水较清的情况下,河床仍很不稳定,塌掉高滩,淤成低滩,高村以上的河道还会宽浅散乱。

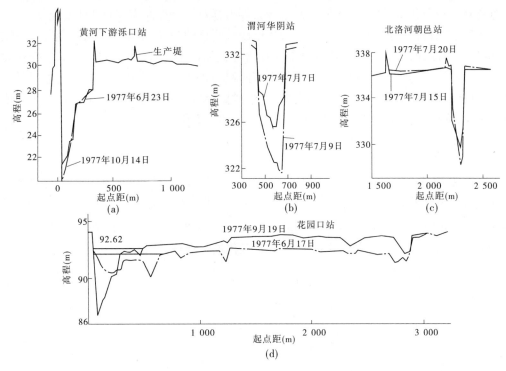

图 6-5　渭河、北洛河、黄河下游泺口与花园口断面形态比较

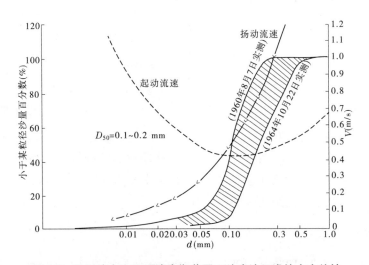

图 6-6　三门峡水库下泄清水期花园口站床沙组成的水力特性

6.2 游荡性河流河槽形态调整规律

黄河小北干流与黄河下游高村以上河段均属游荡性河道,本书通过对这两段河道的实测资料进行分析,试图找出不同来水来沙条件组合对游荡性河道调整变化的规律。

由于游荡性河道河槽形态极为宽浅,滩槽没有明显的分界,主槽与滩地的划分十分困难,同样一个断面,不同的研究者划分出的滩槽位置往往不一样,给研究河槽形态变化规律带来了不便。为了便于分析比较,采用主槽面积为 2 000 m² 河槽形态的变化进行对比分析,这样得出的主槽形态则不会因人而异,给对比分析研究工作带来了方便。由于河槽形态不同,主槽面积为 2 000 m² 时对应流量为 4 000 ~ 5 000 m³/s。

6.2.1 高含沙洪水

黄河在 1973 年和 1977 年均出现了作用强烈的高含沙洪水。黄河游荡性河道河槽形态变化过程见图 6-7。由图 6-7 可知,这两年高含沙洪水在小北干流与黄河下游通过时,河槽形态均由宽浅变窄深,发生了剧烈的调整。其中小北干流的 $\sqrt{B/H}$ 值由 1977 年汛前的 117 减小到 26,河槽下切 3 ~ 5 m,河道调整变化最为强烈。

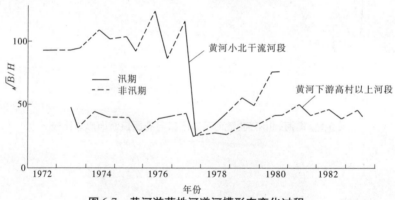

图 6-7 黄河游荡性河道河槽形态变化过程

1977 年 7 月和 8 月黄河下游连续发生两场高含沙洪水。从图 6-8 给出的汛前、汛后河槽形态变化可知,在黑岗口以上 160 km 长的河段内,河槽形态发生了明显的变化,$\sqrt{B/H}$ 值由 20 ~ 130 减小到 10 ~ 30,调整幅度最大的发生在花园口至黑岗口河段,$\sqrt{B/H}$ 由汛前的 60 ~ 130 减小到 20 左右。黑岗口以下河段也有不同程度的缩窄。河槽形态沿程调整的幅度是不均匀的。在上游段调整的幅度较大,愈往下游愈弱,这与洪水历时长短,流量、含沙量的大小及河道比降的变化有关。

6.2.2 低含沙洪水

黄河下游在 1975 年、1976 年、1981 年和 1982 年汛期均有低含沙洪水发生。由图 6-7 可知,由于大水的切滩、趋中作用,低含沙洪水一般也可使河槽略向窄深方向转化(如 1982 年洪水),但远不如高含沙洪水对河床调整作用强烈。

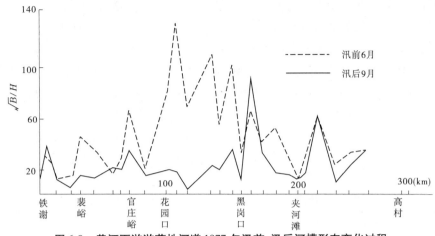

图 6-8　黄河下游游荡性河道 1977 年汛前、汛后河槽形态变化过程

6.2.3　水库下泄清水

三门峡水库 1960 年 9 月至 1964 年 10 月为蓄水运用和低水位滞洪运用，水库下泄清水，黄河下游河道在前期强烈堆积的情况下发生冲刷。由图 6-9 给出的 1960～1964 年铁谢至辛砦河段 $\sqrt{B/H}$ 值的变化过程可知，下泄清水前 $\sqrt{B/H}$ 值为 100，到 1961 年汛前 $\sqrt{B/H}$ 值下降为 37，经 1961 年汛期洪水冲刷后，$\sqrt{B/H}$ 值进一步减小到 30 左右，以后各年的 $\sqrt{B/H}$ 值在非汛期增大，汛期则有所降低，但 $\sqrt{B/H}$ 值始终维持在 20～40。

三门峡水库 1964 年 10 月底集中排沙，出库的最大含沙量为 70 kg/m^3，$d_{50} = 0.05$ mm，$d < 0.01$ mm 的含量占 10%，流量变幅为 1 000～4 000 m^3/s；至 1965 年汛前，库区冲刷泥沙 6 亿多 t，属于典型的小水带大沙。由图 6-9 可知，$\sqrt{B/H}$ 值由 1964 年 10 月的 20～40 迅速增加到 50～70，河槽中发生严重的淤积，引起河槽形态向宽浅方向转化。

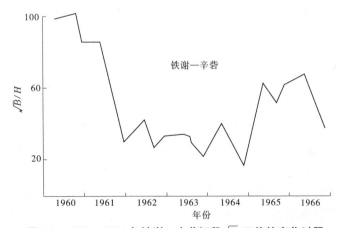

图 6-9　1960～1964 年铁谢—辛砦河段 $\sqrt{B/H}$ 值的变化过程

三门峡水库 1973 年 10 月控制运用以来，非汛期水库下泄清水，造成高村以上河段冲刷，山东河道淤积，这一点与天然状态下非汛期来自河口镇的清水基流造成小北干流河段冲刷与黄河下游河道淤积相似。由图 6-7 可知,非汛期下泄清水冲刷时,上述河段的河槽形态均在展宽,并且随着流量的增加,展宽幅度增大。表 6-5 给出黄河下游 1973 年汛后与 1977 年汛后流量比较。由表 6-5 可知,流量大小不同,河槽展宽速度也不同。1973 年汛后到 1974 年汛前,$\sqrt{B}/H$ 值由 31 猛增到 44,接近 1973 年汛前的宽深比;而 1977 年汛后的 $\sqrt{B}/H$ 值经过三个非汛期的清水冲刷,到 1980 年才展宽到 1977 年汛前的水平。造成上述差异的主要原因,除河床边界条件的差别外,主要是这两年汛后流量的大小不同。前者中水流量大,作用时间长,花园口站最大日平均流量达 3 670 m³/s,流量大于 3 000 m³/s 的持续时间为 11 d,大于 2 000 m³/s 的持续时间达 45 d;而后者花园口站最大流量仅 1 960 m³/s。

表 6-5　花园口站 1973 年汛后与 1977 年汛后流量比较

年份	各月平均流量(m³/s)								Q_{max} (m³/s)	出现天数(d)	
	9	10	11	12	1	2	3	4		$Q > 3\ 000$ m³/s	$Q > 2\ 000$ m³/s
1973 ~ 1974	2 700	2 230	1 370	530	305	314	1 160	933	3 670	11	45
1977 ~ 1978	1 390	785	805	650	420	259	572	589	1 960	0	0

6.2.4　河床调整处于恶性循环

由表 6-6 给出的黄河主要干支流的河道特性比较可知,游荡性河流的主要特点是河床比降陡和来水的平均流量较大。

表 6-6　黄河主要干支流河道特性比较

河段名称	河长 (km)	比降 (‰)	河型	多年平均来水来沙量		d_{50} (mm)	$d < 0.01$ mm 所占 百分比 (%)
				Q (m³/s)	S (kg/m³)		
黄河小北干流(龙门—潼关)	130	3 ~ 6	游荡	1 090	32.3	0.044	18.2
黄河下游(铁谢—夹河滩)	210	2 ~ 2.5	游荡	1 350	37.7	0.038	20.5
渭河(临潼—潼关)	165	1 ~ 3	弯曲	296	47.3	0.024	27.2
北洛河(洛淤 17 号—朝邑)	87	1.7	弯曲	25.4	128	0.036	12.4

由于泥沙长期在河道中强烈堆积及其他原因,游荡性河流形成较陡的比降,水流具有更大的动能,增加了推移质的运动强度,降低了河床的稳定性,加大了河道冲淤幅度,造成小水大沙淤槽与清水基流强烈的塌滩展宽并存,使窄河槽更难以形成与稳定。如 1977 年 7 月和 8 月的高含沙洪水,在小北干流龙门至潼关河段产生强烈的冲刷。由图 6-10 给出的典型断面的变化情况可知,原来极为宽浅的河道经高含沙洪水的冲刷,形成主槽宽 1 000 m,深 5 ~ 6 m 的窄深河槽,$\sqrt{B}/H$ 值由 120 缩小到 40 以下。但由于河流的来水来沙条件与边界条件没有根本改变,在随后的几年内,主槽不断淤高,河岸不断地塌塌展宽,较为窄深的河槽形态又逐渐演变成极为宽浅的状况,河道的输沙能力依然较低。

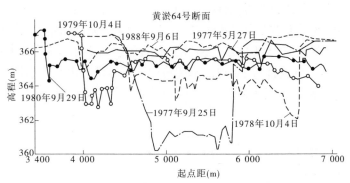

图 6-10 黄河小北干流典型断面的变化情况

因此,河道比降过陡并不能使河道的输沙能力明显增加,减少河道的强烈堆积,并使河道的输沙能力与来水来沙相适应,最终达到输沙平衡状态;而是破坏了可能的平衡,在不利的来水来沙共同作用下,始终保持着游荡性河道宽浅的特性。由于比降过陡,河槽宽浅,斜河、横河也经常发生,给防洪造成严重的威胁。而比降缓的弯曲性河流,由于始终保持着能高效输沙的窄深河槽,因此不管多沙或少沙河流,均能在长期内处于输沙平衡状态或相对稳定状态。

为了说明比降的变化对河道稳定性的影响,分析渭河河型的沿程变化可知,在来水来沙基本相同的条件下,随着比降沿程变缓,水流塑造了不同的断面形态,因而发展成不同的河型[6],如表 6-7 所示。

表 6-7　渭河下游河道特性沿程变化

河型	河段 (渭河断面号)	比降 (‰)	河床质中径 (mm)	M(%)	$\sqrt{B}/H$	弯曲率
分汊型	28—37	6.73	0.106	26.2	24.8	1.08
弯曲型	15—27	2.76	0.258	31.3	7.85	1.39
自由曲流型	1—13	1.25	0.260	45.1	6.0	1.72
顺直型	1—河口	1.04	0.060	49.1	5.73	1.06

注:表中 M 为河岸中黏土和粉沙的含量。

由表 6-7 可知,随着比降的变缓,河槽的稳定性增大,河槽形态由宽浅逐步变为窄深,河型由分汊逐渐变为自由曲线流型。

用河岸中黏土和粉沙含量(M)的变化判别河槽的稳定与否是不严谨的[5],因为粉沙与黏土的抗冲性差别太大,粉沙最易起动,黏土固结后最难冲,笼统地不加区别地用它们的总含量作为判断河床的稳定性不够科学。渭河下游各河段河岸中主要是粉沙,河槽稳定的原因主要是河槽形态由宽浅逐步变为窄深,比降沿程变缓,河流洪水的冲刷能力减弱,河槽的稳定性增加,窄深河槽长期保持,多年小水坐弯得以累积才发展成弯曲性河流。

从图 6-7 给出的黄河小北干流与黄河下游游荡性河道 $\sqrt{B}/H$ 值的差别也可看出,比降越陡,河道越宽浅,前者平均情况为 100,而后者为 30~50。

例如,与渭河下游河道同属于一个侵蚀基面的小北干流,其上段比降已发展到 5‰~

6‰,至今仍是一条强烈堆积的游荡性河道,河床堆积并没有因比降变陡而终止。

由游荡性河道河槽形态变化过程可知,在不同的来水来沙作用下,河槽形态会发生迅速而灵敏的调整。但是,由于不同水沙条件下河槽形态的变化是相互制约、相互破坏的,如汛期变窄深,非汛期变宽浅,高含沙洪水塑造的窄深河槽。由其他水沙作用下遭到破坏的变化过程可知,在不同的来水来沙作用下,河槽形态会发生迅速而灵敏的调整,结果使游荡性河道河槽总是呈宽浅形态。

6.3 河势变化规律与河型转化条件

6.3.1 游荡性河道河势变化机理

在能量消散过程中,任何具有能量的物体总是遵循如下规律:将它所具有的位能以最快的速度、最短的时间、最大的能量消散率消散,从而达到最稳定状态。游荡性河道的河势变化同样是能量消散规律在起主导作用。由于游荡性河道河槽极为宽浅,河槽对水流的约束作用弱,因此在大洪水期改道时形成的河槽总是顺直的,沿着最大比降方向流动,这就是洪水期河势趋直的原因所在;至于河流的弯曲,则主要是由于小水期水流受河床上犬牙交错边滩条件的制约而被迫沿着弯曲的流路流动。

6.3.2 河势变化规律性和随机性

对 1949～1960 年大水、中小洪水的基本流路,1960～1964 年和 1981～1985 年来水较清的两个时段,1969～1974 年和 1987～2001 年两个枯水系列,1958 年、1964 年、1967 年、1982 年、1989 年、1996 年和 1973 年、1977 年两年出现高含沙洪水时的河势变化情况进行分析,得出以下认识。

游荡性河流普遍存在着"大水趋直、小水坐弯"的河势变化规律。小水坐弯是河床局部边界条件对水流的约束与控导作用的结果。如由于水流与泥沙的相互作用,形成犬牙交错的边滩,先造成主流动力轴线的弯曲,随之发生一岸坍塌和另一岸的淤积,形成凹岸与凸岸之分,逐渐形成弯曲的流路。

由于河槽形态不同对水流的约束作用不同,并非所有在枯水期产生主流弯曲的河流都能形成稳定的弯曲性河道[6];由于流量大小不同,水流所具有的动能不同及水位高低不同,河床对水流的约束作用也不同;河势变化又呈现出一定的规律性,如小水河势顶冲点会上提,大水河势顶冲点会下挫。近十年来连续枯水,造成有些控导工程不靠溜或一个控导工程几次靠溜、导流作用减弱。小水上提引起的河势变化在下游窄河段及所谓的河势控制较好的河段也很突出。

游荡性河道河槽宽浅,对水流约束作用差,因此造成游荡性河道河势变化的随机性,使得河势的发展很难预估。当洪水试图沿着最大比降方向流动时,遇到阻水物被迫改变流向,当水下的边界条件不确定时,河势变化则呈现随机性。

对 1960～1964 年和 1981～1985 年高村以上游荡河段河势变化的实测资料分析结果表明,游荡性河道在清水冲刷期的河势变化还具有复杂性、随机性和相关性的特点,控导工程着溜点上提下挫、变化无常,河势出现"一弯变、弯弯变"。在洪水期,由于河槽对水流的约束作用弱,河势易发生突变,易坐死弯,使平工出险。如1964年汛期发生在花园口的东大坝处的重大险情,横河顶冲191坝,抢险抛石量达11 900 m³。在水丰沙少的1981～1985年,游荡性河段严重的险情明显增加,最典型的是化工、大玉兰工程的钻裆险情与北围堤严重险情。2003年汛期来水较多,中水流量持续时间长,6月在蔡集工程上游1 000多m处主流遇黏土抗冲层开始坐弯,形成畸形河势,在中水流量2 600 m³/s长时间作用下,引起河势不断上提,造成蔡集工程出大险,直至冲垮生产堤,在"二级悬河"最为严重的河段,洪水走一路淹一路,造成滩区严重的淹没损失和极为不利的影响。

6.3.3 河型转化条件

6.3.3.1 河槽形态与河型

关于冲积河型的划分,以往都按平面形态去分类。如把河流分成顺直型(或游荡型)和弯曲型,实际上河流平面形态是水沙条件与河槽长期作用的结果。

大量的实测资料表明[6,7],只有$\sqrt{B/H}$与弯曲系数呈现有规律性的变化。随着河槽宽深比的减小,河流弯曲系数增大,因此河槽形态在河型转化中起着主要的控制作用。图6-11为河槽$\sqrt{B/H}$与河流弯曲系数的关系。由图可知,不论河流大小,宽浅型河槽的河流总是顺直的,而所有弯曲性河流都具有窄深型河槽$\sqrt{B/H}$小。

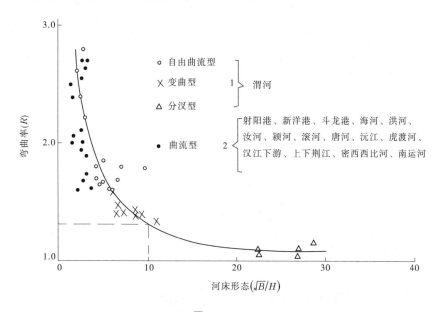

图6-11 河槽$\sqrt{B/H}$与河流弯曲系数的关系

从水流与河槽之间的关系,应把河槽形态分成窄深型和宽浅型。

从河槽形态对输沙的影响可知,河槽形态对输沙能力影响很大,是一个关键因素。窄深型河槽具有很强的输沙能力,能够输送流域的来沙(包括高含沙水流),避免河槽发生严重淤积,能维持较大的滩槽差,使河流弯曲得到充分发展,并能使多年坐弯得到累积,这是弯曲河流能够形成的关键因素[6,7]。

河槽形态的变化影响河型的转化,这在多沙河流中是常见的。河流变化的起因,首先是河槽严重淤积,而使断面变宽浅,然后在洪水期发生游荡摆动。如黄河河口段的演变过程,改道后通过淤滩刷槽,先形成顺直河流,随后弯曲、分汊、游荡,直至再改道,在这个过程中,河槽的形态由窄深不断向宽浅方向转化。

综上所述,河槽形态不同是河流形成不同平面形态的控制条件。河槽形态不同,演变特性不同,形成不同河型。因此,研究河槽形态调整变化规律,对正确预报河型转化,为生产部门服务具有重要意义。

6.3.3.2 河型转化条件

冲积河流的特性取决于流域因素[3,4,7],来自流域的长期水沙条件决定了河槽的形态、比降和河床组成。不同河流的来水来沙条件组合不同,塑造出不同的河槽形态和比降,从而决定了水流的强弱,形成不同的输沙特性,对于一定的河槽形态,小水淤积、大水冲刷分界流量是确定的。因此,来水来沙条件组合又决定了河道的冲淤特性;不同的河槽形态对水流的约束作用不同,又形成不同的演变特性;河床组成的抗冲性与水流的强弱决定了河槽的稳定性,因此形成不同的河型。

冲积河流普遍存在着"大水趋直、小水坐弯"的河势变化规律,但并非所有在枯水期产生主流弯曲的河流都能形成弯曲性河流。具有较大滩槽高差的窄深型河槽,能限制洪水时切滩趋直,使多年坐弯得以累积,最终形成弯曲性河流。而宽浅的游荡性河流滩槽高差较小,河槽对洪水的约束作用很弱,在洪水期经常发生切滩和主流摆动,破坏了枯水时形成的弯曲河流的雏形,弯曲的流路不能得到充分的发展,因此总是保持顺直河型。其中河道比降陡是形成游荡性河道不可忽视的重要边界条件。

河型的不同是多因素综合作用的结果,是河流演变、输沙特性的集中反映。河道的输沙特性与演变特性间存在着密切的联系,其原因是它们都受河槽形态的控制。不同的河型的主要差别是因为它们具有不同的河槽形态,具有窄深型河槽的河流,不仅输沙能力强,河道很少淤积,且河势受窄深河槽的约束,河道稳定,多年小水坐弯得以累积,可发展成弯曲性河流。而具有宽浅河槽的河流,不仅输沙能力低,河道强烈堆积,且宽浅河槽无法约束洪水期河势变化。加上受局部边界的影响,经常产生横河、斜河,发生游荡摆动,产生难以预料的河势变化和险情,具有随机性,对防洪极为不利。因此,河型转化条件是水流塑造河槽,河槽约束水流,只有具有窄深型河槽后才能演变成弯曲性河流。

6.4 水库下泄清水冲刷的河势变化特点

6.4.1 滩地坍塌、河槽在摆动中下切

三门峡水库1960年9月至1964年10月蓄水拦沙运用,在年均来水量为559亿 m^3、来沙量为5.82亿 t、年均含沙量为10 kg/m^3 的情况下,全下游共冲刷23亿 t,年均冲刷5.78亿 t。其年均冲刷量分布见表6-8。

1980 年 10 月至 1985 年 10 月,下游年均来水量为 482 亿 m³,年均来沙量为 9.7 亿 t,年平均含沙量 20 kg/m³,属于天然情况下来水丰、来沙少的典型系列,全下游累计冲刷 4.85 亿 t,全河年均冲刷量 0.97 亿 t,高村以上河段年均冲刷 1.19 亿 t,高村—艾山年均淤积 0.45 亿 t,艾山—利津年均冲刷 0.23 亿 t,详见表 6-8。

表 6-8　1960~1964 年与 1980~1985 年下游河道年均冲刷分布情况　（单位:亿 t）

河段		铁谢—花园口	花园口—夹河滩	夹河滩—高村	高村—艾山	艾山—利津	全段
1960-09~1964-10	全断面	−1.9	−1.47	−0.84	−1.25	−0.32	−5.78
1980-10~1985-10	主槽	−0.30	−0.35	−0.29	−0.14	−0.19	−1.27
	滩地	−0.06	−0.10	−0.09	+0.59	−0.04	+0.30
	全断面	−0.36	−0.45	−0.38	0.45	−0.23	−0.97

三门峡水库 1960 年 9 月至 1964 年 10 月下泄清水期间,高村以上河段塌滩 280 km²,平均塌滩宽度 1 000 m,各河段的分布情况见表 6-9。其中,花园口至夹河滩河段塌滩最严重,平均塌滩宽度 1 181 m,其中柳园口至古城河段平均塌滩宽度长达 2 300 m。

表 6-9　高村以上河段 1960~1964 年塌滩分布情况

河段	铁谢—花园口	花园口—夹河滩	高村—陶城铺	伊洛河口—孤柏嘴	柳园口—古城	禅房—油房寨	徐码头—于庄
河长（km）	98	107	174				
塌滩面积（km²）	75.6	126.4	49	29.8	23	18.4	6.29
平均塌宽（m）	771	1 181	281	1 974	1 840	1 840	786
原因				河势摆动	河势摆动	河势摆动	河势变化

断面资料套绘表明,河床在冲刷过程中不断地摆动,塌掉二滩、高滩,新淤出低滩。花园口断面变化套绘详见图 6-12。

根据河势的变化与断面套绘分析,主流摆动范围最大达 10 km,发生在伊洛河口,平均摆动范围 3.5~4.2 km;1981~1985 年河槽的摆动范围有所减小,最大摆幅 6 km,河段平均摆动范围 1.9~3.5 km,主要是控导工程的不断兴建控制了河槽的摆动范围。各河段的摆动范围详见表 6-10。

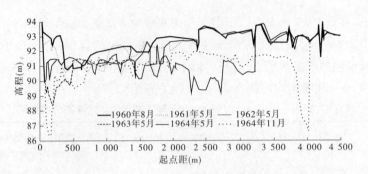

图6-12　1960~1964年花园口断面变化

表6-10　1960~1964年及1981~1985年汛后主槽横断面摆动范围　　（单位:m）

河段	1960~1964 年			1981~1985 年		
	平均	最大	最小	平均	最大	最小
铁谢—花园口	3 636	9 100 （伊洛河口）	800 （铁谢）	2 900	5 000 （罗村坝）	800 （铁谢）
花园口—夹河滩	4 175	6 500 （古城）	2 413 （柳园口）	3 450	6 000 （黑岗口）	2 100 （曹岗）
夹河滩—高村	3 460	4 500 （油房寨）	1 500 （夹河滩）	1 900	4 500 （油房寨）	1 000 （东坝头）

　　根据三门峡水库1960年9月至1964年10月清水冲刷期几十个大断面资料,统计出各河段塌滩情况见图6-13。高村以上河段塌滩面积为279 km^2,平均塌宽1 000 m,最大河段塌宽2 300 m,河槽在摆动中下切。若只在一岸兴修整治工程,由于游荡性河段比降陡,河床组成抗冲能力弱,床沙最易起动。水沙条件变化后,河床形态调整将十分迅速。水库下泄清水,塌滩将不可避免。

6.4.2　河床纵剖面和平滩流量变化

　　表6-11给出1960年9月至1964年10月和1980~1985年10月汛末流量3 000 m^3/s水位变化情况。1960年9月至1964年10月,在高村以上河段冲刷量为16.9亿t,流量为3 000 m^3/s时,水位下降变化范围为2.7~1.65 m,呈沿程减小的趋势。平滩流量的变化,1960年10月花园口站的3 000 m^3/s水位为92.25 m,到1964年10月,水位92.32 m时实测过流量9 430 m^3/s,相同水位过流能力增加了6 430 m^3/s;夹河滩站1960年10月流量3 000 m^3/s时水位73.56 m,到1964年10月,水位73.11 m时实测过流量9 360 m^3/s,水位基本相同过流能力增加了7 000 m^3/s;高村站1960年10月流量3 000 m^3/s时水位60.77 m,到1964年10月,水位61.41 m时实测过流量9 050 m^3/s,相同水位过流能力增加了3 500 m^3/s。

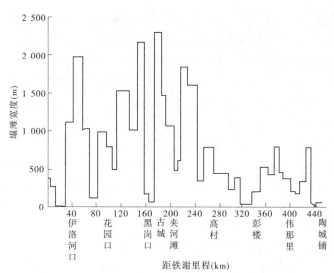

图 6-13　1960 年 9 月至 1964 年 10 月各河段塌滩情况

表 6-11　1960 年 9 月~1964 年 10 月和 1980~1985 年 10 月汛末流量 3 000 m³/s 水位变化

（单位：m）

时段	类别	裴峪	官庄峪	花园口	夹河滩	石头庄	高村	孙口	艾山	利津
1960 年 9 月至 1964 年 10 月	年均	-0.54	-0.52	-0.33	-0.33	-0.36	-0.33	-0.39	-0.19	0
	总计	-2.16	-2.08	-1.32	-1.32	-1.44	-1.32	-1.56	-0.76	0
1980~1985 年 10 月	年均	-0.16	-0.09	-0.11	-0.14	-0.10	-0.07	-0.06	-0.06	-0.14
	总计	-0.80	-0.45	-0.55	-0.70	-0.50	-0.35	-0.30	-0.30	-0.70

因此，如果 1960 年 10 月的平滩流量按 4 500 m³/s 起算，则花园口以上河段的平滩流量在 10 000 m³/s 以上，花园口至夹河滩河段的平滩流量约为 10 000 m³/s，夹河滩至高村河段的平滩流量为 8 000~10 000 m³/s。

1980~1985 年，高村以上冲刷量 5.95 亿 t 时，3 000 m³/s 流量水位下降变幅为 0.8~0.35 m，平滩流量由 1981 年 1 月前的 5 000 m³/s 增加到 1985 年汛前的 6 500 m³/s。小浪底水库自 1999 年 10 月投入拦沙、调水造峰冲刷、调节中小流量减少艾山以下河道淤积的运用，使黄河下游河道冲刷量已达 9 亿 t³，高村以上和艾山以下河道均发生明显的冲刷，花园口至夹河滩河段 2 000 m³/s 同流量水位已下降 1.5 m，艾山以下河段也下降 0.8 m。但夹河滩以上河段河槽仍很宽浅，河槽宽度平均在 2 000~3 000 m 以上，都需进行双岸整治。

综上所述，在目前下游河道整治布局情况下，主流的摆动范围一般仍在 2 000~3 000 m，个别河段可达到 4 000 m 以上。在小浪底水库投入运用后，河床在下切的过程中，滩地坍塌是不可避免的，仍会出现塌掉高滩、淤出低滩、河槽展宽、主流摆动不断、河势突变而造成钻裆，导致平工出险难以控制的局面。

6.4.3　河势变化特点与险情

从 1960~1964 年和 1981~1985 年高村以上游荡河段河势变化的实测资料分析结果

可知,游荡性河道在清水冲刷期的河势变化同样具有复杂性、随机性和相关性的特点,工程着溜点上提下挫、变化无常,河势发生"一弯变、弯弯变"。在洪水期,由于河槽对水流的约束作用弱,河势易出现突变;在落水期,水流归槽后,河势受局部地形胶泥嘴等耐冲体的控导,易坐死弯,形成横河、斜河,使平工出险。如1964年汛期发生在花园口东大坝处的重大险情,横河顶冲191坝,抢险抛石量达11 900 m³。

边界条件的变化会使河势的发展受到限制,近年来大量控导工程的兴建限制了游荡范围。由于河槽的逐渐冲深,滩槽差的加大,平滩流量增加,主流只能在河槽内游荡摆动,不会出现在"二级悬河"普遍存在的情况下,因平滩流量小,洪水漫滩后出现突然改道、另择捷径、大幅度摆动的情况。但主流的摆动会造成滩地的大量坍塌,使河槽更趋宽浅,河势失去控制,原有的控导工程不靠溜,流路发生重大改变,造成在控导工程间钻裆的危险河势依然可能出现。

在来水丰、来沙少的1981~1985年,游荡性河段严重的险情明显增加,最典型是化工、大玉兰工程的钻裆险情与北围堤严重险情(见图6-14)。由于1982年大水,8月2日小浪底站洪峰流量8 520 m³/s,主流河势趋中,没有入赵沟弯;加之1983年丰水,流量常在4 000~5 000 m³/s,在赵沟下首靠河,化工控导工程尾部着溜坐弯,引起大玉兰工程上首高滩坍塌后退,大玉兰工程受到抄后路的严重威胁。

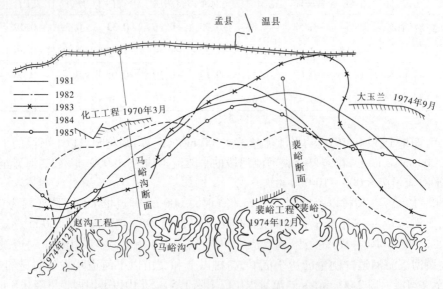

图6-14　20世纪80年代化工至大玉兰河段钻裆险情

综上所述,在近期黄河下游高村以上河段河道特性不可能得到很大改变之前,在新的水沙条件下,河道会产生一系列的调整,企图与来水来沙相适应,但这需要相当长的时间,才能达到稳定。目前的河道整治工程要求是控制游荡范围、减小主流摆动幅度。游荡性河道按弯曲流路整治虽有较好的导流作用,但在河槽极为宽浅和只在凹岸修建工程的条件下,若入流条件得不到有效的控制,在高村以上河段工程长度达90%的情况下,规划的流路很难达到预期的整治目标,流路仍无法稳定。

6.4.4 结 论

（1）长期不利的来水来沙条件,小水挟沙过多是形成游荡性河道宽浅散乱不定的主要原因,在来水来沙条件变化后仍保持游荡性,主要因比降大,河床组成为粉细沙,抗冲能力差,河槽极为宽浅。

（2）从水流与河槽之间的关系,应把河槽形态分成窄深型和宽浅型。随着流量的增大,B/h 值增大;泺口站却相反, 随着流量的增大,B/h 值减小。前者定义为宽浅型河槽,后者定义为窄深型(矩形)河槽。因此,它们具有完全不同的演变特性,也是形成不同河型的根本原因。

（3）河型的不同是多因素综合作用的结果,是河流演变、输沙特性的集中反映。河道的输沙特性与演变特性间存在着密切的联系,其原因是它们都受河槽形态的控制。不同的河型的主要差别是因为它们具有不同的河槽形态,具有窄深型河槽的河流,不仅输沙能力强,河道很少淤积,且河势受窄深河槽的约束,河道稳定,多年小水坐弯得以累积,可发展成弯曲性河流;反之,则相反。

（4）游荡性河道河槽宽浅对水流约束作用差,因此造成游荡性河道河势变化的随机性,使得河势的发展很难预估。当洪水试图沿着最大比降方向流动时,遇到阻水物被迫改变流向,当水下的边界条件不确定时,常形成横河、斜河,使平工出险。当工程着溜点上提下挫,常引起河势发生"一弯变、弯弯变"。

参 考 文 献

［1］ B B PoMauzuH.河流过程的类型与其决定因素[R].北京:中科院地理所.

［2］ 张海燕.冲积河流宽度形成机理[J].泥沙情报,1984(1).

［3］ 尹学良.黄河下游冲淤特性及其改造问题[J].泥沙研究,1980(1):75-82

［4］ 卢金友,罗敏逊.下荆江婉蜓性河道成因分析[R].武汉:长江水科院,1980.

［5］ 中国科学院地理研究所.渭河下游河流地貌[M].北京:科学出版社,1983.

［6］ 齐璞,梁国亭.冲积河型形成条件的探讨[J].泥沙研究,2002(3).39-43.

［7］ 齐璞.黄河下游游荡性河道治理方向探讨(兼论河槽形态与河型)[J].泥沙研究,1989(4):10-17.

第7章 改造宽浅游荡河道的途径与输沙流量

游荡性河道以宽浅散乱著称。河道宽浅造成河道输沙能力低;主流无法约束,经常发生游荡摆动,使平工出险,引水困难;整治工程无法布置而难以整治。因此,防洪、输沙减淤、河道整治控导河势等各方面都希望把游荡性河道治理成具有窄深河槽的规顺河道。

7.1 窄深规顺河道的形成条件

游荡性河道的形成是流域长期以来在来水来沙条件作用的结果。资料统计表明,当进入河流的水沙搭配用输沙率 Q_s 与流量 Q 的指数关系表示时[1],m 值代表了洪、枯水时的泥沙搭配情况。对于多沙、少沙河流,m 值小者形成游荡性河流,m 值大者形成窄深河槽的弯曲性河流。在美国的一些河流中,当 $m = 3 \sim 4$ 时[2],也形成具有窄深河槽(原书中图 18 中的河宽、水深、流速、悬移质输沙率与流量间的关系,$w = aQ^b$ 中的 $b = 0 \sim 0.1$)的弯曲性河流[2]。

对天然河流的实测资料进行分析可知,形成窄深河槽有多种水沙与边界的组合,然而哪种组合最适用于黄河下游宽浅河槽的改造呢? 根据黄河多泥沙和黄河下游河道演变特性与河槽形态变化规律,认为采用北洛河、渭河的模式改造黄河下游河道最为合适。

游荡性河流具有比降陡、河槽宽浅、河床泥沙颗粒组成粗、抗冲能力差和河道输沙能力低的特点。黄河下游高村以上河段为典型的游荡河段,造成河段输沙能力低的主要原因是河槽极为宽浅。渭河、北洛河是黄河中游的主要支流,都发源于粗沙产区,流量比黄河干流小,含沙量比黄河高,河道比降与黄河下游高村以上河段相近,但仍能形成比较稳定的弯曲性河流,其主要原因就是其来水来沙条件比较有利,由 m 值较大的水沙组成。流域的来沙主要由高含沙洪水挟带,枯水期流量小、含沙量低,使得高含沙洪水塑造的窄深河槽能够长期保持。根据资料统计[3,4],以日平均含沙量大于 300 kg/m³ 计,北洛河、渭河由高含沙洪水挟带的沙量分别为 72% 和 40%,有的年份高含沙洪水挟带的沙量达80% ~90%。如表 7-1 中,1977 年北洛河和渭河的含沙量大于 300 kg/m³ 分别占总沙量的 89% 和 88.4%,枯水期含沙量很低,常不足 1 kg/m³,而造成塌滩的低含沙洪水很少发生。北洛河在 20 ~30 年内才发生一两次低含沙洪水。渭河下游低含沙洪水虽然发生的机会较多,但对河槽的破坏作用并不大,每逢高含沙洪水发生时,均可使前期较宽浅的河槽形态得到调整,使窄深河槽得以维持。在这样的水沙条件控制下,形成较为窄深规顺的河槽形态,经常保持高效输沙状况。

表 7-1　北洛河、渭河大于某级含沙量的沙量占总沙量百分数(%)

项目		含沙量(kg/m³)								
		100	200	300	400	500	600	700	800	900
北洛河	1958~1978 年平均	88.2	80.8	72.4	64.0	51.2	35.0	17.1	10.5	1.54
	1977 年	93.3	90.1	89.0	87.3	86.0	66.0	28.0	21.9	0
	1959 年	99.5	98.0	92.0	84.0	72.0	61.2	58.4	55.2	13.6
	1974 年	93.0	87.0	86.0	84.0	78.0	62.0	46.8	46.8	31.5
渭河	1964~1980 年平均	68.6	54.9	40.3	25.8	15.2	3.91	1.12		
	1977 年	96.8	94.7	88.4	83.7	79.0	54.6	18.9	0	
	1973 年	98.3	93.7	92.7	71.5	37.5	10	0	0	
	1966 年	97.1	37.3	79.9	59.3	40.6	8.8	0		

　　根据对河槽形态调整变化规律的分析,为了保护高含沙洪水塑造的窄深河槽,应尽量减少造成塌滩的低含沙洪水出现的机会。如能按北洛河的来水来沙模式对黄河下游河道进行改造,则宽浅河道的输沙能力将会增加,河道的淤积将会减弱,其游荡性也会有所改善,更有利于防洪。

　　但在目前的条件下,不能完全按北洛河的来水来沙模式改造黄河下游河道,因为黄河下游游荡性河段已存在的边界条件,如河道比降陡、河床泥沙颗粒组成粗、抗冲能力差、丰水年清水流量大,即使是小浪底水库建成后也将有大量弃水。例如 2003 年汛期,小浪底水库长期下泄的流量为 2 000 m³/s,加上小花间支流来水,花园口站流量大于 2 000 m³/s 的清水,持续时间长达 2 个月。高含沙洪水塑造的窄深河槽是无法长期稳定的,只有充分利用高含沙洪水塑造的窄深河槽多输沙的途径,才能达到多减淤的目的。为此,小浪底水库应具有较大的调沙库容。但水库长期调水调沙运用,产生 m 值较大的水沙组合,会有利于游荡性河道改造。

　　渭河、北洛河下游河道的客观存在,为我们提供了改造黄河下游河道的实例,指出了黄河下游河道的治理方向,可作为今后长期治理的目标。

7.2　来水来沙与河槽形态

　　不同来水来沙条件的河槽形态调整变化表明,枯水大沙淤槽,清水冲刷塌滩,河槽展宽。洪水滩淤槽冲,尤其是高含沙洪水通过滩地的强烈淤积和主槽的强烈冲刷可塑造出适合高含沙洪水输送的窄深河槽。根据黄河下游三门峡下泄清水、20 世纪 70 年代高含沙洪水期和 90 年代的实测资料,黄河水利委员会勘测规划设计研究院得出高村以上河段的水力几何形态与来水来沙之间关系如下[5]

$$B = 185 \frac{Q^{0.509}}{S^{0.615}} \tag{7-1}$$

$$h = 0.065\,9 S^{0.442} Q^{0.186} \tag{7-2}$$

$$V = 0.082S^{0.173}Q^{0.305} \qquad (7-3)$$

式中:S 为含沙量,kg/m^3;Q 为流量,m^3/s;h 为水深,m;V 为流速,m/s;B 为河宽,m。

从式(7-1)～式(7-3)可以看出,河槽的水力几何形态不仅与流量有关,还与含沙量有关。式(7-1)～式(7-3)较全面地反映了游荡性河道河槽形态调整与来水来沙之间的密切关系,其河宽 B 与含沙量成反比,与流量成正比,水深、流速与流量、含沙量成正比。在流量相同的条件下,含沙量越高,塑造形成的水深、流速越大,输沙效率越高。由于河宽与含沙量成反比,水深与含沙量成正比,因此高含沙洪水在宽浅游荡河段输送时,必然会塑造出窄深河槽。这些规律性的变化反映了冲积河流的河槽水力几何形态,随着来水来沙组合的不同而作出相应的调整。

7.3 北洛河下游河槽的变化与来水来沙的关系

北洛河河槽调整变化与来水来沙之间的关系极为密切。图 7-1 给出北洛河 1958～1988 年的来水来沙及朝邑典型断面河槽形态变化过程,可大致分为三个时段进行分析。

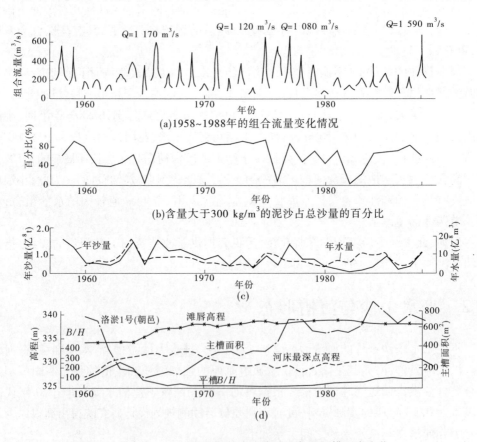

图 7-1 北洛河 1958～1988 年的来水来沙及朝邑河槽形态变化

(1)1960～1965 年。该时期基本上属丰水枯沙,除 1964 年水量特丰,达 19.2 亿 m^3

外,其他年份洪峰流量一般不超过 200 m³/s,高含沙洪水出现机会较少,大于 300 kg/m³ 洪水挟带的沙量只占年总沙量的 40%。1964 年虽然为丰水丰沙年,汛期洪峰出现次数较多,但含沙量并不太高,大于 300 kg/m³ 洪水挟带的沙量占总沙量的 60%。1965 年属枯水枯沙年,没有出现大于 300 kg/m³ 高含沙洪水。在此期间,由于三门峡水库蓄水运用,使潼关 1 000 m³/s 流量水位抬高近 5 m,回水淤积影响渭河与北洛河下游河道。在不利的来沙条件下,朝邑主槽过流面积急剧减小,由 1960 年的 730 m² 减小到 1966 年汛前的 128 m²,北洛河下游河道发生严重淤积。从图 7-2 给出的历年纵剖面变化可知,从 1960 年到 1964 年汛前河床抬高 4~6 m。按平均流速 1.5 m/s 估算,平槽流量从 1960 年的 1 100 m³/s 减小至 1964 年汛前的 190 m³/s。随着主槽的淤积,河床最深点抬高 4.7 m,平槽的 B/H 值,由 1960 年的 80 逐渐增加到 1964 年的 200,1964 年后,B/H 值又开始减小,到 1965 年下降至 50 左右。

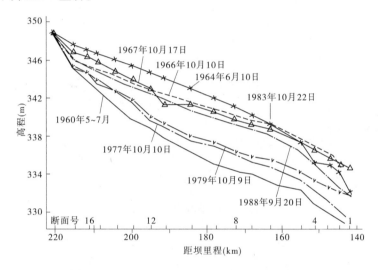

图 7-2　北洛河 1966 年 10 月至 1977 年 10 月纵剖面变化

(2)1966~1977 年。该时期基本上属于枯水丰沙,除 1976 年外,其余各年的含沙量较高,洪峰流量大小适中,高含沙洪水频频发生,有 80% 的沙量以含沙量大于 300 kg/m³ 的洪水挟带,其中包括年沙量达 1.6 亿 t 的 1977 年。

由于三门峡水库的改建,潼关高程基本稳定并略有下降,因此回水对北洛河下游河道的影响在年际间变化不大。

从图 7-2 给出的 1966 年 10 月至 1977 年 10 月纵剖面变化可知,河槽平均下切 3~4 m,1977 年 10 月的河床为 1960 年以来的最低者。朝邑站平滩时的过流面积由 1967 年汛前的 166 m²,逐渐上升到 1977 年汛后的 700 m²,平滩流量由 200~300 m³/s 增加到 1 000 m³/s。在此时段内,滩唇高程有所升高,主槽最深点高程逐年下降,平滩时 B/H 值逐年减小,河槽逐渐变窄深。平滩时 B/H 值甚至小于 10。1976 年 8 月,北洛河曾发生一场总水量为 4.2 亿 m³、最大日平均流量为 570 m³/s 的低含沙洪水,河槽发生较强烈冲刷,滩地大量坍塌,使主槽面积有所增加,其中朝邑断面由 405 m² 扩大到 700 m²。

（3）1978～1988年。该时期属于枯水少沙,除个别年份,如1978年和1988年洪峰流量分别为1 250 m³/s和1 590 m³/s外,一般最大日平均流量为100～400 m³/s,含沙量大于300 kg/m³的洪水挟带沙量一般只占总沙量的40%～60%,有些年份如1982年和1983年没有高含沙洪水出现。

从图7-3给出的高含沙洪水和低含沙洪水河槽与滩地冲淤特性可看出,高含沙洪水主槽强烈下切,河床最深点高程降低,槽宽缩窄;而低含沙洪水河槽展宽,滩地大量坍塌,河床最深点高程升高,出现完全不同的演变特性。

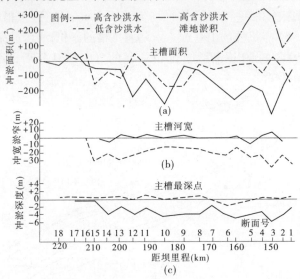

图7-3　高含沙洪水和低含沙洪水河槽与滩地冲淤特性

在1982年以前,河槽严重淤积,河槽面积明显减小,由1978年5月的703 m² 减小到1982年的621 m²,主槽最深点升高了2 m多。1983年为丰水少沙年,汛期水量6亿m³,较多年平均4.5亿m³ 偏丰33%,而汛期的沙量仅0.178亿t,较多年平均0.71亿t偏少75%,汛期平均含沙量仅29.7 kg/m³。其中,10月来水3亿m³,最大流量仅220 m³/s,洑头至朝邑河段冲刷量达0.06亿t,河槽因塌陷宽展,朝邑站主槽的过流面积由汛期的631 m² 增加到890 m²,但河床最深点高程没有降低。随着河槽的逐年展宽,B/H值有所增大,由50～60逐渐增加到100以上。1988年发生的洪峰流量为1 590 m³/s,年均含沙量238 kg/m³的大洪水又使河床发生较为强烈的刷宽与冲深,河槽冲深1 m多,河槽形态趋向1960年上宽下窄的特征。

北洛河下游河道河槽形态的变化。1960～1966年期间,既受三门峡水库蓄水运用基准面抬高的影响,又受来水来沙条件不利的影响,河槽严重淤积,断面变宽浅。而在1966年以后,河道形态的调整过程主要受控于流域来水来沙的变化。其中高含沙洪水频频出现时,河床明显下切,变成窄深规顺河槽。20世纪80年代低含沙洪水与枯水枯沙系列出现时,造成河槽展宽并淤高,过流能力减小,河槽相对变宽浅,输沙能力降低。

7.4 渭河下游河槽形态变化与来水来沙的关系

渭河下游河道冲淤与河槽形态的变化,既受三门峡水库蓄水运用基准面抬高的影响,又受来水来沙条件不利的影响。随着三门峡水库泄流能力的增大和水库运用方式的调整,水库对渭河下游的影响逐渐减弱,水沙条件成为影响渭河下游冲淤演变的主导因素。自 1974 年三门峡水库"蓄清排浑"运用以来至 2003 年,渭河下游淤积主要受来水来沙条件控制。据王平、侯素珍[5]的研究,1974 ~ 1990 年来水较丰,淤积量仅为 0.38 亿 m³;1991 ~ 2004 年水沙条件不利,淤积量为 2.65 亿 m³。随着渭河南山支流清水资源的优化开发,低含沙量洪峰的造床输沙作用减弱,渭河下游河道的演变与输沙特性,主要受泾河来水来沙条件控制,尤其是泾河经常出现小流量的高含沙洪水,塑造的河宽变窄,造成河槽淤积加重,平滩流量减小。

渭河下游河道冲淤主要发生在洪水期。不同的洪水流量、含沙量的水沙组合,以及洪水是否漫滩导致的河道冲淤情况都不同。赵文林等[3]研究的临潼至华阴区间洪水排沙比与平均流量的关系见图 4-10。按平均含沙量高低划分为低、中、高含沙洪水。图中显示总的趋势是洪水流量越大,排沙比越大;含沙量小于 100 kg/m³ 低含沙洪水,流量一般在 1 000 m³/s 左右,排沙比一般都大于 100%,甚至超过 200%,引起河道发生冲刷,河槽展宽;中等含沙量 100 ~ 200 kg/m³ 的洪水,流量变幅较大,在 100 ~ 1 000 m³/s,排沙比较低,都小于 100%;但含沙量大于 200 kg/m³ 高含沙洪水的点据在中等含沙量洪水之上,其排沙比要大于中等含沙量洪水;当流量大于 400 m³/s 时,高含沙洪水的排沙比接近或超过 100%。

中等含沙量洪水和流量在 400 m³/s 以下的高含沙小洪水是引起渭河下游河槽淤积的主要水沙组合。尤其是小流量的高含沙洪水,含沙量每立方米高达数百千克,在河槽中严重淤积,河宽变窄,造成河槽的大幅度萎缩。频繁出现的小流量的高含沙洪水导致 1991 年以来渭河下游河槽淤积加重。例如,1994 年汛期渭河下游来水偏枯,期间多次发生小流量的高含沙洪水,平均流量均在 150 ~ 300 m³/s,平均含沙量均在 500 kg/m³ 左右,造成渭河下游严重淤积,河槽宽变窄,过洪能力从 3 000 m³/s 降至 900 m³/s;1995 年汛期又发生多次小流量的高含沙洪水,平均流量为 90 ~ 300 m³/s,平均含沙量为 200 ~ 600 kg/m³,河槽淤积进一步加重。仅 1994 年、1995 年汛期河槽就淤积泥沙 1.66 亿 m³,占 1991 ~ 2003 年汛期淤积量的 52.9%。

从图 7-4 可以看出,1974 年以来临潼、华县站平滩流量都呈现趋势性变化[6]。1991 年以前多数年份临潼站平滩流量为 4 000 ~ 6 000 m³/s,1991 年之后趋势性减小,1996 年以后维持在 3 000 m³/s 左右。华县站平滩流量在 1993 年以前的多数年份维持为 2 000 ~ 4 000 m³/s,1994 年平滩流量锐减至不足 1 000 m³/s,此后虽有起伏,但均在 1 000 m³/s 上下波动,2003 年汛期大水之后恢复到 2 300 m³/s。

2003 年渭河多次发生秋汛洪水,其冲淤沿程分布如图 7-5 所示。洪水漫滩后,滩地淤积与主槽冲刷的河道演变特点十分显著。汛期前后两测次间主槽冲刷 1.01 亿 m³,滩地淤积 0.84 亿 m³,华县至华阴比降缓的河段主槽均发生强烈的冲刷。华县以上河段用洪水

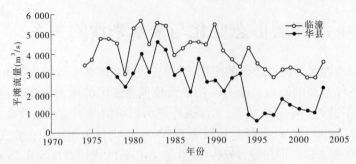

图 7-4　渭河华县站平滩流量变化过程

浸滩而发生大量淤积。由上述分析可知,1986 年以后渭河下游河道的冲淤都是由洪水沿程冲淤造成的,它的发展主要取决于来水来沙条件,其主槽在洪水过程中的冲刷过程见图 5-6。

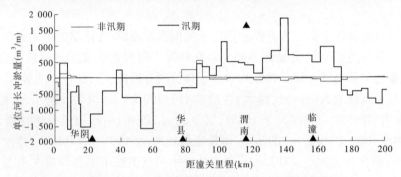

图 7-5　2003 年渭河秋汛洪水河道冲淤沿程分布

渭河下游典型断面变化情况见图 7-6。图 7-6 反映了平滩流量减小主要是由河槽宽度逐步地大幅度减小所致,但河底高程并没有明显的抬高,渭淤 15 断面在 2003 年 5 月的河底高程还最低。渭淤 8 断面的河槽宽度由 1977 年的 300~400 m 到 2003 年 5 月减小为 80 m;渭淤 15 断面的河槽宽度也由 1977 年的 500~600 m 到 2003 年 5 月减小为 80 m,为有史以来最窄,相应平滩流量最小。

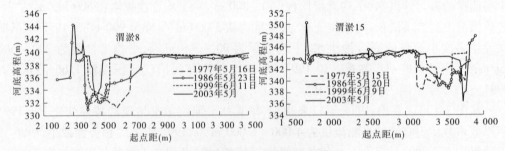

图 7-6　渭河下游典型断面变化情况

7.5　输沙塑槽流量的确定

从北洛河、渭河下游河槽形态变化与来水来沙变化可知,多沙河流的河槽大小取决于塑槽流量的大小,由渭河下游河槽形态变化引起平滩流量形态变化对防洪带来的重大影响可见,确定输沙塑槽流量的重要性。

由图4-12给出的1970年以后进入下游含沙量大于200 kg/m³的五场高含沙洪水平均含沙量的变化过程可知,在高村以上河段含沙量迅速降低。而在高村以下河段,含沙量沿程变化很小,尤其是在艾山到利津近300 km长的河道中,含沙量不仅不减小,反而沿程增大。由此可见,高村以上宽浅河段是利用河道输送高含沙水流入海的主要障碍。若能控制高村以上宽浅河段主槽不淤,通过滩淤槽冲则可塑造有利于输沙的新河槽。

对高村以上宽浅河道,其输沙机理应与艾山以下窄深河道相同,但由于河槽形态不同,水深在断面上分布极不均匀,而造成输沙特性的不同。主流区水深、流速大,进入高流速区很容易达到不淤的"多来多排"条件。而在边滩,水深、流速小,处于低流速区,阻力大,泥沙强烈淤积,来水的含沙量越大淤得越多,即"多来多淤",因此形成高村以上宽浅河道的"多来多排"与"多来多淤"的双重输沙特性,主槽多输,滩地多淤,实测断面滩淤槽冲的变化也证明了这一输沙特性。

根据对高村以上河段历年含沙量较高的洪水期主槽的冲淤条件分析,发现主槽的冲淤主要与流量大小有关,与含沙量的关系不明显,高含沙洪水对河床冲刷更强烈,且河床冲刷主要发生在涨水期。如图7-7给出的花园口、高村、艾山三站的洪峰流量与洪水前后

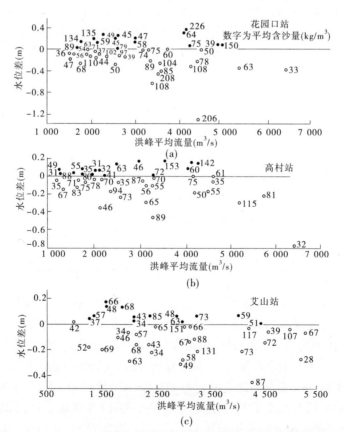

图7-7　花园口、高村、艾山三站洪峰流量与洪水前后水位差(实心点为抬升,空心点为降低)

水位差之间关系表明,当洪峰时段流量为 3 000～4 000 m³/s 时,宽浅河段的主槽基本上都发生冲刷,利用这级流量排沙可以基本控制主槽不淤。根据水深、流速间的关系,控制床面为高输沙平整床面,所需的主槽平均单宽流量要大于 5 m³/(s·m),流速为 1.8～2.0 m/s。因边滩的水深、流速小,洪水漫滩必然造成严重淤积,但这种淤积有利于河道的稳定与输沙。

需要特别说明的是,利用洪峰前后水位的变化,判断河床冲淤,其精度有限。从非恒定性流定床的水位流量关系可知,在床面没有冲淤的情况下,水位流量关系呈逆时针,同流量的水位峰后高于峰前,涨水时附加比降为正值、流速大,故水位低;而在落水时附加比降为负值、流速小,故水位高。在冲积河道上,如用水位变化判断河床冲淤,则不一定准确,当水位流量关系是顺时针时,洪峰后水位降低,河槽会发生较强烈冲刷;当河床不冲不淤时,水位呈抬高状态。为此,从图 7-7 判断,排沙流量大于 2 000 m³/s 即可保证艾山以下河道不淤。

表 7-2 给出的 1973 年汛期花园口站河槽的泄流能力的变化表明,7 月 8 日,流量为 3 760 m³/s,水面宽 2 840 m,过水面积 2 540 m²,水位 92.96 m,经过汛期高含沙洪水冲槽淤滩,到 9 月 10 日,流量为 3 720 m³/s,水面宽缩窄到 557 m,水位为 92.97 m,过水面积减小到 1 570 m²。水面宽大幅度缩窄,而洪水位没有抬升的主要原因是平均水深由汛初的 0.89 m 迅速增加到 2.82 m,断面平均流速由 1.48 m/s 增加到 2.37 m/s。在高含沙洪水流量较大,主槽发生强烈冲刷时,洪水位不仅不抬升,反而会大幅度降低。

表 7-2 1973 年花园口站高含沙洪水期河槽过流能力变化

测流时间	流量 (m³/s)	水位 (m)	水面宽 (m)	水深 (m)	流速 (m/s)	过水面积 (m²)	含沙量 (kg/m³)
7 月 8 日 6～8 时	3 760	92.96	2 840	0.89	1.48	2 540	35.6
20 日 17～20 时	3 760	92.91	2 840	0.83	1.60	2 350	61.8
8 月 28 日 10～12 时	4 700	93.40	3 190	0.91	1.63	2 890	111
31 日 9～10 时	4 020	93.68	1 850	1.22	1.79	2 250	264
9 月 2 日 11～18 时	4 030	93.31	427	3.05	3.09	1 320	241
3 日 11～13 时	5 580	93.52	1 620	1.49	2.31	2 420	369
10 日 15～18 时	3 720	92.97	557	2.82	2.37	1 570	45.4

从 1973 年 8 月和 1992 年 8 月持续时间较长,流量为 3 000～4 000 m³/s 的高含沙洪水在宽浅河段输移情况可知,河段的输沙特性均经历了由淤变冲的过程。如 1973 年 8 月的高含沙洪水,在初期含沙量沿程降低,最大含沙量由小浪底站的 512 kg/m³ 到夹河滩站降低到 269 kg/m³,而在洪水后期,含沙量沿程增大,最大含沙量由小浪底站的 338 kg/m³、花园口站的 348 kg/m³,到夹河滩站增大为 458 kg/m³(详见图 3-9)。小浪底至夹河滩河段的排沙比由初期只有 66% 到后期增大到 124%,如图 7-8 所示。经过 210 km 长的宽浅河段,到夹河滩站的实测含沙量仍能达到 444 kg/m³。由此可知,利用历时较长的高含沙洪水输沙可以提高河道的输沙能力,减少宽河段的淤积。

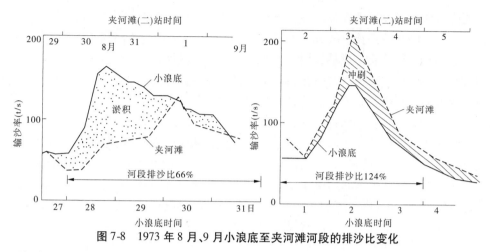

图 7-8　1973 年 8 月、9 月小浪底至夹河滩河段的排沙比变化

从图 7-9 给出的花园口站的断面形态变化可知,其输沙能力变化的主要原因,是高含沙洪水在输送过程中塑造了窄深河槽,使输沙能力迅速提高。

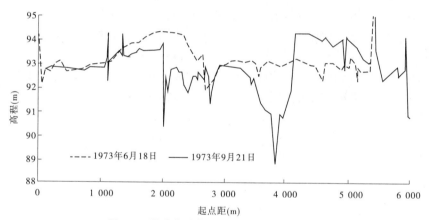

图 7-9　洪峰前后花园口站的断面形态变化

综上所述,水库应具有较大的调沙库容,对天然来水来沙进行多年调节。平枯水年蓄水拦沙运用,下泄清水发电;调沙库容淤满后,当丰水年水量有余,而小浪底水库又无法调节利用时,利用洪水期泄空水库进行溯源冲刷。据输沙塑槽流量的分析,排沙流量应大于 $2\,000\ \mathrm{m^3/s}$ 即可保证艾山以下河道不淤,流量大于 $2\,500\ \mathrm{m^3/s}$ 水库即可泄空排沙。

7.6　调水调沙与河道整治相结合是改造宽浅游荡河段的有效途径

早在 20 世纪 30 年代,德国著名治河专家恩格斯教授就指出在游荡性河道形成中水河槽的重要性,并得到众人的认同。沈怡在评述各家治河主张时,对治理中水河槽给予高度的评价。他指出:"因为种种病象均由河无定槽而起,所以如果要治河,必须首先使河槽定","无论何人来治河,都必须这样做",可见具有河槽的重要。因此,如何形成中水河槽一直是人们关心的问题,也是游荡性河道治理的关键。

通过对游荡河道河槽形态调整变化规律的研究,认识到单纯用河道整治工程治理游荡性河道是有困难的。新中国成立以后,黄河下游整治实践说明高村以下河段通过护湾导流,稳定河道,整治获得成功,然而对高村以上的宽浅河段,虽然也采用同样的整治办法,目前的摆动范围有所减小,但在洪水期仍经常发生河势的突然变化,造成平工出险,给防洪造成被动。其主要原因是前者具有窄深河槽,河道容易控制,而后者河槽极为宽浅散乱,整治工程无法控制主流的自由摆动。

工程师认为河槽的几何形态决定了水深、流速,从而决定河槽的冲淤特性。事实上并不完全如此,由于河流的来水有大有小,整治工程只能按中水流量设计河宽,而对造成河道严重淤积的小水几乎不起约束作用。黄河的来水来沙条件不变,即小水出现的机会与挟带的泥沙数量不减,则河道的淤积不会减弱。从以上分析可知,目前提出的河道整治工程只能改变某级流量以上的水流状况,减小漫滩淤积范围,增大了洪水期河道输沙能力,而不会从根本上改变河道特性。

因此,首先要通过小浪底水库调水调沙运用改变进入下游的水沙条件,然后加速宽河道整治工程建设,使其塑造的新河槽尽快稳定。两者必须紧密结合,其原因如下。

虽然能按照冲积河流形成最有利的来水来沙条件,制定小浪底水库调水调沙运用方式,但在水库运用的初期和正常调沙期将长时间下泄清水,在高村以上河段将产生较强烈的冲刷。经“八五”攻关方案计算,初期最小累计冲刷量仍达 9 亿 t,清水冲刷会造成滩地的大量坍塌,使河槽趋于宽浅,在水库排沙时还需要重新塑窄深河槽,从而增加了河道的淤积量。这是泥沙多年调节方案需要解决的主要问题。

据三门峡水库、小浪底水库运用初期下泄清水的运用经验,防止滩地冲蚀是高村以上河段整治的主要任务,对高村以上近 300 km 长的宽浅河段,可按河宽 600 ~ 700 m,沿已有险工的对岸,布设新的护滩工程,使主槽尽快刷深,形成有良好控导作用且稳定的高滩深槽。

在小浪底水库泥沙多年调节运用条件下,若能通过河道整治,把高村以上宽浅河道改造成主槽宽 600 ~ 700 m 的窄深河槽,则可为利用河道输送高含沙洪水创造条件,在水库排沙时基本上不用塑造,洪水即可顺利输送。对于超过平滩流量的漫滩洪水仍可利用滩地滞洪,削减洪峰,保持天然宽浅河道的滞洪滞沙的特性,以确保艾山以下窄深河段的防洪安全。窄槽宽滩的形成,既提高了河道的输沙能力,同时又保持宽浅河道的滞洪削峰作用,使多年无法解决的宽浅河道游荡摆动问题,由于有了窄深河槽对主流的控导作用,得到较彻底的解决。

7.7 结 论

(1)改造黄河下游宽浅游荡河道的有利水沙组合,是渭河、北洛河的来水来沙模式,泥沙主要由高含沙洪水输送,小水挟沙极少,在枯水时河槽不淤积。

(2)黄河下游实测资料表明,历时较长的高含沙洪水输沙可以塑造窄深河槽形成排洪输送通道,提高河道的输沙能力,减少宽河段的淤积。因大流量清水冲刷滩地坍塌不能长期稳定,需要双岸整治工程保护。

（3）根据对高村以上河段历年含沙量较高的洪水期主槽的冲淤条件分析，发现主槽的冲淤主要与流量大小有关，与含沙量的关系不明显，高含沙洪水对河床冲刷更强烈，且河床冲刷主要发生在涨水期。花园口、高村、艾山三站的洪峰流量与洪水前后水位差之间关系表明，当洪峰时段流量为大于 3 000 m³/s 时，宽浅河段的主槽基本上会发生冲刷，利用这级流量排沙可以基本保证下游河槽不淤。

参 考 文 献

［1］尹学良.黄河下游冲淤特性及其改造［J］.泥沙研究,复刊号,1980:75-82

［2］L B 里奥普,等.河槽水力几何形及其在地学上的意义［M］.钱宁译.北京:水利出版社,1957.

［3］赵文林,茹玉英.渭河下游河道输沙特性与形成窄深河槽的原因［J］.人民黄河,1994(3):1-4.

［4］齐璞,孙赞盈.北洛河下游河槽形成与输沙特性［J］.地理学报,1995(2):168-177.

［5］小浪底水库三门峡水库联合调水调沙运用对下游减淤作用研究［R］.郑州:黄河勘测规划设计有限公司.

［6］王平,侯素珍,李萍.渭河下游冲淤变化及成因分析［C］//第六届全国泥沙理论研讨会论文集.郑州:黄河水利出版社,2006.

第 3 篇　小浪底水库泥沙多年调节，相机利用洪水排沙

第 8 章　小浪底水库合理的调水调沙运用方式

8.1　小浪底水库调水调沙发展过程

著名黄河治理专家王化云在 1987 年出版的《我的治河实践》[1] 一书序言中指出："调水调沙的治河思想虽然处于发展过程中，已有实践经验也不完全，但我认为这种思想更科学，更符合黄河的实际情况，未来黄河的治理与开发，很可能由此而有所突破。"正如黄河水利委员会主任李国英最近指出的，"我们将由传统治黄进入调水调沙科学治理黄河的新时代"。在当前应理清调水调沙思路，明确主攻方向，找出最有效的技术途径。

最早提出水库调水调沙设想的是美国学者葛罗同、萨凡奇等[2]，在 1946 年治理黄河初步报告中提出，利用八里胡同水库控制洪水并发电，坝底设有排沙设备，每年放空排沙一次。下游河道的设计应能承受水库下泄洪水和泥沙，设计成宽 500 m、深 5 m 的河道，可输送含沙量高达 20%（500 kg/m³）的河水。

20 世纪 60 年代三门峡水库泥沙问题暴露之后，也有人提出利用小浪底水库进行泥沙反调节的设想[3]。由于对河道输沙规律的认识不断深入，调水调沙的理论也在不断地发展与完善。回顾过去的发展过程，不断总结经验，有利于充分发挥小浪底水库的调水调沙作用。

8.1.1　人造洪峰

在河道输沙公式 $Q_s = KQ^m$ 中，m 值一般为 2，根据这一特点，人们提出利用人造洪峰排沙入海的设想，认为把小流量的水量集中起来，用大流量集中排放，可以多输沙入海。为此，1963 年曾利用三门峡水库进行两次人造洪峰试验[4]，结果冲刷效果不好，在冲刷平均流量为 1 477 m³/s、1 870 m³/s，最大流量分别为 3 260 m³/s、2 900 m³/s 的情况下，冲刷只发展到艾山以上河段，艾山以下河段还发生了淤积，从下游河床中冲刷入海 1 t 泥沙的用水量分别为 81 m³ 和 58 m³，详见表 8-1。结果表明，沿程冲刷过程中含沙量迅速恢复，冲刷速率降低，而发生塌滩展宽对下游河道的冲刷作用并不利。流量小时，还会出现上冲

下淤,并且需要耗用大量宝贵的清水资源,才有一定的减淤效果。

表 8-1   三门峡水库进行两次人造洪峰试验情况

时段 (年-月-日)	Q_{max} (m^3/s)	Q_{cp} (m^3/s)	水量 (亿 m^3)	S_{max} (kg/m^3)	S_{cp} (kg/m^3)	河道冲淤量(亿 t)				冲刷 1 t 泥沙 用水量(m^3)
						高村以上	高村— 艾山	艾山— 利津	全下游	
1963-12-04 ~ 15	3 260	1 477	15.3	11.9	0.22	−0.194	−0.054	+0.063	−0.188	81
1964-03-29 ~ 04-02	2 900	1 870	8.1	3.44	0.87	−0.104	−0.089	+0.064	−0.139	58

如在小浪底水库的规划设计阶段,曾设想在丰水年非汛期相机造峰,平均 3 年进行一次,用水量为 40 亿 m^3,造峰流量 5 000 m^3/s,全下游减淤约 0.6 亿 t,平均年减淤 0.2 亿 t,用 67 亿 m^3 水量输 1 亿 t 沙入海。人造洪峰减淤效果不好的原因,是其依据的河道输沙公式中没有考虑上站含沙量的影响,忽略了黄河河道具有"多来多排"的输沙特性,不仅全沙如此,属于造床质的粗泥沙也具有同样的输沙特性。考虑上站来沙的影响,河道输沙公式应为 $Q_s = KQ^\alpha S_\perp^\beta$,流量方次 α 为 1.1 ~ 1.3,远小于 2(含沙量的方次 β 为 0.6 ~ 1.0,与河槽形态有关,宽浅河段只有 0.6 ~ 0.8,窄深河段为 1.0)。由于今后黄河水资源更加贫乏,这一调水调沙措施将逐渐失去意义。

8.1.2   蓄清排浑

在三门峡水库蓄水运用后库区淤积严重,潼关河床大幅度抬高,严重影响渭河。在不改建不行的压力下,基于黄河泥沙多,在年内分配不均匀,泥沙又主要集中在汛期,非汛期来水较清,以及艾山以下河道流量大于 3 000 m^3/s,河道输沙特性呈现"多来多排"的特性,基本不淤,提出把非汛期的泥沙调到汛期排放,利用非汛期来水含沙量低,蓄水拦沙发电、防凌,并进行水量调节尽可能满足下游灌溉用水需求[4]。在汛初降低坝前水位,利用汛期流量大,冲刷能力强,把汛期来沙连同非汛期淤在库内的泥沙全部排至库外,达到在年内冲淤平衡。三门峡水库改建后,从 1973 年开始蓄清排浑运用,利用潼关以下槽库容进行调沙,因受到潼关高程及库区条件的限制,不能进行大幅度调节。每年汛初不管来水情况如何,都把运用水位降低,因此经常出现小水排沙,形成小水带大沙,造成黄河下游主槽强烈淤积的不利局面。据 1974 ~ 1986 年的资料统计,有 26% 的泥沙由流量小于 2 000 m^3/s 排出,而龙羊峡水库投入运用后,因汛期大量蓄水,自 1987 ~ 2000 年却有 48% 的泥沙由流量小于 2 000 m^3/s 排出,详见表 8-2。1974 ~ 1986 年流量小于 2 000 m^3/s 的出现天数年

表 8-2   三门峡站 1974 ~ 1986 年与 1987 ~ 2000 年各级流量挟带水沙量

项目		水量(亿 m^3)		沙量(亿 t)		出现天数(d)	
		1974 ~ 1986 年	1987 ~ 2000 年	1974 ~ 1986 年	1987 ~ 2000 年	1974 ~ 1986 年	1987 ~ 2000 年
<2 000 m^3/s	量	226.6	212	2.7	3.6	307	351
	所占百分比(%)	58.5	86.1	26	48	84	96
>2 000 m^3/s	量	160.4	34.2	7.8	3.9	58	14
	所占百分比(%)	41.5	13.9	74	52	16	4
年均值		387	246.2	10.5	7.5	365.2	365.3

均307 d,占全年的84%,而1987~2000年小于2 000 m³/s出现的天数年均351 d,占全年的96%,只有14 d流量大于2 000 m³/s,而前者为58 d。

三门峡水库改建后,从1973年开始蓄清排浑运用,利用潼关以下槽库容进行调沙,虽然仍有不尽人意的小水排沙的情况发生,但对黄河下游河道仍有减淤作用,使得花园口以上河道不淤。图8-1给出黄河下游4河段1950~2007年断面法累计冲淤量的变化过程表明,在1950~1960年的天然情况下,花园口以上100 km长河道的淤积量与花园口至高村200 km长的河道、高村至艾山197 km长河道淤积量相当。但1960~2000年小浪底水库投入运用前40年间花园口以上河道基本不淤。由此可看出三门峡水库改建后蓄清排浑运用的减淤作用。

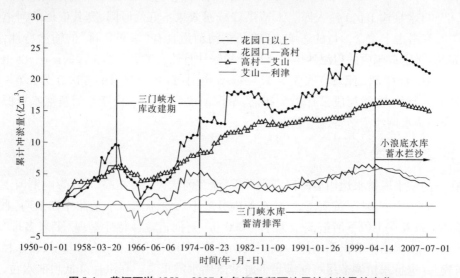

图8-1 黄河下游1950~2007年各河段断面法累计冲淤量的变化

三门峡水库蓄清排浑的运用方式是在特定条件下形成的,在推广应用时应注意其特殊性。三门峡水库改建成功,说明通过汛期降低坝前水位,可以保持平滩以下的槽库容。对下游河道的减淤作用在改建时并没有进行过多的考虑,实际运用结果表明,虽然没有明显增加下游河道淤积,但下游河道的减淤效果不理想。随着龙羊峡等大型水库的投入运用,汛期的基流与洪峰流量均在减小,冲刷能力减弱,三门峡水库的运用面临汛期"无水"排沙的新情况,即使再降低水库的运用水位,也很难保持库区冲淤平衡,且利用小流量排沙会使下游河道进一步恶化,对防洪极为不利。由于三门峡水库蓄清排浑运用方式是在特殊情况下形成的,其调节能力十分有限,不可能获得较大的调节库容和较强的泄空冲刷条件,使出库的含沙量的增幅受到限制,无法充分利用下游河道可能达到的输沙能力输沙入海,使黄河水资源的利用受到限制。

8.1.3 用来沙系数 S/Q 与河段排沙比关系调沙[5,6]

从黄河下游河道应保持"微冲微淤"的状态出发,有人提出把泥沙调成来沙系数为0.01 kg·s/m⁶左右输送的设想[6]。

从艾山以上洪峰时段的河段排沙比与流量及三黑小来沙系数间的关系可知(详见

图 8-2),在各级来沙系数情况下,流量在 5 000 ~ 6 000 m³/s 时排沙比均最大。而在流量一定时,随着来沙系数的增大,河段的排沙比逐渐降低。在流量为 5 000 ~ 6 000 m³/s 时,当来沙系数为 0.03 kg·s/m⁶(含沙量为 150 ~ 180 kg/m³)时,三门峡至艾山河段的排沙比只有 50% 多;当来沙系数减为 0.008 kg·s/m⁶(含沙量为 40 ~ 50 kg/m³)时,河段的排沙比达 120%;在来沙系数约为 0.01 kg·s/m⁶ 时,河段的排沙比为 100%。其实,河段排沙比为 100%,只能说明进出河段的沙量平衡,并不能说明泥沙在断面上的冲淤情况。在黄河下游不论含沙量高低,洪水漫滩后均会造成滩地淤积,含沙量越高淤积越严重,但主槽往往会产生强烈冲刷。河段排沙比为 100%,只能说明滩地淤积量与主槽冲刷量相等,并不表示河流输沙的力学关系。以河段排沙比 100% 作为控制条件进行泥沙调节,要提高排沙水流含沙量只有增大流量,流量增加漫滩后又使河道排沙比降低,因此不会取得显著的减淤效果。造成上述来沙系数与河段排沙比之间的特有规律,主要是洪水漫滩的结果,若能控制水流在窄深主槽中输送,则河道的输沙效率就会提高。

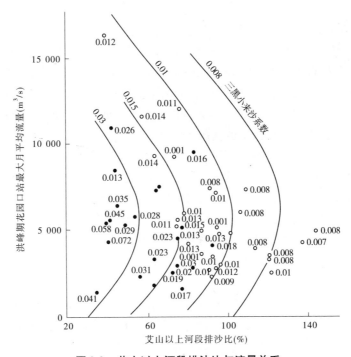

图 8-2　艾山以上河段排沙比与流量关系

8.1.4　以调水为主的调水调沙运用方式[7]

经分析研究,在 21 世纪来水减得多,来沙减得少,尤其是汛期水少沙多不利条件下,拟定每年的 10 月至翌年 6 月为蓄水径流调节期,7 ~ 9 月以调水为主的调水调沙运用方式。

(1)提高枯水流量,保证发电流量为 400 m³/s,改善河道基流和保护水质条件。

(2)在来水为 400 ~ 800 m³/s 时,水库全部泄放不调节,满足下游用水要求。

(3)避免平水,若来水为 800 ~ 2 000 m³/s,只泄 800 m³/s,消除下游河道平水淤积和上冲下淤的不利现象。

（4）增加中水 3 000 m³/s 以上流量和形成 5 000 m³/s 小洪水，发挥下游河道 3 000 m³/s 以上流量和接近平滩流量的输沙能力，提高全下游减淤效果。

（5）控制水库低壅水，调蓄库容不大于 3 亿 m³，保持调水调沙拦沙运用中水库有较大的平均排沙比，拦粗排细。

（6）调节高含沙洪水为一般含沙洪水，避免对下游造成不利影响。

（7）滞蓄洪水，上游来沙多时，保持 10 000 m³/s 以下洪水淤滩刷槽机遇，上游来沙少时按下游保滩流量 8 000 m³/s 下泄。

上述以调水为主的运用方式结合水库兴利，考虑了目前下游艾山河道的冲淤特性与输沙特性，但忽略了河槽的调整对输沙的影响，即充分利用下游河道可能达到的输沙潜力输沙的可能性。

8.1.5　水库合理拦沙[8]

为了更有效地利用水库的拦沙库容，水库应避免拦截粒径小于 0.025 mm 的冲泻质，尽量少拦粒径为 0.025 ~ 0.05 mm 的中颗粒泥沙，只拦粒径大于 0.05 mm 的粗沙，则可充分发挥水库的拦沙减淤作用。黄河泥沙的粗细年内季节性变化很大，汛期洪水时泥沙来自流域侵蚀，泥沙颗粒较细，非汛期来自干支流河道冲刷，颗粒比较粗。如潼关站悬沙中粒径大于 0.05 mm 的粗泥沙，汛期一般占 30%，而非汛期却占 60% ~ 70%。相对于汛期来说，非汛期拦沙就接近拦粗排细的情况。

从黄河下游不同河段的冲淤情况可看出，在河槽中淤积的粗泥沙主要是由小水时造成的，而在流量较大时，河床中的粗沙也可被冲刷下移。因此，水库拦粗沙主要拦截小水时的粗泥沙，排沙则要利用大流量。要想做到合理拦沙，就要与调水调沙相结合，充分利用河道可能达到的输沙能力输沙。拦沙与输沙是一个事物的两个方面，拦沙的最终目的是减淤，因此充分利用河道输沙，是合理拦沙的基础。

8.1.6　窄深河槽具有的输沙潜力为水库调水调沙展现了广阔的应用前景

黄河下游艾山以下属窄深河槽，具有很强的输沙能力，当床面形态进入高输沙动平整状态时，将形成粗泥沙（$d = 0.05 ~ 0.1$ mm）也能输送的"多来多排"的水力条件。实测含沙量为 200 kg/m³，在流量大于 3 000 m³/s 时，河段的排沙比达 100%。考虑到含沙量增大，流体的黏性增加，会使泥沙颗粒的沉速大幅度降低，含沙量大于 300 kg/m³ 时输送反而更容易。与艾山以下河型相似的渭河、北洛河下游、三门峡库区窄深河槽，实测高含沙洪水含沙量变化对泥沙在垂线上分布特性的影响，在流量较大时，含沙量 800 ~ 900 kg/m³ 的水流也可顺利输送。经分析计算，艾山以下河道在流量大于 3 000 m³/s 时，可顺利输送含沙量高达 800 kg/m³ 的高含沙水流。造成窄深河槽输沙能力大的主要原因，是随着含沙量的增加，黏性增大，粗颗粒的沉速降低，更容易悬浮，而河床对水流的阻力并没有改变，可用曼宁公式进行水力计算，即同样的比降、水深条件下流速不会减小，因此造成高含沙水流可以在较弱的水流条件下输送大量泥沙，利用高含沙水流输沙入海是一种理想的技术途径。

8.1.7　瞻　望

水库调水调沙应产生最优水沙组合,形成的河槽形态与尺度,应能使河道具有较强的输沙能力,使河道尽量不淤,从而决定了水库调水调沙的减淤效果必然最好。

以前的几种水库调水调沙运用原则,均没有考虑水库调水调沙运用将改变进入下游河道的水沙条件,从而会引起河槽形态的调整,河道的输沙特性也会产生相应变化。合理的调水调沙运用原则,应能反映冲积河流自动调整,并利用这种调整,提高河道的输沙能力,利用可能达到的输沙潜力进行输沙。水库长期调水调沙运用,水沙条件的长期变化,应有利于塑造新河槽,使宽浅游荡河道朝着有利河型方面转化。在改变水沙条件的同时,应加强游荡河道整治,使其形成窄深、规顺、稳定、有利于排洪输沙的通道。

从此要求出发,黄河"八五"攻关研究结果表明[8],泥沙多年调节的运用方式,平、枯水年蓄水拦沙供水发电运用,利用丰水年洪水期排沙,使黄河的泥沙尽可能调节到洪水期输送,塑造出有利于输沙入海的窄深河槽,适合今后黄河的水沙特性。研究结果还表明,泄空水位越低,水库的调沙能力越强,下游河道的减淤效果越好,输沙用水越节省,水库具有较大的调沙库容将起着关键作用。

目前,在小浪底水库最低泄空水位已经确定的情况下,则水库前期淤积量大,水库的调沙作用好,而用小浪底水库有限的拦沙库容对无限的来沙总是无出路的,泥沙多年调节的目的是充分利用河道输沙潜力输沙,使黄河有限的水资源得到合理的利用,充分发挥水库的综合作用。

8.2　利用洪水输沙入海是泥沙的主要出路

为了充分发挥小浪底水库的防洪减淤作用,在近几十年,各单位对水库调水调沙方式进行了多方面探讨[5,7,8]。由于近年来对黄河下游河道的输沙规律、输沙能力及河道"多来多排"的输沙条件与机理,河槽形态调整、河型转化等方面有了较深入的了解,因此对水库调水调沙减淤原理、方法、途径有了更深入的认识,取得了较大的进展,为充分发挥小浪底水库作用,改造高村以上游荡河道、使其形成窄槽宽滩并利用窄槽输水输沙、减少下游河道淤积、利用宽滩滞洪滞沙削峰,为下游河道治理开创广阔的前景。

黄河水沙条件的变化,使水库调水调沙减淤方法受到限制,正视目前黄河的现实水沙条件是正确制定水库合理运用方式的基础。

8.2.1　调水造峰用水量大,冲刷效率低

黄河水沙条件近期的变化表明,汛期水量大幅度减少,调水造峰冲刷下游河道很难实施。实测资料表明,三门峡水库下泄清水期和小浪底水库调水调沙运用点群基本重合,影响冲刷距离的主要因素是流量,详见图2-9。首先,根据对三门峡水库1960年9月至1964年10月下泄清水实测资料的分析[4,9],冲刷主要发生在高村以上河段,并以塌滩展宽河槽为主,黄河下游共冲刷23亿t,有73%集中在高村以上河段,平均塌滩宽度达1 000 m,其中花园口至夹河滩塌滩最为严重,平均塌滩宽度达1 200 m。其次,黄河水资

源越来越紧缺,无水冲刷下游河道。据实测资料分析,下泄 1 000 m³/s 清水流量可以冲刷到高村,下泄 1 500 m³/s 流量可以冲刷到艾山,流量要大于 2 500 m³/s 才可能冲刷到利津,但用水量太大,冲刷效率低。

表 8-3 列出用三门峡水库下泄清水资料回归出输沙公式,计算得出的各级流量冲刷含沙量的沿程变化,其中艾山到利津的输沙公式为 $Q_{s利} = 0.000\ 26Q^{1.20}S_{艾}^{0.93}$,计算得出艾山至利津河段冲刷 1 t 泥沙用水量变化情况。

表 8-3 艾山至利津河段冲刷 1 t 泥沙用水量变化情况

流量 (m³/s)	含沙量沿程变化(kg/m³)				艾山—利津河段冲淤 1 t 泥沙用水量(m³)
	花园口	高村	艾山	利津	
1 000	7.40	8.27	8.96	7.96	(+)994
2 000	8.86	10.62	11.97	11.96	(+)124 500
3 000	9.85	12.29	14.18	15.19	(−)994
4 000	10.61	13.63	15.99	17.98	(−)500
5 000	11.25	14.78	17.55	20.51	(−)338

由表 8-3 可知,随着流量的增大,冲刷距离不断地增加,但主要冲刷范围在高村以上近 275 km 的河段内,高村至艾山河段的含沙量略有增加,到艾山至利津河段,当流量小于 2 000 m³/s 时,含沙量沿程变小,河道为淤积,流量大于 3 000 m³/s 以后才开始冲刷。从表中可看出,流量大于 3 000 m³/s 时,冲刷 1 t 泥沙的用水量随着流量的增加不断减小,冲刷强度不断增强。流量为 3 000 m³/s 时,冲 1 t 泥沙耗水量为 994 m³;流量为 5 000 m³/s 时,冲 1 t 泥沙耗水量为 338 m³。当进入下游的出库含沙量变化时,冲 1 t 泥沙的耗水量会有些变化,但变化规律不会变。

在目前黄河下游水资源已经十分紧缺的情况下,为了使艾山至利津河段冲刷 1 t 泥沙,而耗用几百立方米的清水,显然是不经济的,因此不能用调水造峰的办法作为减少本河段淤积的主要措施,需要寻求其他途径解决本河段的淤积问题。

8.2.2 水库拦沙与排沙的关系

关于水库合理拦沙问题,有人提出拦粗排细的设想。众所周知,细沙与粗沙相比输送更容易。但从黄河下游不同河段河槽冲淤情况可看出,在河槽中淤积的"粗泥沙"主要是小水时淤积,在洪水期河床中"粗泥沙"仍可冲刷下移。从艾山以下河段在流量大于 2 500 m³/s时,随着流量的增大,在涨水期河底高程不断降低可知,利用洪水排粗泥沙也可输送,水库不必再拦粗排细。因此,水库合理拦沙只要拦截小水时挟带的泥沙即可。要想做到合理拦沙,就要与水库调水调沙相结合,能利用洪水输送的泥沙就不必拦在库内,因此小浪底水库应多一些调沙库容,少一些拦沙库容。充分利用洪水输沙,是合理拦沙的基础。

洪水输沙本身是非恒定的。泥沙组成沿程变细,河道的输沙不一定不平衡。由爱因斯坦床沙质函数理论可知,运动着的底沙与床沙组成关系密切,每场洪水输送的底沙都是邻近上游河道的河床组成。因为底沙的运动速度取决于底部流速的大小,且远小于洪水的传播速度。实测资料分析表明,邻近床面的底部流速只有表层流速的1/10。因此,在洪水期水库拦了 $d > 0.05$ mm 的粗泥沙,洪水在流经河南河道时,由于这部分泥沙颗粒在床沙组成中很丰富,且处于最容易的起动范围内,故这部分粗泥沙很容易恢复。不管水库如何运用,经过河南 300 km 河段的调整,进入高村以下河道泥沙组成不会有多大差别,对艾山以下河道的减淤作用更难说清楚。对于高村以上河段的减淤是容易实现的,因其处于清水下泄的首当其冲的位置。水库运用一般都是拦粗排细,但在小浪底水库的具体条件下,会有一定的困难。

表 8-4 给出了小浪底水库干支流原始库容的分配情况,220 m 以下总库容为 29.6 亿 m³,在 254 m 以下,支沟总库容为 22 亿 m³,约占总库容的 1/4,高程 265 m 时,支沟库容约占总库容的 1/3。水库在蓄水拦沙运用时,在支沟中的淤积,都是由倒灌形成的,淤的都是细沙,粗沙很难淤在支沟库容。如支沟库容最大的畛水,距坝址仅 18 km,总库容达 17 亿 m³,更难用于拦粗沙。要想为拦粗排细运用则与水库兴利无法结合。

表 8-4　小浪底水库干支流原始库容的分配情况

H(m)	180	200	205	220	230	240	250	254	260	265	270	275
$V_干$(亿 m³)	4.97	11.8	14.5	23.6	31.6	40.2	51.7	56.3	63.6	70.8	78.3	85.8
$V_支$(亿 m³)	0.48	2.1	3.2	6.0	9.2	12.8	19.4	22.0	26.4	30.7	35.3	40.7
$V_总$(亿 m³)	5.45	13.9	17.7	29.6	40.8	53.0	71.1	78.3	90.0	101.5	113.6	126.5

表 8-5 给出了小浪底水库的泄流能力。

表 8-5　小浪底水库的泄流能力

高程(m)	200	205	220	230	275
泄量(m³/s)	4 468	4 842	6 770	8 050	16 849

8.2.3　利用洪水排沙是泥沙的主要出路

对水沙条件变化的客观分析是制定水库调水调沙运用方式的基础。黄河兰州以上来水量占总水量的 58%,受龙、刘水库联合运用的控制,一般年份不会有很多弃水,因此使得黄河下游洪水出现机会、洪峰流量、洪水总量(历时)都会明显减少。今后黄河洪水主要来自黄河中游地区的广大黄土高原、渭河南山支流、汾河流域的暴雨。三门峡水库近年来总结出利用洪水排沙,平水期蓄水发电的调沙运行经验[9],对制定小浪底水库的运用方式具有重要参考价值。但由于三门峡水库受库区条件的限制,经常出现小水排大沙,造成下游河槽严重淤积的不利情况,在小浪底水库的运用中,应尽量避免。因此,要对排沙流量进行严格的限制,根据对下游河道输沙能力研究,艾山以下河道在流量为 3 000 m³/s 时,实测含沙量 200 kg/m³ 的洪水均可顺利输送,甚至含沙量为 600~700 kg/m³ 的大洪水也可输送。利用洪水输沙入海的主要障碍是高村以上的宽浅河段,但可通过滩淤槽冲塑造。要根据控制下游河道主槽不淤条件和防洪的要求,确定排沙塑槽流量。根据对洪水实测资料分析,排沙流量应大于 3 000 m^3/s。水库要充分利用洪水排沙,下游河道也要充分利用洪水期可能达到的输沙潜力排沙入海,使之形成系统工程,这是黄河泥沙的主要出路。

根据对不同河型形成的水沙条件的分析,促使下游游荡性河道河型转化的水沙条件,与为了下游减淤所需的调水调沙目标是一致的,都需要把泥沙调节到大洪水时输送。因此,有可能使下游河道的治理进入良性循环,符合可持续发展的要求。即调出的水沙条件,塑造了窄深河槽,增大了河道的输沙能力,为宽浅河段的进一步整治创造了有利条件;同时水库的长期运用使得黄河的泥沙主要由大洪水输送,又使窄深河槽得到更充分的利用,使得小浪底水库的调水调沙对下游河道的治理长期发挥作用。

充分利用洪水排沙,不仅可以使黄河水资源得到充分的利用,使黄河泥沙主要集中到小浪底水库无法调节利用的丰水年洪水期输送,增强小浪底工程对径流的调节能力,缓解断流、多发电,同时为发电机组的运行创造良好的大环境,减少通过机组的含沙量,并使泥沙组成变细,减少对机组的磨损。

8.2.4 泥沙多年调节的合理性与可能性

三门峡水库近年“蓄清排浑”年调节的运用实践说明,这种模式已不适应今后黄河水沙条件的变化。从黄河下游河道的输沙能力与高村以上宽浅河道改造,并充分考虑到小浪底水库的兴利和水资源利用,水库进行泥沙多年调节是合理的。但能否进行泥沙多年调节,则取决于小浪底水库的调节能力,包括可能获得调沙库容的大小及淤在水库中的泥沙能否迅速冲刷出库。调沙库容的大小,与库水位降落幅度有关,形成的机理是在水位迅速下降后,库区的淤积将失去稳定,在渗透压力作用下,产生流泥、滑塌,使主槽调沙库容增加。根据“八五”攻关各家的研究成果[8](详见表8-6),按最保守的计算结果,在最低泄空水位205 m时,尚能保留 15 亿 m^3 的调沙库容。

表8-6　小浪底水库泄空水位205 m 时能保留的调沙库容　（单位:亿 m^3）

黄委会设计院	黄科院	西北水科所	清华大学王士强
27	18	14.4 ~ 15.8	17.3 ~ 19.2

由表1-1给出的近年黄河水沙量变化可知,年均沙量为 6 亿 t,枯水年沙量只有 2.32 亿 t,经常出现沙量为 3 亿 ~ 4 亿 t 的枯水平水年,丰沙年沙量仍可达 15 亿 t,年沙量的两极分化有利于泥沙多年调节。小浪底水库若能具有 15 亿 m^3 调沙库容(20 亿 t),是可以进行泥沙多年调节的,利用大洪水集中输沙。为了缩短水库泄空冲刷时间,提高水库冲刷效率,从有利于较高含沙水流产生,在水库水位骤降许可的范围内,应采取速冲,以增加冲刷比降,利用水库淤积物中孔隙水来不及排出,土体的土力学强度低,易产生滑塌,容易产生较高含沙水流,实现泥沙多年调节。

8.3 泥沙多年调节运用原则与控制运用条件

小浪底水库是一座以防洪、防凌、减淤为主,兼顾供水、灌溉、发电,除害兴利,综合利用的枢纽工程,水库的调水调沙运用应充分体现其开发任务的要求,尽可能充分满足各方面的需求,为黄河下游河道治理做出应有的贡献。

8.3.1 水库的运用原则

(1)根据目前的水沙条件和对黄河下游河道输沙能力、河槽形态调整、河型转化规律的认识,小浪底水库应进行泥沙多年调节,要尽量控制小水挟沙,利用大洪水排沙。因此,水库在平水年枯水期,蓄水拦沙运用,利用丰水年汛期大洪水集中排沙形成含沙量较大的洪水,在高村以上宽浅河段通过滩地淤积和主槽的强烈冲刷形成高滩深槽,并利用窄深河槽"多来多排"的输沙特性,多输沙入海。

(2)考虑到小浪底水库支沟库容占总库容的1/3,拦粗排细在技术上难以做到。更主要的是利用大洪水排沙,无须拦粗排细,即可防止下游河道主槽淤积。因此,在留足防洪库容的前提下,汛期和非汛期水库均应根据兴利需求进行调度运用。

(3)根据调水造峰对下游河道的减淤效果分析和目前黄河水资源紧缺的现实,水库不应进行调水造峰,充分考虑水库的兴利需求,如需调节径流应满足下游工农业用水与水库发电的要求。但可利用水库排沙前,泄空时的弃水冲刷下游河道,冲刷的历时不必大于洪水传播到河口历时。

(4)根据对洪水期河床冲淤过程的分析,在涨水期河床均会发生强烈冲刷,因此水库在泄空冲刷时对出库含沙量不应控制,以便把泥沙调节在涨水期输送。应防止水库滞洪排沙时沙峰落后于洪峰的不利情况发生。

(5)衡量一个水库调水调沙效果的好坏,有两个指标,一是有多少水量通过水库调节得到更充分利用,二是有多少小水挟带的泥沙能调节到大洪水输送。由于下游河道存在着"多来多排"的输沙规律,充分利用河道洪水期输沙能力输送黄河泥沙入海具有实用价值。

8.3.2 水库调水调沙运用控制条件

(1)水库的运用方式应本着有洪水就排沙的原则,通过水情预报,当入库洪水流量大于 2 300 m^3/s,并有上涨趋势时,水库开始泄空,为洪水排沙创造条件。当预报入库洪水流量小于 2 600 m^3/s,并有下降趋势时,停止冲刷转入正常运用。

(2)根据对水库淤积物土力学特性和溯源冲刷条件的分析,从有利于水库排沙与水库兴利考虑,在工程安全许可的范围内,在大洪水期应采取速冲的运用方式,以增加冲刷出库的含沙量,提高冲刷效率,缩短冲刷时间,尽快形成大洪水带大沙。

(3)水库初期的起调水位可定于 210 m,汛期调节的限制水位为 254 m,非汛期限制水位 275 m,汛前无放空要求,水库径流调节可跨年度。首次洪水期排沙时的水库淤积量应大于 30 亿 m^3。

（4）水库运用水位的变化过程与来水来沙条件关系密切，在充分满足水库兴利条件下：当来水较枯时，库水位将保持较低的运行状态，可能几年达不到汛限水位254 m；当来水较丰时，可能在一个汛期就能达到汛期限制水位，库水位的变化过程主要取决于来水来沙条件。

（5）实现科学调度，合理配置水资源，在蓄水运用期应按下游用水节水计划和环境最小用水量需求放水，从而以较小的流量满足需求，减少高村以上河段冲刷量和进入艾山以下河段沙量，使艾山以下河段尽量少淤。实现科学调度，合理配置水资源，也可以达到减淤的目的。这是今后减少艾山以下河段淤积的新途径。

参 考 文 献

[1] 王化云.我的治河实践[M].郑州:河南科学技术出版社,1989.

[2] 葛罗同,萨凡奇,雷巴特.治理黄河初步报告(1946)[M]//黄河志总编室.历代治黄文选(下册).郑州:河南人民出版社,1989.

[3] 赵业安.黄河的输沙规律及治理问题的初步探讨[R].郑州:黄河水利科学研究院,1965.

[4] 麦乔威,赵业安,潘贤娣.黄河下游来水来沙特性及河道冲淤规律的研究[R].郑州:黄河水利科学研究院,1978.

[5] 钱宁,张仁,赵业安,等.从黄河下游河床演变规律看河道治理中的调水调沙问题[J].地理学报,1978(1):13-26.

[6] 王士强.小浪底水库泄流排沙规模的初步研究及建议[R].北京:清华大学水利系,1984.

[7] 涂启华,张俊华,曾芹.小浪底水库减淤运用方式及作用[J].人民黄河,1993(3):23-29.

[8] 齐璞,刘月兰,李世滢,等.黄河水沙变化与下游河道减淤措施[M].郑州:黄河水利出版社,1997.

[9] 黄河水利委员会三门峡水利枢纽汛期发电试验研究项目组.黄河三门峡水库1996年汛期发电试验研究报告[R].郑州:黄河水利科学研究院,1997.

第9章 利用洪水期泄空冲刷产生高含沙水流的可行性

9.1 水库淤积形态和淤积物土力学特性

9.1.1 水库淤积形态

水库淤积形态是指水库中泥沙淤积物形成的形状和状态,与径流产沙区泥沙颗粒级配、水库运用方式及水库特性等因素有关。

当来水来沙组成一定时,水库运用方式及水库特性决定了水库淤积物形态。由于水库的运用方式不同,泥沙淤积形态、组成的沿程分布也不同。水库蓄水拦沙运用,泥沙在库区内壅水淤积,泥沙沿程将发生分选现象,较粗的颗粒在回水尾部先淤,在坝前区淤积的主要为细颗粒。当入库含沙量较高形成异重流时,浑水沿程不断造床淤积,输送到坝前的异重流淤积物较细,高含沙异重流的情况可能例外,粗细沙都可能淤到坝前。此外,淤积物的分布状况还与运用水位的变幅有关,当运用水位低时,较粗的泥沙也可能淤积到坝前一定范围内;而当运用水位较高时,则淤积位置偏上。因此,水库淤积物的分布状况比较复杂,往往是砂层与黏土层相互交叉重叠分布,总的变化趋势是坝前细些,尾部粗些,且分层结构较明显。

对于峡谷型水库,在水库采用蓄水拦沙运用初期,将形成三角洲淤积,当采用滞洪排沙或逐步抬高水位运用时,随着水库淤满,库区的淤积形态变为锥体。

9.1.2 淤积物的土力学特性

淤积物特性一般指淤积泥沙的颗粒级配、比重、含水量、密度、界限含水量、孔隙比、含水状态等物理性质和渗透性、固结状态、抗剪强度等力学性质。这些指标在一定程度上反映了泥沙的力学特性,指标间是相互转换或相互影响的。例如渗透性强,泥沙固结快,土的抗剪强度高;反之,渗透性弱,泥沙固结慢,土的抗剪强度低,有利于泥沙滑塌形成泥流。

9.1.2.1 淤土的干密度

淤土干密度是反映淤土密实状态的重要物理指标。淤土的干密度与粒径级配、淤积时间、淤积物埋深、淤积物暴晒等因素有关。一般来讲,初始干密度是指泥沙初沉积后尚未受有上覆土压力固结的淤土的干密度,它随淤土粒径及级配和水库运用方式的改变而变。研究淤土的初始干密度可以从另一方面分析土的粒径及级配和抗剪强度,因而具有重要意义。

韩其为根据各种均匀沙的初始干密度与其粒径的试验资料分析得出[1],当泥沙粒径小于 0.05 mm 时,由于土粒表面弱结合水及分子力的存在,颗粒之间几乎没有真正接触,初始干密度相当小;当粒径为 0.05~1 mm 时,土粒比表面积减小,结合水及分子力减弱,颗粒面接触面增大,这时初始干密度变化较小,接近 1.3~1.4 g/cm³。

水库的运用方式也对淤土的干密度产生重要影响,美国垦务局分析了 1 300 个水库淤积物的样品,得出了不同水库运用方式下的淤积物初始干密度[2],如表 9-1 所示。

表 9-1 水库运用方式对淤积物初始干密度的影响

水库运用方式	初始干密度(g/cm³)		
	黏土(<0.004 mm)	粉土(0.004~0.062 mm)	砂(0.062~2 mm)
泥沙长期淹没在水下	0.42	1.12	1.55
水库水位中度或大幅度下降	0.56	1.14	1.55
常年保持空库	0.64	1.15	1.55
不受水库影响的河床泥沙	0.96	1.17	1.55

根据官厅水库 1964 年与 1984 年实测淤积物干密度资料统计[3],20 年间淤积物干密度在 0.7~1.6 t/m³ 范围内的变化,平均增加 0.15 t/m³。

根据焦恩泽等对官厅水库 1955~1960 年的资料分析研究[4],在粒径组成相同的条件下,淤土的水下干密度均小于水上淤积物干密度,详见表 9-2。

表 9-2 官厅水库水下与水上淤积物干密度比较(1955~1960 年)

d_{50}(mm)	0.005	0.01	0.02	0.05
水上滩地干密度(t/m³)	1.10	1.20	1.30	1.50
水下干密度(t/m³)	0.80	0.90	1.15	1.35

由表 9-2 可以看出,随着粒径的变粗,水上、水下干密度均增加;但水上干密度与水下干密度的差值,随着粒径的增加却在减小。这说明泥沙颗粒越细,暴露与否对干密度影响越大,而对于粒径粗的泥沙水上淤积物与水下淤积物的干密度差别较小。由此可知,水库运用条件对细淤积物干密度影响较大。为了控制水库淤积物的干密度值不致过大,在制定水库运用方式时,应尽量使淤积物处于水下淹没状态。考虑到淤积时间对淤积物特性的影响,泄空冲刷间隔的时间也不宜过长。

淤土固结后的干密度除与其颗粒组成及级配和水库运用方式有关外,还与固结历时和固结度有关。不同固结度的干密度相差很大。对于粒径大于 0.075 mm 的砂砾土而言,沉积完成,固结基本完成,干密度基本不再发生变化,而对于粒径小于 0.075 mm 的细粒土而言,固结完成需要相当长的时间,固结完成时土体中的有效应力完全由土粒来承担,此时土体的密度达到最大值,不再提高。三门峡水库坝前淤积土不同固结度的干密度为 1.35~1.60 g/cm³,由于黏粒含量和固结度不同,干密度相差很大。

9.1.2.2 淤积物的渗透性

土的渗透性是指水流通过土孔隙的能力,用渗透系数 K 来表示。研究水库淤积物的渗透系数具有重要意义,因为淤积物渗透系数的大小表征着淤积土的透水能力。淤积土的渗透系数越大,其透水性越强,水库水位骤降时,淤积土中的水排出得较快,土中孔隙水压力迅速降低,有利于土体稳定;反之,淤积土渗透系数越小,土的透水性越差,水库水位骤降时,淤积土中的水排出得较慢,孔隙水压力很大,有利于淤积土的滑塌,形成泥流。

研究结果表明,淤积土的渗透系数 K 与土的孔隙比 e 或黏粒含量有一定的相关关系。三门峡水库淤积土原状土样试验结果表明[5],其渗透系数 K 与孔隙比 e 或黏粒含量 P 有以下关系

$$K = B_1 \exp(A_1 e) \tag{9-1}$$
$$K = B_2 \exp(A_2 P) \tag{9-2}$$

式中:K 为渗透系数,cm/s;e 为孔隙比;P 为黏粒(粒径小于 0.005 mm)含量;A_1、B_1 为式(9-1)的经验系数,其值分别为 -22.15、7.968×10^9;A_2、B_2 为式(9-2)的经验系数,其值分别为 -0.24、$1\,375$。式(9-1)的相关系数 $r_1 = -0.985$,式(9-2)的相关系数 $r_2 = -0.980$。

9.1.2.3 淤积物的抗剪强度

水库淤积物的滑动和滑塌是在一定受力条件下沿某一可能滑动面的剪应力超过了土的抗剪强度而产生的,土的抗剪强度是决定淤土稳定的关键因素。通常用摩尔-库仑破坏准则来表示。

$$\tau_f = C + \sigma \tan\varphi \tag{9-3}$$

式中:τ_f 为土的抗剪强度,kPa;σ 为滑动面上的法向总应力,kPa;C 为凝聚力,即在 $\tau \sim \sigma$ 坐标平面内抗剪强度线与 τ_f 轴的截矩,kPa;φ 为内摩擦角,即抗剪强度线的倾角(°)。

正确测定淤土抗剪强度指标 C 和 φ 是极为困难的,这是因为它们不仅取决于土的种类,而且在很大程度上取决于淤土的密度、含水量、固结状态、应力历史和试验中的排水条件等因素。

1)土的种类对抗剪强度指标的影响

不同的土类具有不同的抗剪强度特征。对于淤土中粗颗粒砂土而言,其抗剪强度指标 C 一般等于 0,$\varphi \neq 0°$,在 $\tau \sim \sigma$ 坐标平面内其抗剪强度线通过原点;而对于细颗粒土,C 大于 0;新沉积黏性土的不固结不排水抗剪强度指标 $C > 0$,$\varphi = 0°$。

可见,淤土中黏粒含量对其抗剪强度有较大影响。三门峡水库坝前淤土原状试验表明[5]:该水库淤土在法向应力为 100 kPa 时的不固结不排水抗剪强度与淤土黏粒含量 P 的关系可用下式表示

$$\tau = Be^{AP} \tag{9-4}$$

式中:τ 为淤土抗剪强度;P 为黏粒含量;A、B 为经验系数,其值分别为 $-0.026\,86$ 和 $1.199\,7$。式(9-4)的相关系数 $r = 0.977\,6$。

2)固结状态和排水条件对抗剪强度的影响

固结状态和排水条件对淤土的抗剪强度有重要影响,因此常按固结状态和排水条件

将土的抗剪强度指标分为不固结不排水剪指标(C_{uu}、φ_{uu})、固结不排水剪指标(C_{uu}、φ_{uu}、C'、φ')和固结排水剪指标(C_{CD}、φ_{CD})。根据水库淤土的不固结状态和淤积时间较长时的欠固结状态,以及水库水位骤降排沙运用方式,水库排淤时淤积土的抗剪强度指标可采用不固结不排水剪指标,或低固结度不排水剪指标,此时,它们数值较低。可见,水库水位骤降排沙方式淤土抗剪强度最低,有利于淤土流动和滑塌形成泥流。

若淤土为砂土,其不固结不排水抗剪强度包线在 $\tau \sim \sigma$ 平面内为过坐标原点的直线,此时 $C_{uu}=0$,$\varphi_{uu}>0$,见图9-1(a)。砂土在水下自然稳定边坡为某水下自然休止角,在水位骤降时,形成的饱和砂土稳定边坡坡度由于土中渗透水后逸出而引起渗透力的存在要小于水下稳定边坡的坡度。若淤土为黏土,其不固结不排水抗剪强度包线在 $\tau \sim \sigma$ 平面内为一平行于 σ 轴的直线,此时 $C_{uu}>0$,$\varphi_{uu}=0$,见图9-1(b)。对于初始沉积的水下黏土,黏土间接触面很小,相互间接触力很弱,孔隙比很大,因而 C_{uu} 很小,甚至等于0,土的不排水抗剪强度由土粒承担,并随沉积时间延长和固结度的提高而增大。所以,在水库排沙运用时,尽量减少淤土的固结时间,以利于排沙泥流的形成。若淤土为粉土,其不固结不排水抗剪强度包线在 $\tau \sim \sigma$ 平面内为介于砂土和黏土之间的直线,$C_{uu}>0$,$\varphi_{uu}>0$,见图9-1(c)。一般地,$C_{uu\text{粉土}} < C_{uu\text{黏土}}$,$\varphi_{uu\text{粉土}} < \varphi_{uu\text{黏土}}$。

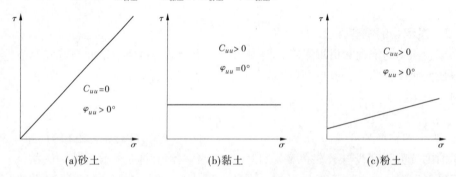

图9-1 砂土、黏土和粉土的不排水强度特征

三门峡水库淤土试验结果表明,固结度相同时,土的抗剪强度随淤土黏粒含量的增大而减小,而黏粒含量相同时,淤土的抗剪强度随固结度的增大而增大,抗剪强度指标均可按黏粒含量或固结度用经验公式表示。不过,具体淤土的抗剪强度指标最好根据固结状态和排水条件由试验来确定。

3)淤土干密度对抗剪强度的影响

淤土干密度是反映淤土密实状态的物理指标,也是其固结状态的反映,而土的抗剪强度是由土粒间相互接触来承担的,因此淤土的干密度与其抗剪强度指标间存在一定的关系。

根据巴家嘴水库坝前淤土75组试验资料[6](其中23组为直接快剪成果,52组为原位十字板剪切成果),可以得出干密度与内摩擦角以及干密度与凝聚力的关系,分别见图9-2和图9-3。由图可见,不同土类的干密度与内摩擦角和凝聚力关系是不一样的,但土的抗剪强度指标均随干密度增大而增大。

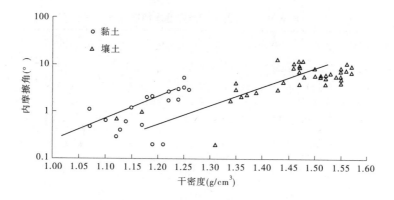

图 9-2　淤土的干密度与内摩擦角 φ 的关系

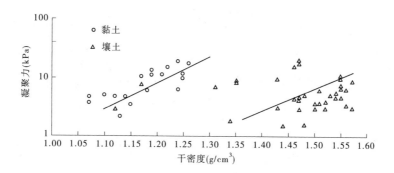

图 9-3　淤土的干密度与凝聚力 c 值的关系

9.2　水库运用方式与高含沙水流产生的关系

要想把黄河泥沙调节成大流量、高含沙量输送,则必须先把小水挟带的泥沙淤在库内,然后在大水期利用强烈的泄空冲刷,才可能产生高含沙水流。因此,水库的运用方式与能否产生大流量的高含沙水流关系密切。以下根据黄河干支流水库运用实例说明产生条件。

9.2.1　水库泄空冲刷

根据恒山[1][2]、王瑶水库的运用经验[3],蓄水拦沙运用水库突然泄空,库水位降低到淤积高程以下时,库区处于饱和状态的淤积物会产生强烈的滑塌、流动,初期出库的含沙量一般较高,可达 400～800 kg/m³,甚至更高,详见表 9-3、表 9-4。

---

[1] 山西省水利科学研究所,浑源县恒山水库管理局.恒山水库水沙调度运用方式的研究.恒山水库运用方式鉴定材料,1986 年 7 月.

[2] 郭志刚,周滨,凌来文.恒山水库管理运用中的高含沙水流,1985 年 1 月.

[3] 呼怀山,刘志金.王瑶水库运用方式初控.陕西水利,1986.

表9-3　恒山水库泄空基本情况统计

泄空时间 （年-月-日）	出库水 历时 （h）	最大 泄量 （m³/s）	平均 泄量 （m³/s）	最大出库 含沙量 （kg/m³）	平均出库 含沙量 （kg/m³）	出库 总水量 （×10³ m³）	出库 总沙量 （×10³ t）	耗水率 （m³/t）	淤积面 河底高程 （m）
1974-07-28	63.3	8.0	1.11	944	422	25.3	10.7	2.36	27
1979-08-08	26.0	54.4	4.9	1 200	622	45.2	30.6	1.51	28.5
1982-05-28	31.5	33.0	1.13	1 320	837	12.9	10.3	1.19	24.5
1982-07-24	19.3	36.3	13.7	1 200	215	95.1	20.4	4.66	14.5

表9-4　恒山水库流泥运动出库基本情况

时间 （年-月-日）	流泥 历时 （h）	最大出 库流量 （m³/s）	平均 流量 （m³/s）	最大出库 含沙量 （kg/m³）	平均出库 含沙量 （kg/m³）	出库 总水量 （×10³ m³）	出库 总沙量 （×10³ t）	耗水率 （m³/t）	中值 粒径 （mm）
1979-08-09	30	2.75	1.84	942	593	19.9	11.8	1.69	0.02
1982-05-29	32.9	1.0	0.57	1 210	846	6.3	5.33	1.18	0.02

　　恒山水库、王瑶水库泄空后库区的淤泥运动状态基本相同，初期坝前处于饱和状态的淤积物含水量高，泄空后孔隙水无法迅速排出，淤土的力学强度低，在重力和渗流水压力的共同作用下，便产生流泥，这种坍塌是相当强烈的。恒山水库在坝前250 m内，出库含沙量高达1 200 kg/m³的持续时间为30 h，流泥形成的边坡为0.055。在中间库段，淤泥的含水量低，呈鱼鳞状滑塌，有大量泥块"漂浮"而下，上段淤泥的含水量更小，淤积面呈龟裂状，主槽冲深后，两侧大块淤泥倒塌入水。图9-4给出了恒山水库泄空冲刷形成高含沙水流流泥的情况。

（a）接近输水洞底板进入输水洞的泥沙实况　　（b）泥滩与滩地杂草进入恒山水库输水洞前

图9-4　恒山水库泄空冲刷形成高含沙水流流泥（焦恩泽）

　　三门峡水库经过非汛期几个月的蓄水拦沙运用，于1993年6月25日突然泄空，库水位由307.5 m降到294.25 m，水位降落12.25 m，出库最大流量为1 480 m³/s，出库含沙量在 300 kg/m³ 左右持续 24 h，以后在 200～150 kg/m³ 变化，详见图 9-5。库区的溯源冲刷以跌坎的方式向上游发展，26 日 9 时跌坎发展到距坝 2 km 处，冲刷出一条宽 100～200 m、深 5～6 m 的主槽，两侧的淤泥向主槽滑塌，靠后的淤泥面又产生新的裂缝，随后发生滑塌。随着主槽的刷深逐渐稳定，泥岸的滑塌渐弱，逐渐形成稳定的边坡。

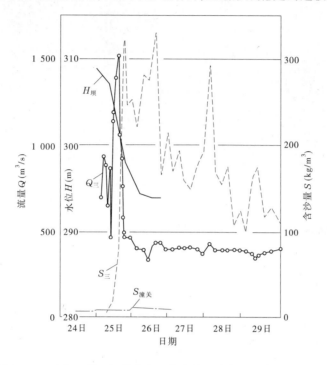

图 9-5　1993 年 6 月三门峡水库汛前突然泄空出库流量含沙量过程

以上实例说明，蓄水运用水库只有突然泄空，水位大幅度下降，近坝段有厚层淤积物可供冲刷时，才可能产生高含沙水流。

9.2.2　洪水期空库冲刷

王瑶水库 1985 年 7 月泄空后，排沙效果也很好，空库 32 d，排沙量为 1 094 万 t，在坝前 2 000 m 内形成主槽，在有洪水入库的情况下，有 200～300 m³ 泥块滑入槽内，出库的泥块也可达 2～3 m³，由此可见，冲刷滑塌相当强烈。由表 9-5 给出的敞泄过洪冲刷情况可知，在入库含沙量已达 748 kg/m³ 的条件下，出库的含沙量达到 985 kg/m³，含沙量净增 237 kg/m³。图 9-6 给出了王瑶水库洪水期空库冲刷的情况。

表 9-5　王瑶水库敞泄过洪冲刷效果统计

时段 （年-月-日）	平均入库流量 （m³/s）	最大入库流量 （m³/s）	平均含沙量 （kg/m³）		输沙量 （×10³ m³）		库中冲走沙量 （×10³ m³）	排沙比 （%）	闸门运用情况
			入库	出库	入库	出库			
1985-07-14～18	10.4	214	748	985	186	378	192	203	全开

图9-6　王瑶水库洪水期空库冲刷情况(焦恩泽)

在各种冲刷措施中,水库空库后,敞泄过洪冲刷的总效率最为突出。恒山水库内有近一半以上的淤积物是利用洪水冲刷出库的。如1974年一场 $Q_m = 72.9$ m³/s 洪水,7.4 h内冲刷53万 m³,耗水率为1.42 m³/t,出库含沙量为704 kg/m³;1979年一场 $Q_m = 24.3$ m³/s 洪水,6 h 冲刷15.9万 m³,耗水率为1.5 m³/t,出库含沙量为667 kg/m³;1982年8月1日的洪水,冲刷25.5万 t,耗水率也仅为2.64 m³/t,出库含沙量为379 kg/m³。随着冲刷向上游发展,主槽的形成和下切,两岸的淤泥失去稳定,向主槽内滑塌。高含沙水流的形成,不仅与淤土的滑动性质有关,还与主槽冲刷下切的速度有关。而后者取决于库水位降落幅度、冲刷流量与冲刷时间等因素。随着冲刷向上游发展,比降调平,主槽冲刷减弱,滩槽差增加速度变慢。边岸淤积物滑塌强度减弱,冲刷出库含沙量将降低。

据三门峡水库1990~1994年汛期泄空冲刷资料统计,在水位变幅10余 m 的情况下,可冲刷出库的含沙量达到100~400 kg/m³。

水库淤土的性质是相似的,上述蓄水运用水库泄空后产生的淤泥运动状况,在运用方式相似的小浪底水库中也会产生,可能更加强烈。因为小浪底水库库容大,淤积多,水位突降变幅大。

三门峡、恒山、王瑶等水库水位变幅一般只有十几米至二十几米,而未来小浪底水库泄空时水位变幅更大,强烈的淤泥运动必然会产生,这是由水下饱和状态淤土的性质和水库的运用方式决定的。

焦恩泽、林斌文根据北方多沙河流水库泄空实测资料(水库长14.7~113 km,$t = 15~76$ d,$\Delta Z = 1.38~18.4$ m,$S_\lambda = 8.04~453$ kg/m³,$Q = 35.5~3\,098$ m³/s,$V = 0.053\,3$ 亿~0.772 亿 m³),给出如下估算出库含沙量公式

$$S_{出} = \frac{1}{2}\Big[S_\lambda + \Big(S_\lambda^2 + \frac{4\lambda_2\Delta Z^{2.14}e^{6.72S_v}}{Q^{0.21}t^{1.06}\omega_0}\Big)^{\frac{1}{2}}\Big] \tag{9-5}$$

式9-5给出的 $S_{出}$ 与入库含沙量、ΔZ(跌差)关系密切,用此式计算出库含沙量如表9-6所示。

表 9-6　出库含沙量与入库含沙量和跌差(ΔZ)的关系

$t(\text{d})$	$\Delta Z(\text{m})$	$Q(\text{m}^3/\text{s})$	$S_入(\text{kg/m}^3)$	$S_出(\text{kg/m}^3)$
3	10	2 407	50	554
10	10	2 249	47	304
10	25	2 293	47	768
20	25	2 406	40	529

由以上计算可知,泄空冲刷产生 $300 \sim 500 \text{ kg/m}^3$ 的含沙量是完全可能的。当水库的淤积物沉积时间过长,或因长期暴露而发生固结时,水库泄空冲刷会发生一定困难,则需加大冲刷动力或采取其他措施防止淤积物固结。因此,需更进一步研究水库淤积物固结过程和环境,以便提高水库的冲刷效率。

9.3　水库溯源冲刷

9.3.1　冲刷纵剖面调整图形与机理

由于水库采用蓄水拦沙运用,初期将形成三角洲,当水库淤满后将形成锥体淤积,因此溯源冲刷按锥体淤积形态计算。

水库溯源冲刷纵剖面的发展过程主要取决于库水位下降过程和溯源冲刷向上游发展的速度。溯源冲刷向上游发展的速度和库水位的降落速度、冲刷流量的大小、淤积物的抗冲特性有关。因此,在库区淤积物特性、冲刷流量一定时,库水位的降落过程和幅度将是一个控制因素。不同的库水位下降过程,溯源冲刷纵剖面的发展图形可概化如下。

当库水位缓慢下降时,溯源冲刷在库区可以得到充分的发展,冲刷呈层状地由淤积面向深层,同时也向上游发展,冲刷比降逐渐变大。如三门峡水库1964年汛后,因入库流量逐渐变小,库水位连续下降,水面比降增大,库区发生连续溯源冲刷。库水位55 d下降16 m,冲刷比降约2‰,冲刷出库的最大含沙量达 70 kg/m^3,最大冲深近10 m,库区河床纵剖面变化见图9-7。由于受当时的泄流能力的限制,形成小水排沙,对下游河道非常不利,不能发挥下游河道大水时输沙能力大的作用,出库的泥沙多淤在主槽内。应在大洪水时主动降低水位排沙,形成大水带大沙。当库水位主动地降到最低时,溯源冲刷的纵剖面的发展过程为:以坝前冲刷基准点为轴,以辐射扇形的形式向上游发展,冲刷比降由最大逐渐变缓,冲刷强度也逐渐减弱,冲刷速度最快。

若水库前期淤积具有抗冲性较强的黏土层,则在溯源冲刷发展过程中,库区河道会形成局部跌水。如三门峡水库1970年6月25~30日1~3号底孔打开后,库水位骤然下降,使库区发生溯源冲刷,当冲刷到1960年已固结的异重流淤积物时,发生跌水,阻

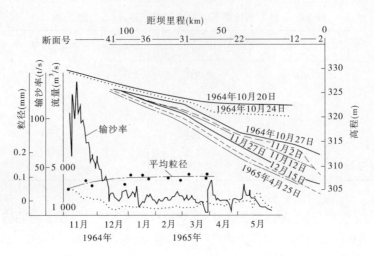

图 9-7　1964 年汛后库区溯源冲刷河床纵剖面变化

碍冲刷向上游发展,经过 8 月 3 日 4 840 m³/s 洪水冲刷后,跌水现象才消失,冲刷才得以继续向上发展。由此可知,利用洪水期大流量进行泄空冲刷,是提高溯源冲刷效率的主要途径之一。

　　水库溯源冲刷时产生跌水的原因首先是库水位突然大幅度下降,其次是淤积物的抗冲能力较强。室内研究结果表明[7],当淤土的 $d_{50} = 0.019 \sim 0.03$ mm,干密度大于 1.25 t/m³ 时,溯源冲刷呈现"局部跌坎"状向上游发展,河床的调整滞后于水流条件的变化,形成跌水,促使水流能量的集中消散,使冲刷加剧。水流能量集中,从而使河床纵剖面的调整加快,这是冲积河流能量消散自动调整的结果。抗冲能力较强的块状淤积物沿着最软弱的界面先行冲刷,使之从最有利冲刷状态中起动,达到最快的冲刷速度。强烈溯源冲刷产生跌水是必然现象。也只有产生跌水,才可能产生含沙量较高的水流。随着跌坎的推进,其冲刷规模逐渐减小,直至跌坎消失。为了提高水库的冲刷效率,建议泄空冲刷时,应尽快降至最低水位。

9.3.2　横断面形态变化及原因

　　坝前水位的迅速下降,引起水库的溯源冲刷。当水位降至淤积面以下时,首先发生流泥,随着溯源冲刷不断向上游发展,主槽不断冲深。岸边的淤积物在重力和渗透压力的作用下失去稳定,不断地向主槽内滑塌,在主流的侧蚀共同作用下,坍塌的范围不断地扩展,使主槽库容扩大,淤积在水库中的泥沙随着洪水冲刷出库。

　　其边岸滑塌强度与形成取决于土力学条件:在坝区附近,淤泥的含水量高,容重小,呈流泥状态,其稳定边坡较缓,形成的边坡可达 $0.05(m = 20)$;在中间库段,淤积物泥沙组成略粗,含水量低,干密度较大,边岸的淤泥呈鱼鳞状滑塌;在库区上游段,随着泥沙组成变粗,含水量降低,干密度增大,淤积面呈龟裂状,主槽冲深后,大块淤泥倒塌入水,经水流浸泡崩解后被洪水带走。滑塌稳定边坡主要取决于淤土土力学性质和滩槽高差的大小及主槽的下降过程。这个图形在恒山水库库区反映得最为典型。

· 152 ·

9.4 泄空冲刷出库水沙计算方法

9.4.1 出库含沙量

近年对三门峡库区实测资料分析表明,当来水的含沙量大时,冲刷更强烈。如1973年、1988年、1992年、1994年汛期高含沙洪水时库区冲刷,较低含沙洪水强烈得多。考虑到上述情况,把冲刷出库的含沙量看成由两部分组成,即上游来水含沙量与在库区净冲出含沙量,公式改写成[2]

$$S_{出} = \varphi \frac{Q^{0.6}J^{1.2}}{B^{0.6}} + S_{入} \tag{9-6}$$

根据上述对三门峡库区实测资料的分析与文献[2]中的图4-10中点群分布情况,φ值取300。利用式(9-6)计算得出的出库含沙量与焦恩泽根据库水位突然降低,引起强烈溯源冲刷公式,计算得出的出库含沙量的数值相近,与黄河地区蓄水拦沙运用水库,突然泄空实测的出库含沙量相近。一般初期2~3 d为400~700 kg/m³,随着冲刷历时的延长,冲刷比降变化,出库含沙量逐渐降低。

9.4.2 出库流量

在溯源冲刷过程中,因有大量的淤泥被冲刷,出库的含沙量增大,其出库的流量随冲刷含沙量增加而增大,由水量平衡推出的出库流量关系式为

$$Q_{出} = Q_{入}\left(1 + \frac{S_{冲}}{\gamma_m - S_{冲}}\right) \tag{9-7}$$

式中:$Q_{入}$为入库浑水流量;$S_{冲}$为冲刷净增含沙量值;γ_m为水库淤积物的容重。当$\gamma_m = 1\,200$ kg/m³,冲刷入库流量为3 000 m³/s,冲刷净增含沙为400 kg/m³时,出库的流量为4 500 m³/s,为入库流量的1.5倍;当$\gamma_m = 1\,300$ kg/m³,冲刷净增的含沙量为300 kg/m³时,相应的出库流量为3 900 m³/s,为入库流量的1.3倍。详见图9-8。

9.4.3 出库含沙量、流量的试算过程

水库溯源冲刷使出库的含沙量增加,引起流量沿程增大,当流量大于相应的泄洪能力时,坝前将产生壅水,使冲刷比降变缓,造成溯源冲刷减弱,冲刷出的含沙量降低,进而影响出库流量,因此水库溯源冲刷的过程需要通过试算,才能求得比较合理的计算结果。由于水库淤满后才进行泄空冲刷,冲刷前的淤积形态按锥体考虑,设冲刷起始的试算比降为10‰,底宽为300 m,边坡系数取8,断面形态按梯形计算。当入库含沙量为零时,利用$S_{出} = \varphi \dfrac{Q^{0.6}J^{1.2}}{B^{0.6}}$求出冲刷出库含沙量,用$Q_{出} = Q_{入}\left(1 + \dfrac{S_{冲}}{\gamma_m - S_{冲}}\right)$计算出库流量,用$Q_{s出} = Q_{出}(S_{冲} + S_{入})$计算出库输沙率,求出每天的冲刷体积,$\Delta V = (Q_{s入} - Q_{s出})\Delta t / \gamma_m$。由式(9-8)求出每天库水位下降值

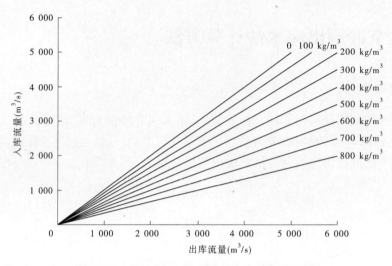

图 9-8　溯源冲刷入库流量与出库流量的关系

$$\Delta V = \frac{(1.5B + mh_i)h_i^2}{3J_i} - \frac{(1.5B + mh_{i-1})h_{i-1}^2}{3J_{i-1}} \tag{9-8}$$

求出 h_i 值，由 $Z_i = Z_0 - h_i$ 求出水位 Z_i 时的泄量 Q_i。若 $Q_出 > Q_i$ 则发生壅水，需重新试算，取 $J_i = J_i - \Delta J$。若 $Q_出 \leqslant Q_i$，有两种情况：当 $Q_出 \leqslant$ 最低泄空冲刷水位泄量时，取 $Z_i = Z_{min}$，不再进行试算；当 $Q_出 >$ 最低泄空冲刷水位泄量时，仍要再试算。通过试算求出水库第一次泄空冲刷综合过程线，如图 9-9 所示。

从图 9-9(a) 中给出的库水位 225 m、200 m、180 m 冲刷比降，入库流量、出库含沙量的变化过程可知，在入库流量较大时，水库发生壅水，比降变平，出库含沙量降低，出库流量增幅减小，反映出溯源冲刷过程中因壅水而形成的自动调整过程。由图 9-9(b) 给出的冲刷流量 2 000 m³/s 以上时的溯源冲刷综合过程线可知，不同的泄空冲刷水位冲刷出库的含沙量变幅，在泄空冲刷刚开始的 2~3 d 内，冲刷的比降较大，$J_冲 = 10$‰ ~ 20‰，冲刷出库的含沙量在 300~600 kg/m³。冲刷比降降至 3‰ ~ 8‰ 时，出库的含沙量降至 100~300 kg/m³，冲刷时间增长，比降进一步变平，含沙量进一步降低。当死水位 225 m，冲刷比降为 3‰ ~ 4‰ 时，冲刷出库的含沙量只有 30~50 kg/m³；而当死水位 180 m，冲刷比降为 5‰ ~ 8‰ 时，冲刷出库的含沙量可达 200 kg/m³，表明死水位越低，冲刷效率越高。

9.5　泄空冲刷可获得的调沙库容

水库的运用方式不同，形成的调沙库容的控制因素也不同。对于"蓄清排浑"运用的水库，汛期经常处于低水位，库区的槽宽可以得到充分的发展，并与稳定河宽相近，边坡 m 值的大小也可利用运用方式相似的水库实测值进行估算。如利用三门峡水库的实测资料，可估算出小浪底水库采用"蓄清排浑"运用时，坝前滩面 254 m 以下，不同泄空水位以下的槽库容不同。经分析计算，泄空水位 230 m、220 m 和 205 m 可获得的调沙库容分别为 10 亿 m³、15 亿 m³ 和 27 亿 m³。

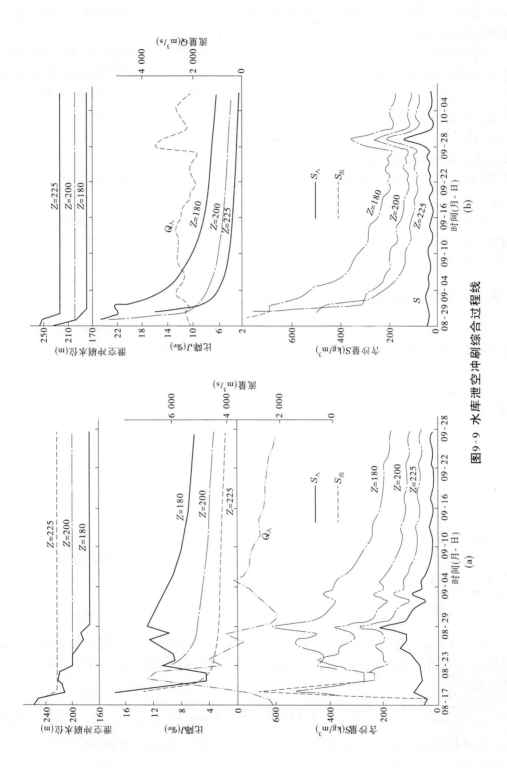

图9-9 水库泄空冲刷综合过程线

当水库调沙采用"高蓄速冲"时,水库在低水位持续时间短,冲刷出河槽得不到充分发展,槽宽小于稳定河宽,冲刷形成的比降也较陡。在相同条件下,调沙库容较小。对于这类运用方式的水库调沙库容的大小,可用类比分析法进行估计。

实测资料分析表明,蓄水运用水库,库水位突然降低到淤积面高程以下时,库区将产生大量淤泥的滑塌,出现剧烈的流泥运动,使库容得到部分恢复;随着洪水的冲刷,溯源冲刷的充分发展,主槽形成并逐渐冲深,失去的淤泥向主槽内滑塌,使库容进一步恢复。调沙库容的大小主要取决于主槽的滩槽差、冲刷比降、冲刷形成的河宽和淤泥滑动的边坡。其中滩槽差的大小主要取决于坝前水位的突然降落幅度,其沿程变化特性主要取决于冲刷纵比降的陡缓;冲刷比降的变化又与水位变幅、流量大小、泄流能力、淤积物的抗冲特性有关;冲刷形成的河宽主要受冲刷流量大小的控制,并受冲刷时间长短的影响,在短期的溯源冲刷过程中,冲刷河宽一般小于稳定河宽;淤泥滑动的稳定边坡主要取决于淤土的土力学性质,水库虽然有大小,但淤土的土力学特性有相似性,产生滑动的机理相同。因此,可以借助于运用方式相同的中小型水库的泄空实测资料推估大型水库泄空冲刷恢复库容的有关参数。

9.5.1 水库泄空后滑动边坡系数 m 值

收集的国内多沙河流 5 座水库在泄空后的边坡系数 m 值表明,实测水库泄空后的边坡系数的变幅在 4 ~ 20,同一水库,距离水库越近的断面,边坡系数 m 值越小。

王瑶水库坝前段 $L < 1.6$ km $m = 10 ~ 20$
恒山水库坝前段(250 m) $m = 18$
巴家嘴水库 $L < 8$ km $m = 7.1 ~ 9.5$
      $L > 8$ km $m = 4 ~ 5$
汾河水库尾部[8] $(\gamma = 1$ t/m³ $)$ $m = 5 ~ 6$
在冲刷计算时,m 值取 6 ~ 10。

9.5.2 水库溯源冲刷宽度

溯源冲刷的宽度与一般库区形成的稳定河宽不同,水位迅速下降强烈溯源冲刷形成的河宽应小于稳定河宽,参考黄河干流比降10‰,冲积河段河宽的实测资料,取冲刷河宽为 300 m,相当于稳定河宽的 60%。

9.5.3 可能获得的调沙库容

调沙库容是指可重复利用的库容,其大小与水库运用方式、原始库容、泄流规模、冲刷流量及历时、淤土的滑塌性质等因素有关。当冲刷断面概化为梯形时,调沙库容的大小可用下式估算

$$V = (1.5B + mh_i)h_i^2 \frac{1}{3J_{\text{冲}}} \tag{9-9}$$

当冲刷宽度 $B = 300$ m,m 值取 6 ~ 10 时,小浪底水库不同泄空冲刷水位可获得 254 m 以下的调沙库容,见表9-7。

表.9-7 小浪底水库不同泄空冲刷水位可获得254 m以下的调沙库容

泄空冲刷水位(m)	225	200	180
$J_{冲}(‰)$	2.0	4.0	6.0
调沙库容(亿 m^3)	10	20	30

当冲刷比降变缓时,可获得更大的调沙库容,但冲刷效率将进一步降低。

9.6 高含沙水流形成机理

大量的实测资料表明,蓄水拦沙运用水库中的淤积物处于水下饱和状态,库水位的迅速下降并泄空,淤泥便可流动产生高含沙水流,这也是水利工程中为防止土坝体出现不稳定,而要限制库水位骤降的主要原因。众所周知,淤土抗剪强度参数(C和φ)依排水条件而定。土的抗剪强度一般不排水不固结的试验值最小,固结排水试验值最大,固结不排水试验值居中。库水位的迅速降低,使淤土中的孔隙水来不及排出,土体的强度,黏着力C和内摩擦角值低$\varphi=0°$,土体的容重(γ_m)大,只要$W=\gamma_m hF>C$(其中F为水平推力),土体便可产生流动[9]。

在水库泄空过程中,随着主槽冲刷、河床高程降低,地下水压力的降低,土体荷重增加;随之土体内发生超孔隙水压力,引发土体向主槽坍塌。

由摩尔-库仑破环准则:$\tau_f=C+\sigma\tan\varphi$可知,水库淤积物处于水下饱和状态,$\varphi=0$,土体的抗剪强度等于黏着力C值时,为极限平衡状态。当土体内部的剪应力大于C值时,则会发生滑动。水库虽然有大小,形态各异,但淤土的土力学性质是相同的,产生高含沙机理是相同的[9]。

通过水库的合理运用——蓄水拦沙→速降泄空冲刷→利用洪水输沙,是多沙河流调沙的主要模式。当库区淤积物抗冲性较强时,溯源冲刷纵剖面调整又具有自动调整的特性,使冲刷以"局部跌坎"的形式向上游发展,使水流能量的集中消散,加强冲刷能力,主槽冲深,滩槽差增大,促使淤土向主槽内滑塌,为高含沙水流形成创造了有利条件。

参 考 文 献

[1] 韩其为,王玉成,等.淤积物的初期干密度[J].泥沙研究,1981(1):1-14.

[2] 清华大学,陕西省水利所.水库淤积[M].北京:水利出版社,1979.

[3] 水利水电科学研究院,北京市水利局.官厅水库防淤减淤综合措施研究[R].北京:中国水利水电科学研究院,1986.

[4] 焦恩泽.三门峡潼关以下库区泥沙冲淤基本规律总结[G]∥黄河三门峡水利枢纽运用研究文集.郑州:河南人民出版社,1994.

［5］黄河水利委员会水科所土工室.三门峡水库坝前淤积土试验成果汇总报告,黄科技第 91006 号,91007 号,91013 号［R］.郑州:黄河水利科学研究院,1991.

［6］黄委会巴家嘴实验研究小组.巴家嘴拦泥实验坝前淤土加高实验研究报告［R］.郑州:黄河水利科学研究院,1965 年.

［7］张根广.水库溯源冲刷模式初探［J］.泥沙研究,1993(3):86-94.

［8］关业祥,等.汾河水库低水位运用回水变动区冲刷资料分析［J］.泥沙研究,1987(2):68-75.

［9］齐璞,姬美秀,孙赞盈.利用水库泄空冲刷形成高含沙水流的机理［J］.水利学报,2006(8):906-912.

第 10 章　水库长期利用洪水排沙运用与减淤作用的分析计算

10.1　方案计算的有关条件

10.1.1　调水调沙的主导思想与主要方案的比较

从拦沙减淤的思路出发,希望能充分发挥拦沙库容的作用,使有限的拦沙库容拦截更多的"粗沙",使下游河道减淤效果最好。若从调沙减淤途径出发,即把小水挟带的泥沙尽量调节到洪水期,利用洪水期下游河道输沙能力大,能塑造窄深河道,"粗泥沙"也能顺利输送,窄深河道存在着"多来多排"的输沙特性,可多输沙入海。

若减淤是水库开发的主要任务,则能够利用洪水输送的泥沙就没有必要拦在水库里,充分利用河道输沙潜力输沙是合理拦沙的基础,为此小浪底水库只要拦截淤积河道小水挟带的泥沙就可以达到较好的减淤目的。保持拦沙库容似乎不是目的,只有增大调沙库容,合理调沙,黄河下游河道减淤才有出路。从此要求出发,如"八五"攻关研究结果表明,泄空水位越低,水库的调沙能力越强(调沙库容大,冲刷效率高),下游河道的减淤效果越好,输沙用水越省,水库具有较大的调沙库容将起着关键作用。目前,在最低泄空水位已经确定的情况下,则水库前期淤积量越大,水库的调沙作用应越好些。泥沙多年调节的目的是利用洪水排沙,充分利用河道输沙潜力输沙入海。

黄河"八五"攻关计算的泥沙多年调节方案,从最大兴利考虑是在淤满 254 m 以下,75 亿 m³ 库容之前,水库不利用洪水排沙[1]。本次研究的方案是不同起冲条件下,水库淤积 30 亿 m³、40 亿 m³、50 亿 m³ 和 60 亿 m³ 后利用洪水泄空排沙。同时考虑水库单独应用和与三门峡水库联合运用两种组合,在下游河道考虑了现状情况与游荡性河道进一步整治后对输沙减淤的影响。

10.1.2　水库控制运用情况

泄空冲刷选在 7~9 月进行,当水库的淤积量大于首次起冲淤积量,预报 3 d 的入库流量大于 2 300 m³/s,并有上涨趋势时,水库先放空,然后利用洪水进行泄洪冲刷,实际的排沙流量大于 3 000 m³/s。水库联合调水调沙运用时,三门峡水库先关闸蓄水,使小浪底水库尽快放空,当入库流量小于 2 200 m³/s,并有下降趋势时,停止冲刷转入蓄水拦沙运用。库水位下降过程按黄河水利委员会设计院规定条件控制,日最大降幅为 6 m,数日最大累积降幅 25 m。

水库调节运用的控制条件除遵循上述制定的运用原则外,在方案计算中根据"八五"攻关研究结果,最长泄空冲刷历时定为 30 d。

考虑到不同起冲淤积量对泄空冲刷效率的影响,当进、出库的含沙量增幅小于 40 kg/m³时停止冲刷转入蓄水运用。

10.1.3 方案计算的水沙系列

方案计算选用两个系列,即实测的 1970～1996 年和设计的 1950～1974 年。前者年均水量为 333.4 亿 m³,沙量为 10.5 亿 t。其中包括 1970～1974 年(汛期平均水量仅 147 亿 m³)和 1990～1996 年(年均水量为 253 亿 m³,汛期平均水量为 136 亿 m³,年平均沙量 9 亿 t)两个枯水段。1981～1985 年为历史上最典型的丰水少沙段,年均水量 447 亿 m³、年平均沙量 9 亿 t,系列中沙量最多达 20 亿 t(1977 年),少者只有 3 亿～5 亿 t,如 1986 年、1987 年和 1991 年。各年的来水来沙情况见表 10-1。

表 10-1 三门峡实测(1970～1996 年)水沙统计(水文年)

年份	水量(亿 m³)			沙量(亿 t)		
	全年	汛期	非汛期	全年	汛期	非汛期
1970	327.4	166.3	161.1	20.73	17.96	2.77
1971	322.7	136.8	185.9	15.03	11.95	3.08
1972	252.7	126.6	126.2	6.47	5.45	1.02
1973	336.0	184.2	152.8	17.31	16.27	1.04
1974	274.2	121.0	153.2	6.57	6.49	0.08
1975	528.6	306.2	222.4	13.73	13.13	0.6
1976	487.2	320.3	166.9	11.11	10.83	0.28
1977	284.0	163.4	120.6	20.64	20.56	0.08
1978	369.9	215.0	154.9	14.37	14.30	0.07
1979	348.3	209.7	138.6	11.56	11.40	0.16
1980	247.1	132.5	114.6	7.05	6.86	0.19
1981	500.5	327.7	172.8	13.95	13.88	0.07
1982	352.5	174.8	177.7	5.71	5.47	0.24
1983	526.1	316.6	209.5	9.88	8.85	1.03
1984	457.6	279.2	178.4	9.53	9.35	0.17
1985	397.0	230.2	166.8	8.82	8.42	0.4
1986	250.2	129.4	120.8	3.88	3.72	0.16
1987	204.7	79.0	125.7	2.73	2.66	0.07
1988	355.1	185.3	169.8	15.78	15.29	0.49
1989	406.4	199.0	207.4	8.09	7.53	0.56
1990	314.2	133.6	180.6	9.03	6.66	2.37
1991	174.9	58.1	116.8	2.96	2.49	0.47
1992	285.0	127.8	157.2	11.04	10.59	0.45
1993	283.2	137.7	145.5	5.79	5.63	0.16
1994	265.8	131.6	132.4	12.13	12.13	0.00
1995	233.8	113.1	120.7	8.36	8.22	0.14
1996	212.4	116.9	95.5	11.04	11.01	0.03
合计	8 997.7	4 821.9	4 175.8	283.28	267.10	16.18
平均	333.3	178.6	154.7	10.49	9.89	0.60

其次是设计系列,原型为 1950~1974 年的 2000 年水平,平均年水量 315 亿 m³,年均沙量 13.3 亿 t,水量偏丰,沙量偏多,最大年沙量为 29.05 亿 t(1964 年),最小年沙量为 5.29 亿 t(1957 年),最大年水量为 596 亿 m³(1967 年),最小仅 174 亿 m³(1957 年),其中 1969~1974 年为连续 6 年枯水年,平均年水量为 223 亿 m³,平均年沙量 9.84 亿 t。

10.1.4 下游河道冲淤计算方法的合理性分析

本次小浪底水库调水调沙和下游河道输沙计算方法,采用以黄河大量实测资料为基础建立的河道输沙冲淤计算方法[2,3],客观地反映了黄河下游河道过去不同河段的输沙特性,有人称之为"水文学法"或"经验法",我们认为它是以流量表示的水动力学法的一种。因为在输沙现象的背后,有泥沙输移力学的支持,并非是偶然的集合。如对艾山以下窄深河道输沙特性深入的分析研究表明,造成流量大于 2 000 m³/s 时河道呈现出"多来多排"的状态,是由于河槽水力几何形态在此处发生拐点,河道水力几何特性发生质的变化。在拐点发生前属于低流速区,阻力大,挟沙力小,河道呈"多来多排多淤"状态。在进入拐点以后,进入高流速区($h=2.5$ m,$v=1.8~2$ m/s),床面进入高输沙动平整状态,阻力较小,较床沙粗得多的床沙均存在着强烈的运动,悬沙自然不会在床面上沉积,必然呈"多来多排"输沙状态[4]。

对于高村以上河道,其输沙机理与艾山以下河道相同,但由于河槽形态不同,水深和流速在断面上分布极不均匀,从而造成输沙特性不同。主槽的水深和流速大,进入高输沙动平整状态,达到不淤积的"多来多排"的输沙状态;而边滩的水深小,流速小,处于低流速区,来水的含沙量越大,淤积越多,即"多来多淤",因此形成高村以上宽浅河段的"多来多排多淤"的双重输沙特性,主槽多排,边滩多淤。

在下游河道输沙计算方法中,考虑到小浪底水库泄空冲刷,高含沙洪水在宽浅河道上演进的过程中塑造窄深河槽淤积,清水冲刷河槽滩地坍塌,河槽展宽,河槽形态不同,从而造成输沙特性不同[5],塑造窄深河槽淤积形态如图 10-1 所示(详见附件 6)。

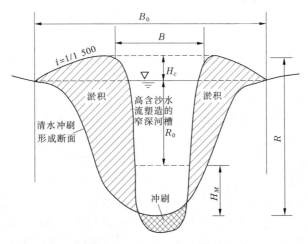

图 10-1 塑造窄深河槽示意图

因此,本章给出的计算结果,我们认为定性上是可以肯定的,方向是明确的,但具体的冲淤数量只能作为不同方案间的相对比较。其计算结果与分析取得的认识是一致的。因此,本章给出的结论性的认识是可取的。

为分析小浪底水库泥沙多年调节下游河道冲淤计算结果的可靠性,首先计算了实测系列 1970 ~ 1996 年 27 年没有小浪底水库调节的情况,计算结果及其实测值见表 10-2。

表 10-2　实测系列和设计系列下游河道冲淤量　　　　　（单位:亿 t）

系列	小浪底—花园口	花园口—高村	高村—艾山	艾山—利津	小浪底—利津
1970 ~ 1996 年(实测)	0.22	0.75	0.72	0.27	1.96
1970 ~ 1996 年(计算)	0.215	0.927	0.502	0.295	1.94

对于实测系列 1970 ~ 1996 年,实测值与计算值相比,无论在河段的纵向分配还是在总量上都比较接近,说明计算结果是可信的。

水库的淤积形态按一般蓄水拦沙运用会形成三角洲形态概化,泄空冲刷时按形成三角洲图形进行溯源冲刷计算。式(9-6)中的系数由实测资料确定。

10.2　水库不同起冲淤沙库容调沙演算结果

本章采用的水库调沙计算方法是根据黄河干支流水库实测资料建立的,在黄河“八五”攻关中得到广泛的应用[3],在本次方案计算中根据小浪底水库控制运用条件进行适当的调整,基本框架没有变化。

10.2.1　小浪底水库单独调水调沙运用

当小浪底最低泄空限制水位为 205 m 时,相应原始库容为 17 亿 m^3;当库水位为 220 m 时,相应原始库容为 29.6 亿 m^3。经过反复的调沙试算,在水库淤满 30 亿 m^3 堆沙库容之前排沙效率很低。因此,方案比较的起冲拦沙库容的下限定为 30 亿 m^3。分别比较了首次起冲拦沙库容 30 亿 m^3、40 亿 m^3、50 亿 m^3、60 亿 m^3 时,实测 1970 ~ 1996 年系列水库调节运用情况,详见表 10-3。

表 10-3 中给出的计算结果表明,起冲淤积量为 30 亿 m^3 和 40 亿 m^3 时,首次排沙均发生在 1973 年;起冲淤积量为 50 亿 m^3 时,发生在 1975 年;起冲淤积量为 60 亿 m^3 发生在 1976 年。由此可见,起冲淤积量越小,利用洪水排沙机会越多。随着起冲库容的增大,泄空排沙次数逐渐减少,排沙总天数及放空水总量也在逐渐减少;起冲淤积量由 30 亿 m^3 增大到 60 亿 m^3,其排沙次数由 21 次减少为 16 次,总排沙天数由 492 d 下降为 344 d,为泄空水库排沙而泄放的水量由 223.1 亿 m^3 减小为 105.6 亿 m^3;而水库排沙期冲刷量均略有增加,水库调沙比(利用洪水的排沙量占总泄沙量的比例)均在 78% 以上。从以上计算结果似乎看不出起冲淤积量的变化对调沙比的明显影响。分析认为,首次起冲量小时,库区淤积量小,水库冲刷机会多,但冲刷效率低;当首次起冲量大时,库区淤积量大,冲刷效率高,但冲刷机会少,两者综合作用的结果,看不出优劣。同样的来水条件和库区泄空

水位,水库淤积量大时,冲刷效率高,出库的含沙量大,可以使更多的泥沙调节到洪水期输送。

设计的 1950～1974 年系列计算结果表明,其规律性与实测 1970～1996 年系列完全相同,只是由于前者丰水年多,泄空冲刷机会多,水库的调沙比随着起冲库容的增加逐渐增大,调沙比由起冲淤积量 30 亿 m^3 的 77.4% 增加到 60 亿 m^3 的 81.2%,详见表 10-4,由此可见,当来水较丰时起冲淤积量大些,有利于把更多的泥沙调到洪水时输送。

表 10-5 和表 10-6 给出起冲淤积量 30 亿 m^3 和 60 亿 m^3 计算系列水库运用的全过程,包括各次排沙时段的起冲时间、冲刷天数、水库淤积量、库水位、放空水量、冲刷流量、进出库的含沙量、库区冲刷量、冲刷起始比降和终了比降等详细资料。可以看出水库淤积量大,水库排沙效率高。

为了说明库区淤积量对冲刷效率的影响,表 10-7 给出起冲 30 亿 m^3 与 60 亿 m^3 的对比。由表 10-7 可知,入库平均流量和含沙量基本相同,冲刷历时完全相同,只是库区起冲淤积量不同,前者水库的实际淤积量为 56.1 亿 t,后者为 78.5 亿 t,泄空期洪水冲刷量由 6.9 亿 t 增加到 11.7 亿 t,增幅达 79%。其主要原因是库区的淤积形态均为三角洲时,淤积量不同,泄空冲刷时的比降不同,分别为 2.8‰ 和 6‰,后者的起冲比降是前者的 2 倍,因此造成库区冲刷效率的不同。这就是首次起冲淤积量变化对水库调沙比变化影响不明显的主要原因。

从图 10-2 给出的 1970～1996 年的 27 年的累计冲淤过程线可知,实测系列方案计算的起冲淤积量分别为 30 亿 m^3 和 60 亿 m^3,随着水沙条件的变化,不管水库前期淤积的泥沙多少,遇到丰水时均可以冲刷出库,恢复调沙库容,其一次排沙量可达 10 亿 t 以上,到 1989 年底的水库淤积量,起冲淤积量 30 亿 m^3 时为 51.5 亿 m^3,而起冲淤积量 60 亿 m^3 时为 57.6 亿 m^3,只多淤了 6.1 亿 m^3,其中多淤在调沙库容内约 5 亿 m^3。主槽多淤量在以后洪水期泄空冲刷时可恢复。在来水较枯的 1992 年、1994 年和 1996 年,水库均发生泄空冲刷,仍可利用洪水排沙。

由对以上初步计算结果的分析可知,小浪底水库的起冲淤积量(起冲条件)的确关系着水库综合利用效率,尤其是水库调沙水库综合利用效率、水库调沙效果,即能否把更多的泥沙调节到洪水期输送。因此,水库起冲淤沙库容的确定应根据今后的来水来沙条件,并考虑到水库的综合兴利的要求,尽量提高黄河水资源的利用效率。为此,要尽可能地提高出库洪水的含沙量,使少量的水挟带更多的泥沙,从而节省输沙用水,使黄河宝贵的水资源得到更好的利用。

因此,从上述调沙思路出发,首次起冲淤沙库容的大小似乎无关紧要。当遇到连续枯水少沙系列,无利用洪水排沙机会时,水库则应蓄水拦沙运用,兴利发电,可把全部泥沙拦在库内,取消输沙用水,甚至可淤满 254 m 以下的全部库容。当来水较丰时,受小浪底水库调水库容限制,不泄空排沙,水量也无法调节利用时,应充分利用洪水排沙,此时库区淤积量的多少只关系到水库的排沙效率。然而库区淤积量的大小往往取决于前期的来水来沙过程和水库的控制运用条件,是自然形成的;否则为了保留库容,强迫利用小水排沙将会增加下游河道的淤积量,从减淤上看对下游河道是不利的。由此可见,小浪底水库的运用原则应是明确的:充分利用洪水排沙,无排沙条件时则蓄水拦沙运用,兴利发电。

表 10-3 实测 1970~1996 年系列水库调沙演算结果（小浪底水库单独运用）

首次起冲淤积量（亿m³）	9月底水库蓄水总量（亿m³）	首次排沙时间（年-月-日）	泄空次数（次）	放空排沙总天数（d）	放空总天数（d）	放空总水量（亿m³）	水库淤积量（亿t）	非排沙期排沙量（亿t）	排沙总天数（d）	洪水期净冲刷量（亿t）	洪水挟沙量（亿t）	洪水排沙量（亿t）	总泄沙量（亿t）	洪水排沙量占总泄沙量百分比（%）
30	402.73	1973-09-01	21	492	111	223.1	98.3	47.5	381	82.4	62.7	176.4	223.9	78.8
40	403.95	1973-09-06	20	473	106	212.1	98.2	46.2	367	88.4	60.8	177.6	223.8	79.4
50	386.23	1975-07-26	18	423	89	173.7	99.6	47.2	334	91.6	54.1	172.0	219.2	78.5
60	383.98	1976-08-11	16	344	63	105.6	98.0	44.8	281	98.0	51.6	171.7	216.5	79.3

注：表中实测 1970~1996 年水库总来沙量为 282.95 亿 t。

表 10-4 设计系列 1950~1974 年水库调沙演算结果（小浪底水库单独运用）

首次起冲淤积量（亿m³）	9月底水库蓄水总量（亿m³）	首次排沙时间（年-月-日）	泄空次数（次）	放空排沙总天数（d）	放空总天数（d）	放空总水量（亿m³）	水库淤积量（亿t）	非排沙期排沙量（亿t）	排沙总天数（d）	洪水期净冲刷量（亿t）	洪水挟沙量（亿t）	洪水排沙量（亿t）	总泄沙量（亿t）	洪水排沙量占总泄沙量百分比（%）
30	341.19	1954-08-29	22	458	107	195.9	93.8	64.2	351	87.9	96.9	219.9	284.1	77.4
40	340.73	1954-09-05	22	451	103	199.9	93.8	63.6	348	92.3	96.3	220.0	283.7	77.6
50	369.51	1956-08-19	18	398	72	133.8	94.1	54.7	326	100.9	96.8	222.8	277.5	80.3
60	364.09	1956-08-22	18	394	73	135.2	94.2	52.4	321	105	95.2	226.1	278.4	81.2

注：表中设计系列为 1950~1974 年，水库总来沙量为 333.3 亿 t。

表 10-5　起冲淤积量 30 亿 m³ 时水库泄空冲刷统计

序号	冲刷日期(年-月-日) 起	冲刷日期(年-月-日) 止	冲刷天数(d)	冲刷开始时的 水位(m)	冲刷开始时的 累计来沙量(亿t)	冲刷开始时的 累计淤积量(亿t)	冲刷开始时的 水库蓄水量(亿m³)	入库水沙特性 平均流量(m³/s)	入库水沙特性 平均含沙量(kg/m³)	出库水沙特性 平均流量(m³/s)	出库水沙特性 平均含沙量(kg/m³)	入库沙量(亿t)	出库沙量(亿t)	冲刷量(亿t)	冲刷比降(‰) 起	冲刷比降(‰) 止
1	1973-09-08	1973-09-18	11	241.9	55.2	50.4	18.6	2 858	45	2 996	100	1.2	2.9	1.7	2.7	1.9
2	1975-08-03	1975-08-05	3	247.7	71.4	61.0	21.1	2 140	37	2 289	115	0.2	0.7	0.5	3.7	3.1
3	1975-08-15	1975-09-09	26	240.5	72.5	60.9	8.6	2 613	37	2 753	98	2.2	6.1	3.9	3.7	2.0
4	1975-09-17	1975-10-16	30	235.7	75.0	57.1	4.9	3 927	27	4 144	90	2.8	9.7	6.9	3.2	1.5
5	1976-08-12	1976-09-06	26	234.1	82.9	54.1	3.4	4 774	39	4 520	96	4.2	9.8	5.6	2.8	1.3
6	1977-08-11	1977-08-25	15	243.2	108.6	63.3	11.9	1 873	62	1 970	121	1.5	3.1	1.6	3.7	2.4
7	1978-09-13	1978-10-03	21	248.2	122.9	72.3	15.0	3 665	36	3 959	125	2.4	9.0	6.6	4.7	2.0
8	1979-08-20	1979-09-18	30	251.4	133.9	72.3	18.6	2 762	30	2 947	106	2.2	8.1	5.9	4.7	2.0
9	1981-07-25	1981-07-30	6	246.3	147.8	77.0	4.3	2 458	55	2 732	176	0.7	2.5	1.8	5.2	3.5
10	1981-08-24	1981-09-22	30	247.6	151.2	76.7	12.7	3 904	40	4 185	130	4.1	14.2	10.1	5.1	1.7
11	1982-08-07	1982-08-18	12	250.1	160.7	70.9	15.0	2 218	50	2 364	124	1.1	3.0	1.9	4.2	2.6
12	1983-07-30	1983-08-22	24	252.9	166.3	72.6	23.3	3 729	32	4 001	121	2.5	10.0	7.5	4.4	1.9
13	1983-08-26	1983-09-04	10	239.4	168.9	65.1	2.4	3 563	27	3 820	107	0.8	3.5	2.7	3.3	2.2
14	1984-07-23	1984-08-21	30	253.1	176.2	67.9	28.5	3 755	36	3 974	102	3.5	10.5	7.0	3.6	1.6
15	1985-09-26	1985-10-21	26	253.9	189.9	70.1	22.1	3 594	23	3 842	100	1.8	8.7	6.9	3.8	1.8
16	1986-07-16	1986-07-25	10	248.0	194.5	64.9	15.0	2 467	26	2 592	84	0.6	1.9	1.3	3.1	2.1
17	1988-07-25	1988-07-27	3	248.5	203.4	70.2	16.3	2 433	155	2 638	249	1.0	1.7	0.7	3.8	3.2
18	1988-08-09	1988-08-24	16	243.3	207.0	70.3	6.7	3 571	121	3 816	200	6.0	10.5	4.5	3.8	2.0
19	1989-08-23	1989-09-21	30	246.3	219.6	70.2	12.8	2 805	22	2 953	82	1.6	6.3	4.7	3.7	1.8
20	1992-08-13	1992-08-25	13	250.5	238.7	81.4	10.5	2 525	177	2 779	292	5.0	9.1	4.1	5.1	2.9
21	1994-08-10	1994-08-18	9	251.1	258.0	85.5	9.9	2 358	176	2 614	295	3.2	6.0	2.8	5.6	3.6

表10-6 起冲淤积量60亿m³时水库泄空冲刷统计

序号	冲刷日期(年-月-日) 起	冲刷日期(年-月-日) 止	冲刷天数(d)	冲刷开始时的 水位(m)	冲刷开始时的 累计来沙量(亿t)	冲刷开始时的 累计淤积量(亿t)	冲刷开始时的 水库蓄水量(亿m³)	入库水沙特性 平均流量(m³/s)	入库水沙特性 平均含沙量(kg/m³)	出库水沙特性 平均流量(m³/s)	出库水沙特性 平均含沙量(kg/m³)	入库沙量(亿t)	出库沙量(亿t)	冲刷量(亿t)	冲刷比降(‰) 起	冲刷比降(‰) 止
1	1976-08-13	1976-09-11	30	248.5	83.0	78.7	7.9	4 887	40	4 812	134	5.1	16.8	11.7	6.0	1.5
2	1978-09-09	1978-10-03	25	254.0	122.1	91.5	5.0	3 606	41	4 022	167	3.2	14.5	11.3	7.7	2.0
3	1979-08-18	1979-09-16	30	253.9	133.6	85.7	11.2	2 769	32	3 019	131	2.3	10.3	8.0	6.5	2.2
4	1981-07-26	1981-07-30	5	251.0	147.9	87.9	4.7	2 286	53	2 634	212	0.5	2.4	1.9	6.7	5.0
5	1981-08-23	1981-09-21	30	251.5	151.0	87.4	11.5	3 884	42	4 231	150	4.2	16.5	12.3	6.6	1.7
6	1982-08-06	1982-08-18	13	251.5	160.5	79.2	10.7	2 281	50	2 487	149	1.3	4.2	2.9	5.1	3.1
7	1983-07-29	1983-08-22	25	254.0	166.2	79.8	20.2	3 713	32	4 003	129	2.6	11.2	8.6	5.2	1.9
8	1983-08-26	1983-09-04	10	240.2	168.9	71.2	2.4	3 563	27	3 879	124	0.8	4.2	3.4	4.0	2.5
9	1985-09-24	1985-10-22	29	253.8	189.8	85.4	17.5	3 597	22	3 949	131	2.0	12.9	10.9	5.9	1.9
10	1988-07-24	1988-07-27	4	253.3	203.1	83.6	10.0	2 223	174	2 493	304	1.3	2.6	1.3	5.5	4.3
11	1988-08-09	1988-08-29	21	248.2	207.0	83.1	6.7	3 235	108	3 538	214	6.3	13.7	7.4	5.4	2.2
12	1989-08-23	1989-09-21	30	250.6	219.6	79.4	12.5	2 805	22	2 996	99	1.6	7.6	6.0	4.7	2.0
13	1992-08-13	1992-08-25	13	253.6	238.7	89.0	9.9	2 525	177	2 847	319	5.0	10.2	5.2	6.1	3.3
14	1994-08-10	1994-08-18	9	253.6	258.0	91.6	9.8	2 358	176	2 667	317	3.2	6.6	3.4	6.4	3.9
15	1996-08-05	1996-08-06	2	254.0	279.3	101.3	5.2	2 185	98	2 648	308	0.4	1.4	1.0	7.9	7.3
16	1996-08-12	1996-08-16	5	254.0	280.4	100.5	3.3	2 382	171	2 922	397	1.8	5.0	3.2	7.7	5.8

今后,由于上游大型水库调节运用和中游地区大中型水库控制利用,黄河洪水出现机会将会逐渐减少,充分利用洪水排沙显得尤为重要,要提高洪水的排沙效率,库区必须有一定的淤积量,为此水库究竟淤积到什么程度起冲是个重要的、不确定的因素。需要在今后实际运用中不断摸索,使之更适合黄河未来水沙情况。

表 10-7　起冲淤积量 30 亿 m^3 与 60 亿 m^3 冲刷效率的比较

起冲淤积量 (亿 m^3)	冲刷时段 (年-月-日)	水库淤积量 (亿 t)	入库平均流量 (m^3/s)	入库平均含沙量 (kg/m^3)	出库平均含沙量 (kg/m^3)	冲刷起始比降 (‰)	冲刷终了比降 (‰)	冲刷量 (亿 t)
30	1976-08-12 ~ 09-10	56.1	4 830	39	98	2.8	1.3	6.9
60	1976-08-14 ~ 09-12	78.5	4 935	40	134	6	1.5	11.7

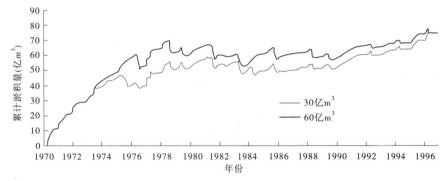

图 10-2　1970 ~ 1996 年的 27 年的水库累计冲淤过程线

(小浪底水库单独调水调沙运用)

10.2.2　小浪底、三门峡水库联合调水调沙运用

目前,根据黄河中上游流域的水情,预报小浪底水库洪水的预见期只有 3 d。为使小浪底水库在预报有洪水时能及时放空水库进行溯源冲刷,可考虑三门峡水库参与调水调沙运用,以充分地利用汛期大洪水排沙。具体做法为,在小浪底水库放空时,三门峡水库尽可能关闸蓄水,为不过多地影响潼关河段的淤积,控制三门峡水库临时的最大蓄水量为10 亿 m^3(相当于三门峡水库 322 m 高程的库容),而当小浪底水库放空后溯源冲刷时,三门峡水库开始放水,补水使小浪底水库入库流量达到 6 000 m^3/s,直至放完 10 亿 m^3 蓄水。调水调沙的计算结果表明,三门峡水库与小浪底水库联合调节运用明显地好于小浪底水库单独运用时的情况,这主要是因为三门峡水库的参与,使小浪底水库能及早放空,为小浪底水库溯源冲刷争取了时间,并适时补水增加冲刷流量,提高了冲刷效率。表 10-8给出的是小浪底水库单独运用和与三门峡水库联合运用情况的比较。可以看到,同一起冲淤积量方案,联合运用后水库的泄空天数一般都减少了,最多的减少了 26 d,大体上是首次起冲淤积量小时减少的天数较多。泄空冲刷的天数减少了,但冲刷出库的沙量不但没有减少,反而增加了,实测 1970 ~ 1996 年系列方案增加了 31.4 亿 ~ 43 亿 t,1950 ~ 1974 年设计系列方案相应增加了 61.6 亿 ~ 78 亿 t,说明与小浪底水库单独运用相比,二库联合运用后,出

库的泥沙在时间上更加集中,更集中在大洪水期,调沙比增加了14%~16%。

表 10-8　小浪底水库单独运用和联合调沙运用泄空排沙统计比较

时间	泄量（亿 m³）	水库放空天数（d）		冲刷天数（d）		洪水期排沙量（亿 t）		调沙比（%）	
		小浪底单独运用	二库联合运用	小浪底单独运用	二库联合运用	小浪底单独运用	二库联合运用	小浪底单独运用	二库联合运用
1970 ~ 1996 年	30	111	82	381	355	137.2	170.2	74.3	88.4
	40	106	84	367	353	138.6	170.1	75	88.4
	50	89	77	334	318	136.1	167.0	74.2	88.6
	60	63	41	281	258	140.1	177.0	75.8	92.5
1950 ~ 1974 年	30	152	104	458		220	294	77.4	95.9
	40	148	101	451		220	298	77.6	96.8
	50	109	83	398		223	288	80.3	95.5
	60	100	67	394	371	226	288	81.2	95.2

10.3　泥沙多年调节的减淤效果分析计算

10.3.1　进入下游水沙条件的变化

通过小浪底水库的泥沙多年调节,进入下游的水沙条件发生了很大的变化,不同的起冲淤沙库容计算结果表明,有70%以上的泥沙被调节到泄空冲刷期由洪水输送,其中因水库调节作用使洪水期挟沙量增加了50%以上,详见表10-4和表10-5。入库的水沙条件基本相同,冲刷历时完全相同,只是库区起冲淤积量不同,因此造成库区冲刷效率的不同。

图 10-3 是小浪底水库在单独运用的情况下,用 1970~1996 年实测系列计算的小浪底水库各级流量的水量占总水量的百分数。可见,由于水库按最大兴利原则运用,没有调

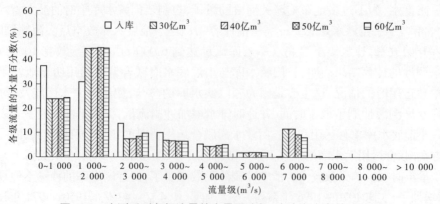

图 10-3　实测系列各级流量的水量百分数（小浪底水库单独运用）

水造峰,流量小于 2 000 m³/s 的水量所占的比例变化不大,流量 2 000 ~ 4 000 m³/s 出现的机会有所增加,流量 6 000 ~ 7 000 m³/s 洪水出现的机会明显增加。因为放空水库进行泄空冲刷,不同起冲库容放空水量相差较大(见表 10-3),随着起冲库容的增加,放空总水量逐渐减少,起冲库容 30 亿 m³ 的放空水量最多,达到 223.1 亿 m³。平均每次放空水量达 10.6 亿 m³,而起冲淤积量为 60 亿 m³ 时放空总水量只有 105.6 亿 m³。放空总水量增多,必然会对下游河道造成冲刷作用。

从图 10-4 给出的各级流量挟带的沙量百分数可知,流量小于 2 000 m³/s 挟带的沙量所占的百分比明显减小,由无小浪底水库的 34% 下降为 5%。流量 2 000 ~ 3 000 m³/s 挟带的沙量由 27% 下降为 14%,泥沙主要调节到流量大于 3 000 m³/s 的洪水挟带。有 95% 的泥沙由流量大于 2 000 m³/s 的洪水挟带,80% 的泥沙由流量大于 3 000 m³/s 的洪水挟带,使泥沙更集中到洪水时输送。与小浪底水库单独运用的情况相比,在有三门峡水库参与运用的情况下,小浪底出库的水量、沙量更集中到大流量,其中以沙量最为突出,有 50% ~ 56% 的泥沙由流量大于 6 000 m³/s 的大水挟带,小流量的沙量进一步减少,见图 10-5。水沙条件的巨大变化必然会对下游河道河槽形态的调整产生明显的影响,塑造新河槽,使河道输沙能力大幅度提高,并充分利用洪水输沙入海,取得显著的减淤效果。

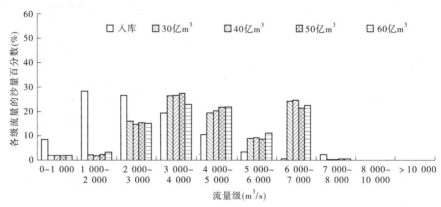

图 10-4　实测系列各级流量挟带的沙量百分数(小浪底水库单独运用)

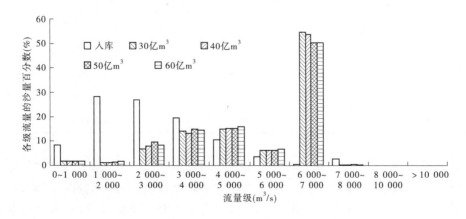

图 10-5　实测系列各级流量挟带的沙量百分数(二库联合运用)

10.3.2 水库首次排沙前的减淤效果

各方案计算下游河道各河段的起始平滩流量为 4 000 m³/s。不同起冲库容淤满排沙前,小浪底水库拦沙运用期均下泄清水,在高村以上河段会产生明显的冲刷。因此,高村以上河段的平滩流量会迅速增加,其中花园口以上河段的平滩流量均增大到 9 000 m³/s 以上,花园口至高村河段的平滩流量达到 6 000 ~ 9 000 m³/s,高村至艾山河段平滩流量为 4 000 ~ 5 200 m³/s,艾山至利津河段的平滩流量均在 4 000 m³/s 左右,均大于无小浪底水库的实测值,详见表 10-9。

表 10-9　小浪底水库首次排沙前下游河道冲淤情况(实测 1970 ~ 1996 年系列)

起冲淤积量(亿 m³)	首次排沙时间(年-月-日)	来沙量(亿 t)	水库淤积量(亿 t)	各河段总冲淤量(亿 t)及平滩流量(m³/s)			
				花园口以上	花园口—高村	高村—艾山	艾山—利津
30	1973-09-01	55.1	49.8	−3.69	−3.31	−0.25	0.07
				9 660	6 400	4 300	4 000
40	1973-09-06	55.0	52.2	−3.71	−3.49	−0.26	0.07
				9 660	6 600	4 300	4 000
50	1975-07-26	68.1	65.2	−5.47	−4.38	−0.76	0.12
				13 400	7 600	5 000	4 000
60	1976-08-11	82.8	78.7	−6.56	−5.86	−0.91	0.14
				15 200	9 300	5 200	4 000

小浪底水库投入运用前,1970 ~ 1973 年艾山至利津河段每年淤积 0.522 亿 m³,1970 ~ 1996 年平均淤积 0.426 亿 m³;小浪底水库运用后,出现了冲淤平衡状态。说明不造峰蓄水拦沙兴利运用对艾山河段也有减淤作用。

对首次排沙前计算结果的合理性进行了分析,表 10-10 列出了 1960 年 10 月至 1964 年 10 月三门峡水库蓄水拦沙运用下游各河段的冲刷量,三门峡水库蓄水拦沙运用期进入下游的总水量为 2 240 亿 m³,年均含沙量为 10 kg/m³,下游共冲刷 23.28 亿 t,四个河段分别冲刷 8.92 亿 t、7.5 亿 t、3.16 亿 t、3.16 亿 t。

表 10-10　三门峡水库蓄水拦沙运用下游各河段的冲刷量　　　　　(单位:亿 t)

时期(年-月)	铁谢—花园口	花园口—高村	高村—艾山	艾山—利津	下游
1960-10 ~ 1961-10	−3.09	−2.58	−0.182	−0.809	−6.66
1961-11 ~ 1962-10	−1.94	−2.48	−1.201	−0.368	−6.0
1962-11 ~ 1963-10	−1.17	−0.39	−0.203	−1.085	−2.85
1963-11 ~ 1964-10	−2.72	−2.05	−1.579	−0.893	−7.24

本次计算的方案,起冲库容分别为 30 亿 m³、40 亿 m³、50 亿 m³、60 亿 m³,首次排沙前进入下游的总水量分别为 923 亿 m³、936 亿 m³、1 483 亿 m³ 和 2 048 亿 m³,平均含沙量为 5 kg/m³,高村以上河段冲刷量分别是 7 亿 t、7.2 亿 t、9.85 亿 t 和 12.42 亿 t,高村以下河段也为略冲刷状态。将本次计算的结果对照实测的三门峡水库蓄水拦沙运用的冲刷量大

体上是合理的。

关于非汛期因小浪底水库运用对艾山—利津河段的减淤作用,从 $Ws_利 = 0.000\,14W^{1.308}S_艾^{1.185}$ 可知,利津站月沙量与月水量的 1.308 次方成正比,与上站含沙量 $S_艾$ 的 1.185 次方有关,进入艾山站的含沙量高低对艾利河段冲淤影响非常明显。图 10-6 所示的艾山站月水量与艾山—利津段冲淤量以艾山站的含沙量为参数的关系表明,同样的水量,非汛期随着来水含沙量的增大,艾山—利津段的淤积量增大,含沙量是影响淤积量的一个不可忽视的因素。

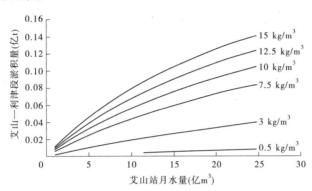

图 10-6　非汛期艾山—利津段淤积量和艾山站水沙量关系

10.3.3　现状河道整治条件下正常调水调沙运用期的减淤效果

高村以上宽浅河道是利用河道输沙入海的主要障碍,在方案计算中考虑了水库下泄清水滩地坍塌,河槽展宽,水库利用洪水排沙时需要重新塑造窄深河槽,增加了塑槽淤积量。因此,水库调水调沙减淤效果不太理想。表 10-11 给出水库排沙期,不同起冲条件各河段总的冲淤情况。表中给出的数据表明,洪水排沙期泥沙主要淤积在高村以上河段,各方案的总淤积量为 25 亿~28 亿 t,占总淤积量的 80%,高村至艾山河段淤积量为 4 亿~5 亿 t,约占总淤积量的 20%,艾山—利津河段的总冲刷量为 4 亿~5 亿 t。造成高村以上河段严重淤积的主要原因是河槽宽浅,洪水排沙时要塑造窄深河槽;造成艾利河段冲刷的主要原因是水库的调节使得流量 3 000 m³/s 以上的水量挟带的沙量明显增加。图 10-3 给出的虽然是小浪底出库的各级流量挟带的沙量变化,但洪水演进到艾山站仍会保持这个特性,因此增强了艾山以下河段洪水造床输沙能力,使艾山以下河段发生明显冲刷。

表 10-11　不同起冲条件排沙期各河段总冲淤量分布情况

起冲条件 （亿 m³）	水库总排沙量 （亿 t）	冲(-)淤量(亿 t)		
		高村以上	高村—艾山	艾山—利津
30	137.3	27.76	4.56	−4.23
40	138.6	27.86	5.00	−4.41
50	136.1	25.63	4.12	−4.10
60	140.1	24.77	4.22	−4.75

表 10-12 给出的各方案汛期、非汛期和全年各河段总冲淤量分布情况表明,汛期高村以上年平均淤积 1 亿 t 左右,非汛期冲刷 0.45 亿 t,高村—艾山汛期和非汛期均淤积 0.1 亿 t 左右,艾山—利津汛期冲刷 0.16 亿~0.2 亿 t,与非汛期淤积量相等,二者相抵,河段处于冲淤平衡。

表 10-12　各方案汛期、非汛期及全年的各河段总冲淤量分布情况

起冲条件 （亿 m³）	时期	冲淤量（亿 t）				
		铁谢—花园口	花园口—高村	高村—艾山	艾山—利津	下游
30	汛期	0.24	0.74	0.11	−0.16	0.93
	非汛期	−0.13	−0.32	0.11	0.17	−0.17
	全年	0.11	0.42	0.22	0.01	0.76
40	汛期	0.23	0.69	0.11	−0.16	0.87
	非汛期	−0.13	−0.29	0.11	0.17	−0.14
	全年	0.11	0.40	0.22	0.01	0.73
50	汛期	0.28	0.72	0.08	−0.21	0.87
	非汛期	−0.17	−0.30	0.13	0.21	−0.12
	全年	0.11	0.42	0.21	0	0.74
60	汛期	0.29	0.71	0.10	−0.19	0.91
	非汛期	−0.18	−0.27	0.11	0.21	−0.13
	全年	0.11	0.44	0.21	0.02	0.78

表 10-13 给出现状河道整治条件下正常调水调沙期各方案各河段淤积量的沿程变化。由现状条件下,水库不同起冲淤积量各河段的冲淤情况及全下游减淤效果可看出,不同起冲条件冲淤情况差别不大,年平均减淤量为 1.2 亿 t 左右。高村以上河段仍为淤积状态,年均淤积量为 0.53 亿 t 左右,淤积量仍较大,年均减淤量为 0.2 亿~0.3 亿 t。艾山以下河段呈冲淤平衡状态。这主要是游荡性河道在清水冲刷时会造成滩地坍塌,水库下次排沙时还要进行塑槽,因此增加了河道的淤积量。对艾山以下河道减淤最明显的原因是小浪底水库泥沙多年调节,增大了洪水的造床输沙作用,汛期河床发生明显冲刷,非汛期淤积量也减少。

水库运用 27 年后,花园口以上平滩流量达到 17 000 m³/s 以上,花园口—高村河段的平滩流量为 8 000~11 500 m³/s,高村—艾山河段为 4 800~5 370 m³/s,艾山—利津河段为 4 100 m³/s,每个河段的平滩流量均较首次排沙前均有所增加。在高村以上河段一般洪水不会大漫滩。艾山—利津河段仍能保持起始计算时的平滩流量,说明水库调节的巨大作用。

表 10-13　现状河道整治条件下正常调沙运用期下游年均冲淤量和平滩流量

起冲淤积量 (亿 m³)	花园口以上		花园口—高村		高村—艾山		艾山—利津		铁谢— 利津 (亿 t)	全下游 减淤量 (亿 t)
	冲淤量 (亿 t)	平滩流量 (m³/s)	冲淤量 (亿 t)	平滩流量 (m³/s)	冲淤量 (亿 t)	平滩流量 (m³/s)	冲淤量 (亿 t)	平滩流量 (m³/s)		
30	0.11	17 000	0.42	8 900	0.22	4 800	0.01	4 100	0.77	1.18
40	0.11	18 000	0.40	8 200	0.22	4 800	0.01	4 100	0.74	1.21
50	0.11	22 000	0.43	9 100	0.21	5 000	0.01	4 150	0.76	1.19
60	0.11	25 000	0.45	11 500	0.20	5 400	0.02	4 100	0.78	1.17

10.3.4　游荡性河道进一步整治后正常调水调沙运用期的减淤效果

若通过双岸同时兴建河道整治工程,在水库排沙前形成窄深、规顺、稳定的排洪输沙通道,则水库排沙时高村以上游荡性河道的输沙能力会大大提高,泥沙多年调节的作用会取得更好的减淤效果。由于窄深河槽的输沙能力很强,水库调节运用后下游河道平滩流量增大,一般洪水不漫滩削峰,进入艾山以下河道的洪水的造床输沙作用增强,对艾山以下河道的减淤效果也会提高。

本次没有对游荡性河道进一步整治后正常调水调沙期的减淤效果进行详细方案计算,从分析可知,若河道整治工程可以控制高村以上河段在清水冲刷期的滩地坍塌,则水库利用洪水排沙就不需要塑造新河槽,因而河段淤积量可以大大减少,甚至使本河段不再淤积。随着小浪底水库运用清水不断冲刷,平滩流量增大,洪水不再漫滩削峰、滞峰,进入艾山以下河段洪峰流量增加,造床输沙作用增强,也会对本河段有明显减淤作用。

由此可知,整治游荡性河道不仅是本河段稳定流路防止发生冲决和输沙减淤的需要,对艾山以下河段的减淤也有重要意义。

10.3.5　多年平均减淤效果计算分析

从以上给出的各流量级挟带的水沙量变化可知,经小浪底水库的调节,与入库水沙条件相比,进入下游的各流量级水量和沙量以 3 000 ~ 7 000 m³/s 流量级的增加最多,小流量级的水量虽然有所增加,但其挟沙量很小,含沙量很低。由于沙量主要由挟沙能力大的大洪水挟带,下游河道的淤积量必然减少。对于小浪底水库单独运用,我们只分析计算了现有河道整治工程情况,游荡性河道进一步整治后的情况,以后再进行研究。

对于小浪底水库单独调水调沙运用的情况,实测系列 1970 ~ 1996 年小浪底—利津年均减淤 1.56 亿 ~ 1.86 亿 t,其中高村以上年均减淤 0.77 亿 ~ 1.02 亿 t,占下游总减淤量的 52%;高村—艾山年均减淤 0.54 亿 ~ 0.60 亿 t,占总量的 33.6% 左右;艾山—利津年均减淤 0.25 亿 ~ 0.26 亿 t,占总量的 15.1%,详见表 10-14。

表 10-14　实测系列 1970～1996 年下游河道冲淤情况和减淤量

（现状河道整治工程条件下）

首次起冲淤积量（亿 m³）	各河段年均淤积量					铁谢—利津年均减淤（亿 t）
	花园口以上（亿 t）	花园口—高村（亿 t）	高村—艾山（亿 t）	艾山—利津（亿 t）	铁谢—利津（亿 t）	
30	-0.04	0.24	0.18	0.01	0.39	1.56
40	-0.05	0.21	0.18	0.01	0.36	1.59
50	-0.11	0.17	0.14	0.01	0.20	1.75
60	-0.16	0.11	0.12	0.02	0.09	1.86
减淤量	0.26～0.38	0.51～0.64	0.54～0.60	0.25～0.26	1.56～1.86	

参 考 文 献

[1] 齐璞,刘月兰,等.黄河水沙变化与下游河道减淤措施研究[M].郑州:黄河水利出版社,1997.

[2] 麦乔威,赵业安,潘贤娣.多沙河流水库下游变形计算方法[J].黄河建设,1965.

[3] 刘月兰,等.黄河下游各河段输沙特性分析及冲淤计算方法修正[R].郑州:黄河水利科学研究院,1983.

[4] 齐璞,孙赞盈.黄河冲积河流动床阻力、冲淤特性及输沙特性机理探讨[J].泥沙研究,1994(2):1-8.

[5] 齐璞,梁国亭.调水调沙引起河槽形态迅速调整时的输沙计算方法[M]∥齐璞,赵文林,杨美卿.黄河高含沙水流运动规律及应用前景.北京:科学出版社,1993.

第11章　输沙用水量与调水调沙作用

11.1　输沙用水量

输沙用水量是指泥沙输送到利津站每 1 t 泥沙的耗水量[1]，取决于水流的含沙量。详见表11-1。当含沙量为 100 kg/m³ 时，输沙用水量为 9.62 m³/t；当含沙量为 500 kg/m³ 时，输沙用水量仅为 1.62 m³/t。输沙用水量随含沙量的增加而减小。

表 11-1　输沙用水量与含沙量的关系

含沙量（kg/m³）	30	100	150	200	300	500	800
输沙用水量（m³/t）	30	9.62	6.3	4.62	2.96	1.62	0.87

表11-2 和表11-3 是现状河道整治工程条件下，实测系列为 1970～1996 年、起冲淤积量分别为 30 亿 m³ 和 60 亿 m³ 小浪底水库单独运用方案的排沙期的输沙用水量。可以看出，排沙年用于输沙的水量在 16 亿～196 亿 m³，最大者发生在诸如 1975 年或 1976 年，最小者在枯水的 1994 年。绝大部分排沙都发生在诸如 1975 年、1976 年、1978 年、1979 年、1981 年、1983 年、1984 年、1988 年和 1989 年等丰水年，这些年水量较大且有洪水发生，一般来说流量大则冲刷持续时间相应长，从库中冲刷出的沙量和含沙量也大。近年来的平枯水年如 1992 年、1994 年和 1996 年，水库也可排沙，但排沙历时短。若没有洪水，水库则蓄水拦沙，进行发电、供水等兴利运用，这就使水资源得到充分利用。在表11-2 中，给出了起冲淤积量为 30 亿 m³ 时，输送到利津的含沙量在 59～249.1 kg/m³ 变化，平均值为 93.3 kg/m³，单位输沙用水量变幅为 4～16.6 m³/t，平均为 10.7 m³/t，正常调水调沙期年平均输沙用水量为 51 m³/t。表11-3 给出的是起冲淤积量为 60 亿 m³ 时的情况，输送到利津的含沙量为 66～362.3 kg/m³，平均值是 134.6 kg/m³，单位输沙用水量变幅为 2.5～15.1 m³/t，平均为 7.4 m³/t，正常调水调沙期年平均输沙用水量为 43 m³/t。

表11-4 给出了小浪底水库单独运用不同起冲库容条件下利津站的单位输沙用水量，以及小浪底水库出库（包括小浪底水库单独运用和与三门峡水库联合运用两种情况）的水沙特征。可以看出，随着水库起冲淤积量增大，出库平均含沙量增加，单位输沙用水量减小。在现状条件下，出库的含沙量比输送到利津站的含沙量要大 30 kg/m³。此外，通过与三门峡水库联合运用，小浪底水库出库含沙量进一步提高，可增加 20～50 kg/m³，起冲淤积量大时增加的幅度大，泥沙更加集中到大洪水期排放，为进一步节省输沙用水创造了条件。

表 11-2　小浪底水库冲淤排沙期利津站输沙用水量计算

（现状河道整治条件下,实测系列、起冲 30 亿 m³、小浪底水库单独运用）

年份	水库排沙天数 （d）	水库净冲刷量 （亿 t）	利津水量 （亿 m³）	利津沙量 （亿 t）	利津平均含沙量 （kg/m³）	单位输沙用水量 （m³/t）
1973	11	1.6	29.6	2.5	83.8	11.9
1975	59	11.3	196.4	18.2	92.7	10.8
1976	26	5.6	110.4	10.5	95.3	10.5
1977	15	1.6	27.5	2.8	102.6	9.7
1978	21	6.6	70.8	7.0	99.3	10.1
1979	30	5.9	75.9	6.2	82.1	12.2
1981	36	11.9	121.1	11.8	97.3	10.3
1982	12	1.9	31.9	2.8	87.5	11.4
1983	34	10.3	117.5	10.5	89.3	11.2
1984	30	7	101.0	7.8	77.7	12.9
1985	26	6.8	87.2	6.8	78.3	12.8
1986	10	1.3	21.4	1.3	60.2	16.6
1988	19	5.2	62.6	6.7	107.6	9.3
1989	30	4.7	74.5	4.8	64.3	15.6
1992	13	4.1	25.9	5.3	202.9	4.9
1994	9	2.8	16.4	4.1	249.1	4.0
合计或 平均	381	88.6	1 170	109.2	93.3	10.7

表 11-3　小浪底水库冲淤排沙期利津站输沙用水量计算

（现状河道整治条件下,实测系列、起冲 60 亿 m³、小浪底水库单独运用）

年份	水库排沙天数 （d）	水库净冲刷量 （亿 t）	利津水量 （亿 m³）	利津沙量 （亿 t）	利津平均含沙量 （kg/m³）	单位输沙用水量 （m³/t）
1976	30	11.7	128.6	15.3	118.7	8.4
1978	25	11.3	78.8	13.9	176.8	5.7
1979	30	8	76.5	8.4	110.4	9.1
1981	35	14.2	115.1	15.9	137.8	7.3
1982	13	2.9	34.8	3.8	108.9	9.2
1983	35	12	121.4	13.4	110.3	9.1
1985	29	10.9	97.4	11.6	119.3	8.4
1988	25	8.7	72.3	4.8	66.3	15.1
1989	30	6	75.2	8.8	116.4	8.6
1992	13	5.2	26.0	9.4	362.3	2.8
1994	9	3.3	16.1	5.4	337.2	3.0
1996	7	4.3	18.1	5.1	282.9	3.5
合计或 平均	281	98.5	860.5	115.9	134.6	7.4

表 11-4　小浪底水库单独运用和与三门峡水库联合运用输沙用水量

表 11-4　小浪底水库单独运用和与三门峡水库联合运用输沙用水量

（实测 1970～1996 年系列）

起冲条件（亿 m³）	现状河道整治条件下利津站		小浪底水库出库			
			小浪底水库单独运用		与三门峡水库联合运用	
	平均含沙量（kg/m³）	单位输沙用水量（m³/t）	平均含沙量（kg/m³）	单位输沙用水量（m³/t）	平均含沙量（kg/m³）	单位输沙用水量（m³/t）
30	93.3	10.7	120.1	8.33	138.60	7.21
40	94.8	10.5	122.8	8.14	139.81	7.15
50	106.9	9.4	134.8	7.42	157.56	6.35
60	134.6	7.4	159.4	6.27	212.63	4.70

输沙用水量的大小主要与水库的起冲淤积量、入库洪水的特征、下游河道的冲淤以及平滩流量等有关。水库调沙比和输沙用水量两个指标都说明了小浪底水库采用泥沙多年调节运用方式，能充分利用下游河道的输沙潜力，利用汛期大流量输送更多泥沙入海，是解决黄河下游泥沙问题的有效技术途径。在黄河下游水资源十分紧缺的情况下，利用丰水年洪水输沙将从根本上解决输沙用水量与下游河道工农业用水之间的尖锐矛盾，使平水年、枯水年小浪底水库不排沙，全部水量用于兴利和环境用水。

游荡性河道进一步整治后，将形成更加有利于输水排沙的新窄深河槽，河道呈"多来多排"状态，单位输沙用水量与小浪底水库的出库水量相近。由图 4-12 高含沙洪水的含沙量沿程变化可知，高村以上游荡性河道若不再淤积，则输送到利津的含沙量与小浪底站出库的含沙量相等。因此，与现状相比，输送到利津站的含沙量会更高，单位输沙用水量也将进一步减小，以表 11-4 给出的方案计算结果，排沙期输送 1 t 泥沙用水量平均减少 2 m³，最小可减至 4.7 m³/t，用含沙量 200 kg/m³ 的洪水输沙入海，输送 10 亿 t 泥沙用水量仅为 50 亿 m³。

11.2　从艾山以下窄河道输沙能力变化看水库长期调水调沙作用

冲积河流的河床是由来水来沙条件塑造的，水沙条件的变化会迅速引起河床的调整，在多沙河流上表现尤为突出。而这种调整主要是通过河宽的变化实现的，在宽浅游荡性河道中表现得很明显，对艾山以下窄河道也存在着同样的调整变化规律。图 11-1（a）给出的利津水文站断面 1985 年和 1996 年流量与河宽的关系表明，由于近年来来水偏枯，小水挟沙较多，在河槽严重淤积抬高的同时，同流量河宽大幅度减小，以流量 1 500 m³/s 为例，河宽由 1985 年的 430 m 到 1996 年减小到 320 m，图 11-1（b）给出相应的断面平均流速由 1985 年的 1.8 m/s 增加到 2.2 m/s，因此造成河道输沙特性发生变化。艾山以下河

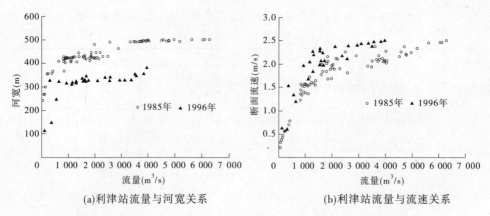

(a)利津站流量与河宽关系　　　　(b)利津站流量与流速关系

图 11-1　利津水文站断面 1985 年和 1996 年流量与河宽、流速的关系

段不淤流量一般都在 2 000 m³/s 以上,而图 11-2 给出艾山到利津河段的排沙比的变化表明,在流量为 1 500 m³/s 时,河段平均排沙比均可达到 100% ,实现输沙基本平衡。随着黄河水沙条件的变化,洪峰输沙流量减小,河槽宽度也作出相应的调整以与之相适应。从减淤稳定河槽出发,水库调水调沙的主要任务是控制造成河槽严重淤积小水挟带沙量,使泥沙能集中在某级较大流量时输送。而这个流量级在河道比降不变的情况下,随着河宽的变化也会作出相应的调整,使河道保持足够大的输沙能力,输送上游泥沙入海。冲积河流的这种自动调整作用,使得流量大小不同的河流,可在同一比降条件下实现输沙平衡,主要是塑造了不同的河宽。而输

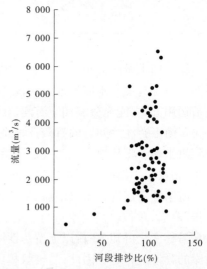

图 11-2　艾山到利津河段排沙比的变化

沙平衡的平均不淤流速几乎均相同。因此,通过小浪底水库的泥沙多年调节,改变进入下游的水沙条件,塑造新河槽,并通过河道整治使其稳定,为利用下游河道可能达到的输沙能力输沙入海创造条件,使小浪底水库长期发挥调水调沙作用,254 m 以下调沙库容可以长期使用。这种运用方式在黄河下游河道治理中具有现实意义和实用价值。

11.3　小浪底水库泥沙多年调节运用主要结论

黄河新情况、新问题的出现,迫使我们认真地分析研究,有所发现,有所前进,以适应变化了的黄河。我们要认真总结黄河治理历史经验,从中总结出方向和黄河治理的新思路。通过调水调沙改变进入下游的水沙组合,塑造新河槽,在黄河下游的治理中将起重要作用。正如王化云在 1987 年出版的《我的治河实践》序言中所述“调水调沙的治河思想虽然处于发展过程中,已有实践经验也不完全,但我认为这种思想更科学,更符合黄河的实际情况,未来黄河的治理与开发,很可能由此而有所突破”,我们近十年的研究结果说

明王化云当时的预言是正确的。

衡量水库调水调沙运用方式优劣的主要标准有二条,一是有多少泥沙能够调到洪水期输送,二是有多少水量通过水库的调节得到利用。"八五"攻关的研究结果表明,随着水库泄空,最低水位降低,调沙库容越大,调沙效率越高,减淤结果越好,可以使更多的泥沙调到高含沙洪水输送,有利于水库兴利,并可节省大量输沙用水量。

(1)从黄河下游近年来"小水大灾"产生的原因,黄河水沙变化与下游河道输沙特性,冲积河流断面形态自动调整,洪水演进特性,高含沙水流产生的可能性等方面综合分析后认为,小浪底水库应采用泥沙多年调节的运用方式,丰水年洪水期集中泄空冲刷,平枯水年蓄水拦沙兴利,尽可能地把小水挟带的泥沙调节到洪水期输送,塑造新河槽,改造高村以上的宽浅游荡性河道,为充分利用河道输沙入海与进一步河道整治创造条件。

(2)水库人造洪峰试验的资料分析与方案计算结果表明,利用调水造峰冲刷下游河道用水量大,效果差,80%的冲刷量集中在高村以上河段,使艾山至利津河道冲刷1 t泥沙耗水量达200~500 m³,在目前黄河水资源十分紧缺的情况下,难以实施。从长远考虑,应从资源水利出发,合理开发利用好黄河有限的宝贵水资源。但可在水库利用洪水排沙前,为腾空水库的弃水冲刷下游河道,在一般情况下水库不专门调水造峰。

(3)方案计算结果表明,由于受水库泄流条件的限制,水库淤积量达到30亿 m³后,才能利用洪水进行有效排沙。因此,在初期运用的若干年内,绝大部分泥沙淤在库内。水库长期下泄清水,引起下游河道发生大量冲刷,在水库不造峰的条件下,冲刷主要发生在高村以上河段。高村以下河道为微淤,有明显减淤作用。其原因是水库长期下泄清水,进入艾山以下河道的含沙量降低,使得非汛期的淤积量减少。

(4)水库进行多年调沙演算的结果表明,首次起冲淤沙库容的变化,对水库综合利用影响显著。当首次起冲库容为30亿 m³时,水库淤积量小,冲刷机会多,但冲刷效率低,出库含沙量小;反之,当首次起冲库容为60亿 m³时,水库淤积量大,冲刷机会少,但冲刷效率高,出库的含沙量大,可以使更多的泥沙调到洪水期输送,可以节省输沙用水,使黄河的水资源得到充分的利用。从有利于水库兴利考虑,水库淤得多些再泄空冲刷更有利。为此,首次起冲淤积量大小的确定,主要取决于来水来沙条件,只有较大洪水发生时,水库才有泄空排沙机会。因此,水库起冲淤积量事先不好确定,要根据具体情况而定。

(5)小浪底水库与三门峡水库的联合运用,可以使小浪底水库提前放空,提高水库的调沙效率,增加出库含沙量,缩短了冲刷历时,节省了输沙用水量,增大了洪水的造床输沙作用。但对三门峡水库的影响尚待深入研究,需要确定一个合理的调节库容。若三门峡水库承担有困难,可考虑兴建其他水库承担。

(6)由于小浪底水库的调节作用,黄河70%~80%的泥沙被调节到流量大于3 000 m³/s的洪水输送,可以保证排沙期主河槽不淤,余下的泥沙虽然由排沙流量以下的小水下泄,在河槽中会产生些淤积,但在高村以上河段,可与蓄水拦沙期下泄清水冲刷量相抵。河道淤积主要是高含沙洪水输送时塑造窄深河槽形成的。

(7)小浪底水库泥沙多年调节,可以使输沙用水集中到丰水年洪水期,平、枯水年可不安排输沙用水。方案计算表明,采用1970~1996年实测系列,水库开始排沙后,年均输沙用水量为43亿 m³,丰水年排沙用水量达128亿 m³,最小者为16亿 m³。兴利用水与环境用水虽然也挟带少量泥沙入海,但不是主要目的。因此,不要将此项水量统计到输沙用水中。游荡性河段进一步整治后,形成窄深、规顺、稳定的排洪输沙通道后入海含沙量还会大幅度增加,达到更好的减淤效果。

(8)资料分析表明,黄河下游窄深河槽具有很强的输沙能力,且河槽宽度随着来水来沙条件会作出相应的调整,使输沙不淤流量随着来水来沙条件的变化也作相应调整,适应来水来沙条件趋势性变化。水面宽的缩窄,水深、流速的增大,艾山以下河段不淤流量近年已下降为 $1\,000\sim1\,500\ \mathrm{m}^3/\mathrm{s}$,河道输沙能力迅速提高。为此,只要小浪底水库能把泥沙都调节到洪水输送,下游河道通过河宽的调整,仍可充分利用下游河道长期输沙入海。为长期保持输沙平衡提供了可能性。

(9)小浪底水库的运用在初期下泄清水,输送到河口地区的沙量大幅度减少。近十余年利津站的沙量为 4 亿 t,约等于海洋动力因素多年平均对河口地区的侵蚀量。在小浪底水库正常调水调沙运用期,将进行泥沙多年调节,在蓄水拦沙运用期,因水库下泄清水进入河口地区的泥沙量较小,泥沙主要集中在丰水年的洪水期,由于排沙期流量大,洪水在艾山以下河道及河口地区仍会产生冲刷,河口堆积对下游河道的影响不是简单的平行抬高图形。新的水沙组合将会塑造出新的河流形态,如纵横断面形态。河口段的比降将更平缓。

(10)实现科学调度,合理配置水资源是减少艾山以下河段淤积的新途径。在蓄水运用期应按下游节约用水计划和环境最小用水量需求放水,从而以较小的流量满足需求,在水库下泄清水时,引水量增加,高村以上河段冲刷量和进入艾山以下河段沙量减少,使艾山以下河段尽量少淤。实现科学调度,合理配置水资源,也可以达到减淤的目的。这是今后减少艾山以下河段淤积的新途径,将在今后的实施调度中发挥作用。

参 考 文 献

[1] 齐璞,刘月兰,等.黄河水沙变化与下游河道减淤措施研究[M].郑州:黄河水利出版社,1997.

第4篇 高效泄洪输沙通道构建

第12章 现行整治方案的出路

12.1 现行整治方案存在的问题

目前,黄河下游的河道整治方法是在防洪抢险整治基础上演变而来的,主要根据高村以下具有窄深河槽的河道整治经验,按弯曲性河道的整治方法,称为微弯整治。虽使河道的游荡范围有所减小,防洪安全性有所提高,但微弯整治在下游游荡性河道极为宽浅,通过人工造弯,试图形成人工控制的弯曲性河流,具有一定的盲目性,整治效果差。在流量逐年减小和新的水沙条件下,没有抓住造成游荡性河道不稳定的根本原因,想通过减小整治设计流量达到稳定流路的目的,使得流路过分弯曲,不利于排洪输沙,主流仍无法稳定。

12.1.1 平面形态弯曲不是河道稳定的主要原因

其实高村以下河道整治成功的主要原因是有了窄深河槽,通过护弯导流达到稳定,而不是因为平面弯曲所造成。对高村至徐巴士 136 km 河段,河道平面形态的统计结果表明,顺直河段长达 9 km,而弯曲率小于 1.3 的稳定段有 9 段,平均弯曲率为 1.04,河段总长达 105.5 km,占河段总长 136 km 的 77.6%;弯曲率大于 1.3 的死弯仅有 4 段,平均弯曲率为 1.47,河段总长 30.5 km,占河段总长的 22.4%。高村至徐巴士全河段平均弯曲率约为 1.24(见表 12-1)。可见,认为平面弯曲才稳定是没有根据的。人为建造河湾的整治思路是不可取的。一味主张小弯整治,需要在河槽主流中兴建挑流坝,强迫水流改变方向,这就更说明微弯整治方案不是依靠水流自身特性因势利导,而是靠工程不断地上延下续来控制河势的。在理论上,冲积河流普遍存在着"大水趋直,小水坐弯"演变规律,游荡性河流也不例外。在枯水期河床上分布着形态阻力不同的犬牙交错的沙洲,强迫水流改变方向,形成小水坐弯现象,而在大水时床面上沙浪消失,床面进入高输沙动平整状态,水流沿比降最大方向流动,形成大水趋直的演变规律。但游荡性河流由于河槽极为宽浅,在大水趋直的作用下,小水坐弯无法累积,不能形成稳定的弯曲性河道,因此河流小水坐弯现象构不成游荡性河道整治成弯曲性河道的"坚实理论基础",只有具有窄深河槽的河流才能发展成弯曲性河流,认为平面形态弯曲是稳定河道的主要原因是没有根据的。

表 12-1 高村至徐巴士 136 km 顺直、微弯、死弯的河段分布情况

序号	河段	河段长（km）	流路长度（km）	弯曲率	河势类型	河段工程作用	起点右岸大堤里程（km）
1	高村—刘庄	12	14.5	1.21	微弯	微弯导流	208
2	刘庄—苏泗庄	17	17	1	顺直	顺势导流	223
3	苏泗庄—营房	7.5	12	1.6	死弯	小弯挑流	
4	营房—彭楼	10	10	1	顺直		250
5	彭楼—芦井	11	11	1	顺直		270
6	芦井—郭集	7.5	11	1.46	死弯	小弯挑流	
7	郭集—苏阁	10	10.3	1.03	顺直	顺势导流	280
8	苏阁—芦庄	9	9	1	顺直	顺势导流	290
9	芦庄—韩胡同	7	10	1.43	死弯	小弯挑流	
10	韩胡同—程那里	10.5	11	1.05	微弯	微弯导流	
11	程那里—孙口	8.5	12	1.41	死弯	小弯挑流	
12	孙口—国那里	13	13.5	1.04	顺直	顺势导流	325
13	国那里—徐巴士	13	13.5	1.04	顺直	顺势导流	352
	高村—徐巴士	136	154.8	1.24			144

12.1.2 小弯整治方案不利于排洪输沙

在高村以下河道，因河道整治不当形成了多处死弯，强迫水流改变方向，增大了阻力，使流速水头（$v^2/2g$）大部分损失，严重地影响了河道的过流能力。高村至艾山河段长 180 km，有 ≥90° 的死弯共计 15 个（见表 12-1：刘庄、苏泗庄、芦井、苏阁、芦庄、程那里、梁路口、蔡楼、孙口、国那里、陶城铺、范坡）。以流量 4 000 m³/s 为例，流速按 2.5 ~ 3 m/s 计，一个大于 90° 死弯损失流速水头为 0.3 ~ 0.5 m，以 0.4 m 计 15 个死弯损失流速水头可达 6 m，相当于一个壅水高度 5 ~ 6 m 的低水头枢纽，对排洪输沙极为不利。图 12-1 ~ 图 12-3 给出的苏泗庄—营房、苏阁—杨集、程那里—孙口河段三个典型死弯的平面图表明，河道严重弯曲，连续走几个大于 90° 死弯对泄洪极为不利。

根据 2008 年 6 月 28 日洪水最大流量时水位，计算得出的比降沿程变化表明，死弯河段的比降比微弯、顺直河段的比降大得多，两者相差最大者竟达 3 倍。如郭集—苏阁微弯、顺直河段的比降为 0.66‰，其下死弯河段，苏阁—杨集河段比降为 1.89‰，其他河段也是如此。说明死弯河段会造成严重的壅水，影响河段输沙排洪，对洪水冲刷河床也不利，其平滩流量小的河段都是由于下游死弯河段壅水影响造成的（见表 12-2）。

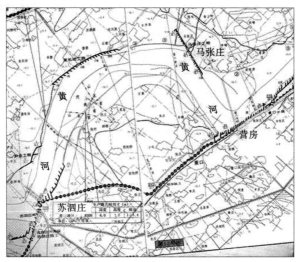

图 12-1　苏泗庄至营房河段的死弯

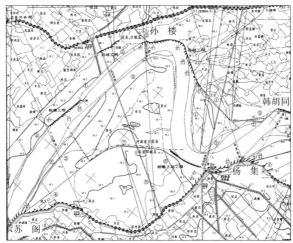

图 12-2　苏阁至杨集河段的死弯

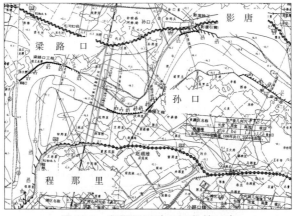

图 12-3　程那里至孙口河段的死弯

表 12-2　2008 年 6 月高村—艾山河段中死弯、微弯、顺直的比降分布情况

日期	河段范围(站) (流量)	河段长与流路长度 (km)	水位 (m)	落差 (m)	J (‰)	说明
6 月 28 日	高村—苏泗庄 (4 050 m³/s)	29(41.5)	62.67	3.4	1.17	洪水要素表
6 月 28 日	苏泗庄—营房(死弯)	7.5(12)	59.27	1.25	1.67	报汛资料
6 月 28 日	营房—桑庄(3)	20(20)	58.02	1.96	0.98	报汛资料
6 月 28 日 12 时	桑庄(3)—郭集(死弯)	10(14)	56.06	1.83	1.83	
	郭集—苏阁	17.5(21.3)	54.23	1.15	0.66	报汛资料
6 月 28 日 14 时	苏阁—杨集(死弯)	9.5(14.5)	53.08	1.80	1.89	
6 月 28 日 12 时	杨集—程那里	13(15.5)	51.28	1.43	1.10	
	程那里—孙口(死弯)	6.5(9.5)	49.85	0.97	1.45	报汛资料
6 月 28 日	孙口 (4 050 m³/s)		48.88			洪水要素表
	高村—孙口	123.43		13.79	1.12	
	孙口—南桥	39(46.5)	48.88	6.16	1.57	
	南桥—艾山	11.5	42.72	0.84	0.76	
	孙口—艾山	60.5	41.88	7.00	1.17	

2005 年黄河下游防洪工程建设中的马渡 102～106 坝和黑岗口下延工程均属按小弯整治思路兴建的阻水工程,这些工程将给河道整治的战略目标带来不良后果。

12.1.3　微弯整治、"背着石头撵河"难以稳定主槽

黄河下游宽河段采用弯曲整治,是参照高村以下过渡河段的整治经验进行的。他们认为生产堤的存在是产生"二级悬河"的主要原因,因而要坚决破除生产堤,实施宽河定槽。

修建控导整治工程,主动调整流路,控制中水河槽,使游荡性河道的游荡范围有所减小,水流得到改善,防洪安全性有所提高。其规划治导线,采用曲直相间的形式,按照中水流量整治,即确定中水流量时游荡性河道主流线弯曲半径等有关治导参数。整治措施为修筑坝垛护弯,以弯导流,弯弯相接,力求把中水河槽治理成人工控制的弯曲性河道,把河道摆动范围控制在 2～3 km,并利用宽河段的滞洪滞沙作用保证下游窄河段的稳定。

开始于 20 世纪 60 年代的黄河下游河道整治工程,经过 40 余年建设,在游荡性河段已建成险工及控导工程坝垛 2 230 余道,使主流平均摆动幅度由 60 年代以前的 4.33 km

减小到 1.53 km,改善了河势,保护了滩区,减轻了现有险工的防洪压力,对于黄河下游防洪安全起到了积极作用。但是,由于没有针对河槽宽浅,无法约束水流而采用有效的整治措施,在河道整治实践过程中,无论是枯水时段、丰水时段还是大洪水时期,都曾出现过河势失控的情况,因此对现行整治方案的有效性产生质疑。

在黄河下游游荡性河道推荐采用弯曲整治方案,将使游荡性河道强行整治成急弯河道,在理论上、实践上都不利于排洪输沙,河道冲刷。例如,在伊洛河口神堤、赵口、黑岗口均采用在主流区兴建挑流坝,强迫水流改变方向,使对岸远离主流的控导工程着溜,不仅严重影响.泄洪,也造成很大浪费。如张王庄控导工程 8 道坝才兴建没几年时间就废弃,在前面 400 m 处兴建了新的张王庄工程。因近年来的河势很少滚动到目前将要兴建工程的位置,还要通过神堤下延 500 m 才有可能使新的张王庄工程靠溜。如韦滩、毛庵、三官庙、顺河街等多处都是这种类型,都要在对岸兴建长几百米,甚至上千米的挑流坝,才能使这些在滩地上的工程着溜(见图 12-4),而使原可以利用的已有工程,如沙鱼沟、赵口险工、九堡险工、高朱庄、柳园口等失去作用。如不纠正目前按小弯整治的治河思路,有些新建工程可能成为无法发挥作用的"晒太阳"工程,从而造成巨大浪费,同时也不利于排洪输沙,无法改变目前控导工程不断上延下接、"背着石头撵河"的被动局面。

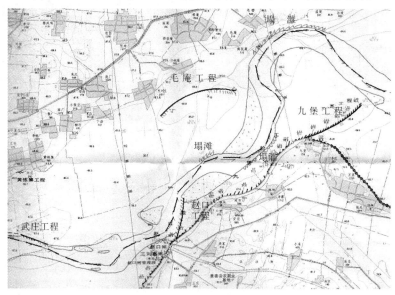

图 12-4　2007 年汛前九堡工程附近的河势

12.1.3.1　1987～1999 年枯水时段河势变化情况

1987～2003 年黄河下游水少沙多,其中 1988 年、1989 年和 1990 年来水较丰,其他年份均为枯水年(见表 12-3),在这样的条件下,游荡性河道的河势变化如下:在这个枯水时段,历年汛期河势主流线套绘表明,在铁谢至伊洛河口河段,除 1989 年外,1987 年、1988 年在化工至大玉兰区间发生主流钻裆,在伊洛河口河段河势散乱,其他各年河势也较稳定,在伊洛河口以下孤柏嘴至驾部河段,各年河势也较稳定。

表 12-3　1987~2006 年进入下游的水沙条件统计

站名	年份	水量(亿 m³)			沙量(亿 t)		
		年	汛期	非汛期	年	汛期	非汛期
三门峡	1987	204.7	79.0	125.7	2.74	2.66	0.08
	1988	354.9	185.3	169.7	15.77	15.28	0.49
	1989	407.6	199.0	208.5	8.09	7.53	0.56
	1990	314.9	134.2	180.8	9.04	6.66	2.37
	1991	174.9	58.1	116.8	2.96	2.49	0.47
	1992	285.3	127.8	157.4	11.05	10.59	0.45
	1993	283.1	137.7	145.5	5.79	5.63	0.16
	1994	264.1	131.6	132.4	12.13	12.13	0
	1995	234.0	113.2	120.9	8.22	8.22	0
	1996	213.1	117.2	95.9	10.82	10.81	0.01
	1997	140.0	52.3	87.7	4.32	4.32	0
	1998	180.6	79.6	101.0	5.72	5.46	0.26
	1999	193.0	86.9	106.1	4.98	4.91	0.07
小浪底	2000	152.0	39.1	112.9	0.042	0.042	0
	2001	167.9	40.16	127.7	0.221	0.221	0
	2002	194.3	86.3	108.0	0.697	0.697	0
	2003	160.0	88.0	72.0	1.206	1.180	0.03
	2004	251.62	69.2	182.4	1.487	1.487	0
	2005	206.2	67.0	139.2	0.434	0.434	0
	2006	265.3	71.6	193.7	0.329	0.329	0

　　驾部至桃花峪河段河势散乱,只有桃花峪控导工程靠溜较好,但京广铁桥至花园口河势散乱。双井至马渡下延河段,1987 年、1988 年和 1989 年摆动幅度较大,1990 年以后河势才稳定,马渡下延至赵口河段河势散乱,只有赵口经常靠河。但是赵口以下至黑岗口河段河势散乱(见图 12-5),河槽的最大摆幅达 3~4 km,河势变化无规律,险工经常不靠溜,但每处又都有可能着溜,河势变化呈现出随机性。

　　黑岗口至府君寺河段,河势变化也十分复杂,经常呈现出麻花状河势或形成"S"形畸形河弯(见图 12-6),使得险工和控导工程无法控制河势变化。古城至府君寺河段河势摆幅较小,府君寺工程靠溜机会多。东坝头至辛店集河段河势变化无常,年际间来回摆动,河势极不稳定。辛店集至高村河段河势历年无大变化,河势稳定。

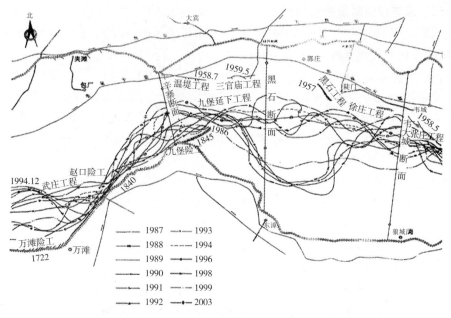

图 12-5　1987～1999 年赵口以下至黑岗口河段河势

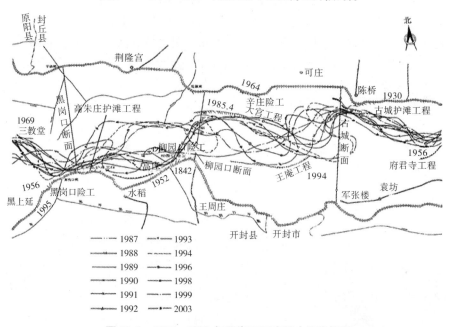

图 12-6　1987～1999 年黑岗口至府君寺河段河势

三门峡水库 1974 年蓄清排浑运用后,把非汛期入库小水挟带的泥沙调节到汛期流量较大的洪水期排泄,减少了河槽的严重淤积。20 世纪 70 年代以后整治工程的兴建也限制了河道的游荡和摆动幅度,都有利于河道的稳定。但是在武庄以下至辛店集河段河势仍无法稳定。当黄河来水较丰时,如 1988 年、1989 年、1990 年,水量均大于 300 亿 m³,整个游荡河段年际间河势变化摆动幅度较大,不能稳定。

12.1.3.2　水丰沙少时段的河势变化

三门峡水库 1960 年 9 月至 1964 年 10 月蓄水拦沙运用,年均来水量为 559 亿 m³、来沙量为 5.82 亿 t、年均含沙量为 10 kg/m³,全下游共冲刷 23 亿 t,年均冲刷 5.78 亿 t。高村以上河段共冲刷 16.9 亿 t,占全河总冲刷量的 73%。1981 年 11 月至 1985 年 10 月,下游年均来水量为 482 亿 m³,年均来沙量为 9.7 亿 t,年均含沙量为 20 kg/m³,属于天然情况下来水丰、来沙少的典型系列,全下游累计冲刷 4.85 亿 t,全河年均冲刷量 0.97 亿 t,高村以上河段年均冲刷 1.19 亿 t,高村至艾山年均淤积 0.45 亿 t,艾山至利津年均冲刷仅 0.11 亿 t。

1960 年 9 月至 1964 年 10 月,高村以上河段 3 000 m³/s 流量水位变化表明,水位下降变化范围为 2.7 ~ 1.65 m,呈沿程减小趋势,平滩流量由 1960 年的 5 000 m³/s 增加到 8 000 ~ 9 000 m³/s。1980 ~ 1985 年,高村以上 3 000 m³/s 流量水位下降变幅为 0.8 ~ 0.35 m,平滩流量由 1981 年 1 月前的 5 000 m³/s 增加到 1985 年汛前的 6 500 m³/s。

铁谢至神堤河段河势非常散乱,主流在 2 ~ 4 km 范围内摆动,已有的控导工程无法有效控导河势,1983 ~ 1984 年在化工至大玉兰出现极为严重的钻裆险情。

伊洛河口河段 20 世纪 60 年代河势变化范围很大,80 年代伊洛河口以下孤柏嘴靠河机会较多,驾部工程却很少靠溜,主流在工程前分散 4 ~ 5 km 范围流过。驾部至桃花峪河段河势趋直,黄河沿邙山脚下流过,摆幅在 2 ~ 3 km。只有桃花峪工程靠溜机会较多,但京广铁桥至花园口河段河势散乱,摆幅达 3 ~ 5 km。东大坝靠河情况较好,但双井工程却很少靠溜。马渡以下至赵口河段河势散乱,武庄工程很少靠河。赵口险工靠河几率较高,但赵口以下至黑岗河段河势散乱,河槽的最大摆幅达 4 ~ 8 km(见图 12-7),经常出现反向河弯,已建的险工时而着溜,时而脱溜,主流游荡不定。

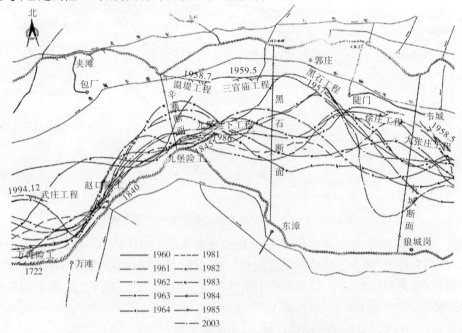

图 12-7　20 世纪 60、80 年代赵口以下至黑岗口河段河势

黑岗口至柳园口是顺直河段,靠河不稳定,柳园口至府君寺河段河势摆动幅度很大(见图12-8),在3~8 km范围内变化,工程很少靠溜,水流极不稳定,经常出现畸形河湾。

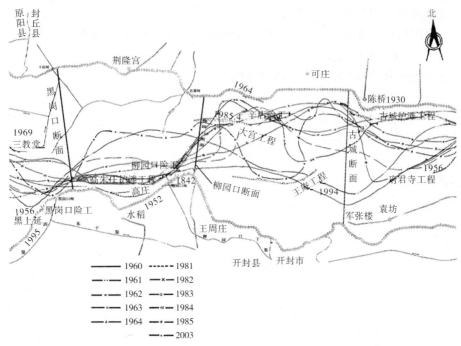

图12-8　20世纪60、80年代黑岗口至府君寺河段河势

东坝头至辛店集河段河势变化无常,年际间来回摆动幅度为2~4 km,河势极不稳定(见图12-9),流路变化呈麻花状,经常出现反向河弯,险工与控导工程无法使河道稳定。

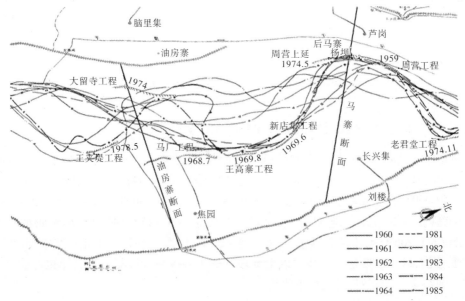

图12-9　20世纪60、80年代东坝头至辛店集河段河势

由于三门峡水库蓄清排浑的运用和20世纪70年代后许多控导工程的兴建,80年代的摆动幅度比60年代有所减小。花园口以上河段平均摆动幅度减小696 m;花园口至夹河滩河段平均摆动幅度减小725 m;夹河滩至高村河段平均摆动幅度减小1 560 m,但是此河段存在着较为严重的"二级悬河"。

清水冲刷期在河槽冲深的同时,河槽不断展宽,塌掉的是高滩,新淤的是低滩。水位虽然降低了,但是河槽仍很宽浅,对稳定河势与输沙能力的提高无多大作用。

12.1.3.3 1958年、1982年和1977年大水河势

1958年发生新中国成立以来黄河下游实测最大的洪水,花园口站洪峰流量为22 300 m³/s;1982年洪水,花园口站最大洪峰流量为15 300 m³/s;1977年发生的两场典型的高含沙洪水,洪峰流量近1万m³/s,最大含沙量为500~600 kg/m³。这些代表了各种典型大水年份河势变化的特点,除集中反映大洪水河势趋直,走中泓外,在宽阔的河床上主流摆动频繁,也会出现特别明显的畸形河弯,主流的摆动范围很大,多在3~8 km变化(见图12-10),而且非常迅速,看不出明显的规律性。

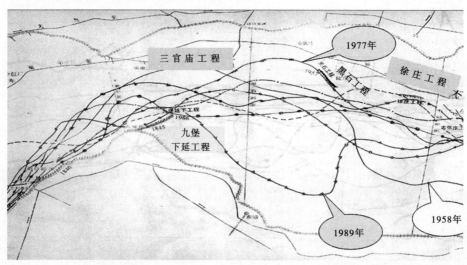

图12-10 1958年、1982年、1977年赵口至大张庄河段大水河势

12.1.4 小浪底水库运用后河道整治面临的新问题

2000年小浪底水库运用后来水持续偏枯,下游河道连年发生冲刷(见表12-4),截至2006年,高村以上河段共冲刷6.933亿m³,高村以下冲刷2.044亿m³,全河共冲刷8.977亿m³。但2003年秋汛来水较丰,小浪底水库汛期出库水量88亿m³,黑石关水量33亿m³,武陟水量14亿m³,进入下游总水量135亿m³,中水持续时间长,小浪底水库出库含沙量仅有1.206亿t,平均含沙量只有13.4 kg/m³,且为由异重流排出的极细沙,冲刷最为强烈,全河冲刷2.62亿m³,高村以上河段冲刷1.665亿m³,艾山至利津也冲刷0.547亿m³。河势变化较剧烈,出现严重险情。

表 12-4   2000 年小浪底水库运用以来下游河道断面法冲淤量   （单位:亿 m³）

运用年	花园口以上	花园口—夹河滩	夹河滩—高村	高村—艾山	艾山—利津	高村以上	利津以上
2000	−0.659	−0.435	0.054	0.139	0.148	−1.04	−0.753
2001	−0.473	−0.315	−0.1	0.054	0.018	−0.888	−0.816
2002	−0.304	−0.397	0.133	0.045	−0.225	−0.568	−0.748
2003	−0.648	−0.698	−0.319	−0.408	−0.547	−1.665	−2.62
2004	−0.178	−0.397	−0.284	−0.094	−0.335	−0.859	−1.288
2005	−0.16	−0.308	−0.304	−0.322	−0.358	−0.772	−1.452
2006	−0.395	−0.669	−0.077	−0.215	0.056	−1.141	−1.30
合计	−2.817	−3.219	−0.897	−0.801	−1.243	−6.933	−8.977

图 12-11 给出的 2007 年汛后黄河下游主槽河宽沿程变化情况表明,河槽仍很宽浅,在高村以上 300 km 长的宽河段,不少断面的主槽宽达 2 000 m 以上,个别断面甚至达到 4 000 m。主槽宽度的下限为 500~600 m。由于无法形成稳定的中水河槽,因此实施有效的河道整治措施十分必要。

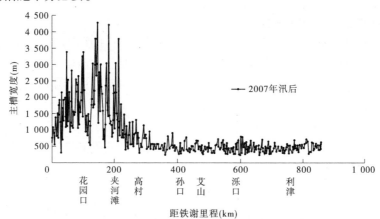

图 12-11   2007 年汛后黄河下游主槽河宽沿程变化情况

伊洛河口以上河段与辛店集以下河段稳定的原因是其具备了较为窄深的河槽,整治工程的兴建只是促成了弯曲河道的形成。伊洛河口以上河段的稳定是脆弱的,一旦入流条件发生变化,河势变化就会产生连锁反应。如双井至马渡河段近 20 年来河势都是稳定的,但在 2007 年汛期双井以下左岸滩地大量坍塌,形成的河槽宽浅,河势开始变散乱。

2003 年汛后黄河水利委员会组织河势查勘表明[1]:神堤以上稳定,神堤至双井则不稳,双井至孙庄稳定,孙庄至东坝头河段控制不住,东坝头至辛店集河段河势不稳。

12.1.4.1   铁谢至神堤

铁谢至神堤河段,铁谢至逯村之间,河势一直向南摆,再现了 1960~1964 年三门峡水库下泄清水期河势变化态势。在铁谢下游兴建二道 500 m 长、几乎与水流垂直的潜坝（见图 12-12）,形成节点即双岸整治后,才使逯村控导工程下首 23 坝以下靠河,且在工程下游滩地继续坐弯坍塌。花园镇至神堤河段,河势流路相对稳定,没有出现大的险情。但由于大河流量大,花园镇工程前、裴峪工程下游出现洲滩,河分两股,大玉兰至神堤之间的心滩将大河分成两股,主溜走北河,南岸塌滩严重。

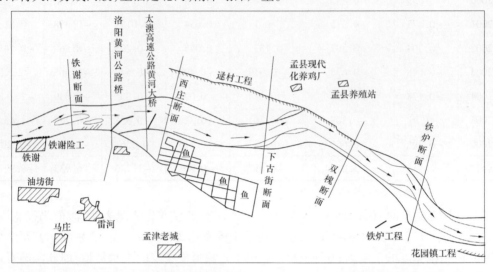

图 12-12　2003 年汛后铁谢下游兴建二道 500 m 长的潜坝与河势

12.1.4.2　神堤至京广铁桥河段

神堤至京广铁桥河段,河势流路仍变化较大,特别是张王庄弯道的流路摆动不定,河出神堤后在神堤北形成一个较大的心滩,将大河分成两股。主溜走南岸,交汇后主溜在张王庄弯道来回摆动折向右岸成南北横河顶冲英峪沟,大河经孤柏嘴流向驾部工程,河势无大变化。

驾部至京广铁桥河段,沁河口东安工程下首 200 m 靠河,河势不够稳定,且在东安工程下首主溜淘刷弯道行河,下段规划位置线已塌入大河。该段河势流路不稳定,形成南北横河,直冲汉王城(见图 12-13)。

图 12-13　2003 年汛后东安横河直冲汉王城

12.1.4.3 京广铁桥至东坝头河段

老田庵工程仅下首靠溜,出老田庵后,主溜淘刷南岸滩地形成弯道,马庄工程前心滩将大河分为两股,主溜偏离工程走南岸,花园口将军坝(90坝)漫水。花园口东大坝下延至马渡下延河段基本上按规划流路行河,河势流路相对稳定,尤其是双井至来童寨河段最为稳定。主要是双井下首对岸有黏土组成的胶泥嘴,与双井工程形成一对节点,控制出流方向,才使得双井至来童寨这段河道得以形成600多m宽的稳定河槽,近15年来河势无变化。

赵口以下河段为游荡型河段,河势最为散乱,三官庙工程未能控导溜势,韦滩工程不靠河,该段河势流路变化不定,特别是三官庙至大张庄河段溜势来回坐弯,主溜摆动频繁,大张庄出现重大险情(见图12-14)。黑岗口至府君寺河段游荡,河势散乱,畸形河势仍然存在。

图12-14 2003年汛后赵口至大张庄河段的河势

黑岗口下延工程挑溜顶冲,造成顺河街工程上游滩地坍塌,顺河街工程河势上提至工程上首,造成险情不断,由于顺河街工程送溜不利,柳园口工程脱河。大宫工程河势上提至工程上首滩地,被迫抢修了上延工程,王庵至古城河段多年出现的南北横河不利流路有所发展,大宫至古城河段的"S"形河湾,见图12-15。

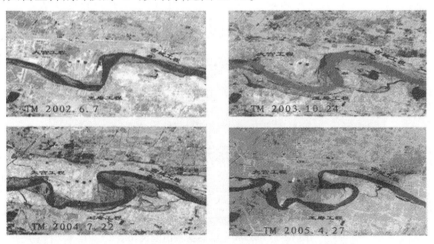

图12-15 2002~2005年大宫至古城河段的"S"形河湾

府君寺至东坝头河段主溜继续顶冲常堤与贯台工程之间的高滩,常堤与贯台间的畸形河湾,主要表现在湾顶因继续冲塌而加深,致使以下河段形成不利流路,畸形河势时常多变,出现"Ω"形的畸形河势,见图 12-16。

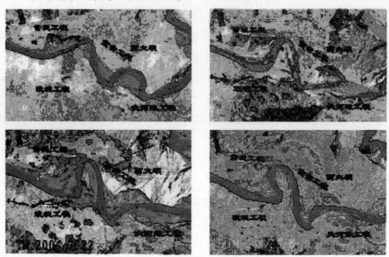

图 12-16   2002~2005 年常堤至东坝头河段畸形河势

12.1.4.4   东坝头至高村

东坝头以下河段由于工程布点比较完善,河势比较规顺、单一,变化不大,似乎该段河势已得到初步控制。但该段蔡集工程出现畸形河势,汛前的嫩滩被冲蚀下移,形成"Ω"形或"W"形河势,造成蔡集工程出现重大险情,引起党中央、国务院的关注❶。

2003 年汛期来水较多,中水持续时间长,2003 年 6 月在蔡集工程上游 1 000 多 m 主流遇黏土抗冲层开始坐弯,形成畸形河势,在中水流量 2 600 m³/s 长时间作用下,引起河势不断下挫,并且导致直冲蔡集 34、35 坝,造成蔡集工程出大险,直至冲垮生产堤(见图 12-17、表 12-5)。在"二级悬河"最为严重河段,洪水走一路淹一路,造成滩区严重的淹没损失和极为不利的影响,淹没耕地 25 万亩(1 亩 =1/15 hm²),滩区受灾人口 11 万人。

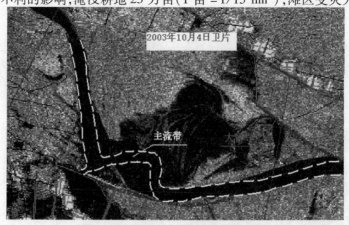

图 12-17   2003 年汛后蔡集出险河势

❶注:蔡集抢险启示录(初稿).黄河防汛总指挥部办公室,2005 年 7 月.

表 12-5　蔡集控导工程河势变化

日期	夹河滩水文站流量（m³/s）	工程水位（m）	工程靠河情况			
			大溜坝号	边溜坝号	漫水坝号	靠水坝号
9月15~16日	2 260~2 320	72.28~72.23	10~15坝	8~9坝 16~19坝		8~19坝
9月18~20日	2 450~1 440	72.26~72.03	8~14坝	6~7坝	15~19坝	6~19坝
10月1~2日	2 390	71.72	4~10坝 34~35坝	24~35坝	11~19坝	4~19坝 24~35坝
10月21~25日	2 320~2 530	71.45~71.50	3~10坝 33~35坝	31~32坝	11~19坝 24~26坝	3~19坝 24~35坝
10月26~27日	2 490	71.54	3~10坝 31~35坝		11~19坝 24~30坝	3~19坝 24~35坝

2003年汛后河势变化频繁。南襄头、马庄至花园口河段,2003年汛后至2004年汛期河势变化很典型。2003年汛后河势由南襄头经马庄工程直奔花园口公路桥的南二孔,将军坝不靠溜,但在2004年汛前,马庄前出现心滩,水流在南岸坐弯,形成将军坝靠流,而在2004年汛期大河北移,将军坝又不靠溜,造成花园口水文站测流断面摆动,北岸塌滩,河槽展宽。从河道摆动之强烈,可以看出只在一岸修建工程河势摆动将难以控制。

由2003年汛后主槽河宽沿程变化可知,在夹河滩以上200多km长的河段,实测断面的主槽宽度一般在1 500~3 000 m,最宽的个别断面达到4 000 m,形成"S"形河湾,河道竟与断面三次相交,河槽如此不稳定,在3 000~4 000 m³/s时河槽如此宽浅,无法通过自身的调整塑造出稳定的中水河槽。

在目前的情况下,由于小浪底水库投入运用以来没有发生大洪水,花园口站最大洪峰流量仅为4 000多m³/s,没有经过7 000~8 000 m³/s大洪水的考验。若再次发生20世纪80年代初期洪水,神堤以上河段可能难以稳定。近年来最稳定的双井至来童寨河段,目前的平滩流量仅4 000多m³/s,若遇洪水大漫滩,河势亦可能发生大摆动。

赵口以下河段目前河势极不稳定,已有的河道整治工程还不能控制河势,更大洪水发生后,在大洪水趋直、走中泓的造床作用下,河势变化与险情就更难以预料。

总之,2003年汛期河势变化说明沿用传统的整治方法难以有效控制河势。由于河势的迅速变化常造成险工脱溜,控导工程不断上延下接的被动抢险,河道断面形态仍很宽浅,无法形成稳定的中水河槽,需要采取更有效的河道整治措施。

12.2　不同整治方案的优缺点

12.2.1　从国内外河流整治看黄河下游整治方向

在人类与自然的关系中,自古以来河流洪水灾害对人们的生活影响最大,且经常发生。为此,人类在与洪水斗争的漫长历史过程中积累了丰富经验,随着科学的发展和人们对河流演变规律和输沙规律认识的深入,技术措施也在不断地改进,对河流的要求也在不断地提高。河道整治的目的应由单纯的防洪减灾向综合效益方向发展。

潘季驯在几百年前就提出"束水攻沙"的主张,修建堤防,减少洪水的淹没范围,排洪输沙入海。

1922年美国水利工程师费礼门提出黄河下游堤距过宽是治理困难的主要原因[2],他根据京杭运河与黄河汇口石洼、位山、姜沟三处洪水期,洪峰流量8 000~10 000 m³/s,最大含沙量9%~10%(重量比),实测河道断面自行刷深的情况,提出整治河宽为1/3英里(约为536 m)的设想。

1946年在严恺主持下制定了黄河下游治理初步规划❶,下游河道整治宽度定为500 m,其主要理由是,黄河山东河道虽然比降小,河宽小,但水深大。其认为比降1‰的窄河段的过洪宽度,在比降2‰的游荡性河道足够用,建议采用以对口丁坝为主的工程措施缩窄游荡性河段,并绘制了全下游河道整治规划图。

新中国成立后,实行了宽河固堤的方针,利用河南宽河段滞洪滞沙,削减了洪峰,战胜了1958年的特大洪水。20世纪50年代后期,认为三门峡水库建成后黄河下游防洪问题基本解决,在下游进行梯级开发,控制纵向冲刷和进行整治河道,以利于引水航运,设计流量为6 000 m³/s,位山以上河道的整治槽宽定为600 m,位山以下定为400~450 m。由于三门峡水库的改建,河道整治工程未能实现。

1965年钱宁针对束水攻沙的治河思想指出[3],要把全部泥沙输入大海,使各级流量挟沙不淤,当平滩流量为5 000 m³/s时,河宽为512 m。

1966年张瑞瑾先生提出把黄河下游河道治理成"宽滩窄槽"的设想[4],并论述了这个设想的合理性、实用性。利用窄槽输水输沙,利用宽滩滞洪滞沙,久而久之,形成高滩深槽。

韩其为对黄河下游游荡性河道整治研究后认为[5],把游荡性河道整治成弯曲性河道在理论上和实践上都存在困难,但有可能整治成微弯型或分汊型河道。

100多年前,美国政府对密西西比河及密苏里河、莱茵河等河流的整治已经开始采用双岸整治的办法稳定了河道❷❸[6],增加中、枯水时的航深,使防洪与航运两方面都受益。中亚地区多沙的阿姆河,在土雅姆水库投入运用后,经过阿尔图宁研究所多种方案的比较,在1981年将原来的单岸弯曲性整治改为双向整治,确保了防洪和引水的安全❹[7]。丹江水库1960年建成后,在襄樊至皇庄153 km的游荡性河道上进行了航道整治,利用双岸同时兴建丁坝窄缩河宽至480 m,稳定了航道,增大了枯水期的通航能力,同时也控制了洪水期的河势变化,达到防洪、航运双重治理目标❺。

---

❶ 严恺,等.黄河下游治理初步规则[R].1946,历史档案资料.

❷ 梁展平.美国密西西比河,密苏里河道治理情况综述[R].郑州:黄河水利科学研究院,1983.

❸ 谭颖,深惠漱,梁忠贤等.美国密西西比河中下游河道与航运工程[R].北京:北京国际泥沙研究中心,1996.

❹ 中亚灌溉研究所.阿姆河土雅木云—基帕恰克河段双向整治规划(总结报告)[R].1981年中亚灌溉研究所,黄河水利科学研究院印,王基柱译.

❺ 襄樊至刘河口航道整治工程初步设计说明书[R].武汉:湖北省交通规划设计院,1977年6月.

长江下游河段整治采用裁弯和平顺护岸,韩其为和杨克诚的研究认为,下荆江1967~1972年裁弯缩短河长66 km,河床冲深了1 m多,达到了防洪、航运双重治理目标。

淮河下游近年采用挖河与裁弯的工程措施,增大河道行洪能力,确保防洪安全。

针对小浪底水库建成后,游荡性河道极为宽浅、主流游荡摆动、河槽无法稳定的现象,正如徐福龄所主张的,要想河流稳定,只有在工程对岸形成具有控导能力的高滩,形成节点。黄河水利委员会李国英主任也强调节点对河势的控导作用。

小浪底水库的投入运用,不仅削减了洪峰,同时可控制河槽淤积,为游荡性河道的双岸整治创造了有利条件。

考虑小浪底水库投入运用后,经过几年的清水冲刷,造成2003年汛期蔡集工程出现重大险情,王庵至府君寺河段形成畸形河势,也说明传统整治方法难以稳定主槽,难以满足利用洪水相机排沙减淤的需要。

如前所述,国内外河流的整治实践均是裁弯、双岸整治,没有一条河流通过人工建造河湾的办法,强行将游荡性顺直微弯河道整治成弯曲性河道。

总之,采用弯曲整治方案,论据并不充分,其整治效果远不如双岸整治,在国内外河流的整治实践中也没有先例,无法稳定主槽,无法实现黄河水利委员会制定的"稳定主槽,调水调沙"新方略。

12.2.2 不同历史时期的治河方略

从历史长河看,时代在前进,科学技术在不断发展,人们对黄河泥沙输移规律的认识不断深入,治黄方略或治黄主张也在不断地更新。

明代万历年间,潘季驯虽然提出"束水攻沙"的主张,修建堤防,减少洪水的淹没范围,排洪输沙入海,但在当时的历史条件下无法实施。钱宁[3]1965年针对"束水攻沙"的治河思想,提出要把全部泥沙输入大海,要使各级流量挟沙不淤,在平滩流量为5 000 m³/s时,河宽为512 m。显然,在来水来沙条件没有改变之前,把几千米宽的河道缩窄到500 m,在技术上谈何容易。

新中国成立之后,在洪水泥沙没有得到有效控制的情况下,执行宽河固堤的政策,无疑是正确的。靠黄河下游河道上宽下窄的河道特性,战胜了1958年的特大洪水,河南的宽河段起到了削峰滞洪作用,使花园口站22 300 m³/s洪峰到孙口降至15 900 m³/s,为艾山以下窄河段的安全排洪入海创造了条件。

黄河兰州以龙羊峡、刘家峡等大型水库投入运用以后,占黄河来水总量60%的水量得到多年调节,丰水年汛期水量大幅度减小,上游人洪水的峰与量也都有很大的削减。

宽河是造成横河、斜河的主要原因,游荡性河道河槽宽浅,一则对水流约束作用差,造成游荡性河道河势变化的随机性,使得河势的发展很难预估;二则由于河道经常摆动,河床中淤积的土质、地形分布十分复杂,耐冲的黏土层与易冲的粉沙,对河势变化产生的影响常是形成横河、斜河的边界条件。

当洪水试图沿着最大比降方向流动时,遇到阻水挡水物时被迫改变流向,若水下的边界条件无法预先知晓,河势变化则呈现随机性,这是产生横河、斜河的主要原因。在小浪底水库投入运用后,仍可能发生主流顶冲钻裆,形成滩地坐弯、控导工程脱河的严重险情。

2003 年主流顶冲汉王城,王庵、贯台、蔡集等多处出现畸形河湾,致使以下河段形成不利流路与出险,影响最大的蔡集出险就是这样造成的。2003 年 6 月在蔡集工程上游 1 000 多 m,主流遇到黏土抗冲层开始坐弯,形成畸形河势,在中水流量长时间作用下,引起河势不断下挫,并右倒直冲蔡集 34、35 坝,造成蔡集工程出大险,直至冲垮生产堤。

三门峡、小浪底等干支流大型水库投入运用,使下游大洪水也得到一定控制,进入下游洪水的峰与量也相应减小,如再发生类似于 1958 年的特大洪水,经过水库调节后,花园口站洪峰将降至 9 620 m³/s。尤其是小浪底水利枢纽建成后,不管黄河中游来水来沙如何变化,都要通过小浪底水库调节进入下游,按泥沙多年调节运用,可以使绝大部泥沙调节到洪水期输送,河槽淤积得到进一步的控制。实施窄河固堤治河思想的条件逐渐具备[8-10]。

温善章、赵业安等从社会发展、经济效益等多方面分析后,提出的窄河固堤的思想就是在这种历史条件下产生的。他们主张把生产堤变成临黄堤,把现在的黄河大堤作为第二道防线,同时在滩区兴建横堤,分段蓄洪,以减少洪水漫滩造成的淹没损失。需要说明的是,他们提出的窄河固堤若只是把大堤的间距缩窄了,过水的河槽仍是宽浅的,无法稳定河势与提高河道的输沙能力。窄河固堤若没有双岸整治配合是无法保证大堤安全的。

钱正英院士在 2006 年查勘了黄河下游滩区后[2]指出,关键是要超脱"宽河固堤"的传统格局,大幅度缩窄大堤间距,在临黄整治工程后兴建新的防洪堤,现在的大堤作为第二道防线,以解决滩区 189 万人的生存和发展问题。新大堤能否保证安全,首先是河势能否稳定。包括进一步研究塑造窄深河槽的措施,逐步做到下游河道不淤高,达到永续利用。双岸整治方案具有明显的优点,它反映了当前条件下人们对黄河的认识,以及当今对黄河治理的需求。由于人们对黄河问题认识的不断深化,控制能力的提高,科学技术的进步,在黄河下游进行双岸整治的条件已经具备。

12.2.3 游荡性河道必须两岸同时整治形成窄深规顺流路

长期的来水来沙条件形成目前游荡性河道固有的边界条件,如比降陡,河床组成为粉细沙,抗冲刷性差、最易起动,甚至在流速为 0.5 m/s 时河床均可发生冲刷。由于比降陡,洪水期流速达 3~4 m/s,因此河槽极不稳定,在洪水涨水期河床会发生强烈的冲刷,其冲刷深度达 2~3 m,甚至更大。在这种情况下,修建整治工程是增加河道稳定的唯一措施。目前一岸整治的方法,不能控制河势的主要原因是河槽极为宽浅,一岸整治无法形成能够控导河势、约束水流的中水河槽。

小浪底水库下泄清水冲刷后,河床组成虽然可以由 0.1 mm 粗化到 0.2 mm,但仍处于最容易起动的粒径范围,因此河床抗冲性并没有增加。随着河床组成的粗化,底沙运动增强,动床阻力特性会发生变化,将造成河床的更不稳定,使河槽更趋向宽浅,只有两岸同时整治才能控制河槽展宽,使冲刷向纵深方向发展。这样,在小浪底水库运用初期可以控

❶ 齐璞,于强生,马荣曾,等. 黄河下游游荡性河道整治的思考[R]. 水规总院水利规划与战略研究中心,中国水情分析研究报告. 2004 年(第 102 期).
❷ 钱正英院士在黄河下游治理座谈会上的讲话. 水规总院水利规划与战略研究中心,中国水情分析研究报告. 2004 年总第 133 期.

制滩地坍塌,有利于形成中水河槽,在小浪底水库正常调沙运用期,为水库泥沙多年调节排沙期利用洪水集中排沙入海创造条件,使近期作用与远期整治效果紧密结合。

从增加河道排洪能力与控导河势出发,都希望缩窄河槽、增加槽深[1]。以冲刷量9亿t为例,高村以上河段在铁谢至高村290 km河段内,不同整治河宽的过流能力表明,河宽减小,水深增加,可以使河槽的过流能力迅速增加。由泄流公式 $Q = \dfrac{B}{n} R^{5/3} J^{1/2}$ 可知,过流能力与 B、R 值成正比,但 R 值的方次远高于 B 的方次。虽过水面积相同,但 B 值不同,河槽的过流能力相差很大,主要是水深增加,流速增大所致。如表12-6所给出的计算结果,同样的过水面积,在 B 值为2 000 m、$n = 0.015$ 时泄量为9 298 m³/s,而 B 值为500 m时泄量为14 293 m³/s,增加了近1倍。计算中容重 $\gamma_m = 1.5$ t/m³,$J = 2‰$。

表12-6 相同过水面积不同河宽时的过流能力

河宽(m)		3 000	2 000	1 000	700	500
河槽冲深(m)		0.69	1.03	2.07	2.96	4.14
流量4 000 m³/s时水深(m)		1.23	1.57	2.38	2.95	3.61
河槽深度(m)		1.92	2.60	4.45	5.90	7.75
$n = 0.015$	平滩流量(m³/s)	8 395	9 298	11 346	12 727	14 293
	平均流速(m/s)	1.46	1.78	2.55	3.08	3.69

在河宽为1 000 m、水深为4.45 m时,可泄11 346 m³/s;在河宽为700 m,水深为5.9 m时,可泄12 727 m³/s。从表12-6看出,随着水面宽的减小,水深的增加,河槽的过流能力迅速增加。河宽500 m时的泄流能力是3 000 m时的1.7倍。窄深河槽不仅具有很强的输沙能力,同时具有很强的过流能力,利用窄深河槽宣泄一般洪水在技术上是可行的,但对特大洪水仍需要通过滩地滞洪削峰。因此,游荡性河道要整治成窄槽宽滩,用窄槽输水输沙,控导河势,宽滩用于滞洪削峰保安全。

从有利于排洪考虑,游荡性河流的流路应规划成顺直型或微弯型,而决不能按弯曲性河流的有关特性规划游荡性河道的整治工程,把游荡性河道都整治成弯曲性河道。应根据实际情况,本着因势利导、因地制宜的原则,尽可能使流路规顺。过分的弯曲,还将抬高洪水位,影响防洪安全。游荡性河流难治的根本原因是河槽极为宽浅,河槽对主流不能起到约束作用,而不是它不具备弯曲的流路。因此,不改变河槽形态,就无法通过护弯导流的办法,使游荡性河流稳定。

根据徐福龄回忆,1933年黄河下游形成高滩深槽后,李仪祉先生曾十分惋惜,没有及时进行河道整治。可见,当时主槽的重要性已得到足够的重视。目前的治河原则和规划相对忽视了主槽存在的作用,而只看到弯曲性流路稳定,就按弯曲性流路规划游荡性河道

[1] 齐璞,于强生,马荣曾,等.黄河下游游荡性河道整治的思考[R].水规总院水利规划与战略研究中心,中国水情分析研究报告.2004年(第102期).

的整治工程。其实,弯曲性流路稳定的关键,是具有窄深河槽的控导作用,若无窄深河槽,河流不可能形成稳定的弯曲流路。

为了使游荡性河道形成窄深河槽,除通过水库调节改变来水来沙的组合,排沙时塑造窄深河槽外,有效的河道整治措施的实施也十分必要。从三门峡水库下泄清水的实践,按目前在一岸修建控导工程,无法防止对岸的滩地塌坍。为有效控制河势,根据阿姆河下游游荡性河段整治实践,必须在其两岸都修工程才能稳定流路、防止塌滩。

在对黄河窄深河道泄洪输沙规律认识的基础上,治理理论有了突破;在下游河道河型转化条件研究的基础上,提出了游荡性河道整治的发展方向。小浪底水库泥沙多年调节,相机利用洪水排沙,优化了来水来沙条件,才有可能达到河床不淤。稳定主槽形成窄深河槽才能保证防洪的安全,必须形成窄深河槽才能提高河道的输沙能力,充分利用下游河道在洪水期的输沙潜力多输沙入海,从而达到更好的减淤目的。

由此可见,形成有一定过洪能力的窄深河槽是游荡性河道治理的主攻目标。主槽过流能力增大了,洪水漫滩机会减少了,才能使黄河滩区人们与自然和谐相处,滩区 189 万群众得到一个比较安全的生存环境,359 万亩耕地得到充分利用,是科学发展观对现今黄河下游河道治理的客观要求。只有把游荡性河道改造成窄深、规顺、稳定的高效排洪输沙通道,才有可能达到河床不抬高,使水资源短缺、"二级悬河"及滩区、河口泥沙等诸多问题得到妥善解决。

12.2.4　不同整治方案的比较

表 12-7 给出了不同整治方案的优缺点。宽河固堤、窄河固堤与微弯整治、双岸整治方案的形成都有其特定的历史背景,其整治的目的与要求有所不同,详细特性比较表明:

(1)微弯整治是在黄河下游防洪抢险的基础上演译而成的。没有针对游荡性河道的演变特性进行深入认证。在下游游荡性河道极为宽浅,多条流路中选择一条典型流路作为规划治导线[11],通过人工造弯,试图形成人工控制的弯曲性河流,具有一定的盲目性。

(2)窄河固堤是对社会发展、经济效益等多方面分析后,提出的窄河固堤的思想,是在新的历史条件下产生的,生产堤为第一道防线,大堤为第二道防线。

(3)双岸整治是在对黄河窄深河道泄洪输沙规律认识的基础上,小浪底水库泥沙多年调节,相机利用洪水排沙,优化了来水来沙条件,提出的游荡性河道整治的发展方向。对窄深河槽的过洪机理,淤滩刷槽之间没有联系,水库排沙调控原则等问题认识的突破,为水库利用洪水排沙和下游河道双岸整治,充分利用洪水的输沙和造床作用,长距离输沙入海,实现下游主槽不淤高的目标提供了可能。形成窄深河槽是稳定主槽,保证防洪安全与提高河道的输沙能力所必需的。

宽河固堤或窄河固堤均应采用双岸整治,形成窄深河槽,与小浪底水库泥沙多年调节利用洪水排沙相配合,可以形成一个以小浪底水库为主的调控体系,与下游河道形成的窄槽宽滩相应的泄洪输沙体系,可以控制河槽不淤积,使滩区的 189 万群众得到一个比较安全的生存环境。

表 12-7 宽河固堤、窄河固堤与微弯整治、双岸整治方案优缺点比较

项目	宽河固堤(微弯整治)	窄河固堤	窄槽宽滩(双岸整治)
治理目标	控制游荡范围,护滩保堤,在几种流路中选择一条典型流路作为规划治导线,通过人工造弯,试图形成人工控制的弯曲性河流,确保大堤不决口	缩窄堤距,保护滩区,在临黄整治工程后兴建新的防洪堤,大堤为第二道防线,以解决滩区189万人的生存和发展问题	窄槽宽滩,窄槽用于排洪输沙,宽滩用于大水滞洪削峰,利用洪水输沙,河床不抬高,使黄河滩区人们与自然和谐相处
对宽河道认识	大堤内均是滞洪滞沙范围,主张宽河固堤,由于工程不配套,河道才不稳定……	减小滞洪滞沙范围,河道过宽,今后水沙条件、排洪输沙均不需要	由于河道宽浅而难治,洪水期输沙能力低,比降大,河床极不稳定,要形成窄深河槽必须双岸整治
对大中小水的适应性、投资多少	河势演变具有"大水下挫、小水上提"的特性,工程需要不断的上延下接,要不断投入资金	用微弯整治减小游荡范围,同左;用双岸整治,同右	河势流路得到有效控制,工程分段一次整治到位,短期内投资大
对形成"二级悬河"的认识	生产堤的存在是其产生的主要原因,阻止了滩槽水流交换,加重了河槽淤积,造成悬河	宽河定槽是形成"二级悬河"的主要原因	小水挟沙过多,河槽连年淤积而又不能摆动,"二级悬河"与一级悬河产生原因相同
解决"二级悬河"的方法	主张破除生产堤,滩地是行洪区,实行"一水一麦"	主张利用生产堤作为防洪堤,开发滩区	改变水沙搭配,控制小水淤槽,增大主槽过洪能力,减少漫滩机会
对河道减淤防洪的要求	减淤无明确要求,尽量削减洪峰滞沙	用微弯整治,同左;用双岸整治,同右	控制清水冲刷,滩地坍塌、展宽,形成排洪输沙通道,尽量减少漫滩机会
漫滩后对河道影响的认识	走一路淹一路,淹没范围与损失大,在落水后清水回归主槽刷槽	修横堤蓄洪滞沙,防止发生走一路淹一路的现象	修横堤蓄洪滞沙,防止发生走一路淹一路的现象,河槽冲刷在涨水期,落水均淤积
整治后对下游窄河段的影响	洪水漫滩范围有所减小,滞洪滞沙作用减弱,进入下游含沙量增加,但洪水输沙呈"多来多排",小水淤坏河槽	用微弯整治,同左;用双岸整治,同右	洪水漫滩机会大幅度减少,进入下游洪水输沙造床作用增强,洪水对河床冲刷作用增强,小水淤坏河槽
实施条件	三门峡水库的"蓄清排浑"运用为河道的整治创造了有利条件	小浪底、桃花峪水库发挥作用等	小浪底水库泥沙多年调节,利用洪水排沙

12.3 结 论

(1)在对历年(1950～1999年)大洪水、三门峡水库下泄清水与小浪底水库运用后黄河下游河势变化规律呈现随机性的原因、险情发生具有偶然性分析的基础上,认为现有黄河下游河道整治采用微弯整治难以稳定主槽。

(2)从国内外多条河流均采用双向整治的办法来稳定主槽,对黄河几种河道整治方案形成的历史背景,以及整治的目的与措施,进行详细比较后认为:黄河下游游荡性河道只有两岸同时整治,形成窄深规顺流路才能控制河槽展宽,使冲刷向纵深方向发展,达到稳定主槽的目的。

(3)双岸整治是在对黄河窄深河道泄洪输沙规律认识的基础上,小浪底水库投入运用后,不仅削减了洪峰,同时可控制河槽淤积,小浪底水库泥沙多年调节,相机利用洪水排沙,优化了来水来沙条件,为游荡性河道的双岸整治创造了有利条件。

(4)分析了"二级悬河"的形成原因,提出了淤滩与刷槽之间没有必然联系,洪水的非恒定性决定了河床的"涨冲落淤",主槽强烈冲刷均发生在涨水期,漫滩清水回归主槽改变不了在落水时河槽的淤积状况,为黄河下游的治理提供了可靠的科学依据。

参 考 文 献

[1] 河南黄河河务局.2003年汛后河势演变及工情总结报告[R].郑州:河南黄河河务局,2003.

[2] 黄河水利委员会黄河志编辑室.历代治黄文选(下)[M].郑州:河南人民出版社,1989.

[3] 钱宁,周文浩.黄河下游河床演变[M].北京:科学出版社,1965.

[4] 张瑞瑾.关于采取"宽滩窄槽"的方针治理黄河下游河段的初步设想[C]//当代治黄论坛.北京:科学出版社,1990.

[5] 韩其为.小浪底水库修建后黄河下游游荡性河段河型变化趋势的几点看法[J].人民黄河,2002(4):9-10.

[6] Stevens M A, et al. Man-Induced Changes of Middle of Mississippi River[J]. Water ways, Harbors, and Coastal Engineering, Div, Proc, Amer. Soc. CivilEngrs, 1975:119-133.

[7] X. A. 依尔穆罕默多夫,等.游荡性河道强烈变形及其整治方法[C]//龙沛霖,赵业安.译自1986年第五届全国水文会议论文集.列宁格勒苏联水文气象出版社,1988:207-213.

[8] 齐璞,孙赞盈,刘斌,等.黄河下游游荡河段双岸整治方案研究[J].水利学报,2003(3):98-106.

[9] 温善章.黄河下游宽河段防洪应急之策——改为窄河和增修格堤[C]//黄河水利委员会.黄河下游"二级悬河"的成因及治理对策.郑州:黄河水利出版社,2003:226-231.

[10] 赵业安.黄河下游"二级悬河"形成的原因及治理措施[C]//黄河水利委员会.黄河下游"二级悬河"的成因及治理对策.郑州:黄河水利出版社,2003:218-225.

[11] 胡一三,张原峰.黄河河道整治方案与原则[J].水利学报,2006(2):127-134.

第13章 生产堤存废及河道疏浚

13.1 "二级悬河"的成因与生产堤存废

13.1.1 "二级悬河"的形成原因

回顾黄河治理历史,1973年汛后给中央的报告认为:"由于生产堤挡水,该漫滩的洪水不能漫滩,加重了河槽的淤积,形成悬河中的悬河",彻底废除生产堤后,"二级悬河"则可消除(国发[1974]27号)。30多年的黄河治理实践表明,生产堤破除后,虽然洪水上滩后增加了滩地的淤积,但滩地面积大,大漫滩机会少,滩地虽不断地被淹,"二级悬河"问题并没有得到解决。漫滩洪水在滩面上淤积成横比降5‰,滩唇高堤根注,仍保持槽高滩低的格局,随着近年来不利水沙条件的出现,小水挟沙所占比例增加,河槽淤积加重,"二级悬河"在某些河段仍在发展。

其实生产堤的存在不是产生"二级悬河"的主要原因[1]。产生"二级悬河"的根本原因是在形成游荡性河道小水挟沙过多,不利水沙条件没有根本改变之前,在游荡河段兴建了大量的控导工程,控制了主流的摆动范围。这样虽对当时的防洪起了重要作用,但也控制了小水挟带泥沙的堆积范围,改变了游荡性河道依靠主流自由摆动平衡滩槽高差的演变规律,使主河槽持续淤积,造成主槽高于滩地的"二级悬河"。

游荡性河道的主槽强烈堆积是造成河床不稳定的主要原因。在自然情况下,主槽的淤积,造成滩槽高差降低,在洪水期会发生游荡摆动。因此,河槽的强烈堆积是造成河槽宽浅、游荡摆动的根本原因。游荡性河道整治后,工程控导了主流,但也控制了泥沙堆积的范围,经常走水的河槽在小水期不断淤高。由于受工程的控制无法摆动,而洪水漫滩机会少,滩地面积大、淤积速度慢,因此主槽的抬升速度大于滩地的抬升速度,促成了"二级悬河"的形成与发展,见图13-1。生产堤的存在加剧了这一发展,这一情况在夹河滩至高村河段表现得较为突出。

13.1.2 破除生产堤,"一水一麦"的政策早已脱离现实

在三门峡水库改建时遇到1969~1973年枯水丰沙系列,小水挟沙过多,黄河下游河槽迅速淤高,在1973年汛期花园口以下至石头庄河段出现历史最高洪水位,引起高度关注,甚至认为黄河下游到了1855年大改道的前夜。这时期解决黄河下游泥沙的方向仍处于徘徊状态。

1973年,黄河水利委员会提出了《关于废除黄河下游滩区生产堤实施的初步意见》,国务院以国发[1974]27号文对报告作出批示:"从全局和长远考虑,黄河滩区应迅速废除生产堤,修筑避水台,实行'一水一麦',一季留足群众全年口粮。"但这项政策并未真正落

实到位。随着"二级悬河"形势的不断发展和黄河下游主河槽不断淤积,平滩流量逐渐减小,中小流量洪水也易发生漫滩。黄河下游滩区是群众赖以生存和生产的场所,"小流量、高水位、小水成灾"的严峻事实,严重威胁着滩区群众的生命、财产安全,制约了区域经济发展,使滩区群众脱贫致富更为困难,成为生产堤长期存在的主要原因。

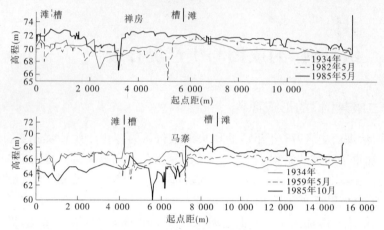

图 13-1　黄河下游典型断面

目前,黄河下游滩区 359 万亩耕地,居住 189 万人,群众需要一个安身之所。生产堤的存在已使黄河下游河道变成了"窄河"。造成下游滩区主要问题的根本原因是河槽不断淤积,河床逐年抬高,平滩流量不断减小,河道宽浅散乱。主槽过流能力增大了,洪水漫滩机会就减少了;形成有一定过洪能力的窄深河槽是游荡性河道治理主攻目标。

当时认为"由于生产堤阻了水,该漫滩的洪水上不能漫滩,加重了河槽的淤积,形成悬河中的悬河"。现在看30多年前这个文件,当时的论证是不充分的,时至今日对这个问题的认识已经有了很大的进展。从造成主槽冲刷及滩地淤积的原因和过程进行的深入研究表明,滩槽冲淤没有必然联系,如果洪水不漫滩,主槽会发生更强烈的冲刷。

13.1.3　淤滩与刷槽之间没有必然的联系

滩地与主槽的过流边界条件不同,因此造成水流输沙能力有很大差别,洪水漫滩后主槽与滩地的输沙特性和冲淤特性表现也各不相同,滩地冲淤与主槽冲淤并没有必然联系。

"淤滩刷槽"在黄河技术人员中是广为流传的,很少有人怀疑。然而如果仔细推敲还真有问题。从一场洪水滩地的淤积量与主槽冲刷之间的简单相关图进行论证只能是宏观统计的现象,应该从造成主槽冲刷及滩地淤积的原因和过程进行深入的研究。一场大洪水过后,滩地大量淤积,主槽强烈冲刷,从表面看似乎它们之间有关联,但通过对河槽冲刷过程的分析,则会发现河槽冲刷发生在涨水期,而在落水期,不管高、低含沙洪水主槽都是淤积的,甚至在比降变幅相差 10 倍的情况下也是如此。

洪水"涨冲落淤"的输沙特性,早在 1922 年美国水利工程师费礼门[2]根据京杭运河与黄河汇口石洼、位山、姜沟三处洪水期,洪峰流量 8 000 ~ 10 000 m³/s,最大含沙量 9% ~ 10%(重量比),发现实测河道断面在涨水期能自行刷深,落水期河床不断淤高的情况。钱宁在《黄河下游河床演变》一书中根据大量的实测资料[3],也发现洪水具有"涨冲落淤"的输沙特性,秦厂水文站 1954 年洪水期河床冲淤与洪水过程中"涨冲落淤"的对应关系。表 13-1 给出 1959 年花园口水文站在汛期 6 场洪水过程,其中包括平均含沙量 169 kg/m³ 的高含沙洪水,涨水时主槽河床均冲刷,落水时主槽河床均淤积的情况。由于涨水期的冲刷深度往往大于落水期的淤积厚度,因此洪水期河床呈现冲刷状态。

表 13-1   1959 年花园口水文站汛期洪水涨冲落淤的情况(钱宁)

涨落	序号	日期 (月-日)	平均流量 (m³/s)	平均含沙量 (kg/m³)	来沙系数 (kg·s/m⁶)	日涨落水 (m³/(s·d))	冲(-)淤(+)量(×10⁴ t)		
							主槽	滩地	全段面
涨水期	1	07-14~19	1 450	41	0.028 5	+1 100	-177.2	-484.0	-661.2
	2	07-21~25	2 960	78	0.026 4	+1 900	-1 089	+1 682	+592.5
	3	07-29~08-07	2 660	56	0.021 0	+1 800	-2 185	+671.2	-1 517.2
	4	08-13~15	2 490	63	0.025 3	+700	-318.5	+898.6	+580.0
	5	08-15~29	3 230	62	0.019 4	+800	-423.2	+456.7	+33.5
	6	08-19~23	5 350	149	0.027 9	+1 500	-1 444	+2 059	+614.7
落水期	7	07-25~29	2 630	81	0.031 0	-1 000	+1 106	-563	+543.3
	8	08-09~13	2 860	140	0.049 0	-1 700	+518.4	-4.8	+513.6
	9	08-30~09-06	4 060	84	0.020 7	-900	+1 072	-320	+752.4

13.1.3.1   实测洪水过程分析

近年来,对具有窄深断面形态的稳定河段的输沙特性与冲淤特性的研究表明,主河槽的冲刷主要发生在涨水期,在落水期不管含沙量大小,均处于淤积状态。由于涨水期的冲刷深度往往大于落水期的淤积厚度,因此洪水期河床呈现冲刷。1958 年大水,花园口、泺口断面实测资料表明,大水过程中涨冲落淤,随着涨水平均河底高程和最低河底高程的降低,最大洪峰的时候河底高程达到最低。洪水的泄洪能力的增加主要是靠河床冲刷、水深的增大实现的(见图 2-13)。花园口站在 1958 年这场洪水中,流量从 5 000 m³/s 涨到 15 000 m³/s,水位只增高了 1 m,但是河槽冲深了 3 m;泺口站在 1958 年流量从 5 000 m³/s 增长到 10 000 m³/s,水位升高 2.95 m,平均河底高程冲深 3.45 m,但主槽平均水深由 6.70 m 增加到 13.1 m,增加了 6.4 m,也远大于水位升高值。最大水深由 8.9 m 增至 18.1 m,增加了 9.2 m。河槽的冲深对河流的过洪能力起着至关重要的作用,这是黄河的特点。

大洪水在通过具有复式断面的河段时,随着洪水流量的增大,水位升高,在主槽过流量增加的同时,漫滩水量也在增大,这两者是同时发生的。主槽过流量增大,无疑会增加主槽冲刷量与冲刷强度,而滩地淤积量的大小,则取决于漫滩的水量与上滩含沙量。造成滩地淤积的主要原因是滩地糙率大,水浅流缓,泥沙很容易淤积。多沙河流洪水漫滩后,泥沙首先在滩唇上落淤,形成自然堤,阻断了滩地退水流路,漫滩水流只能沿着堤河缓缓地向下游流动,"走一路淹一路,一直淹到陶城铺",显现了滩区的滞洪滞沙作用。漫滩水流的运动速度远远低于主槽内洪水的传播速度,只有在下游险工的上首,水位较低时,才有机会回归主流。因此,造成漫滩水流往往在落水期汇入主槽。从上述洪水期涨冲落淤形成过程可以看出,漫滩水在落水期汇入主槽,只能起到减少河槽淤积的作用。至于漫滩水流加到洪水期平水段发生的冲刷,与涨水期相比其冲刷强度弱,作用也较小,难以改变洪水落水期河槽淤积状态,抵消洪水期漫滩后减弱河槽的冲刷。因此,在一场洪水中,主槽的冲刷与滩地淤积是相互独立的,二者之间没有必然的联系。

13.1.3.2 重现期为百年一遇洪水滩槽冲淤动床试验结果[4]

重现期为百年一遇设计洪水,洪峰流量为 15 300 m³/s,最大含沙量为 113 kg/m³,在这种水沙条件作用下,韦滩以下河段均发生大漫滩,各典型断面河槽形态均发生不同程度的变化(见图 13-2)。在本场洪水的作用下,河槽又进一步扩宽冲深,最大冲深达 2～5 m。河道呈现出了槽冲滩淤现象,滩地落淤范围在河槽两侧 300 m 以内的滩唇落淤较厚,黑岗口以下河段滩唇淤高 0.4～0.7 m,黑石、韦城等断面具有明显的横比降。试验中,涨水期漫滩后的水流,在滩区流动的非常缓慢,漫滩的大量清水在洪水落水期河槽水位下降后才缓缓归槽,滩槽水流交换并不频繁,漫滩水回归主槽的刷槽作用也不够明显。

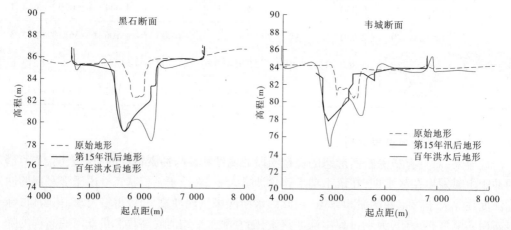

图 13-2　各典型断面槽冲滩淤变化

13.1.3.3 洪水的非恒定性决定了河床的"涨冲落淤"

河床的冲淤与底沙的运动状况有关。已有的研究成果表明,床面处于高输沙动平整状态时,其运动强度取决于作用在床面上的剪力 $\tau = \gamma hJ$ 或功率 $\Phi = \gamma hJv$。当作用在床面上的剪力或功率逐渐增加,底沙的输移逐渐增强时河床产生冲刷,否则河床发生淤积[5]。

由于洪水流量的剧烈变化,水深、流速、比降发生相应的调整,引起作用在床面上的剪力或功率相应增强或减弱,从而造成底沙输移强度的增强或减弱。在涨水期,随着流量的增加,比降和附加比降均迅速增加,作用在床面上的剪力、功率也随之增大,底沙的运动增强,河床发生冲刷,河床平均高程随之降低;反之,河床不断淤高。其中剪力、功率的变化过程与河床平均高程变化过程相反,最大流量发生时,剪力、功率最大,河床平均高程最低。因此,造成涨水期河床必然冲刷,在落水期河床必然淤积,与洪水是否漫滩没有内在的联系。

从以上分析可知,艾山至利津河段比降虽比较平缓,但当进入本河段的洪水造床和输沙作用增强后,仍会造成本河段的强烈冲刷,有利于本河段的减淤。

13.1.3.4 洪水不漫滩河槽仍可发生强烈的冲刷

从1983年和1985年洪水在山东河道的艾山、泺口和利津断面的冲淤过程均可以看出,在流量大于1 500 m³/s的时候,河床开始冲刷,随着流量的增大,河床的冲刷不断加深,平均河底高程逐渐降低,在最大洪峰的时候,河底高程最低,到了落水时段河床才逐渐淤高。

从1982年利津站实测洪水过程线与河床高程变化过程和尹学良绘制的1977年利津高含沙洪水期,洪水过程中河床对应涨冲落淤的过程都可以看出,洪水的涨冲落淤过程非常明显[6]。不仅是低含沙洪水,高含沙洪水也是这样。1973年8月、1977年7月、1977年8月和1992年8月的高含沙洪水,根据花园口的流量、含沙量过程,从平均河底高程和最深点高程可以看出,涨水都是冲的,落水的时候都是淤的。

通过对大洪水的分析,特别是对几次典型大洪水深入全面的分析,艾山以下稳定河道不论是低含沙洪水,还是高含沙洪水,艾山和利津水文站实测成果都是涨水冲刷、落水淤积的。对于过渡段或者游荡性河段,大部分也呈涨冲落淤,造成个别例外的缘由,主要是河槽宽浅,河势变化无常所致。对于比较稳定的河段都是涨水冲刷、落水淤积的。由此可以看出,河槽的冲刷主要靠流量,且都发生在涨水过程中。

13.1.3.5 漫滩水流滩槽能量传递交换和能力损失问题

从漫滩水流的主槽与边滩流速分布的改变可知,洪水漫滩后由于主槽的高流速区向滩地的低流速区传递能量,会降低主槽的流速[7]。图13-3给出苏联《气象与水文月刊》1962年10月发表什比的一文《主槽和滩地水流的相互作用》[8]。水槽试验的结果表明,主槽与滩地隔开与否会影响主槽的流速值。当主槽与滩地隔开后主槽的流速可增加20% ~30%。由此说明漫滩洪水不会增加主槽的输沙和过流能力。

由图13-4给出的黄河下游孙口站实测流量与断面平均流速的关系可知,在低水期随着流量的增加,流速增大,平均流速最大的相应流量为5 000 ~6 000 m³/s。当流量大于6 000 m³/s开始漫滩后,随着流量的增加,断面平均流速减小,当流量达到10 000 m³/s时平均流速只有1 m/s,较流量5 000 ~6 000 m³/s的最大流速为2 ~3 m/s,减小很多。

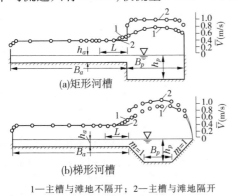

1—主槽与滩地不隔开;2—主槽与滩地隔开

图13-3 主槽与边滩隔开与否的流速分布

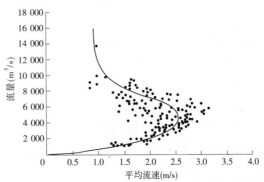

图13-4 孙口站实测流量与断面平均流速的关系

从图 13-5 给出的 1996 年高村站主槽实测平均水深与平均流速的关系也可以看出，洪水漫滩后会使主槽的平均流速和最大流速均会大幅度减小。其中最大流速减小的幅度远大于主槽平均流速减小幅度，最大流速由 3.5 m/s 在漫滩后减小至 3 m/s。

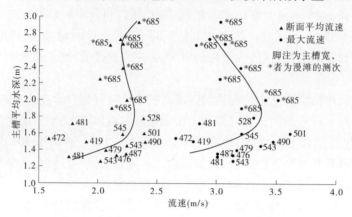

图 13-5　1996 年高村站主槽实测平均水深与流速的关系

由以上水槽试验，黄河实测资料均可说明洪水漫滩会减弱主槽水流的排洪输沙能力。由此可见，在下游泄洪条件允许的情况下，洪水漫滩会造成许多不利的情形。

综上所述，滩地淤积与主槽冲刷，在洪水过程中虽然同时发生，但两者之间没有必然的联系，更构不成因果关系。

13.1.4　生产堤的存在有利于集中水流多输沙入海[1]

今后中常洪水的出现机会增加，大洪水出现机会明显减少，从增加河道输沙能力来说，若通过滩地削减洪峰，不利于输沙入海，不利于洪水对河槽的冲刷。水库调水调沙的任务就是增大洪水的造床输沙作用，在这种情况下，生产堤的存在是有利的。

艾山至利津河段平均流量与艾山至利津河段冲淤特性与输沙特性，以往已有不少研究。其结论是河道冲淤主要取决于流量的大小；而河道输沙能力在流量大于一定值后，主要取决于上游站的含沙量。

艾山至利津河段给出的汛期、非汛期平均流量与断面法测得的冲淤量，3 000 m³/s 水位差及用含沙量表示的河段排沙比关系表明，在非汛期，随流量的增加，淤积量增大，当平均流量为 800～1 000 m³/s 时，淤积最为严重、非汛期的淤积量可达 0.6 亿～1.0 亿 m³。进入汛期，随着流量的增加，河道淤积量减少，当平均流量达到 1 800 m³/s，由淤积转为冲刷。从 3 000 m³/s 水位差值给出的河段排沙比与流量间的变化规律，也显示出河道冲淤主要取决于流量大小的特性。

为了说明河道输沙能力在流量大于 1 800 m³/s 时主要取决于上游来水的含沙量，我们统计了 1950～1988 年平均流量大于 1 800 m³/s，平均含沙量为 50～150 kg/m³，47 场洪

❶ 齐璞.生产堤对塑造中水河槽的作用[R].水规总院水利规划与战略研究中心，中国水情分析研究报告.2004 年总第 118 期.

水的实测资料,点绘成图,从图2-8可知,在上述范围内,河段的排沙比为90%～110%,看不出含沙量的变化对河道排沙比的明显影响,呈现出窄深河槽"多来多排"的输沙特性。

为了进一步论证这一输沙特性,我们分析了1959年、1973年、1977年六场高含沙洪水时的河床冲淤情况(见表2-2),以及洪水前后3 000 m³/s水位差变化,在流量为3 000～6 000 m³/s,含沙量为100～200 kg/m³时,河床一般为冲刷,一场洪水冲刷面积100～300 m²,只有1977年8月洪水水位差略有升高(需要特别说明,从定床清水非恒定性流的水位流量关系可知,在床面没有冲淤的情况下,水位流量关系是逆时针的,同流量的水位峰后高于峰前,主要是涨水时附加比降为正值、流速大、过水面积小,故水位低;而在落水时附加比降为负值、流速小、过水面积大,故水位高。在冲积河道上,水位如略有升高,河床不一定发生淤积)。3 000 m³/s水位差变化也说明上述洪水期的冲刷情况。从以上分析可知,造成艾山以下河道严重淤积的主要是流量为800～1 000 m³/s的小水,而当流量大于2 000 m³/s(单宽流量大于5 m³/s)时,河道呈现出"多来多排"的输沙特性。流量大于3 000 m³/s,含沙量在100～200 kg/m³范围内可顺利输送,且河床会产生一定的冲刷,这段河道存在着较大的输沙潜力。

今后,在洪水发生机会大幅度减少的水沙条件下,废除生产堤的结果,使许多能利用主槽排泄的洪水淹没了滩区,造成不必要的损失。即在绝大多数情况下,洪水淹没滩地是得不偿失的。从减小滩区的受淹几率来考虑,生产堤的存在是必要的。没有必要利用滩区政策补偿来推动破除生产堤。20世纪70年代提出的政策,已经脱离今天的现实社会与当今的防洪形势。

为了推动下游游荡性河道治理,建议废止关于破除生产堤的决定,当今的政府和滩区群众都希望有一个安定的生产、生活环境,要千方百计创造这个条件,这是我们黄河治理者的主要责任。

13.1.5 水库调水调沙运用与双向整治的配合

"二级悬河"产生的原因主要是小水挟沙过多,河道严重淤积抬高,受小河槽的约束,在无大洪水发生时,河道不能大幅度摆动,平衡槽高滩低的不利局面。"二级悬河"与"一级悬河"的产生原因实质是相同的。

黄河下游河道治理的进展与防洪形势的变化,如三门峡水库的"蓄清排浑"运用避免了非汛期小水挟沙后淤槽,有利于中水河槽的形成。三门峡水库改建后,从1974年汛后开始"蓄清排浑"运用,利用潼关以下槽库容进行调沙,虽然仍有不尽人意的小水排沙的情况发生,但对黄河下游河道仍是有利的,使得花园口以上河道基本不淤。图8-1给出的黄河下游4个河段1950～2007年断面法累计冲淤量的变化过程表明,在1950～1960年的天然情况下,花园口以上100 km长河道淤积量,相当于花园口至高村200 km长的河道及高村至艾山197 km长的河道淤积量。

几十年的治理实践,使人们认识到维持黄河主槽必需的泄洪输沙能力,是黄河下游治理的关键所在。面对黄河来水来沙条件的不利变化,在特殊情况下形成的三门峡水库"蓄清排浑"泥沙年调节的运用方式,受库区条件限制不能对黄河水沙进行大幅度调节,但在1960～2000年小浪底水库投入运用前40年间花园口以上河道基本不淤积。对黄河下游已经成为小浪底水库的移民区温、孟滩区的防洪十分有利。要想从根本上解决"二级悬河"的问题,则应与小浪底水库调水调沙运用结合。通过水库的泥沙多年调节,改变进入下游的水沙搭配,控制小水挟沙与河槽淤积,利用大洪水输沙,塑造有利于输沙的中水河槽,使平滩流量增大。

由地方兴建的黄河滩区的生产堤,堤距一般 3~4 km,远远大于使黄河下游河道保持不淤积时的整治河宽 500~600 m。生产堤存在对不漫滩的小水没有约束作用,只是减少了漫滩洪水的漫滩范围与淹没损失,因此也无法解决游荡性河道小水挟沙过多所造成的主槽严重淤积问题。生产堤存在只是把大堤的间距缩窄了,过水的河槽仍是宽浅的,无法提高小水的挟沙能力;无法控制清水冲刷时河槽展宽;无法形成窄深河槽,稳定河势,提高河道的输沙能力。

要彻底解决游荡性河道防洪与河槽淤积问题,首先要通过中游水库进行泥沙多年调沙,优化进入下游的水沙搭配,同时在游荡河段进行双向整治,把游荡性河道改造成窄深、稳定、规顺的排洪输沙通道,游荡性河道的防洪与河道淤积问题才能得到很好的解决。

13.2 疏浚工程的作用

13.2.1 疏浚的局限性

河南黄河河务局曾对游荡性河段通过挖河疏浚调整河势进行过试验研究工作,拟在黑岗口至柳园口河段挖河疏浚调整河势,试图使柳园口险工靠溜,保证开封市引水。为此,委托黄河水利科学研究院进行过 5 个方案,9 组模型试验。试验结果均表明,开挖成的新河在初期分流比较大,随着放水时间的延长,新河床不断淤积、河床抬高、过流能力逐渐减小,老河的过流能力逐渐增加。直至开挖的新河进口段大部淤死,水流归故。这是因为游荡性河道的河势变化受上游河势的影响很大,尽管新河河底高程较低,在初期过流时很通畅,但是由于新河与老河走向变化较大,水流不畅导致新河口门处迅速淤高。河道的演变结果是复归原道。由此可见,在没有统一有效的河道整治规划工程控导下,企图用挖河疏浚的办法解决游荡性的防洪问题可能会事与愿违,达不到预期目的。挖河疏浚在河道整治中只能起辅助作用,配合河道整治规划才能发挥积极作用。

13.2.2 河道疏浚只有与河道整治相结合才能充分发挥作用

不同河道疏浚的目的不同,所采用的疏浚方法也不同。对清水河流为了扩大泄洪能力,需要扩大过洪断面积,疏浚河槽宽度可能较大,疏浚完工后的几十年过洪能力还能保持。对于多沙河流而言,问题则远为复杂,没有清水河流那么简单,因为疏浚后的河道可能会很快使河道的泄洪能力丧失。不考虑泥沙淤积问题,疏浚的效果就不能长期得以保持,防洪问题也不能彻底解决。为此,黄河下游河道疏浚,应长期有利于提高河道输沙能力,减少河道淤积,因此从原则上讲疏浚宽度不能太大,疏浚的宽度应与排沙流量相适应,尽可能保证在排沙时河槽不淤积。同时疏浚宽度也能够满足泄洪要求,河槽窄深些不仅有益输沙,同时也有利于泄洪。单宽过洪能力与水深的 1.67 次方成正比。同样的开挖断面积,河槽宽度越小,水深越大,过洪能力越强。

在黄河下游游荡性河段进行疏浚时应与河道整治相结合,防止疏浚挖出的泥沙因河道摆动再次塌入河槽中,最好先规划出整治线,布置相应的河道整治工程后,再进行疏浚,形成稳定的中水河槽。这样做一则可以在滩边堆沙,减少吹填运距,节省运行费用,降低成本,提高工作效率;二则可以迅速增大滩槽高差,使平滩流量迅速增大。通过疏浚增大河槽过流能力与利用清水冲刷下游河道,增大平滩流量,在经济上具有明显的优势。根据以往三门峡水库下泄清水与近年小浪底水库调水调沙实测资料分析,用 2 000 ~ 3 000 m³/s 流量冲刷下游河道,冲刷 1 t 泥沙的耗水量为 60 ~ 70 m³,且 80% 的冲刷量发生在高村以上河段,艾山至利津河段冲 1 t 泥沙的用水量在 300 ~ 400 m³,以 0.2 ~ 0.3 元/m³ 用水成本计算,用 300 m³ 水的成本最低为 60 元,而用疏浚挖泥机械清淤的运行费用只有几元钱,两者的成本相差十倍。在黄河水资源十分紧缺的情况下,显然用机械疏浚清淤在经济上具有明显优势,在黄河下游河道的治理中是一项值得重视的技术措施。

为此,游荡性河段的疏浚应结合河道整治的需要,开展高效率疏浚,应以理顺河势,调整畸形河势,布置有利于排洪输沙、稳定河势的河道整治工程为主,形成稳定的中水河槽。在高村以下的河段进行疏浚时,也要保证从河床中挖出的泥沙不要再塌入河中,造成河槽的淤积。疏浚应与护滩工程、河道整治工程统一考虑,才有利于中水河槽的稳定。

参 考 文 献

[1] 齐璞,孙赞盈,苏运启.论解决黄河下游"二级悬河"的合理途径[C]∥黄河水利委员会.黄河下游"二级悬河"的成因及治理对策.郑州:黄河水利出版社,2003:285-300.

[2] 费礼门.黄河洪水问题(1922)[M]∥历代治黄文选(下册).郑州:河南人民出版社,1978:123-135.

[3] 钱宁,周文浩.黄河下游河床演变[M].北京:科学出版社,1933:125-170.

[4] 武彩萍,齐璞,张林忠,等.花园口至夹河滩河段双岸整治动床模型试验报告[R].郑州:黄河水利科学研究院,2004.

[5] 齐璞,孙赞盈,侯起秀,等.黄河洪水的非恒定性对输沙及河床冲淤的影响[J].水利学报,2005(6):637-643.

[6] 尹学良.黄河下游的河性[M].北京:中国水利水电出版社,1995.

[7] 谢汉祥.漫滩水流特性与水力学计算[C]∥第一届河流泥沙国际学术讨论会论文集(第一集).北京:光华出版社,1980.

[8] 史辅成,易元俊,慕平.黄河历史洪水调查、考证和研究[M].郑州:黄河水利出版社,2002.

第 14 章　黄河下游双岸整治方案

14.1　双岸整治的实例

14.1.1　密西西比河与密苏里河[1]

密西西比河是美国最大的河流(见图 14-1)。若以其支流密苏里河为河源,全长6 262 km,其主要支流有密苏里河、俄亥俄河、阿肯色河、雷德河等,流入墨西哥湾。密西西比河是一条多沙河流,每年约有 5 亿 t 泥沙输入墨西哥湾,支流挟带泥沙使干流中、下游河道不断淤积,其中以密苏里河为最甚,阿肯色河次之。密西西比河干、支流河道特性详见表 14-1。对密西西比河及密苏里河下游的河道,主要采用修筑防洪堤、分洪区、裁弯、丁坝、护岸、疏浚等方法进行渠化治理。在巴吞鲁日以上,因河岸受侵蚀后易坍塌,在修筑护

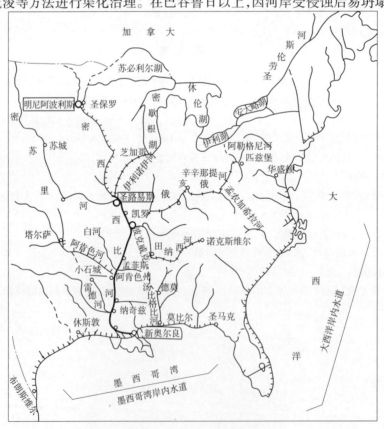

图 14-1　美国密西西比河

岸保护、用丁坝缩窄河宽的同时,用裁弯缩短河道,达到顺畅水流的目的。1929～1942年,在孟菲斯到安哥拉共进行颈缩裁弯16处,缩短河道244.6 km。

表14-1　密西西比河干、支流河道特性

河名		河型	流量(m³/s)			坡度 (m/km)	水位 变化 (m)	河宽 (m)	河深 (m)	悬沙 重量 百分比	年平均冲 蚀宽度 (m)
			平均	最大	最小						
密西西比河上游		分汊型	2 760	10 300	141	0.085	7.8	61～1 035	7.6～18.3	0.02	0.6～3.0
密西西比河中游		蜿蜒型		36 800	566	0.114	14.5	548～1 830	7.6～18.3	0.1	15.3
密西西比河下游	凯罗—巴吞鲁日	蜿蜒型	16 070	71 000	2 450	0.076	19.9	1 570	25.9～45.6	0.07	153
	巴吞鲁日—河口	蜿蜒型		44 200	1 390	0.002	7.0	823	45.6～61.2		0.6～6.0
密苏里河		蜿蜒型—分汊型	2 060	19 300	119	0.171	12.5	610～915	7.6～13.7	0.38～0.47	
俄亥俄河		蜿蜒型—分汊型	7 400	52 400	575						
阿肯色河		蜿蜒型—分汊型	1 160	24 200	5.7	0.125～0.19	12.2	304～1 220	6.1～9.15	0.27	91.5
雷德河		蜿蜒型	1 260	10 400	15.5	0.087	15.0	298	15.3	0.14	244

　　密苏里河下游河道经过采取双岸整治措施及配合裁弯,河道由网状整治为规顺流路,主流线长度与整治前相比也发生了较大变化(见表14-2)。由表14-2可知,1890～1960年的70年间,密苏里河下游河段苏城—河口主流线长度减少了139 km。在裁弯的同时配以护岸、丁坝、疏浚等措施,既控制了河势,又使河流在裁弯段保持一个几乎固定的长度。

表14-2　密苏里河下游主流线长度变化　　　　　　　　　　(单位:km)

河段	1890年	1941年	1960年
苏城—河口	1 495	1 408	1 356
俄马哈—河口	1 222	1 170	1 141
鲁洛—河口	995	953	922
圣乔什夫—河口	887	852	830
堪萨斯河—河口	716	692	678
杰斐逊城—河口	280	265	267

图 14-2 给出了密苏里河下游河道典型河段的双岸整治工程布置图❶。由图 14-2 可知,双岸整治工程依据河道原有河势布置大量整治工程和丁坝,缩窄河宽,稳定河槽,保障航宽和航深。

为了控制水流及河道演变,缩窄河宽,使其达到要求的水深和航宽,在密西西比河下游修建了大量丁坝,如表 14-3 所示,主要是桩式坝和块石丁坝,丁坝间距为其上游丁坝长度的 1.5 倍,但一般不超过 900 ~ 1 200 m。丁坝的修筑稳定了下游河槽,限制了河曲带,加速了大颗粒床沙向下游的移动。

表 14-3　密西西比河中、下游丁坝修筑情况

	河段	丁坝座数	丁坝累计长度（km）	每千米河道内丁坝数	每千米河道内丁坝长度(km/km)
中密西西比河	圣路易斯河段（圣路易斯—凯罗）	1 100	229	3.5	0.955
下密西西比河	孟菲斯河段（凯罗—白河河口）	222	154	0.385	0.267
	维克斯堡河段（白河河口—老河河口）	123	74	0.278	0.167

密西西比河自白河口至安哥拉 8 个裁弯段裁弯后对洪水的影响,在洪水流量为 42 450 m³/s 时,裁弯后在涨水期水位下降了 1.7 ~ 5.3 m,落水期水位下降了 0.1 ~ 4.1 m,由上游向下游降幅逐渐减小。裁弯后洪水位平均降低了 3 m,减轻了防洪压力。

文献[2]给出密西西比河中游段 314 km 整治结果,图 14-3 给出缩窄河宽后横断面形态变化。水面宽由 1 100 m 缩窄至 640 m,最小水深由 1.37 m 增加至 2.74 m,河槽下切, 8 000 m³/s 以下流量水位大幅度下降,平槽水深由 9 m 增加至 14 m。8 000 m³/s 以上流量水位因滩区生产堤变成大堤,减小了过洪面积,详见图 14-4 给出的 1844 年与 1973 年堤防的变化情况,使洪水位明显抬升。以 1993 年大水为例,由于生产堤变大堤引起水位抬升 0.9 ~ 1.2 m,但上游水库多蓄水 246.9 亿 m³,正抵消了壅水作用而堤防本身却保护了广大的城区与郊区,减少损失 190 亿美元[3]。

对于河道宽度的确定,以密苏里河为例,综合考虑了洪水期的洪水流量、输送泥沙不冲不淤所需的安全深度、宽度和水流速度及航行的安全深度等。若河道过宽,使水流缺乏足够的约束,以致枯水期水流散乱或流速过小,不能送走泥沙;若河道过分束窄,则会引起冲刷、流速过高和漫顶泛滥。为此,美国陆军工程兵团的 D. B. Freeman 研究了各河段上控制点的天然宽度,建议采用如表 14-4 所示的随流域面积增大而增大的河流宽度。

---

❶ Aerial Photoqraphy and Maps of the Missouri River , United Ctates Army Corps of Enqineer ,march 1979.

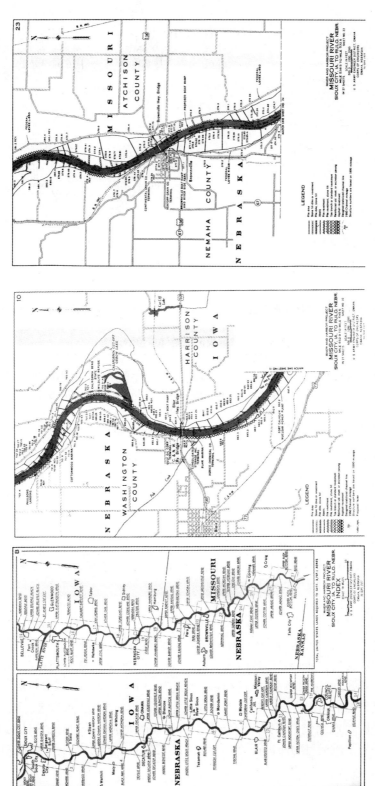

图 14-2 密苏里河下游河道典型河段双岸整治工程布置图

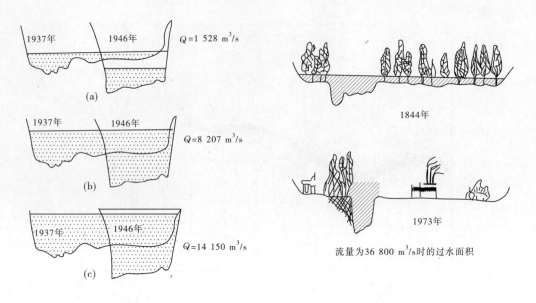

图 14-3　密西西比河横面形态变化　　　　图 14-4　密西西比河堤防的变迁

表 14-4　密苏里河下游河道整治河宽

河道里程 （km）	流量 （m^3/s）	最大流量 （m^3/s）	整治河宽 （m）	河道比降 （‰）	河床组成 d_{50}（mm）
1 406～952（苏城）	896	12 500	210（180）	0.18	0.3
952～706（堪萨斯河）			240	0.17	
706～466（格兰德河）			270	0.17	
466～239（奥萨基河）			300	0.16	
239～0（赫尔曼）	2 220	19 100	330（300）	0.16	0.2

注:河道里程是指从密苏里河口(河道里程为0)往上游起算的里程。括号内的河宽为实际采用值。

14.1.2　莱茵河[4]

　　莱茵河是西欧第一大河,发源于阿尔卑斯山北麓,西北流经列支敦士登、奥地利、法国、德国和荷兰,最后在鹿特丹附近注入北海。全长 1 320 km,莱茵河是一条著名的国际河流,它已成为国际航运水道,通航长约 869 km,其中大约 700 km 可以行驶万吨海轮,是世界上航运最繁忙的河流之一。莱茵河全年水量充沛,自瑞士巴塞尔起,通航里程达 886 km;两岸的许多支流,通过一系列运河与多瑙河等其他大河连接,形成繁忙的航运。河道整治也主要是为了航运目的而进行,图 14-5 给出莱茵河下游河道典型河段双岸整治工程布置图。

图14-5 莱茵河下游河道典型河段双岸整治工程布置图

14.1.3 阿姆河整治经验[5]

阿姆河是中亚的多沙河流,年径流量为190亿~770亿 m^3,平均年沙量2.46亿t,最大年沙量4.8亿t,4~8月洪水期 $Q_{max}=8\,000\sim9\,000$ m^3/s,沙量2.12亿t,常见洪水流量为3 000~4 000 m^3/s,枯水流量为400~900 m^3/s,洪水期含沙量为16~20 kg/m^3,$D_{50}=0.025$ mm,河道比降为0.000 16~0.000 26,床沙组成 $D_{50}=0.25$ mm,最大流速3~4 m/s,河道在3~5 km范围内摆动。泥沙沉积带在下游河道和河口三角洲,年淤积量0.8亿~1.0亿t。在上游修建了库容为105亿 m^3 多年调节的努列克水库后,在1981年对土雅姆水利枢纽下游200 km长游荡性河段作了整治规划,原来的河道整治也为传统的弯曲性整治,由于无法控制河势的上提下挫,保障引水与防洪安全,经过阿尔图宁研究院多年研究,分析比较了50多种整治方法,最终得出双向整治方案,利用对口丁坝整治阿姆河下游游荡性河道最有效的结论;用横堤治导流道,横堤与水流方向的角度取上挑60°,底宽20 m,边坡 $m=3\sim4$,水位变幅2~2.5 m,洪水位以上超高1.5 m,故堤高4~5 m,堤面用壤土或碎石填筑,堤上游坡和裹头用不同尺寸石块保护,预期最大冲深15 m,石护坡裹头长度为50~100 m,则每道横堤需抛石1万 m^3,两岸横堤的裹头对称布置。横堤之间距应以水流不冲局部河岸和形成促进淤积的堤间滞水区为条件,使冲刷限制在槽内,并促成漫滩滞洪滞沙作用。按此规划,需要填筑255道横堤,总长度250 km,河道整治宽度600 m,对口丁坝间距800~2 150 m,规划的255道横堤中,在1986年报道中已建成130道,总长

❶ 中亚灌溉研究所.阿姆河土雅木云—基帕恰克河段双向整治规则(总结报告)[R].1981年中亚灌溉研究所,黄河水利科学研究院印,王基柱译.

度达 105 km,在 30 道横堤上完成了抛石,整治工程修建后,在大洪水期间仍可漫滩(详见图 14-6),由于苏联的解体,规划没有全部实施。

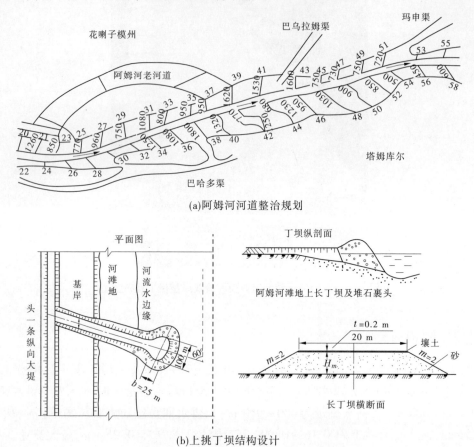

(a)阿姆河河道整治规划

(b)上挑丁坝结构设计

图 14-6　阿姆河河道整治规划和上挑丁坝结构设计

我们在 2000 年的现场考察中,有 40～50 km 长的河段工程按规划全部实施,河道稳定在 600～700 m,坝头的实际抛石量在 6 000～8 000 m³,经 1998 年丰水年考验,在最大流量为 5 200 m³/s,中水流量为 3 000～4 000 m³/s 持续时间一个多月的长时间冲刷,坝头冲深 18～20 m,坝头裹头堆石虽坍塌下沉,但仍可起导流作用。在河势没有控制段,发生横河顶冲时,最大冲刷深度达 30 m。当枯水流量为 700～800 m³/s 时,在个别坝头的下游侧发生回流坐弯,引起丁坝坝身坍塌现象,但没有因此造成垮坝,造成河势大幅度摆动。

14.1.4　汉江下游整治实践❶

汉江是长江的最大支流,发源于秦岭南麓,水量较丰富。襄樊站多年平均年水量 435 亿 m³,多年平均年沙量 1.13 亿 t,自 1960 年丹江口水库投入运用后长期下泄清水。年最大洪峰流量由 18 000 m³/s 削减到 10 777 m³/s。襄樊至汉口河段长 532 km,其中襄樊至

❶　注:襄樊至利河口航道整治工程初步设计说明书[R].湖北省交通规划设计院.1997 年 6 月.

皇庄河段长153 km,为游荡性河道,河道比降0.000 14~0.000 17,河床组成主要是细沙,河床宽浅,沙滩密布,支汊纵横,水流分散,主泓摆动频繁,河床演变剧烈,浅滩变化迅速,航道极不稳定,港口淤积严重,整治前浅滩最小航深0.8~1.2 m,碍航十分严重。在"七五"和"八五"期间国家和湖北省对本河段13处浅滩进行重点航道整治,兴建160道丁坝,其航道整治工程丁坝设计见图14-7。河段航率由70%增加到97%,大大提高了通航能力,降低了运输成本。

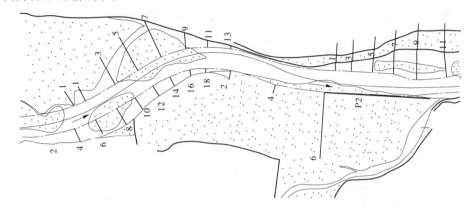

(a)汉江白路岭河段整治工程布置

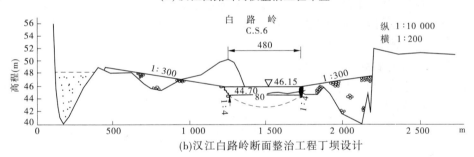

(b)汉江白路岭断面整治工程丁坝设计

图14-7　汉江下游航道整治工程丁坝设计

汉江下游的河道整治目的虽说是航运,但也控制原本游荡的洪水河势,解决了本河段防洪问题。2003年9月汉江下游发生了1983年以来最大洪水,皇庄水文站洪峰流量14 600 m³/s,水位47.47 m,略低于1983年相同流量时洪水位。汛后我们实地查勘这段河道洪水期航道整治工程冲毁情况,经过14 600 m³/s洪水的强烈冲刷,规划兴建的整治工程基本完好,有个别堆石坝与高滩连接处被冲开,洪水抄了丁坝后路,但不会影响稳定航道的安全,河势也不会发生大摆动。

汉江的航道整治大幅度缩小了水面宽,并没有抬高洪水位,由此可见,整治工程的兴建使水流更加集中,增大了洪水期对河床的冲刷能力,可以使河床的过洪能力迅速增加。只是由于丹江口水库长时期下泄清水,丁坝之间的滩地至今没有淤出水面,不能像多沙河流那样形成高滩深槽。

借鉴密西西比河、密苏里河、阿姆河、汉江下游游荡性河段的双向整治方法,针对黄河下游游荡性河道特性,因地制宜地对黄河下游河道开展双岸整治控导,可以达到稳定流路,形成有利于排洪输沙的窄深、规顺、稳定通道。

14.2 黄河下游双岸整治方案

14.2.1 双岸整治的目的

河槽是水流的边界,根据河槽通过流量的大小,通常将河槽分为小水河槽、中水河槽和大水河槽。其中,中水河槽通过的水流对河床的作用较大,因而中水河槽的稳定性成为黄河下游河道整治所关注的焦点。李仪祉先生在1933年就提出治理中水河槽观点,可见中水河槽的重要性。

从河槽的水力学特性分析,可分为宽浅河槽与窄深河槽。当流量增加,河槽宽度与平均水深之比(B/h)增大时,为宽浅河槽;当流量增加,B/h值减小时称为窄深河槽。窄深河槽随着流量的增大,水深、流速增加,河道的输沙能力增大,直到形成多来多排的输沙状态;而宽浅河槽则不同,随着流量的增大,漫滩范围迅速扩大,滩地的淤积强度会迅速增大,从而抵消主槽输沙能力增加速率,使河段的输沙能力反而降低。

从河槽形态对水流的约束能力分析,游荡性河道河槽为宽浅型,洪水可随意摆动,而只有形成窄深河槽对防洪才有利。由以上分析可见,李仪祉先生提到的中水河槽应指中水流量时的窄深河槽。窄深河槽只是给定了河槽形态,然而河槽多宽应由泄洪与排沙需求确定。其中保证排沙时河槽不淤积尤其重要,若河槽宽度确定合理,能不断刷深,水深增大,河槽的过洪能力可以不断加大;反之,则相反。

近年来,对黄河下游游荡性河道进行了积极的河道整治,兴建了大量的河道整治工程,在防洪保安全方面发挥了很大作用,但对塑造中水河槽的作用,需要进行认真的总结,以提高河道整治的水平。

小浪底水库建成投入运用,洪峰流量进一步削减,进入下游的水沙条件也得到有效的控制,为下游游荡性河道进一步整治提供可能。

经过多年研究,小浪底水库应采用泥沙多年调节,可以使更多的泥沙调节到洪水期输送,从而控制小水挟沙过多情况发生,减少对河道带来的严重淤积。参考水库下泄清水冲刷期将塌滩展宽河槽,河势突然变化,堤防冲决的可能性依然存在,防洪安全仍不能保障。不改变高村以上游荡性河道宽浅散乱、洪水期输沙能力低的状况,即使小浪底水库的泥沙多年调节可以使更多的泥沙在洪水期输送,也不能减少河道淤积,多排沙入海。为此,必须在小浪底水库投入运用后的有利时机,采用双岸整治的方式把游荡性河道治理成规顺、窄深、稳定的排洪输沙道通,才能充分发挥下游河道的巨大输沙潜力。为此,黄河下游游荡性河道双岸整治应该提上日程。

14.2.2 河道双岸整治的目标与原理

14.2.2.1 双岸整治的目标

由于游荡性河道整治难度大,现有工程虽然减小了河道的游荡范围,但对水流的约束性弱,不能改变断面形态控导河势,从根本上改变主槽游荡不定的局面。在目前,入流方向和位置一旦发生变化,引起一弯变、弯弯变,造成众多控导工程脱流,甚至出现钻裆等危险,控导工程不断的下延上续。小浪底水库清水下泄,滩地坍塌,塌掉高滩,淤出低滩,河道在摆动中下切,而无法有效地控导流路形成稳定的河道。无法充分利用下游河道在洪水期窄深河道泥沙多来多排的特性,从而达到更好地减淤和节省输沙用水的目的。为此,双岸整治方案本着保障防洪安全有利于排洪输沙的原则规划流路,布置整治工程。

双岸整治的目标如下。

(1)规顺流路,宽滩窄槽。窄槽用于输水输沙,宽滩用于大洪水时滞洪削峰,形成顺畅的排洪河道。

(2)稳定河槽,控导河势。河槽宽浅是造成横河、斜河的主要原因,只有形成稳定的主槽,才能从根本上防止出现横河险情。

(3)改变主槽淤积状态,形成窄深主河槽,充分利用洪水在窄深河槽中所具有的极强输沙潜力输沙入海,减少主河槽淤积。

(4)增大主槽的平滩流量。减少漫滩机遇,减少淹没损失,稳定滩区生产生活,体现以人为本的国策,使滩区人民早日实现小康生活的目标。

这些目标都是现行整治方案难以实现的。

14.2.2.2　双岸整治的原理

从增加河道排洪能力与控导河势出发,希望缩窄河宽、增加槽深。缩窄河宽有利于冲刷向纵深方向发展,增大平滩流量。

图 2-6、图 2-7 给出的花园口、夹河滩水文站实测流量与水面的关系表明,平均水面宽随流量的增加而增加,变幅很大,以花园口站为例,在流量为 4 000 m³/s 时,水面宽变幅在 500 ~ 3 000 m。只有 1977 年、1996 年、1988 年水面宽的下限值,随着流量的增大几乎不变,均为 500 ~ 600 m。要形成窄深稳定的主槽只有采用双岸均兴建整治工程的办法,控制清水塌滩河槽展宽,使洪水冲刷向纵深方向发展,才能实现。

双岸整治设计的优点与缺点如下。

(1)充分利用洪水期窄深河槽泄洪能力(与水深成高次方 5/3)大,输沙能力强,洪水期主槽产生强烈冲刷的特性,整治河宽缩窄,增加洪水期水流对主槽的冲刷能力。

(2)充分利用游荡性河道洪水期大水趋直,主流走中泓的河势变化特点,因势利导地布置整治工程,使对口丁坝的间距达到 800 ~ 1 000 m,甚至更大,为工程节省投资提供了可能。

(3)利用上挑丁坝壅水的特性,在丁坝的上游区形成回流(水垫),促使洪水期泥沙落淤,不断地抬高滩面,增大滩槽高差,形成高滩深槽。

(4)利用与黄河抢险几乎相同的材料与施工方法(均靠洪水冲刷,坝体坍塌,形成抗冲基础),设计出汛期不抢险坝,确保流路的稳定。

(5)由于高滩深槽的形成,规顺了流路,使小水不出槽,即使坐弯也不会对堤坝的安全产生危害,只会造成滩岸局部坍塌。

(6)由对控口丁坝及横堤组成的整治工程,坝头经常靠河,提高防洪工程的利用率。

(7)主要缺点是对要整治河段一次性投资大,整治最好一次完成,且两岸的工程应同时进行。最好由上游向下游逐步展开,以便稳定入流方向,为下游工程兴建创造条件。

14.2.3 不淤河槽的整治河宽

双岸整治河宽是根据排洪需要与排沙时河槽不淤积需求确定的,在顺直河段,按照小浪底水库下泄 3 000 m³/s 洪水排沙时河槽不淤积。河槽不淤的水流条件,床面在低能态区,随着水深的增加,流速迅速增加,进入"多来多排"的输沙状态,此时的水深、流速值可作为不淤河道设计值。根据相应的床面形态由沙纹发展成流动沙浪,底沙的运动逐渐增强,当床面进入高输沙率平整状态时,水深与流速的关系出现明显拐点。据黄河河道实测断面平均水深与流速关系图,将出现拐点的临界水深、流速值列入表14-5。表中给出的资料表明,水深的变化范围为 1.5 ~ 2 m,流速的变化范围为 1.8 ~ 2 m/s,单宽流量的变化范围为 3 ~ 5 m³/(m·s),进入高输沙动平整状态,河道的输沙特性将进入"多来多排"的输沙状态。因此,可以用流速 2 m/s 作为设计条件,当河宽变化时不淤流量也会相应地发生变化。

表 14-5 床面输沙进入高输沙动平整状态的水流条件

站名	花园口	夹河滩	高村	孙口	艾山	泺口	利津
水深(m)	1.5	1.5	1.7	2.0	2.0	3.0	2.0
流速(m/s)	2.0	1.8	1.8	2.0	1.8	2.0	2.0
单宽流量(m³/(m·s))	3.0	2.7	3.1	4.0	3.6	6.0	4.0
剪力(kg/m²)	0.3	0.25	0.23	0.23	0.20	0.30	0.20
功率(kg/(m·s))	0.6	0.44	0.46	0.46	0.36	0.60	0.40

排沙流量与相应河宽值:比降变化对输沙不淤河宽的计算方法,水力计算采用曼宁公式 $V = \dfrac{1}{n}R^{2/3}J^{1/2}$;不淤临界流速值为 $V = 2$ m/s;水深 $R = \left(\dfrac{V \cdot n}{\sqrt{J}}\right)^{1.5}$;单宽流量 $q = hV$。

表 14-6 给出比降分别为 1‰ 和 2‰,排沙流量分别为 3 000 m³/s、2 500 m³/s、2 000 m³/s、1 500 m³/s、1 000 m³/s 的河槽不淤时整治河宽值。随着排沙流量的减小,河槽不淤整治河宽减小,但均可达到河槽不淤控制条件。其中,比降为 2‰ 时的河槽不淤河宽均大些,前者是后者的 1.3 倍。排沙流量为 1 000 m³/s 时的不淤河宽,在曼宁糙率分别为 0.012 和 0.010 时,比降 2‰ 和比降 1‰ 的整治河宽分别为 227 m 和 177 m,均可达到控制河槽不淤的要求。

表 14-6 不同河段的不淤流量及相应河宽值

比降 J(‰)	曼宁糙率 n	不淤水深 (m)	单宽流量 (m³/(s·m))	不同排沙流量(m³/s)河宽(m)				
				3 000	2 500	2 000	1 500	1 000
2	0.012	2.20	4.40	682	568	454	340	227
1	0.010	2.82	5.65	530	442	354	265	177

从以上计算结果可知,在河道比降不变的情况下,随着输沙流量的减小,不淤河宽相应减小,仍可达到河床不淤所需的水流条件,排沙流量由 3 000 m³/s 降到 1 000 m³/s、比降为 2‰时的不淤河宽由 682 m 减小到 227 m;河道比降为 1‰时,不淤河宽由 530 m 下降为 177 m。说明在比降一定的情况下,可以设计流量不同的不淤河槽,只是河槽宽度上的变化。

整治河宽一般为 600 m,从有利于泄洪考虑,弯曲河段整治河宽取 800～1 000 m。为了充分利用已有工程,在特殊部位的个别急转处可以放得更宽。

14.2.4 缩窄河宽对洪水位的影响

游荡性河槽的整治宽度受多方面控制,要同时满足泄洪输沙的需求与控导河势的要求,而其中输沙的需求与控导河势要求大体上是一致的。河槽过宽虽然有利于滞沙削峰,但输沙与控导河势的能力较差,且过分地滞洪减小了洪水的造床输沙作用,对下游窄河段的减淤反而不利。因此,必须综合考虑泄洪排沙与控导河势的共同需求,确定合理的整治宽度,使主槽具有较大的过洪能力。

14.2.4.1 对现行设计排洪槽宽度的评价

现行黄河下游河道整治规划[6],是根据洪水期主槽平均单宽流量为 10 m³/(s·m)、泄量为 22 000 m³/s 确定的,过洪宽度为 2.5～3 km。

由

$$V = \frac{1}{n} R^{\frac{2}{3}} J^{\frac{1}{2}}$$

$$Q = Bhv$$

$$\xi = \sqrt{B}/h$$

求得 B 值为

$$B = \xi^2 \left(\frac{nQ}{\xi^2 \sqrt{J}}\right)^{\frac{6}{11}}$$

若 $\xi = \sqrt{B}/h$ 采用实测平均值,则计算出的 B 值也为实测平均值,在游荡性河段同一流量的水面宽变化很大,反映了河床的不稳定。由于游荡性河道的比降陡,河槽极不稳定,不同来水来沙条件塑造了不同的水面宽,且经常处于变化中,如高含沙洪水塑造的河宽小,低含沙洪水形成的河宽大,随着水沙条件的变化,河槽宽度经常变化。另外,由于河槽极为宽浅,水深在断面上分布极不均匀,漫滩后水面宽会迅速增加,因此形成游荡性河段,流量与水面宽关系散乱是必然的,若不作具体分析而采用平均值,确定的排洪河宽不尽合理。游荡性河道整治的目的是缩窄河宽、规顺河势,故其宽度应小于自然条件形成的平均水面宽,应是主槽宽度。由此不难看出,现行设计过洪宽度为 2.5～3 km,明显偏大。

14.2.4.2 游荡性河道的洪水主要通过主槽排泄[7]

由表 2-6 可知,花园口站在 1958 年洪水期主槽宽分别为 600 m、1 000 m 时,其过流量均可达到 10 000 m³/s 以上,最大达 15 022 m³/s,占全断面过流总量的 70%～90%,甚至达到 98%。对游荡性河道主槽进行详细研究,认为目前所用整治河宽偏大。花园口站流量与水面宽的关系表明,平均水面宽随流量的增加而增宽,但 1977 年、1996 年、1988 年水面宽的下限值,随着流量的增大几乎不变,均为 500～600 m,这表明主槽宽度随流量变化不大。

表 2-7 给出的花园口站实测主槽的过流能力表明,在 1977 年经过 7 月和 8 月两场高含沙洪水塑造,在 8 月 8 日花园口站实测的主槽宽分别为 467 m、483 m,相应水深分别为 5.4 m、5.3 m,平均流速分别为 3.85 m/s、3.73 m/s,过流量达到 8 980 m³/s 和 9 540 m³/s,由此可见,主槽的过流能力很大。只要能保持较大的水深,泄洪要求的河宽并不是很大。

从图 2-12 给出的 1958 年洪水实测单宽流量沿河宽的变化情况可知,主槽的单宽流量可达 20 m³/(s·m) 以上,滩地虽很宽,但过流能力很小,单宽流量一般不足 1 m³/(s·m)。水流在宽浅河道上总是在一定宽度的主槽内集中输送。尤其是高含沙洪水通过后,滩地大量淤积,主槽强烈冲刷,塑造出的窄深河槽同样具有极强的输水能力。

14.2.4.3 窄深河槽具有很强的过洪能力

由式 $Q = \dfrac{B}{n} R^{5/3} J^{1/2}$ 可知,Q 与 R 的高次方有关,在 B、n、J 不变的情况下,水深增大对河道的过洪能力影响最大。

艾山站、泺口站 1958 年、1976 年、1982 年实测窄槽的过流能力表明[7],艾山站在 1958 年 7 月 21 日、22 日,在河宽分别为 476 m、468 m,平均水深分别为 8.9 m 和 10.6 m 的条件下,分别下泄 12 300 m³/s 和 12 500 m³/s 洪水;泺口站在 1958 年 7 月 22 日、23 日主槽宽 295 m,平均水深分别为 10.6 m 和 13.1 m 的条件下,通过的洪峰流量分别为 10 100 m³/s 和 11 100 m³/s。

造成窄深河槽输水能力强的主要原因,是单宽泄量和水深的高次方有关,形成在河宽不变的情况下,水深的绝对值越大,水位涨率越小,即形成随着流量的增大,水位的涨势趋缓的水位流量关系。

黄河下游游荡性河段的洪水位涨率小于艾山以下窄河段的涨率,除上述水深、河宽的影响因素外,还与河道的比降有关。由式 $Q = \dfrac{B}{n} R^{5/3} J^{1/2}$ 可知,比降为 2‰ 与比降为 1‰ 的两类河道,在其他条件相同的情况下,因比降不同,使前者的水位涨率只有后者的 81%。综上所述,影响水位涨率的因素是多方面的。

表 2-4 给出的窄深河槽泄流能力表明,比降为 2‰ 的河道在 600 m 河宽时泄 10 000 m³/s,水深只需 4.9 m。同样由 $Q = \dfrac{B}{n} R^{5/3} J^{1/2}$ 可知,在河宽、水深、n 值相同的条件下,比降由 1‰ 增加到 2‰,河槽的过流能力增加 41%;若泄量控制不变,则水深可减少 23%。但由于比降陡的游荡性河道,同流量水面宽远大于窄河道,因此窄深河槽的过洪能力常不引人注意,在宽达几千米的水面中主流带的宽度常常只有几百米。

14.2.4.4 整治槽宽分别为 600 m、800 m、1 000 m 时对洪水位的影响

水浪底水库下泄清水冲刷期,河槽的过流能力不断增加,两岸同时整治可控制河槽展宽,使冲刷向纵深方向发展。这样做在小浪底水库运用的初期可以控制滩地坍塌,有利于形成中水河槽,在小浪底水库正常调沙运用期,为水库泥沙多年调节、排沙期利用洪水集中排沙入海创造条件,使近期作用与远期整治效果紧密结合。

从最不利的情况考虑,在双岸整治实施过程中,河床尚未发生大量冲刷,突然遭遇大洪水,河宽的缩窄会影响过流范围,从而抬高水位,但主流的集中则使河槽冲刷加剧,两者综合作用,引起洪水位变化。根据1958年花园口站实测资料中的 600 m、1 000 m 河宽时水位的泄量变化,推求河宽分别整治成 600 m、800 m、1 000 m 时,流量由 5 000 m³/s 分别涨到 10 000 m³/s、15 000 m³/s 时的水位升高值,并与河务部门 1999 年防洪预报值进行了比较,结果见表14-7。

表 14-7　不同槽宽时水位上升值

($J = 2 ‰, n = 0.012$,流量由 5 000 m³/s 分别起涨到 10 000 m³/s、15 000 m³/s)

主槽过流宽(m)	Q_{max} (m³/s)	H_{max} (m)	h (m)	ΔH (m)	计算冲深 (m)	流量变幅 m³/s	河务部门 1999 年预报值(m)				
							裴峪	官庄峪	沁河口	秦厂	花园口
$B = 600$ m $Z_0 = 93.1, h = 3.23$ m	10 000	93.90	4.90	0.80	−0.87	5 000 ~ 10 000	0.52	0.51	0.60	0.68	0.55
	15 000	94.50	6.25	1.40	−1.62						
$B = 800$ m, $Z_0 = 93.05$ m, $h = 2.72$ m	10 000	93.80	4.12	0.75	−0.65	5 000 ~ 15 000	0.94	0.91	1.10	1.28	0.88
	15 000	94.35	5.26	1.30	−1.24						
$B = 1 000$ m, $Z_0 = 93.0$ m, $h = 2.38$ m	10 000	93.75	3.60	0.75	−0.47						
	15 000	94.25	4.60	1.25	−0.97						

表 14-7 表明,随着河槽整治宽度的减小,流量由 5 000 m³/s 分别升至 10 000 m³/s、15 000 m³/s,河槽冲刷分别为 0.47 ~ 0.87 m 和 0.97 ~ 1.62 m,水位壅高值 ΔH 在相同流量变幅的情况下,逐渐增加,但增加的幅度不大,整治河宽由 1 000 m 减小至 600 m,ΔH 值仅增加 0.1 ~ 0.2 m。由此可见,河槽整治宽度在 600 ~ 1 000 m 变化时,对水位壅高的影响并不突出。

表 14-7 给出的 ΔH 值还表明,河槽缩窄后对洪水位的影响与天然情况下相比,在流量由 5 000 m³/s 涨至 10 000 m³/s 时,各级整治槽宽的 ΔH 值与 1999 年相应流量变幅的预报值的河段平均仅高 0.2 ~ 0.3 m。相应流量由 5 000 m³/s 涨至 15 000 m³/s 时,整治与不整治的水位壅高值 ΔH 仅高 0.4 ~ 0.5 m。由此可见,河槽整治宽度缩窄至 600 ~ 1 000 m 时,对洪水位影响有限,不会对防洪造成重大影响。

图 2-14 给出花园口、夹河滩、高村、柳园口水文站 1954 年、1958 年、1982 年大洪水时流量增幅与河槽宽 600 m 时平均河底高程冲深之间的关系表明,随着流量增幅的增加,河床冲深增大,当流量增幅为 5 000 ~ 6 000 m³/s 时,河床冲深可达 2 m 以上。从底沙的运动速度比洪水波传播速度慢的角度分析,涨水期河床冲刷是必然的。

图 14-8 给出的流量增幅与水位壅高值的点群关系表明,流量增幅的变化范围为 3 000 ~ 7 000 m³/s 时,水位升高值均小于 1 m,只有高村站 1958 年洪水在流量增幅为 2 450 m³/s 情况下,水位升高值达 1.48 m,这与河槽在洪水期间摆动 445 m 有关。

从以上分析可知,根据河槽不淤积需求确定的整治河宽 600 m,可以满足排泄一般洪水需要。

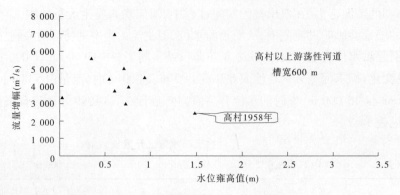

图 14-8　流量增幅与水位壅高值关系

14.2.5　双岸整治方案的工程措施

双岸整治方案就是采取工程措施使河道中形成一个稳定、规顺、窄深的主槽。采取何种工程措施,有多种方案可以选择,在今后的可行性研究、初步设计中需要进一步作方案比较,这里仅提出目前经常采用的丁坝方案进行论述。

14.2.5.1　丁坝间距及丁坝迎水面裹护长度

关于对口丁坝的间距,根据阿姆河实践经验,为 800 ~ 2 150 m,相当于 1.3 ~ 3.6 倍的卡口宽度,对顺直河段坝间距还可适当放大。据密西西比河的整治经验,丁坝间距为上游丁坝长度的 1.5 倍,一般不超过 900 ~ 1 200 m。

对于丁坝迎水面裹护长度,可按阿姆河设计建议确定,但不小于最小长度 L_{min},它可按下式确定

$$L_{min} = H_{max} m / \sin\psi$$

式中:H_{max} 为最大冲深;m 为水下边坡度;$\psi = 90° - (\alpha + \gamma + \varphi)$;$\alpha$ 为顶冲水流角度;γ 为丁坝后水流扩散角度,一般为 8° ~ 10°;φ 为丁坝相对于岸线的布置角度。

此处 H_{max} 取实测值 15 m,m 取 1.5,由于丁坝垂直主流线方向,故 α 为 0°、φ 为 90°,经计算得 $L_{min} = 130 ~ 162$ m。丁坝迎水面裹护长度考虑土坝基防冲时,则为:$L = 1.5 L_{min}$,故 $L = 195 ~ 243$ m。在本规划中取迎水面裹护长度为 200 m,背水面裹护长度为 100 m。

关于对口丁坝的间距,根据阿姆河实践经验,为 $L_j = 6 L_{min}$,故丁坝间距为 780 ~ 970 m。鉴于黄河的一些特殊情况,丁坝间距采用 500 ~ 800 m。总之,应根据黄河下游不同河段河势可能的变化情况,紧密结合现有的河道整治工程,因地制宜地确定双岸整治工程的间距和护岸的长度。

因流路规划的设计原理与目前的以坝护弯、以弯导流有本质上的不同,因此坝的间距可以远远大于 100 m。

14.2.5.2　丁坝的布置

两岸单丁坝的布置走向与水流垂直,一般丁坝的坝长为 1 000 m。参考国内外双岸整治的经验,考虑到黄河的特殊性,初步拟定丁坝间距为 500 ~ 800 m,在凸岸顶点上游的迎水面、水流顶冲段和凹岸弯曲段丁坝间距密,顺直段和凸岸顶点下游背水段丁坝间距疏。

从有利于排洪考虑,坝顶高度应以尽量保持天然河道泄洪特性来确定,坝顶高度比滩

地高 0.5 m。

为了使河道在洪水期仍能漫滩,滞洪滞沙,丁坝间不修联坝,坝根与坝根之间以滩区交通道路连接,路面比当地滩面高出 0.5 m,路面宽 8 m。一般丁坝为土坝,坝头用块石裹护。丁坝迎水面设计裹护长度为 200 m,背水面裹护长度为 100 m。

按小弯设计形成挑流坝,在对岸水流可能顶冲的部位:如赵口对岸从武庄起第 8、9、10、11 道坝;黑岗口对岸从大张庄起第 7、8、9、10 道坝;右岸从黑岗口起第 6、19 道坝;府君寺右岸第 5、6、7 道坝。总计 13 道坝的裹护长度加长到 350 m。

14.2.6 各河段的工程布置

14.2.6.1 铁谢至花园口河段

铁谢至伊洛河口段在现有工程的对岸布置丁坝形成双岸控制,在过渡段利用对口丁坝双岸控导,这段河道的工程利用率为 100%(见图 14-9)。

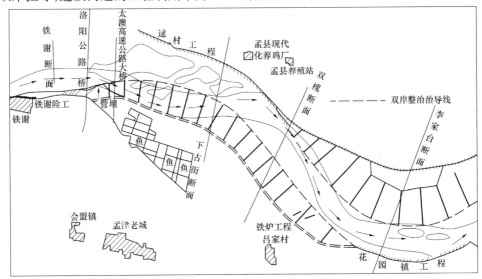

图 14-9 铁谢至逯村河段的双岸控导工程

对新兴建的阻水挑流工程,目前尚未进行抢险、基础较浅(只有 7~8 m)的应进行调整,如位于伊洛河口上游神堤下延的五道坝两面受敌,在黄河来水和伊洛河来水的共同作用下,若汛期不进行抛石抢险可以自动拆除,这有利于理顺这段河势。

伊洛河口至铁桥河段,按大水时河势,通过双岸控制使孤柏嘴弯着溜(见图 14-10、图 14-11),然后送驾部,后导入枣树沟工程,利用东安工程再导入桃花峪工程。

铁桥至花园口河段,多年不靠河的保合寨工程应废弃,没有必要下延老田庵工程,使这个工程靠溜,南裹头的存在已经保护铁桥以下南岸大堤的安全。工程都能得到充分的利用,这段河道的工程利用率为 100%。

14.2.6.2 花园口至赵口河段[8]

此河段在进行双岸工程布置时,应坚持充分利用现有工程的布置原则,规划成微弯型流路,详见图 14-12。本河段利用了马庄、花园口、双井、马渡、武庄、赵口等 6 处现有工程,

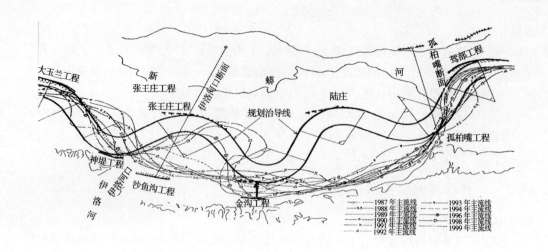

图 14-10 伊洛河口至孤柏嘴河段大水时河势

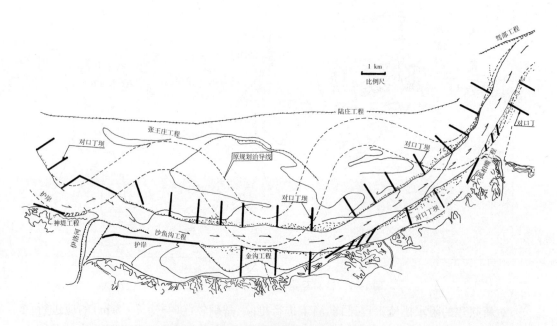

图 14-11 伊洛河口至孤柏嘴河段的双岸工程

新增单丁坝 68 道,左岸 35 道(北裹头—马庄之间新增丁坝 6 道、马庄—双井之间新增丁坝 11 道、双井—武庄之间新增丁坝 18 道);右岸 33 道(南裹头—花园口之间新增丁坝 7 道、花园口—马渡之间新增丁坝 11 道、马渡—赵口之间新增丁坝 15 道)。这段河道的工程利用率为 100%。

14.2.6.3 赵口至府君寺河段

该河段双岸整治规划流路相对顺直,详见图 14-13 和图 14-14。本河段利用了徐庄、大张庄、黑岗口、大宫、府君寺、曹岗等 6 处现有工程,新增单丁坝 156 道,左岸 85 道,武庄—徐庄之间新增丁坝 41 道,其中 8~11 号 4 道坝为重点裹护坝,裹护长度 350 m,徐庄—大张庄之间新增丁坝2道,大张庄—大宫之间新增丁坝18道,其中6~10号4道坝为重点裹护坝,大宫—曹岗之间新增丁坝24道;右岸72道,赵口—黑岗口之间新增丁坝39道,黑岗口—府君寺之间新增丁坝33道,其中6号与19号坝为重点裹护坝。

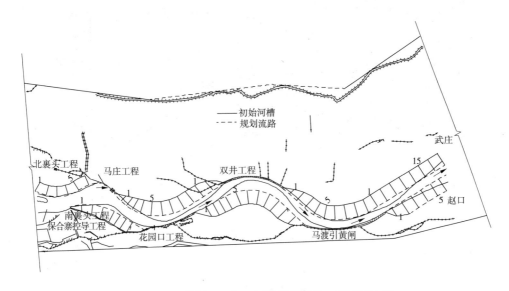

图 14-12　花园口至赵口河段双岸整治工程平面布置

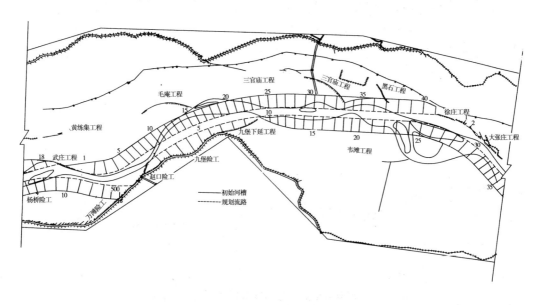

图 14-13　赵口至黑岗口河段双岸整治工程平面布置

14.2.6.4　府君寺至夹河滩河段

依据多年洪水期河势进行流路规划,规划后的流路走北河,废弃欧坦工程,主流沿北岸经贯台大坝入东坝头弯。工程布置详见图14-15。该河段利用常堤、贯台等现有工程2

处,新增单丁坝28道,左岸曹岗—贯台之间新增丁坝10道,右岸府君寺—东坝头之间新增丁坝18道(其中5~7号坝为重点裹护坝)。

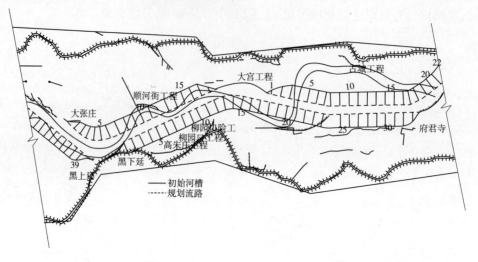

图14-14 黑岗口至府君寺河段双岸整治工程平面布置

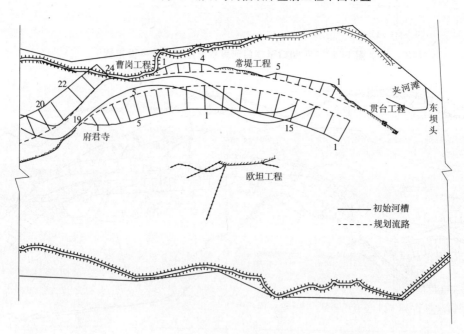

图14-15 府君寺至夹河滩河段双岸整治工程平面布置

表14-8、表14-9给出花园口至东坝头各河段治导线参数。

表 14-8　花园口至东坝头河段双岸整治方案左岸治导线参数

位置	编号	直线段长度（m）	弯道段			合计（m）	布置丁坝（道）
			半径(m)	中心角(°)	长度(m)		
北裹头—马庄	1		2 916	65.173 1	3 311	4 850	6
	2		2 936	29.929 5	1 539		
马庄—双井	1		3 859	40.176 4	2 706	8 890	11
	2		4 097	44.265 0	3 166		
	3	3 018					
双井—武庄	1	2 548				14 980	17
	2		2 693	38.615 8	1 815		
	3		6 264	23.273 0	2 545		
	4	8 072					
武庄—徐庄	1	1 116				25 447	41
	2		3 010	58.158 4	3 096		
	3	2 185					
	4		13 989	41.794 1	10 204		
	5	8 846					
徐庄—大张庄	1		4 959	19.955 8	1 727	1 727	2
大张庄—大宫	1	1 693				12 902	18
	2		2 362	55.450 6	2 286		
	3	8 923					
大宫—曹岗	1	4 964				16 809	24
	2	6 276					
	3		7 438	24.407 3	3 169		
	4	2 400					
曹岗—贯台	1		13 516	32.716 4	7 718	8 973	10
	2	1 255					
合计							129

表 14-9　花园口至东坝头河段双岸整治方案右岸治导线参数

位置	编号	直线段长度（m）	弯道段			合计（m）	布置丁坝（道）
			半径(m)	中心角(°)	长度(m)		
南裹头—花园口	1		3 921	49.861 0	3 433	5 712	7
	2	2 279					
花园口—马渡	1	2 530				8 917	11
	2		3 071	75.949 1	4 086		
	3	2 301					
马渡—赵口	1	4 462				12 089	15
	2		6 839	39.540 3	4 720		
	3		7 124	23.379 6	2 907		
赵口—黑岗口	1		13 026	49.379 4	11 226	28 075	39
	2	6 454					
	3		6 951	48.373 2	5 868		
	3	2 944					
	4		4 284	21.191 6	1 583		
黑岗口—府君寺	1	8 055				23 615	33
	2		3 599	29.008 0	2 021		
	3	6 688					
	4	6 851					
府君寺—夹河滩	1		7 215	28.370 1	3 573	12 048	18
	2		13 243	37.596 0	8 475		
合计							123

参 考 文 献

[1] 梁展平.美国密西比河,密苏里河河道治理情况综述[R].郑州:黄河水利科学研究院,1983.

[2] Stevens M A et al. Man–Induced Changes of Middle of Mississippi River[J]. Waterways, Harbors, and Coastal Engineering, Div, Proc, Amer. Soc. Civil Engrs,1975,101(2):119-133.

[3] 谭颖,沈惠漱,梁忠贤,等.美国密西西比河中下游河运与航运工程[R].北京:北京国际泥沙研究中心,1996.

[4] WILFRIED TEN BRINKE(荷).荷兰境内的莱茵河———条被控制的河流[M].江恩惠,李军华,等译.郑州:黄河水利出版社,2009.

[5] X A.依尔穆罕默多夫,等.游荡性河道的强烈变形及其整治方法[C]//龙沛霖、赵业安.译自 1986

年第五届全国水文会议论文集.列宁格勒苏联水文气象出版社,1988:207-213.

[6] 胡一三.河道整治中的排洪宽度[J].人民黄河,1998(3):12.

[7] 齐璞,孙赞盈,刘斌,等.黄河下游游荡河段双岸整治方案研究[J].水利学报,2003(5):98-106.

[8] 武彩萍,齐璞,张林忠,等.夹河滩河段双岸整治动床模型试验报告[R].郑州:黄河水利科学研究院,2004.

第15章 黄河下游双岸整治的可行性

15.1 花园口至东坝头河段双岸整治动床模型试验结果

15.1.1 试验目的与模型设计

15.1.1.1 试验目的

（1）双岸整治工程对大、中洪水和小水期间的控导性能，大、中洪水主流位置变化和小水坐弯的可能性。

（2）双岸整治工程兴建后对洪水位及排洪能力的影响。

（3）双岸整治工程兴建后，对减少清水冲刷时滩地坍塌和增大河道输沙能力的效果。

15.1.1.2 模型设计[1]

花园口至东坝头河段河道长度为100 km，是黄河下游游荡性最为严重的河段，模型的垂直比尺为1:60，平面比尺为1:800。该模型是参考黄河水利科学研究院多年动床模型试验经验和按照黄河泥沙模型相似律设计，模型除满足水流重力相似、阻力相似、输沙相似、泥沙起动相似及悬移相似条件外，还满足河床冲淤变形相似和河型相似条件。该模型沙选取郑州热电厂粉煤灰，已进行过多项河道整治方案的试验研究，模型的设计经过多次验证，已证明模型的河势演变、水位、冲淤量等均可达到与原型相似的效果，采用该模型来研究该河段双岸整治方案是可靠的。模型其他参数比尺见表15-1。

表15-1 模型比尺汇总

相似条件	比尺名称	比尺	依据	说明
几何相似	水平比尺 λ_L	800	根据场地条件	
	垂直比尺 λ_H	60	参考前期研究结果	
水流运动相似	流速比尺 λ_v	7.75	重力相似条件	
	流量比尺 λ_Q	371 805	$\lambda_Q = \lambda_L \lambda_H \lambda_v$	
	水流运动时间比尺 λ_{t_1}	103	$\lambda_{t_1} = \lambda_L / \lambda_v$	
	糙率比尺 λ_n	0.542	阻力相似条件	

相似条件	比尺名称	比尺	依据	说明
悬移质及床沙运动相似	容重比尺 λ_γ	1.26		模型沙为郑州热电厂煤灰
	相对容重比尺 $\lambda_{\frac{\gamma_s-\gamma}{\gamma}}$	1.5	$\gamma_{sm}=2.1$	
	沉速比尺 λ_ω	1.11	悬移相似条件	
	悬沙粒径比尺 λ_d	0.729	$\lambda_d=\left(\dfrac{\lambda_\omega\lambda_\theta}{\lambda_{\gamma_s-\gamma}}\right)^{1/2}$	$\lambda_V=0.718$
	底沙粒径比尺 λ_D	3	河型相似条件	
	起动流速比尺 λ_{V_c}	6.17~8.41	起动相似条件	$\lambda_{V_c}\approx\lambda_V=7.75$
	扬动流速比尺 λ_{V_f}	7.13~7.21	扬动相似条件	$\lambda_{V_f}\approx\lambda_V$
	干容重比尺 λ_{γ_0}	1.86~2.01	$\lambda_{\gamma_0}=\lambda_{\gamma_{0p}}/\lambda_{\gamma_{0m}}$	
	含沙量比尺 λ_s	2	$\lambda_s=S_{*P}/S_{*m}$	验证试验结果
	冲淤时间比尺 λ_{t_2}	96	河床变形相似条件	验证试验结果

15.1.2 试验水沙条件

试验采用黄河水利委员会设计院提供的小浪底水库泥沙多年调节运用产生的 15 年水沙系列,在小浪底水库下泄清水的 5 年中(1978~1982 年),花园口站年平均来水量为 357 亿 m³,年均来沙量为 2.8 亿 t,平均含沙量只有 7.8 kg/m³;在小浪底水库相机排沙运用的第 6 年(1987 年)至第 15 年(1996 年)的 10 年中,花园口站年平均来水量为 301.1 亿 m³,年均来沙量 8.3 亿 t。相机排沙期水库调沙的结果表明,年沙量大于 10 亿 t 的多沙年,大于 2 500 m³/s 流量挟带的沙量占总沙量的比值均大于 90%,如 1988 年、1977 年、1992 年、1996 年,分别为 94%、94%、93%、94%;而枯水少沙年,大于 2 500 m³/s 流量挟带的沙量只有 60%~70%,个别时段水库也有小水排大沙的情况发生,如 800 m³/s 的挟带含沙量大于 100 kg/m³ 等不利的水沙条件出现。

试验采用的 15 年水沙系列流量过程线与含沙量过程线参见图 15-1 和图 15-2,并将

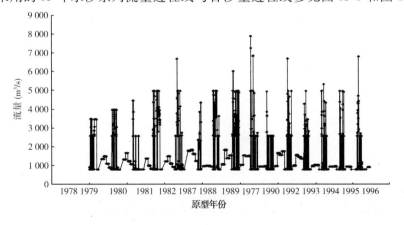

图 15-1 黄河水利委员会设计院设计 15 年水沙系列流量过程线

15 年水沙系列特征值统计于表 15-2 中。由表 15-2 可见,在小浪底水库下泄清水的 5 年中(1978～1982 年),花园口年平均来水量为 357 亿 m³,年平均来沙量为 2.8 亿 t,最大洪峰 6 692 m³/s,平均含沙量只有 7.8 kg/m³;在小浪底水库相机排沙运用的第 6 年(1987 年)至第 15 年(1996 年)的 10 年中,花园口年平均来水量 301.1 亿 m³,年平均来沙量 8.3 亿 t。

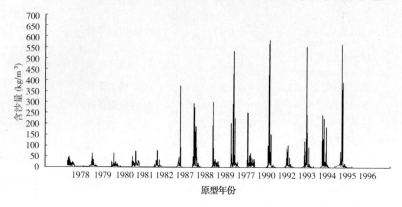

图 15-2　黄河水利委员会设计院设计 15 年水沙系列含沙量过程线

表 15-2　试验用 15 年水沙系列特征值统计

系列年序	1	2	3	4	5	6	7	8	9	10	11	12	13	14	15	年平均
原型年份	1978	1979	1980	1981	1982	1987	1988	1989	1977	1990	1992	1993	1994	1995	1996	
水库运用状况	下泄清水期					泥沙多年调节期利用洪水排沙期										
小浪底水库累计淤积量(亿 t)	7.45	13.44	16.92	23.28	26.4	30.13	30.97	34.35	39.1	38.4	40.52	42.22	45.15	44.37	30.65	
年水量(亿 m³)	376	362	258	404	385	213	400	396	301	316	331	277	277	251	249	320
年沙量(亿 t)	3.3	2.6	1.3	4.5	3.4	2.9	12.0	7.7	14.7	3.4	14.4	2.8	9.4	4.7	10.6	6.5
汛期水量(亿 m³)	185	168	110	227	159	71	216	207	175	121	149	136	145	123	151	156
汛期沙量(亿 t)	2.6	2.1	1.0	4.1	2.9	2.8	11.8	7.5	14.5	3.2	14.2	2.6	9.2	4.4	10.5	6.2
汛期含沙量(kg/m³)	16.2	12.0	9.0	17.6	19.0	42.2	55.5	33.8	85.7	24.8	94.0	22.0	62.0	32.5	66.2	40.0
最大洪峰(m³/s)	3 473	3 983	4 469	4 983	6 692	4 349	4 983	6 020	7 899	4 936	6 689	4 972	5 334	4 979	6 803	
最大含沙量(kg/m³)	50	65	65	74	78	374	291	300	531	250	582	100	552	240	561	
>2 500 m³/s 水量占总水量(%)	43	33	16	46	25	6	43	43	41	20	28	29	32	28	39	
>2 500 m³/s 挟带沙量占总沙量(%)	69	63	26	81	74	65	94	94	94	66	93	78	90	72	94	

　　在 15 年水沙条件塑造的河槽形态基础上,进行百年一遇洪水试验,最大洪峰流量为

15 300 m^3/s,相应含沙量为 113 kg/m^3。

15:1.3 河道过洪能力变化

黄河下游河道属于强烈堆积性河道,河道的冲淤变化主要取决于来水来沙条件及河床边界条件。本试验河段由于采用了双岸整治,河床边界发生了较大变化,主槽两岸布设了较多丁坝,丁坝对水流具有约束作用。小浪底水库投入运用后不仅削减了洪峰,同时也使进入下游的水沙过程发生了较大变化。小浪底水库下泄清水期:小浪底水库运用初期(1~5年),水沙变化主要特征为洪峰削减,中水流量(2 500~5 000 m^3/s)历时延长,枯水流量加大,水量年内分配趋于均匀,出库的含沙量大幅度减小,俗称为水库下泄清水期。模型试验的初始河槽是按照 2002 年汛后小水河槽为基础制作的,随着流量的增大,清水冲刷作用时间的增长,河槽断面形态发生较大变化。由小浪底水库运用初期(1~5年)水沙条件作用下各典型断面河槽形态变化可知,在小浪底水库下泄清水期间,由于水流挟沙力不饱和引起河道冲刷,河道不仅纵向冲刷下切,同时伴有横向展宽现象,总体上是以下切为主。河道展宽的主要原因是设计断面河宽 600 m 小于天然情况下的河宽。其中包括水流直接横向冲刷导致的展宽,其次是模型中河岸局部崩塌导致的展宽,即河槽刷深后,岸坡变陡,边坡失去稳定,崩塌导致河宽增加。试验表明,双岸整治工程修建后,经过前 5 年的蓄水拦沙期,试验河段全段冲刷,试验河段冲刷幅度上大下小,赵口以上河段河槽平均冲深 3~4 m,河槽平均深 6~7 m;赵口—黑岗口河段河槽平均冲深 2~3 m,河槽平均深 5~6 m;黑岗口—曹岗河段河槽平均冲深 2 m,河槽平均深 4~5 m。

小浪底水库相机排沙期,由于洪水含沙量明显增大,泥沙首先在河槽两侧水流流速相对小的地方落淤,随着河槽断面形态的进一步调整,河槽缩窄,断面平均流速增大,河槽挟沙能力增大,泥沙淤积速度与淤积量也逐渐减小。高含沙洪水在前期清水冲刷形成的河槽中,塑造了更为窄深的河槽,此断面形态更有利于河道的输水输沙。

总的来说,通过 15 年的设计水沙系列试验,花园口至东坝头河段,前 5 年河槽普遍处于冲刷状态,当进入小浪底相机排沙期后,河槽两侧边滩产生少量落淤,进一步塑造有利于输水输沙的窄深河槽。

15.1.3.1 河槽平滩流量变化

双岸整治工程修建后,该河段经过前 5 年清水冲刷后,河槽横向展宽,纵向冲深,河道排洪能力逐年增加,如按照 2002 年汛后地形制作的模型初始地形,在模型放水初,花园口至黑岗口河段,河槽平滩流量约 3 500 m^3/s,黑岗口至曹岗河段平滩流量只有 2 500 m^3/s。经过前 5 年清水冲刷后,各河段平滩流量明显增大,花园口至黑岗口河段,河槽平滩流量达 7 900 m^3/s,黑岗口至曹岗河段平滩流量达 6 000 m^3/s。在小浪底相机排沙期(水沙系列 6~15 年),泥沙在试验河段两岸边滩落淤,河槽进一步缩窄,河槽平滩流量略有减小,但花园口至赵口河段平滩流量仍然达 7 900 m^3/s,赵口至黑岗口河段平滩流量为 7 500 m^3/s,黑岗口至曹岗河段平滩流量为 5 000 m^3/s,但仍然比试验初期河槽平滩流量大一倍左右。从图 15-3 中可以看出,黑岗口以上河段,当来水流量为 7 500 m^3/s 时,其水位低于对应滩唇高程。

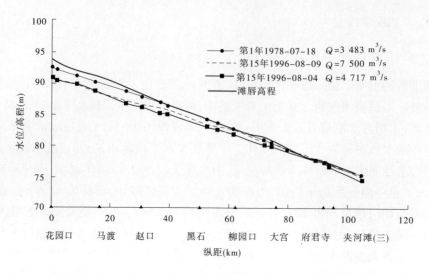

图 15-3　水面线分布

15.1.3.2　洪水位变化

双岸整治工程修建后,试验河段经过前 5 年清水冲刷后,由于河槽横向展宽,纵向冲深,河道排洪能力增加,相同流量下,沿程水位呈下降趋势。图 15-4 和图 15-5 分别为花园口至夹河滩河段不同断面,汛期洪峰流量和汛后 800 m^3/s 时历年水位变化过程。清水冲刷期均随历时的加长,水位降低。在第 6 年进入正常调水调沙运用期后,5 000 m^3/s 时水位略有抬升,汛后流量 800 m^3/s 水位基本稳定。由图可知,在前 5 年的清水冲刷期,在同一流量下各断面水位逐年降低,如流量为 800 m^3/s 时,第 5 年汛后水位较第 1 年汛后水位,从花园口至夹河滩降落 2 ~ 4.5 m;第 5 年汛期近 5 000 m^3/s 流量时的沿程水位较第 1 年汛期洪峰流量 3 473 m^3/s 时水位低 1.3 ~ 3.7 m。

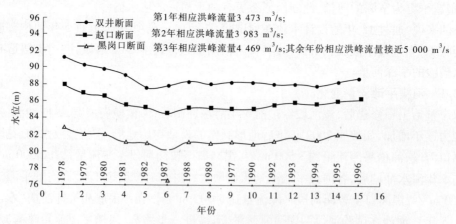

图 15-4　每年汛期洪峰流量典型断面水位变化

由于前 5 年在有利水沙条件下的清水冲刷,沿程形成了较宽深河槽,当试验进入小浪底相机排沙期,河槽边滩落淤,河槽缩窄,相同流量条件下,水位均有抬高,流量 5 000

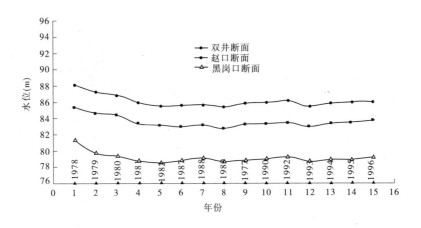

图 15-5 每年汛后 $Q = 800 \ \text{m}^3/\text{s}$ 典型断面水位变化

m^3/s 时,第 15 年各断面水位较第 5 年抬升 0 ~ 1.4 m。

图 15-6 为花园口断面、赵口断面、黑岗口断面及夹河滩(三)断面分别在第 1 年、第 5 年与第 15 年的水位流量关系。从图中可以看出,经过 15 年水沙系列试验后,各断面在相同流量条件下水位降落幅度较大,第 1 年与第 15 年,流量为 800 ~ 3 500 m^3/s,花园口水位分别下降 2 ~ 2.5 m,赵口下降 1.5 ~ 2 m,黑岗口下降 1 ~ 1.5 m,夹河滩下降 0.5 ~ 1 m。第 5 ~ 15 年流量从 800 m^3/s 至 5 000 m^3/s 水位平均抬升 1 ~ 1.5 m。即通过小浪底水库调节运用,前 5 年,河段的过流能力大大增加,后 10 年,相机排沙期,河道过流能力虽有一定减小,但仍比原河道过流能力增大很多。

15.1.4 河道输沙能力的变化

黄河下游河道的输沙能力不仅与来水来沙条件有关,还与河床边界条件、河道横断面形态的变化密不可分。花园口至夹河滩河段按照双岸工程进行整治后,由于小浪底水库拦沙 1 ~ 5 年设计水沙系列中最大洪峰为 6 692 m^3/s,最大含沙量只有 78 kg/m^3,平均含沙量为 7.8 kg/m^3,属于少沙系列。前 5 年试验中,河槽始终处于冲刷状态,河道横断面发生较大变化,各级流量含沙量沿程增大,床沙粗化。当水库进入相机排沙期后,小水大沙淤积,清水冲刷,洪水挟沙能力增加,河道输沙基本平衡。由图 15-7 可知,试验河段洪水期的排沙比达 75% ~ 93%。黄河下游河道具有"多来多排"的输沙特性,含沙量大于 500 kg/m^3 的洪水,排沙比达 90% 以上,含沙量小于 350 kg/m^3 的排沙比最低,只有 75% ~ 79%,与天然河道含沙量小于 300 kg/m^3,输送困难的输沙特性一致。

从表 15-3 给出的各时段冲淤量可知,在水库下泄清水前 5 年试验河段共冲刷 3.592 亿 m^3,相应时段进入花园口站沙量达 15.1 亿 t,河段排沙比 128%,在小浪底相机排沙期第 6 ~ 15 年试验河段共淤积 0.774 亿 m^3(合 0.929 亿 t),与相应时期进入花园口站总沙量 88.95 亿 t 相比,河段排沙比达 99%。由此可见,游荡性河道双岸整治后,河道输沙能力大幅度提高,可以使河道的输沙基本平衡,达到较为理想的减淤效果。试验结果达到了设计方案增加河道输沙能力的目的。

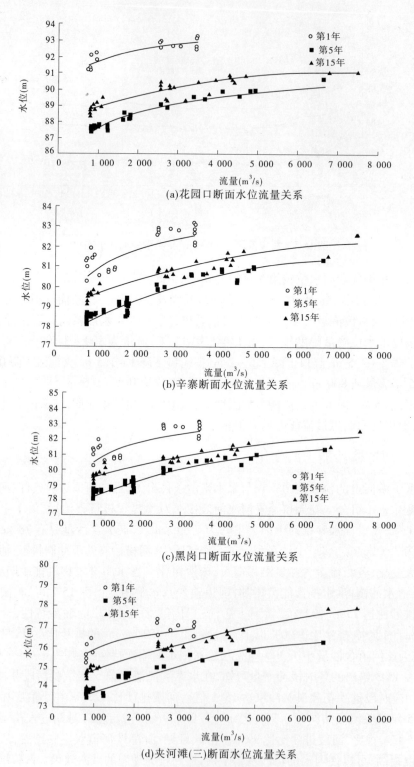

(a)花园口断面水位流量关系

(b)辛寨断面水位流量关系

(c)黑岗口断面水位流量关系

(d)夹河滩(三)断面水位流量关系

图15-6　水位流量关系曲线

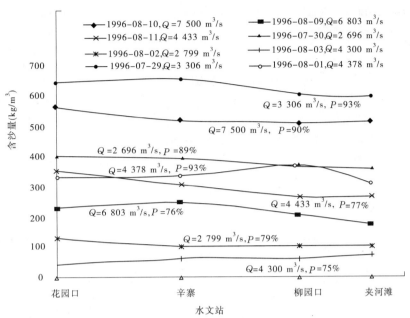

图 15-7 洪水排沙期含沙量沿程分布(第 15 年)

表 15-3 花园口至夹河滩河段年冲淤量统计　　　（单位:亿 m³）

编号	河段	第 1 年	第 2 年	第 3 年	第 4 年	第 5 年	1～5 年	6～10 年	11～15 年
1	花园口—八堡	− 0.316	− 0.185	0.018	− 0.040	− 0.055	− 0.578	0.011	0.058
2	八堡—来童寨	− 0.191	− 0.102	− 0.008	− 0.015	− 0.098	− 0.414	0.001	0.03
3	来童寨—辛寨	− 0.465	− 0.103	0.035	− 0.174	− 0.189	− 0.896	0.078	0.147
4	辛寨—黑石	− 0.116	− 0.081	0.010	− 0.072	− 0.035	− 0.294	0.061	0.046
5	黑石—韦城	− 0.075	− 0.125	− 0.055	− 0.078	− 0.006	− 0.339	0.075	0.052
6	韦城—黑岗口	− 0.054	− 0.085	− 0.079	− 0.089	0.056	− 0.251	0.015	0.065
7	黑岗口—柳园口	− 0.103	− 0.103	− 0.027	− 0.074	0.024	− 0.283	0.030	0.056
8	柳园口—古城	− 0.256	− 0.087	0.017	− 0.022	0.124	− 0.224	− 0.081	0.068
9	古城—曹岗	− 0.258	− 0.037	− 0.011	− 0.022	0.110	− 0.218	− 0.054	0.072
10	曹岗—小河头	− 0.058	− 0.013	0.009	− 0.035	0.002	− 0.095	0.048	− 0.001
	试验河段	− 1.892	− 0.921	− 0.091	− 0.621	− 0.067	− 3.592	0.184	0.593

15.1.5　整治工程对河势的控导作用

15.1.5.1　小浪底水库下泄清水期

小浪底水库运用前 5 年(1978～1982 年)为小浪底水库拦沙期,该时期花园口至夹河滩河段主流平面摆幅较小,河势比较稳定,河床展宽、下切均较为明显。

试验初期(1978 年),当流量为 800 m³/s 时,花园口至夹河滩河段水流按规划流路行河,水面宽 300～500 m,沿两岸布设的对口丁坝 95% 不靠河;当流量增加到 3 483 m³/s 时,花园口至夹河滩河段水面宽 600～800 m,辛寨附近,黑岗口至大宫河段两岸均有少量水漫入滩地,但之后不久水流归槽。该时期赵口至徐庄、黑岗口至大宫、王庵至府君寺河段两岸丁坝大部分靠河。随着冲刷的发展,河床逐年冲刷下切,两岸丁坝大部分靠河并发挥作用,河势逐渐趋于稳定。图 15-8 为赵口至黑石河段流量 800 m³/s(1978 年 10 月)河势图。由图 15-8 可知,虽然水流入赵口险工后有一急转弯,顶冲对岸丁坝,此股水流经过两次着流后恢复正常,其下河段河势在 1～5 年保持相对稳定。图 15-9 为大宫至曹岗河段河势,由图可知,由于大宫来流的直接顶冲,大宫对岸 20# 坝淘刷较为严重,从而形成阻水,改变了水流的方向,水流被导向对岸后形成连续的几个弯道,导致弯顶处的丁坝大部分被淘刷,清水冲刷期,该河段河势不如花园口至黑岗口河段河势稳定。

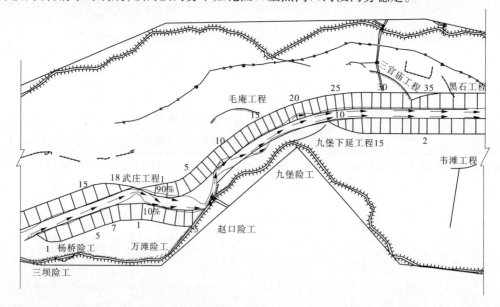

图 15-8　赵口至黑石河段第 1 年(1978 年 10 月)800 m³/s 河势

清水冲刷期间,部分丁坝由于遭受主流顶冲而发生较严重淘刷,如 1978 年 9 月 29 日,武庄至徐庄 20#、21# 丁坝、赵口至黑岗口 4#～6# 坝相继发生严重淘刷。随着冲刷的发展,被淘刷丁坝逐渐增加,5 年期间在新增 252 道丁坝中共有 28 道丁坝发生较为严重的淘刷,主要为:武庄至徐庄 1#、2#、9#～11#、20# 坝,马渡至赵口 13#～15# 坝,赵口至黑岗口 4# 坝,大张庄至大宫 9#～11# 坝,黑岗口至府君寺 8#、20#、21#、25#、26#、31#、32# 坝,大宫至曹岗 7#、12#、13# 坝,府君寺至贯台 15# 坝。经过分析,丁坝出险的原因主要有两种情况。

(1)布设在小弯与双岸整治过渡段的丁坝受水流直接顶冲而发生严重淘刷,如处在赵口挑流坝下游对岸的弯顶处的武庄至徐庄 9#、10# 坝在 1978 年汛期约有 150 m 裹护段受水流淘刷,清水冲刷后期 300 m 裹护段全部受水流淘刷,黑岗口挑流坝下游对岸的徐庄至大宫 8#、9#、10# 坝的淘刷情况也非常严重,因此处在弯顶处的丁坝的裹护长度要足够长或者应采取其他工程措施;大宫至府君寺河段在清水冲刷期发生情况也属于此类。清水冲刷期 80% 的丁坝被淘刷都是由水流流向的变化引起的,采取工程措施理顺河势可以有

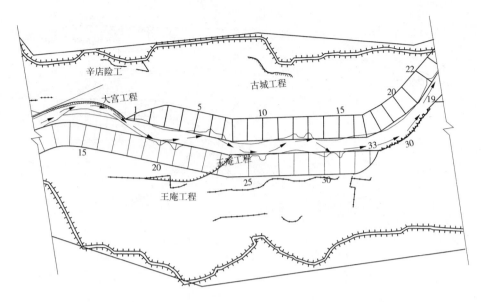

图 15-9　大宫至府君寺河段第 1 年(1978 年 10 月)800 m³/s 河势

效减少工程出险次数,试验进行到第 4 年(1981 年 8 月 26 日)时,通过加长大宫对岸 20# 坝裹护长度,先前不利的河势流路得到了明显改善,部分丁坝出险处开始落淤。同样,通过在第 4 年(1981 年)汛期加长马庄至双井 2# 坝裹护长度后,3# ~ 6# 坝破口处很快落淤,并逐渐恢复约束水流作用。

(2)双岸整治缩窄河宽,在清水冲刷时,丁坝发生明显淘刷是正常现象,说明丁坝的存在起到护滩作用。

总的来说,5 年清水冲刷期间,花园口至夹河滩河段河势比较稳定,工程对中、小洪水有较好的控导作用,特别在小水时未出现钻裆现象,河势相对稳定。

15.1.5.2　小浪底水库相机排沙期

小浪底水库运用的第 6 ~ 15 年(1987 ~ 1989 年 + 1997 年 + 1990 年 + 1992 ~ 1996 年)为小浪底水库相机排沙期,该时期花园口至夹河滩河段略有淤积,高含沙洪水进一步塑造了较为窄深河槽。洪水仍按规划流路行河,河势较清水冲刷期稳定。

水库排沙初期,即第 6 年的 8 月 26 日流量为 4 349 m³/s 时,花园口至夹河滩河段水面宽 800 ~ 1 000 m,至第 9 年 7 月 7 日流量为 7 899 m³/s 时,该河段水面宽 600 ~ 1 000 m,河槽明显淤积缩窄。该时期花园口至大宫河段水流未出槽,大宫以下两岸均有少量水漫上滩地,之后随着水库的不断排沙,河槽贴边淤积非常迅速。图 15-10、图 15-11 为第 11 年(1992 年)汛后嫩滩沿线和老滩沿线套绘,由图 15-10 可以看出,整个河段发生了不同程度的贴边淤积,局部河段淤积宽度达到 600 m 左右。水库排沙后期,即第 15 年 8 月 10 日流量为 7 500 m³/s 时,该河段水面宽 600 ~ 1 000 m,花园口至黑岗口河段水流在主槽中运行,滩沿距水面 0.6 ~ 2 m,柳园口附近高滩局部上水,大宫以下两岸均有少量水上滩。

水库排沙期间,由于河床的贴边淤积,部分丁坝的淘刷得到了明显的改善,如赵口对岸 9#、10# 坝裹护段发生明显淤积,靠溜长度减短为 100 m 左右。黑岗口至大宫河段河势也发生了同样变化。

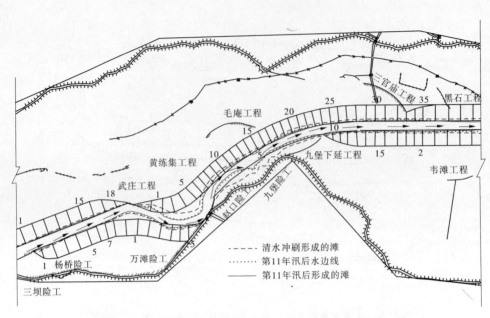

图 15-10　赵口至黑石河段第 11 年(1992 年)汛期前后河势变化

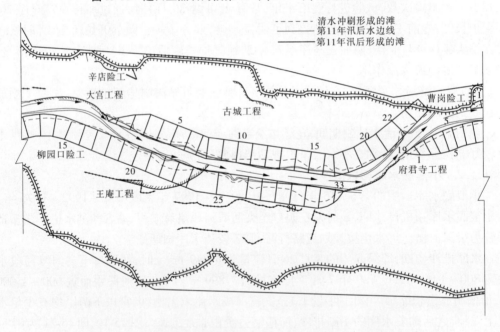

图 15-11　大宫至府君寺河段第 11 年(1992 年)汛期前后河势变化

在小浪底水库相对排沙期,个别丁坝由于布置不合理也造成了严重的淘刷,甚至抄后路,但稍加调整后即可得到明显改善。如武庄下游 2# 丁坝因位置突出,有挑流作用,去掉后不仅本段流路顺畅,其对岸被抄后路形成的冲刷坑也全部回淤。

15.1.5.3　丁坝局部冲刷

双岸整治的特点是依靠两岸丁坝来约束水流,但丁坝的修建会引起坝头的冲刷,特别是前 5 年清水冲刷期,双岸整治工程靠溜后,都遭到不同程度的淘刷。

（1）在顺直河段，丁坝为了阻止河槽展宽而被水流淘刷，坝体淘刷长度为 0～200 m。

（2）在弯曲河段，特别是在现有控导工程下首，部分丁坝受控导主流的顶冲，坝头淘刷更为严重，坝体淘刷长 200～350 m，个别工程还出现抄后路现象。

（3）由于个别丁坝布置过于突出而受水流顶冲出险，如马庄至双井 1# 坝、武庄至徐庄 1# 坝等。

表 15-4 为清水冲刷试验后部分丁坝局部冲刷坑深度（距坝头滩地距离）统计表，由表 15-4 可以看出，顺直河段丁坝局部冲坑深度较弯段丁坝冲坑深度小一半。

表 15-4　丁坝局部冲刷坑深度统计　　（单位:m）

位置		坝号	1 年汛后	5 年汛后	11 年汛后	15 年汛后
水流顶冲段	武庄—徐庄（赵口顶冲）	9#	11.6	11.8	13.4	14.0
	大张庄—大宫（黑岗口顶冲）	8#	11.1	11.3	12.1	11.6
		9#	10.7	11.5	11.9	12.2
		10#	10.6	10.4	11.1	9.7
	黑岗口—府君寺（大宫顶冲）	19#	9.6	11.5	10.7	9.7
		20#		11.0	10.9	10.7
		21#	7.4	9.1		10.8
	大宫—曹岗（府君寺顶冲）	23#	8.8	9.1		
		24#	8.4	11.3		7.4
顺直段	武庄—徐庄	18#	9.4	12.3		9.3
		38#	7.0	9.9		4.7
	赵口—黑岗口	4#	8.3			6.7
		11#	7.7			6.4
		22#	8.7		7.8	6.3
		21#	8.4		7.4	6.2
	大张庄—大宫	16#	8.7			8.2
	黑岗口—府君寺	6#	7.7			7.1
		27#	7.9			6.8
	大宫—曹岗	14#	8.7			3.9
		7#	8.6	8.3	8.8	8.4

15.1.6　重现期为百年的洪水试验

15.1.6.1　试验概况

该组试验是按照双岸整治工程规划流路布置的工程，在 15 年水沙系列冲刷、淤积塑造的河槽形态的基础上，进行重现期为百年一遇洪水试验。试验水沙条件采用以往黄河水利科学研究院动床试验采用的百年一遇"82"型设计洪水水沙过程线，夹河滩尾水位采用数学模型计算结果，进口水沙条件见表 15-5。

表 15-5　"82"型设计百年洪水试验水沙过程

花园口流量(m³/s)	花园口含沙量(kg/m³)	夹河滩(二)水位(m)	历时(h)
1 320	24.1	73.4	24
5 510	67.2	74.9	24
6 650	78.91	75.15	24
11 250	62.1	75.7	9.6
14 070	106.6	75.95	8.06
15 300	113.4	76.05	3.94
15 100	104.1	76	8.74
12 830	108.8	75.8	17.66
8 410	96.3	75.4	24
5 700	79.4	74.92	24
4 800	72.9	74.7	24
4 780	66	74.67	24
4 150	40.6	74.55	24
2 800	41.3	74.1	24
2 590	38.4	73.95	24

15.1.6.2　河势及洪水漫滩情况

试验初期,流量为 1 320 ~ 5 510 m³/s,水流按照 1 ~ 15 年水沙系列塑造的河槽行河,当流量增加到 6 650 m³/s 时,花园口至黑岗口河段水流不出槽,黑岗口至夹河滩局部河段开始漫滩;当流量增至 11 250 m³/s,花园口至赵口河段滩唇高 0.2 ~ 0.6 m,水面宽 800 ~ 1 000 m,赵口至黑岗口河段两岸均有少量水上滩,黑岗口至曹岗河段两岸水均漫至滩区公路附近,滩地水深约 0.5 m;当流量升至 15 300 m³/s,辛寨断面最大流速达 4.6 m/s,最大水深达 8 m。韦滩工程以上河段未漫滩,韦滩工程以下河段,漫滩水量及漫滩水深进一步增大,黑岗口上延工程上首与下首均有少量水进入高滩,柳园口附近高滩上水,上滩水流沿滩区公路漫行至王庵工程,大宫工程背后上水漫滩,其余漫水河段均被挡在两侧滩区公路之间,水位与滩区公路高程平。流量回落至 12 830 m³/s 时,由于河槽冲深扩宽,漫滩水流很快归槽。

图 15-12 为不同流量时含沙量沿程分布情况。由图可知,各级流量时含沙量沿程均呈增大趋势,即使在流量大于 10 000 m³/s 后,黑岗口以下河段严重漫滩,滩地发生大量淤积的情况下,柳园口以下河段含沙量也没有明显降低,进一步说明,在涨水过程中,河槽处于冲刷状态。

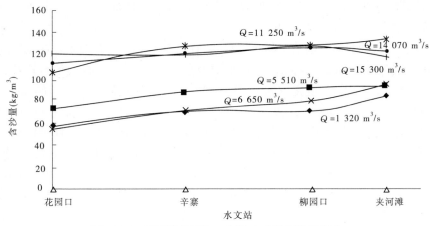

图 15-12　重现期为百年一遇洪水含沙量沿程变化

15.1.6.3　河槽平滩流量

试验结果表明,双岸整治工程修建后,经过 15 年水沙系列塑造及百年一遇洪水涨水期冲刷,花园口至赵口河段河槽平滩流量可达 15 300 m³/s,赵口至黑岗口河段平滩流量达 8 400 m³/s,黑岗口至府君寺河段平滩流量达 6 000 m³/s。图 15-13 为不同流量沿程水位变化以及滩唇(初始)高程沿程变化比较。由图可知,流量为 15 300 m³/s 时,黑石以上河段各断面水位与相应滩唇高程接近,但在黑石以下河段,各断面水位均高于相应滩唇高程。由图 15-13 还可以看出,在百年洪水涨水段,流量 6 650 m³/s,柳园口以下河段相应水位均高于滩唇高程,即水流开始漫滩,但经过百年一遇洪峰 15 300 m³/s 冲刷后,当流量为 8 410 m³/s 时,整个河道沿程水位均低于滩唇高程。可见,经过这场百年一遇洪水后,河槽明显刷深,平滩流量大幅度增加,可谓大水出好河。

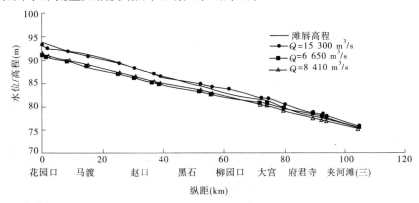

图 15-13　水面线变化

15.1.6.4　丁坝局部冲刷

经过百年洪水后,由于河槽进一步冲深扩宽,两岸工程又遭到不同程度的淘刷,坝体淘刷长度增加,坝体局部冲坑深度与冲刷范围增大。在顺直河段,坝体淘刷长度为 0 ~ 200 m,在弯曲河段,特别是小弯整治与双岸整治工程的连接处,如按小弯布置的赵口、黑岗口挑流坝的挑流作用极强,致使对岸丁坝淘刷特别严重。在现有控导工程下首,坝体淘刷长度为 200 ~ 350 m。抄工程后路坝数由放水前 15 道坝增加到 27 道,丁坝的局部最大冲刷深度由原来的 14 m 增加到 19 m。

综上所述,这种双岸整治的工程布置型式,在大洪水的作用下仍能有效地控制河势。

通过花园口—夹河滩河段双岸整治动床模型试验探讨了可行性及整治效果。研究认为,在黄河水利委员会设计院提供的 15 年系列小浪底水库泥沙多年调节的运用条件下,试验河段整治河宽采用 600 m,能够在 3 ~ 5 年的清水冲刷时间里,控制滩地的坍塌,河槽展宽,河势流路稳定,平滩流量由试验前期的 3 000 ~ 4 000 m³/s 增大到 6 000 m³/s 以上;在以后的 10 年小浪底水库利用洪水相机排沙运用期,80% ~ 90% 的泥沙由流量大于 2 500 m³/s 洪水挟带,河槽宽度有所缩窄,主槽输沙能力明显提高。由此可以证明在清水冲刷、洪水输沙、少量小水挟沙的共同作用下,可以实现河段输沙基本平衡,为主动减灾,河床不抬高提供了科学依据,并经受百年一遇洪水的考验,为双岸整治付诸实施提供了可能性。

双岸整治工程借鉴了密西西比河、密苏里河、阿姆河、汉江下游游荡河段的双向整治方法,针对黄河下游游荡河道特性,因地制宜地对黄河下游河道开展双岸整治控导,在技术上可以达到稳定流路,形成有利于排洪输沙的窄深、规顺、稳定通道的目的[2]。

15.2 双岸整治后对下游河道冲淤影响

黄河下游双岸整治是基于窄深河槽具有极强的输沙潜力和泄洪能力[3,4],非恒定性输沙泄洪机理是双岸整治方案的理论基础[5]。

15.2.1 下游窄深河段具有的大水冲、小水淤的输沙特性

从艾山以下窄深河段的冲淤特性与输沙规律可看出,河道的冲淤主要取决于流量的大小,在流量大于一定值后,河道的输沙能力主要取决于上站的含沙量。

图 15-14 给出艾山至利津河段 1974 ~ 1989 年汛期与非汛期用断面法测得的冲淤分布,其汛期多为冲刷,非汛期均为淤积,在遇到枯水系列年时,汛期流量较小,河道也会发生淤积。如图中给出的 1986 ~ 1989 年,汛期、非汛期均发生淤积,河段累计冲淤量直线上升;1974 ~ 1979 年汛期冲刷,非汛期淤积;1980 年后来水来沙条件发生变化,汛期流量增大,河段发生冲刷,河段累计冲淤量呈现逐年减少,但非汛期仍为淤积。尤其是主槽的累计冲淤量变化与来水来沙条件变化更为密切。由此可见,进入本河段的汛期流量的大小,决定了河道冲淤。艾山至利津河段的淤积主要发生在非汛期。

黄河水沙条件的变化主要受天然降水的控制,同时也受大型水库调节的影响。自 1974 ~ 1986 年三门峡水库控制运用以来,非汛期下泄清水,在高村以上河段发生冲刷,含沙量沿程增加,进入艾山站的水量沙量关系与天然情况相同(见图 15-15),艾山以下河道仍然发生淤积。龙刘水库的联合运用,构成了多年调节,使汛期进入下游的水量平均减少 70 亿 m³,而非汛期水量增加,经三门峡水库、小浪底水库调节后,非汛期下泄的流量增减将控制进入下游的流量大小,从而影响进入艾山以下河段沙量,决定非汛期的淤积量增大或减少。

由图 15-15 可知,2000～2006 年小浪底水库运用以来艾山站非汛期水量与沙量显示,艾山站同样非汛期水量、沙量偏小,会减少艾山以下河段淤积量。1987～1999 年同样非汛期水量、沙量偏多,艾山以下河段淤积也较严重。

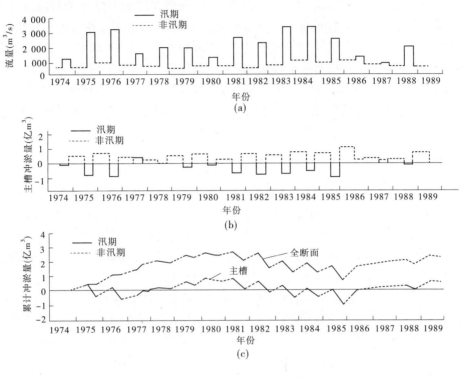

图 15-14　艾山—利津冲淤量分布

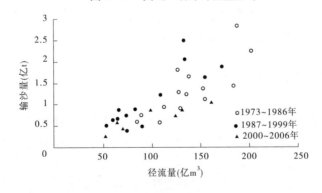

图 15-15　艾山站非汛期水量与沙量关系

对艾山以下窄深河段流量与动床阻力特性的研究表明,当流量大于 1 500 m^3/s 时,n 的平均值最小,约为 0.01,艾山至利津河段排比达到 100%。根据对黄河冲积河道动床阻力与输沙特性形成机理的分析,当床面进入高输沙动平整状态,河道的输沙特性将进入"多来多排"的输沙状态。其原因是比悬沙成分粗得多的床沙(0.05～0.1 mm)在河床上强烈运动,悬沙(<0.05 mm)自然会顺利输送,不会在床面上淤积,详见图 2-20 给出的利津站水深与流速关系和水槽试验得出的床面形态(沙纹、高输沙动平整床面)对水深与流

速关系的影响。

根据对黄河河道实测断面平均水深与流速关系图,发生拐点的临界水深、流速值列入表5-6。从表中给出的资料表明,水深的变化范围为 1.5~3 m,流速的变化范围为 1.8~2 m/s,单宽流量的变化范围为 2.7~6 m³/(s·m),作用在床面上的剪力只有 0.2~0.3 kg/m²,功率为 0.36~0.6 kg/(m·s)。当河宽为 300 m 时,进入高输沙动平整状态的输沙流量约为 1 500 m³/s,河道的输沙特性将进入"多来多排"的输沙状态。当河宽变化时,不淤流量也会相应变化。根据多年对艾山以下窄河段输沙特性的分析,流量超过 1 500~2 000 m³/s 时,河道输沙特性呈"多来多排"的输沙状态,其确切的不淤流量值与当时河宽有关。由于近年来连续枯水塑造的河宽变窄,流量在 1 000~1 500 m³/s 时河段平均排沙比达 100%。

15.2.2 双岸整治减少了清水冲刷和滞洪滞沙作用

由 2003 年汛后主槽河宽沿程变化可知,在高村以上 300 km 长的宽河段,实测断面的主槽最宽达 2 000 m 以上,主槽宽度的下限只有 500~600 m。高村以下河段主槽宽度的下限为 300~400 m,比降陡的上游段的河宽仍大于比降缓的下游段的河宽。通过动床试验,高村以上按 600 m 河宽进行双岸整治可以防止滩地坍塌、河槽展宽,保持河道输沙平衡,使平滩流量迅速增加,能有效地控导河势,还是合理的。

图 2-9 是根据三门峡水库清水期和小浪底水库调水调沙下游不同河段日平均冲刷量和花园口站流量间的关系,图中的横坐标为日平均冲刷量,建立在同一个时间基础上,更能客观地反映不同河段的冲淤特性。在资料分析中,考虑了位山枢纽运用和破坝的影响。实测资料表明,影响冲刷距离的主要因素是流量,从图 2-9 可以看出,在花园口流量 $Q_{花}$ < 1 500 m³/s 时,高村以上和艾山以上冲刷量点群重合,说明冲刷只发展到高村站;在流量 $Q_{花}$ > 1 500 m³/s 时,点群逐渐分离,说明冲刷可以发展到高村至艾山间。从图中给出的艾山—利津河段的日均冲淤量与流量间的关系表明,流量小于 500 m³/s 时基本不淤,在流量为 500~1 500 m³/s 时,随着流量的增大,该河段的淤积量增大,1 500 m³/s 时淤积最强烈,但淤积量绝对值很小。而后随着流量的增大淤积强度减弱,在流量大于 2 000 m³/s 后河道发生冲刷。

由于上段河道冲刷过程中河床在摆动中下切,河床冲深与滩地坍塌、河槽展宽同时发生。双岸整治后有利于冲刷向纵深方向发展,滩地坍塌量会减小,小水期间进入艾山的含沙量也会减小。

高村以上河段双岸整治后河宽将缩窄到 600 m,形成窄槽宽滩,改变了原有宽浅散乱状况,提高了河槽的输水输沙能力,在不漫滩时将会减少洪水期河道淤积。即使发生高含沙洪水,在高村以上河段也不会严重淤积,进入高村以下河段的洪峰流量和含沙量也会比通常有所增加。

15.2.3 双岸整治后对下游窄河段输沙与河道冲淤影响

早在 20 世纪 60 年代就发现在流量相同的情况下,造床质输沙率可相差 10 倍。如果以上站造床质含沙量为参数把点群加以区分,就可以看出:黄河泥沙在大水时存在"多来多排"的输沙特性,不仅全沙如此,造床质"粗泥沙"也存在多来多排现象(详见第 2 章 2.3.1 造床质粗泥沙的输沙规律)。

由于黄河下游河道上段宽浅,下段具有窄深河槽,因此输水输沙特性呈现出在洪水含沙量大时,上段河道滞洪滞沙,洪峰沿程减小,河道输沙"多来多排多淤",主槽"多来多排",边滩"多来多淤"。艾山以下河段呈现"多来多排"的输沙特性。

图 4-12 给出的 20 世纪 70 年代以来,主要高含沙洪水平均含沙量沿程变化情况表明,在高村以上宽浅河段含沙量急骤降低,平均含沙量由 220 ~ 320 kg/m³ 迅速降至 80 ~ 150 kg/m³,艾山以下比降平缓的窄深河段经过 300 km 长的河道,含沙量不仅没有降低,反而略有增加。

比降是河流洪水输移演进的动力。比降在冲积河流调整过程中是缓慢的,不像河槽横断面形态变化那样剧烈,经过一场高含沙洪水的塑造即可使断面形态发生巨大的变化,从而对输沙产生明显的影响。

冲积河流的比降一般是沿程变缓的,呈下凹形。但河流的调整,往往使得流速沿程变化不明显,没有因比降的变缓而使水流的流速明显降低,而是始终保持某一固定的数值,甚至沿程增大,与河道比降的变化规律相反[5]。

表 5-5 给出的黄河下游河道主槽 1973 年、1977 年汛期洪水过后,实测流量 3 000 m³/s 时,下游各水文站的比降、河宽、水深和流速的沿程变化表明,比降由花园口站的 2.5‰,到艾山以下河段减小到 1‰,河宽变化范围为 600 ~ 400 m,水深变化范围为 2.2 ~ 3 m,平均流速并没有减小,而是由 2.0 m/s 增加到 2.5 m/s,因此使得平滩流量的水流挟沙能力沿程不会降低。

渭河下游河道的比降变化也较大,耿镇—渭淤 13#,比降由 4.5‰过渡到 2.1‰,渭淤 13#断面到渭拦 2#断面,比降由 1.72‰变缓到 0.57‰。由各断面的形态变化可知,水面宽是沿程减小的,由上段的 500 ~ 600 m,到华阴以下河段减小至 250 m,使得流速沿程不降低。在渭河下游河道中比降 1‰或 1‰以下的河段均可产生强烈冲刷。表 5-1 给出的渭河下游河道高含沙洪水前后主槽冲刷的沿程变化表明,在比降 4.5‰和 0.57‰的河段内主槽均可产生强烈冲刷。需特别指出的是,这几场均为由粗沙组成的高含沙洪水,平均流量在 800 ~ 2 000 m³/s,含沙量在 600 ~ 800 kg/m³,泥沙组成 d_{50} 达 0.1 mm,表中括号内数字为最大含沙量,其单位为 kg/m³。表 5-1 给出的渭河高含沙洪水沿程主槽的冲刷情况说明,随着比降的变缓,主槽在洪水期冲刷深度并没有减弱,而是略有加强。

北洛河下游河道长 100 km,河槽形态沿程变化不大,均具有窄深的河槽形态。但纵比降沿程变缓,由洑头以下河段的 5.4‰到 17# 至 7#断面下降至 1.62‰,7#断面至朝邑河段比降为 1.88‰。表 5-2 给出的实测资料表明,流量仅 100 ~ 200 m³/s 的高含沙洪水均可顺利输送,河段的排沙比达到 100%。因此,河流沿程输沙特性不因河流比降的变缓而受到影响。

表 5-3、表 5-4 给出的历年大洪水黄河下游各水文站的统计结果表明,对艾山以下具窄深河槽的稳定河段不管大小洪水过程,河床都具有涨冲落淤的特性。对高村以上的宽浅河段进一步双岸整治,形成 600 ~ 800 m 窄深河槽后也会形成涨冲落淤的特性。小浪底水库的泥沙多年调节,使 80% 以上的泥沙由洪水输送。高村以上河段河槽形态的变化及

平滩流量的增加,滞洪滞沙作用减弱,进入艾山以下河段的洪峰流量与含沙量增加,洪水的造床和输沙作用增强,由于洪水输沙的非恒定性,在洪水期仍会在下游窄河段发生冲刷。洪水输移的底沙主要是河床前期淤积物,与洪水所挟带的悬沙运动状况不同。

底沙的运动比洪水波传播得慢,是造成洪水在河道中长距离冲刷的根本原因,使得实测比降相差 10 倍的条件下主槽均会发生强烈冲刷。因此,在实测比降变化范围内比降对洪水造床、输沙作用的直接影响不明显。

对于窄深河槽洪水传播的速度均大于断面平均流速,且越窄深,A 值越大,洪水波的传播速度越快;只有宽浅型河槽 A 值小于 1,洪水波的传播速度慢,洪峰削减幅度大。在窄深河槽中,洪水波传播的速度远大于底沙的运动速度,所以造成洪水在河道中长距离冲刷。涨水期作用在床面上的剪力或功率增强,水流不断地从河床中冲起底沙,补给水流,河床高程不断降低,在最大洪峰流量稍后,河床最低。在落水过程中,作用在床面上的剪力或功率逐渐减弱,运动中底沙运动强度渐渐减弱,造成落水期河床必然淤积,而与河道的比降陡缓关系不明显。渭河下游河道在比降 0.57‰ ~ 4.5‰ 相差 10 倍的范围内均可产生冲刷。洪水输移的底沙都是河床前期淤积物,与洪水所挟带的悬沙运动状况不同。这种非恒定流输沙现象在冲积河流的洪水演进中是普遍存在的,对冲积河床保持多年平衡往往起着重要作用。

从以上分析可知,艾山—利津河段比降虽比较平缓,但当进入本河段的洪水造床和输沙作用增强后,仍会造成本河段的强烈冲刷,有利于本河段的减淤,故游荡性河道进一步整治后有利于洪水期对本河段的冲刷。

河道的淤积主要发生在小水期。如何控制小水淤槽是控制窄河段淤积的关键,应首先优化水沙组合,控制引水,从而控制淤积部位,解决窄河段淤积问题。

本书研究成果认为在小浪底水库调水调沙优化了水沙条件后,不会对艾山以下河段产生不利影响。小浪底水库投入运用的实践表明,在水库拦沙,调水造峰,控制中小水冲刷的条件下,艾山以下河道仍发生了冲刷。由于艾山以下河道存在着巨大的输沙潜力,在小浪底水库淤满 30 亿 m³ 以后,只要按利用洪水排沙运用,就不会对艾山以下河道造成不利影响。

由于小浪底水库的泥沙多年调节,将使 80% 以上的泥沙由洪水输送。高村以上河段河槽形态的变化及平滩流量的增加,滞洪滞沙作用减弱,进入艾山以下河段的洪峰流量与含沙量增加,洪水的造床和输沙作用将增强。由于洪水输沙的非恒定性,洪水输移的底沙主要是河床前期淤积物,与洪水所挟带的悬沙运动状况不同,小浪底水库的泥沙多年调节形成的洪水期仍会在下游窄河段发生冲刷。

综上所述,从黄河洪水输沙特性分析得出以下认识。

(1)从黄河下游及渭河、北洛河等主要支流实测高含沙洪水的输沙特性与冲淤特性分析,河道沿程比降变缓,但河宽变窄,流速沿程增加,是造成冲积河流保持洪水输沙准平衡的边界条件。

(2)洪水非恒定性是造成冲积河道冲淤特性的主要控制因素,由于作用在床面上的剪力(或功率)在涨水期迅速增加,落水期减小,必然造成涨水期河床强烈冲刷与落水时迅速淤积。

（3）分析动床阻力与输沙特性间的关系表明，床面形态进入高输沙动平整状态，河床阻力达到相对稳定状态，河道输沙特性呈现"多来多排"状态，是形成河床沿程冲刷的水流动力条件，所需的水流条件并不高。

（4）底沙的运动比洪水波传播得慢，是造成洪水在河道中长距离冲刷的根本原因，使得实测比降相差 10 倍的条件下主槽均会发生强烈冲刷。因此，在实测比降变化范围内比降对洪水造床、输沙作用的直接影响不明显。

（5）黄河下游游荡性河道双岸整治后形成有利于排洪输沙，形成窄深、规顺、稳定的通道，使进入下游窄河段的洪水造床和输沙作用增强，洪水对河道仍会产生冲刷作用；清水冲刷期上游段塌滩有所减少，小水期进入下游段的沙量不会增加，故不会造成河道严重淤积。

参 考 文 献

[1] 武彩萍,齐璞,张林忠,等. 花园口至东坝头河段双岸整治动床模型试验报告[R]. 郑州:黄河水利科学研究院,2004.

[2] 齐璞,孙赞盈,等. 黄河下游游荡性河道的整治新方法[R]. 郑州:黄河水利科学研究院,2004.

[3] 齐璞,孙赞盈,刘斌,等. 黄河下游游荡河段双岸整治方案研究[J]. 水利学报,2003(3):98-106.

[4] 齐璞,王开荣,孙赞盈. 小浪底水库投入运用后黄河下游游荡性河道的整治问题[J]. 人民黄河,1999(11):34-36.

[5] 齐璞,孙赞盈,侯起秀,等. 黄河洪水的非恒定性对输沙及河床冲淤的影响[J]. 水利学报,2005(6):637-643.

第16章　黄河泥沙输送到外海的可能性

16.1　对黄河河口河道输沙特性的影响

16.1.1　河口河段

黄河利津以下的河道比降为 1‰~0.8‰~0.9‰,改道地点以下河道比降较陡,一般为 1.2‰~1.5‰。在枯水期受河口潮水影响,洪水期具有天然河道特性。利津站在 1973 年 9 月实测最大洪水含沙量为 225 kg/m³,相应流量为 3 680 m³/s,图 16-1 给出了该场洪水利津站河床产生冲刷过程,高含沙洪水在河口河段仍具有涨冲落淤的特性。20 世纪 70、80 年代经常出现 100 kg/m³ 的高含沙量洪水。河道的冲淤过程主要受来水来沙条件控制,具有大水冲小水淤的特性,河槽形态调整变化规律与利津以上的河道相同。

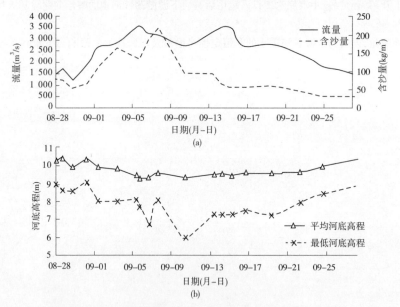

图 16-1　1973 年 9 月高含沙洪水利津站河床产生冲刷过程

冲积河流的河床是由来水来沙条件塑造的,水沙条件的变化会迅速引起河床的调整,在多沙河流上表现尤为突出。这种调整主要是通过河宽的变化来实现的,在宽浅游荡性河道中表现得很明显,艾山以下窄河道也存在着同样的调整变化规律。冲积河流的这种自动调整作用,使得流量大小不同的河流,可在同一比降条件下实现输沙平衡,主要是塑造了不同的河宽。而输沙平衡的平均不淤流速几乎相同,可在比降变缓条件下实现新的

注:本章经杨作升教授审阅修改,特此致谢!

输沙平衡。

随着黄河水沙条件的变化,洪峰输沙流量减小,河槽宽度也作出相应的调整。图 11-1(a)给出的利津水文站断面 1985 年和 1996 年流量与河宽的关系表明,由于近年来来水偏枯,小水挟沙较多,在河槽严重淤积抬高的同时,同流量河宽大幅度减小。以流量 1 500 m^3/s 为例,水面宽由 1985 年的 430 m 减小到 1996 年的 320 m,相应的断面平均流速由 1985 年的 1.8 m/s 增加到 2.2 m/s(见图 11-1(b)),造成河道输沙特性发生变化。以往的研究结果表明,艾山以下河段不淤流量一般都认为在 2 000 m^3/s 以上,而图 11-2 给出的艾山到利津河段的排沙比的变化表明,当流量为 1 500 m^3/s 时,河段平均排沙比均可达到 100%,实现输沙基本平衡,这与河口河段情况基本相同。

同样,小浪底水库的泥沙多年调节,利用洪水相机排沙可以长期发挥作用,游荡性河道双岸整治后形成有利于排洪输沙的窄深、规顺、稳定通道,输沙能力的增加,入海沙量的增加,河口淤积,流路延伸,引起比降变小,也可以通过河宽的变化,达到新的输沙平衡。如比降由 1‰减小到 0.9‰,河宽由 461 m 减小到 421 m,减少了 8%;水深相应由 2.41 m 增大到 2.62 m,增大了 8%;流速均可达到 1.8 m/s,使不同流路的河道达到输沙平衡,可使泥沙的扩散范围增大,增加近海堆沙容积。

黄河下游河道将变成一条洪枯流量相差较大的河流。一般年份流量很小,只维持环境用水,丰水年洪水期将输送高含沙洪水入海,呈现出与现状不同的演变规律。黄河的水沙资源都得到充分的利用,下游河道将形成高滩深槽稳定的新黄河。

今后由于经常利用高含沙洪水相机排沙,从图 3-1 给出两场洪水进出三门峡水库的流量、含沙量及出库泥沙组成过程线可知,两场洪水入库潼关站的最大洪峰流量分别为 13 600 m^3/s 和 15 400 m^3/s,最大含沙量分别为 616 kg/m^3 和 911 kg/m^3。7 月洪水的泥沙组成较细,d_{50} 为 0.04 mm,$d < 0.01$ mm 的占 15% ~20%。8 月洪水的泥沙组成较粗,d_{50} 达 0.105 mm,$d < 0.01$ mm 的占 5% ~8%。由于三门峡水库壅水滞洪,出库流量分别为 7 900 m^3/s 和 8 900 m^3/s,坝前最高水位分别为 317.18 m 和 315.15 m,坝前 41.2 km 范围最小日平均水面比降分别为 0.27‰ 和 0.92‰,但出库的最大含沙量却分别为 589 kg/m^3 和 911 kg/m^3,洪峰大幅度削减,而沙峰并没有明显变化,进出库的排沙比分别达到 97% 和 99%,显示出黄河高含沙水流可以在较弱的水流条件下输送大量泥沙。因此,高含沙洪水从河口河段经过时,也不一定会对河口延伸产生不利的影响。

16.1.2　黄河河口断面十年不淤

根据河口泥沙专家尹学良的研究[1],黄河河口在 1964 年由神仙沟改道刁口河,在初期通过淤滩成槽大量淤积,形成窄深河槽后的十年中,黄河利津站 1966 ~1976 年向河口海洋输送泥沙 109 亿 t,河口淤积延伸对上游水位抬高的影响并不明显。图 16-2 给出邻近黄河口河段距离利津站 80 km 的罗 10 及罗 11 断面 1966 ~1976 年水位变化过程。1966 ~1976 年的变化表明,河槽最深的高程没有上升,在此期间曾经历 1969 ~1974 年枯水丰沙系列,尤其是 1973 年 9 月出现一场平均流量为 3 000 m^3/s、含沙量高达 225 kg/m^3 的高含沙洪水,历时 10 d 的总沙量达 4.12 亿 t,均能顺利输沙入海,并没有造成河槽淤积。其原因是在洪水输送的过程中塑造了窄深河槽。从图中可以看出,罗 10 断面河槽宽只有200～300 m,但是河床的最深点比1966年的最深点还要低些,甚至达到0 m高程以下,说明河口段比降虽然很小,但不影响高含沙洪水输沙入海。

图16-3给出的黄河河口1964～1976年,从距离利津站56 km,在罗10断面上游25 km处的罗4断面及罗5、罗6断面深泓点高程变化过程表明,河槽最深点高程没有抬升,罗4断面在10年内高程逐渐降低,由5 m下降至4 m。罗5断面在高程4 m上下变动,罗6断面变化幅度较大,在高程1～4 m变化。看不出河口泥沙堆积,流路延伸对上游水位抬高的明显影响,河口延伸对上游的影响没有超过60 km。从以上的分析可知,河口的海域条件对河口段的影响是很重要的。

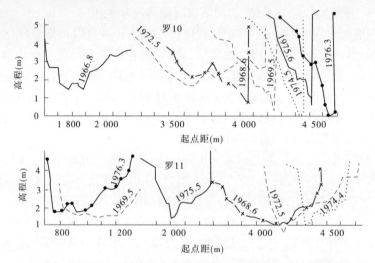

图16-2　黄河河口河段罗10、罗11断面1966～1976年水位变化

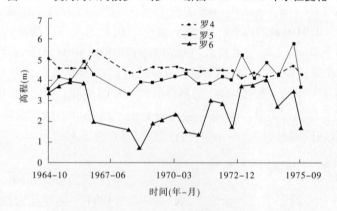

图16-3　黄河河口河段罗4、罗5、罗6断面河槽最深点高程变化

近河口河段1962～1984年流量为3 000 m³/s水位变化情况[2]见图16-4。黄河河口河段1962～1975年,由道旭至罗家屋子沿程五个水位站流量3 000 m³/s水位变化过程可知,上游河段水位站在1966～1975年,道旭站水位的抬升值明显远大于下游罗家屋子水位站的水位抬升值,由此可见,河道来水来沙不利对河道水位抬升的影响,远大于河口淤积延伸对上游的影响。可见,改变上游来水来沙组合,控制小水挟沙淤槽,利用洪水排沙将给河道、河口带来深远影响。在天然情况下,河口淤积延伸对上游的影响,远小于来水

来沙优化对减少河道淤积的作用,但现在没有被多数人所认识。

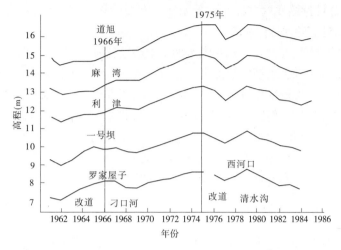

图 16-4　近河口河段 1962~1984 年流量为 3 000 m³/s 水位变化

16.1.3　河口延伸对上游河道抬高的影响分析

黄河下游河道纵剖面具有上游陡、下游平缓的特性,高村以上河道比降在 2‰ 以上,艾山至利津河道比降在 1‰,利津以下河道比降要陡些,因此河口的延伸对上游的影响受到限制。由图 16-5 给出的黄河下游河道纵剖面图可知,假定延伸比降为常数,就是河口抬高 3 m,按比降 0.8‰ 计算,在泺口站附近既与原河床相交。根据分析计算,入海泥沙量若在广大的河口三角洲及外海堆积,达到利津站水位抬高 3 m 则要上百年以上时间。

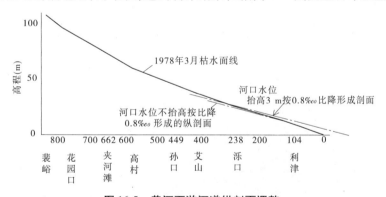

图 16-5　黄河下游河道纵剖面调整

16.2　黄河泥沙输送到外海的条件分析

传统观点认为,河口淤积延伸是造成下游河道淤积抬高的重要原因,只有减少泥沙来源才有出路。黄河的治理由 20 世纪 50 年代"蓄水拦沙"正本清源,只注重削减洪峰,调节流量,发展到人造洪峰,冲刷下游河道,利用洪水排沙,塑造窄深河槽,利用窄深河槽的巨大输沙潜力,再进一步发展到尽量把泥沙调节到涨水期,利用洪水排沙,不必刻意拦粗排细等。由"拦沙减淤"发展到"蓄清排浑",进一步发展到"泥沙多年调节",调沙库容长期发挥作用,符合可持续发展方针。大量泥沙终究要输送到河口,送到大海,但可采取技术措施尽量减少对上游河道产生影响。

水库泥沙多年调节,泥沙在丰水年洪水期集中输送到河口,增大了洪水造床和输沙的能力,充分利用下游河道在洪水期的输沙潜力输沙入海,使河口有可能集中延伸,对上游河道产生影响,可以通过河宽的变化,达到新的输沙平衡,而受到制约。因为只要洪水输送到河口,就会对河道产生冲刷。但因输沙流量增大与水沙搭配的变化,河道输沙比降调平,河道纵剖面不是简单的平行抬高,洪水的非恒定性决定了下游河口河床的冲淤过程。若能使泥沙在大范围沉积,利用河口地区海岸沿线的海洋动力将泥沙输向外海,使河口流路不再延伸,则河口对上河道的不利影响就会消除,黄河下游河床不抬高的治理目标就有可能实现。

16.2.1 黄河三角洲区域概况

黄河是世界上著名的多沙河流,河口为弱潮强堆积性,河口演变剧烈,历史流路频繁变迁,造成三角洲荒芜的景象。

现代黄河三角洲总面积 6 000 km²,是 1855 年黄河于铜瓦厢决口注入渤海以后发育而成的,迄今只有 156 年的历史,其海岸的发育历史更短,是一条不断演化着的年轻海岸。图 16-6 给出了黄河河口地区历史演变图[2]。自 1855 年至今,黄河河口河段经历多次改

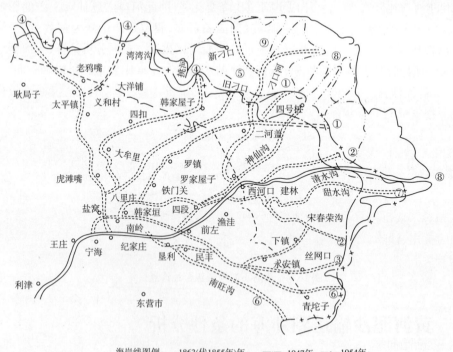

海岸线图例: - - 1863(代1855年)年; — — 1947年; —·—1954年;

—··— 1959年; —···— 1976年; —— 1984年

流路起始年序数:①1855;②1889~;③1897~;④1904~;⑤1926~;

⑥1929~;⑦1934~;⑧1953~;⑨1964~;⑩1976~

图 16-6 黄河河口地区河道历史演变范围

道,包括 1855 年(1)、1889 年(2)、1897 年(3)、1904 年(4)、1926 年(5)、1929 年(6)、1934年(7)、1953 年(8)、1964 年(9)、1976 年(人工道刁口河流路改道清水沟流路至今),共10 次大改道,泥沙能在极大范围内堆积。

河口区境域位于黄河三角洲平原北部的顶部和轴部,海拔一般 5~6 m,近海 2~3 m,向海缓倾,其坡度内侧较大,外侧较平缓,平均坡降为 1:10 000~1:15 000。陆面以黄河故道为轴,以故道高地为骨架,其间分布有河间洼地向海伸展,扇面横向起伏显著。

东营市是黄河三角洲的中心城市,北部与东部濒临渤海,西部和南部与滨州、淄博、潍坊市毗连,海岸线长 350 km,滩涂面积 1 200 km^2,浅海海域 4 800 km^2。随着三角洲油田大规模开采,三角洲经济迅速发展,人工流路改道受到限制,河口治理力度不断加大,稳定河口三角洲的研究逐渐成为主导方向。因此,要研究黄河口河道的形成和演变历史,主要表现在以下几个方面:①河口是河流与海洋交汇处,受河流动力与海洋动力相互作用。河流动力方面主要考虑了径流量、来沙量;②海洋动力因素较多,潮汐、潮流、波浪以及海水物理特性等,这些水文要素及海洋动力的时空变化,对河口段河道、拦门沙、河口海岸、河口的演变以及入海泥沙扩散有重要影响。

16.2.2 黄河三角洲海岸线演变规律

河口三角洲海岸线发生淤进、蚀退等现象具有普遍性。1960 年 8 月由神仙沟改道汊河后,至 1963 年新河口附近造陆 124 km^2,老河口附近蚀退 56 km^2,占造陆面积的 45%;1964 年初由汊河改道刁口河,至 1975 年新河口造陆 500 km^2,老河口蚀退 166 km^2,占同期造陆面积的 33%。

黄河三角洲由于泥沙来源特别丰富,数量特别大,泥沙组成又比较细(粒径小于0.025 mm 的泥沙占 44%),使三角洲岸线变化又快又频繁,近百年来黄河河口发生多次大改道。根据已有的不同流路、不同时段的三角洲淤进和蚀退、造陆速率及海洋动力因素、输往外海区的泥沙数量和比例情况,可以得出以下几点认识[3]。

(1)行水期三角洲岸线一般以淤进造陆为主,个别年份来沙量少时也出现造陆负增长。

(2)从造陆面积时序变化看,一般是改道初期造陆速率大,改道后期造陆速率有逐年减小的趋势。从每亿吨泥沙平均造陆面积时序变化看,也有类似变化趋势,这与改道后期沙嘴向海突出、沙嘴前缘地形变陡、海流流速增大、泥沙沉积减少、海洋动力输沙能力增强等因素有关。

(3)清水沟河道长度增长变化,大致与造陆面积变化趋势相一致。改道初期增长速度较快,以后逐渐减弱。三角洲岸段在河口改道完全断绝泥沙来源后,岸线的侵蚀、蚀退十分强烈。从遥感影像信息可以看出,断流后最初几年比较强烈,随着岸线和海床比降变化,侵蚀逐渐趋向缓和。以神仙沟黄河口地区为例,自 1976~2004 年:① 0 m 水深线平均每年蚀退 425 m,水边线目前已进入油田内部;2 m 水深线蚀退 9.89 km,平均每年蚀退353 m,距油田边界线不足 1 km;5 m 水深线蚀退 4.788 km,平均每年蚀退 170 m,距油田边界仅 5 km;10 m 水深线蚀退 1.399 km,平均每年蚀退 47.9 m,距油田边界仅 12 km。其中 5 m 水深线 1992~2004 年共蚀退 2.9 km,年均蚀退 241 m,为有统计记录以来推进速度最快时期,目前浅水边线仍以较高速度蚀退。据观测,神仙沟入海口两侧海岸段自1964年1月停止行水起至1976年5月,平均蚀退约2.8 km,蚀退速率达每年225 m。蚀退速率和行水期间的推进速率之比为3:4,这意味着在此河口海域行水期间3年的自然造陆,若不加防护,则停止行水后经过4年就可被侵蚀殆尽。海岸蚀退形势严峻。

16.2.3　黄河口沙嘴变幅与造陆面积关系

黄河三角洲海岸的演化受黄河来沙条件和海洋动力作用的制约,前者使海岸堆积向海洋推进,后者使海岸侵蚀向陆地蚀退,在行水河口,河流来沙直接输入,堆积速率远大于海洋动力的侵蚀速率,海岸不断向海推进,而废弃河口,河流来沙断绝,海洋动力成为海岸演化的主导因素,在波浪、海流作用下海岸不断向陆地蚀退。根据近年来的海岸蚀积状况,现代黄河三角洲海岸可分为弱侵蚀、强侵蚀和强堆积三种海岸类型。弱蚀型海岸主要分布在挑河湾以西,强蚀型海岸主要分布在挑河湾以东的刁口河和神仙沟岸段,强积型海岸主要分布在黄河现行河口及其两侧。

沙嘴淤积延伸,净造陆面积就增加,沙嘴蚀退,净造陆面积减小,甚至出现负增长。沙嘴淤进蚀退的长度与沙嘴附近地区造陆面积的关系如图16-7所示。从图中可看出,沙嘴前端的淤进蚀退与沙嘴附近地区的造陆面积存在着正比关系。沙嘴前端淤进延伸,带动着沙嘴附近岸线的淤进,整个河口地区的净造陆面积增加,淤进延伸的快慢决定着净造陆面积的大小;反之,沙嘴前端后退,将导致两侧岸线的后退,蚀退的速度起主导作用。从图中还可以看出,在改道初期沙嘴变幅与净造陆面积之间的相关度高,随着流路时限的延长,这种相关度在逐渐降低,如图16-7(a)与图16-7(c)比较,图16-7(b)与图16-7(d)比较。

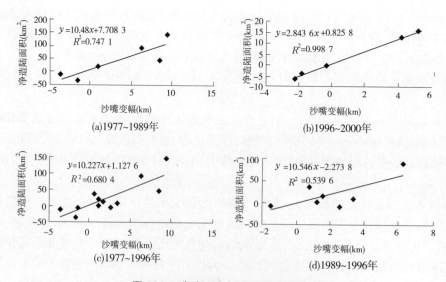

图16-7　造陆面积与沙嘴淤进延伸关系

16.2.4　黄河口来水来沙特征变化

黄河以其极高的输沙量著称于世。据利津水文站1950~1999年50年的资料统计,其多年平均径流量为 343.3 亿 m^3，多年平均来沙量为 8.68 亿 t。显而易见，黄河泥沙是黄河三角洲迅速建造的主要动力。图 16-8 给出的黄河口利津站历年来水来沙特征表明，来水量、来沙量逐年减少，呈现出黄河入海水沙条件变化总趋势，其主要表现在以下几个方面。

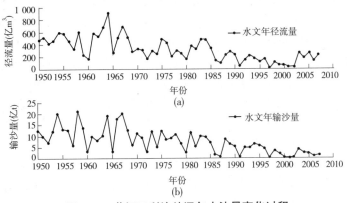

图 16-8　黄河口利津站逐年水沙量变化过程

（1）来水来沙年际和年内分配极不均匀。最大年来水量发生在 1964 年，为 973 亿 m^3，最小年来水量发生在 1997 年，仅为 42 亿 m^3；最大年来沙量发生在 1958 年，为 20.99 亿 t，最小年来沙量发生在 1997 年，仅为 0.30 亿 t；来水来沙集中于汛期的洪水期。

（2）1976 年黄河人工改道清水沟以来，利津站多年平均径流量和输沙量分别为 229.2 亿 m^3 和 5.82 亿 t，与 1950～1999 年多年平均流量和输沙量相比均有较大幅度的减小，1970 年后没有出现年沙量大于 13 亿 t 的情况，1986 年以后年沙量最大发生在 1988 年，为 8.12 亿 t。

（3）表 16-1 给出的 1986～2008 年利津站来水来沙量变化表明，1986～1999 年利津站的年平均沙量只有 4.04 亿 t，1999 年小浪底水库投入运用后进入河口的泥沙更少，年平均沙量只有 1.42 亿 t，最大年沙量为 3.70 亿 t，不足天然情况下年沙量 12 亿 t 的 20%。

表 16-1　1986～2008 年利津站水量沙量变化

项目	年份	1986	1987	1988	1989	1990	1991	1992	1993	1994	1995	1996	1997	1998
水量 （亿 m^3）	汛期	87.1	51.0	152	144	130	39	95	121	118	116	135	19	84.3
	全年	157	108	194	242	264	122	134	185	217	137	167	42	101.1
沙量 （亿 t）	汛期	1.53	0.77	8.02	5.27	3.51	0.80	4.48	3.80	5.95	4.25	4.30	0.16	3.47
	全年	1.69	0.96	8.12	5.99	4.69	2.49	4.82	4.71	7.08	5.69	4.50	0.30	3.79

项目	年份	1999	14 年平均	2000	2001	2002	2003	2004	2005	2006	2007	2008	9 年平均	23 年平均
水量 （亿 m^3）	汛期	41.1	93.9	19	13.1	29.5	123.2	108.1	113.5	76.2	129.4	60.4	74.7	86.3
	全年	66.0	152.6	40	46.5	41.9	192.7	198.8	206.8	191.7	204	145.6	121	148
沙量 （亿 t）	汛期	1.78	3.43	0.12	0.06	0.52	2.93	1.97	1.25	0.61	1.08	0.42	1.0	2.48
	全年	1.85	4.04	0.17	0.20	0.54	3.70	2.58	1.91	1.49	1.47	0.77	1.42	3.01

16.2.5　黄河口未来水沙变化趋势与海岸线演变趋势

近三十余年来,黄河下游河段及进入河口段的来水来沙量发生了重大变化,来水来沙量均较以前有较大幅度的减少,对河口地区治理产生重大的影响。造成上述变化的原因主要是流域的水利水保工程的减水减沙作用,大型水库的投入运用,以及实施小流域治理后,下垫面的变化,使小流域内的水沙不出沟,致使上中游地区汇入黄河的水沙大量减少,进入河口的泥沙则呈减少的趋势。

由于上游水利水保工程的作用、大型工程的拦沙作用、河道淤积以及引水引沙的作用,今后进入黄河口的水沙将呈逐渐减少的趋势。从黄河来水来沙变化趋势分析,今后河口段的年来水量不会超过 200 亿 m³。由于来水的减少造成进入河口的泥沙也会显著减少,估计多年平均值不会超过 5 亿~6 亿 t。

黄河来水来沙量减少,打破了海岸冲淤平衡,根据相关理论分析[14],黄河三角洲海岸的冲淤平衡点为年入海泥沙量 3 亿~4 亿 t,当入海泥沙量小于冲淤平衡点则引起海岸冲刷,大于冲淤平衡点则引起海岸淤积。根据统计资料,以前黄河入海沙量较大时,黄河泥沙淤积,填海造陆是主导方向。近几年来,黄河下游来水来沙量大幅度减少,导致海岸整体上呈现蚀退状态。而对于老黄河口地区,由于缺少泥沙补给,蚀退尤为严重。

尤其是经过小浪底水库泥沙多年调节,平、枯水年入海沙量很少,只有在丰水年洪水期进行排沙时,泥沙将由流量大于 3 000 m³/s 洪水挟带集中输送到河口地区。一次排沙量可达十几亿 t,甚至更多。如表 11-3 的给出利用 1974~1996 年实测水文系列,经小浪底水库泥沙多年调节,利用洪水排沙期利津站输沙量计算结果表明,一年中利用洪水排沙量为 3.8 亿~15.3 亿 t,20 多年内排沙 12 次,平均 2 年排沙一次,每次排沙量为 10 亿 t,也在 1950~1970 年实测范围之内。由于是在洪水期排沙,流量为 3 000~6 000 m³/s,含沙量为 100~300 kg/m³,排沙过程中艾山以下河道主槽仍会产生冲刷,这种冲刷将延伸到利津以下的河口地区,并将以异重流的形式输送至深海,在较大的海域内堆积,进行填海造陆。

根据文献[2]、[1]、[5]的研究结果,刁口河河口与神仙沟河口及清水沟河口造陆速度与来沙量之间的关系表明,刁口河与神仙沟的 1 亿 t 泥沙的造陆速度,在 1968~1971 年间和 1953~1959 年间分别为 2.73 km²/a、1.94 km²/a,而清水沟河口在 1976~1991 年间,造陆速度却为 4.17~5.4 km²/a,具有造陆速度逐年减慢的变化规律,详见文献[2]中给出的表 16-2。从长期看,应充分利用刁口河与神仙沟海域输沙能力强与容沙能力大的特性。

表 16-2　黄河不同河口流路淤积造陆速度比较

河名	时段 (年-月)	时段来沙 (亿 t)	行河年限 (a)	造陆面积 (km²)	造陆速率 (km²/a)	来沙造陆比 (km²/亿 t)
清水沟	1976-06~1979-09	34.1	3.34	189.1	56.6	5.54
	1979-10~1991-10	72.3	12	326	27.2	4.51
	1985-10~1991-10	26.6	6	111.1	18.5	4.17
刁口河	1968-06~1971-10	35.7	3.3	97.3	29.5	2.73
神仙沟	1953~1959	90	6	174.6	29.1	1.94

海洋动力作用。对于刁口河河口与神仙沟河口,即东营市北部沿海地区,由于距无潮点较近,潮差较小,且地势低平,比降多为1‰,潮位变动10 cm,水陆界限变动可达1 000 m,致使涨潮时产生较大的冲击力,卷走近岸泥沙,造成海岸侵蚀。又因潮能主要呈现在水平方向,大流速主要分布在海岸坡脚之内5~15 m水深区域,使岸坡遭受强流冲刷,正规半日潮海区每天出现4个大流速时段,海岸受冲刷频繁。

风暴潮的作用。根据最新的实测和数值模拟研究成果,波浪在黄河口海域输沙中起着举足轻重的作用。波流共同作用下刁口附近的悬沙浓度较单纯潮流的作用要高10倍以上,主要发生在冬半年[6]。东营市北部海区风暴潮发生频繁,潮灾严重。据统计,自1976年以来,当地共发生较大的风暴潮55次,由于波浪的作用,导致10 m水深以下的海床泥沙产生运动,波浪掀沙和潮流输沙相结合,增大了输沙能力,海岸侵蚀加快。

16.2.6 合理安排入海流路,把泥沙输送到深海

16.2.6.1 使泥沙在更大范围内堆积

河口是河流与海洋交汇处,泥沙送到河口实际上是交给了海洋,不管是直接入海泥沙扩散,还是河口海岸的侵蚀泥沙再输移,主要取决于海洋动力的强弱。所以,人们逐渐认识到河口治理十分重要,特别是加大排沙入海量,维持河口海岸的冲淤平衡,应该是黄河下游河道治理的最终出路。因此,合理安排入海流路,使泥沙在更大范围内堆积,可尽量增大三角洲海岸的侵蚀量。

据实测资料分析,在流路河道发育的各个阶段,输往外海的沙量有很大差别,一般是在流路的初期输往外海的沙量较小,只占来沙量的10%左右,而流路的中期输往外海的沙量比较大,占到30%。进一步研究黄河三角洲沿岸流场,认识到流路的初期,河口门都处于凹海岸,风浪和海流能量分散,场的强度较弱;而河口门处于凸形沙嘴海岸,沿岸流速相对增大一倍以上,形成较强的流场。维持河口岬角海岸形态,实际上是维持了强流场,也就维持了将更多入海泥沙向外海输送的能力。

根据河口泥沙专家李泽刚的研究,黄河三角洲海岸为淤泥质,岸线长约200 km,行水河口海岸处于淤积状态,但影响宽度只有50 km,其余3/4不行河的海岸,缺少陆源泥沙补充,长期处于强烈的侵蚀后退之中。

三角洲海岸的侵蚀后退也是不均匀的,平直海岸蚀退慢;凸出海岸蚀退快,坡缓海岸蚀退慢,坡陡海岸蚀退快;古老海岸蚀退慢,刚断流的海岸蚀退快,其中刚断流的河口海岸,集中了蚀退快的各项条件,年蚀退速率最大。

凸出的海岸附近能量集中,海洋动力最强,侵蚀量大,输往外海的沙量最大。因此,从增大不行河海岸段的侵蚀量出发,多个河口轮流使用为最好,可使河口都能保持沙嘴突出形态,既能利用河口强流场、强输沙能力、海岸侵蚀段的最大侵蚀量,又能利用沙嘴突出形态,有利于使泥沙输送到外海,关键是使黄河泥沙在更大的范围内堆积,利用沿海的海洋动力,增大河口地区输送到深海的侵蚀量。因此,需要利用工程控制河口流路的摆动范围,才能使河口维持较强的动力场,较强的输沙于远海的能力,尽可能把泥沙输送到外海。

16.2.6.2 河口异重流

高含沙洪水输沙入海后,因洪水容重大会产生河口异重流,在近海岸比降大,达1‰

的边界条件下,会使泥沙运动到外海沉积,在有关文献中也曾有海洋浑浊流报道[5,7,8]。这是由于小浪底水库泥沙多年调节,优化进入下游水沙条件后形成的,今后应加强这方面的观测研究。

16.2.6.3 合理布置流路

根据大小不同流量的输沙特性分析,流路的布置原则应是大水时水位高,河口段比降大,流路可长些;小水时最好就近入海,以减少河口延伸对上游的影响。这是河口地区分流入海流路的设计原则。

16.2.7 建立河口分洪分沙枢纽

根据李泽刚的建议[2],应建立河口分洪分沙枢纽,目的是利用分洪分沙枢纽经人工分流,使泥沙分布到更大范围堆放,代替天然河口自然流路改道,充分利用河口地区海域的海洋动力尽量将泥沙输送到外海沉积。

16.2.7.1 黄河口清水沟流路

清水沟流路自1976年人工改道运用以来,治理力度不断加大。至2000年已经建成了完整的防洪工程体系,河口段防洪大堤达到防10 000 m³/s洪水高标准,险工坝段五处,河口段河道护滩控导工程占河长的50%,除河口门附近变动段外,相对稳定河段基本上都得到防护,尽管河口演变还有较大的变幅,但防洪安全保证率已经很高,同时清水沟河口沙嘴突出后,流场较强。但是长期使用一条流路,沙嘴过分突出,流路过分延长出后,给上游河道必然会带来不利影响。最优的治理方案是使泥沙在更大的范围内堆积,尤其是把泥沙输送到海洋动力最强的海域,尽量利用海流把泥沙输送到更远处沉积。

图16-9给出了清水沟流路自1976年改道后到1996年8月出汊向北改道的演变情况。清水沟河口地区海洋动力条件弱,沙嘴十分突出,输往外海的沙量和距离都受到限制,不是最优的入海口岸。目前黄河河口距西河口的距离,清水沟流路比刁口河故道流路长15 km以上[9],适时改道把黄河泥沙输送到新的海域,是必须考虑的现实问题。

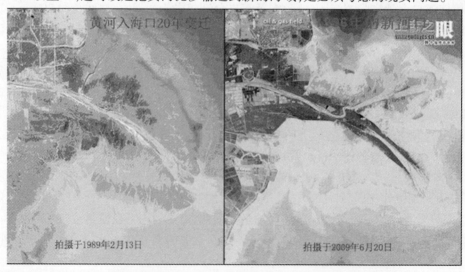

图16-9　清水沟流路自1976年改道后到1996年出汊走新河演变情况

为此,对稳定清水沟流路时间长短要有分析。文献[1]、[2]、[5]的研究结果都表明刁口河与神仙沟是海洋动力最强的海域,1976年人工改道清水沟的主要原因之一是神仙沟流路故道发现油田。但黄河河口不能永远走一条流路,现在需要进行方案分析比较,稳定清水沟流路最佳使用时间是多长,才能控制河口海岸处于动态平衡,对黄河下游河道影响最小。由于将来进入河口地区的水沙条件是以洪水输沙为主,经过水库泥沙多年调节后,泥沙更加集中在洪水期输送,若不利用刁口河与神仙沟海洋动力最强的海域处理黄河泥沙,势必会对上游河道产生不利影响。为达到上述目标,最优的方案是在河口建设水沙控制工程,实行进入河口地区的水沙综合调度,从而进一步达到整个黄河三角洲都维持最大输沙于外海的能力。

16.2.7.2 刁口河故道辟为分洪排沙道

此海域输沙能力强,刁口河故道辟为分洪排沙道,可把大量泥沙输送入海域沉积,增大排沙入海沙量,优化了河道与海洋动力功能。因为,它们都是稳定黄河入海流路的组成部分,通过河口水沙控制工程而发挥作用。

(1)刁口河故道的使用是流量为 3 000 m^3/s 的分洪道,流量大于 3 000 m^3/s 时利用刁口河故道的流路分洪排沙,流量小于 2 000 m^3/s 时洪水还走清水沟,流量再大时可考虑多口入海。

(2)刁口河辟为分洪排沙道,根据形成大水走大河、小水走小河的原理,为了顺利地将泥沙输送入海,应设计一个合理尺寸的河槽,使河道断面形态与排沙流量相适应,河道易于稳定,有利于河口地区河道输沙与防洪安全。

(3)刁口河辟为分洪排沙道,可以维持刁口河地区河口海岸的突出形态,维持河口海洋动力的强流场。同时存在刁口河河口与清水沟河口形态突出沙嘴,从而就实现了两个河口都能直接加大排沙入海的力度。

16.2.8 黄河口海岸治理的远景展望

由于上游优化了来水来沙组合,对减少河口河道淤积的作用,大于河口淤积延伸对上游河道的影响,因此小浪底水库泥沙多年调节,在丰水年洪水期进行排沙,泥沙将由流量大于 3 000 m^3/s 洪水挟带集中输送,与游荡性河道的双岸整治配合,形成有利的排洪输沙通道,为解决未来的河口泥沙问题创造良好的大环境。河口河道的延伸与冲积河流的自动调整是紧密相连的,河宽的变化对河道输沙的影响是最灵敏的,比降的变缓可以通过河宽变小而保持流速不变,从而达到新的输沙平衡。

维持黄河口加大排沙入海的途径和措施,可以通过建设河口水沙控制工程,形成大水走大河、小水走小河的局面。刁口河故道开辟分洪排沙道,能够达到尽可能大的直接和间接输沙于远海的能力。为了更可靠地使三角洲海岸平衡,使河口地区泥沙在更大范围内堆积,还应研究其他流路分流作用,实施河口多流路入海的布置可能更加合理。应充分利用黄河河口海域的海洋动力条件、海域的容沙能力和今后有利的来水来沙条件,使河口淤积流路延伸对黄河下游河道的影响最小,为黄河下游床不抬高创造条件。

尽管目前还处于规划前期,但是我们可以根据流路条件,河道条件,河口海岸突出条件,海洋动力强条件,输沙于外海的沙量增多条件,初步预估黄河三角洲稳定的程度和治理前景。

　　根据李泽刚的分析[4],当前黄河上中游水利水保治理措施减沙及干流工程拦沙效益显著,进入黄河下游河道的泥沙年均还有 8 亿 t,统计黄河两岸放淤和引黄引沙量达 1.3 亿 t/a,送到河口的泥沙还剩 6.7 亿 t/a;如果实施上述稳定黄河口流路措施,维持较强的输沙能力,直接输往外海的泥沙达 2.01 亿 t/a,整个三角洲海岸的泥沙侵蚀量为 3 亿 ~ 4 亿 t/a,那么河口海岸的沉积量将很少,尤其是泥沙以高含沙洪水的形式输送到河口的运动规律及对上游河道影响是今后研究的重点。

　　研究结果表明,优化河口海洋动力,输沙于外海作用显著,如果再考虑水沙综合利用,三角洲结合改良土壤,引黄泥沙长距离输送,以及挖河固堤等用沙量,使河口海岸的平均淤积量变为零,三角洲海岸将处于冲淤动态平衡。也就是说,上游拦沙和调水调沙利用洪水输沙,再加上河口强化海洋动力治理,不仅可以实现黄河三角洲海岸的稳定,而且最终有利于黄河下游河道的长期稳定。

　　现在的问题是,黄河口加大排沙入海的治理,目前尚未列入黄河下游控制"河床不抬高"的治理计划,因此也未进行有计划的深入研究。实际上,这关系到黄河下游河道的治理方面。黄河口当前的治理规划,既不考虑如何稳定河口海岸,也未考虑如何加大排沙入海和黄河下游河道长期稳定及黄河三角洲稳定对经济可持续发展的意义。随着科学技术的进步,人们对黄河的认识深化,河口治理也应把眼光看长远一点。黄河治理已经发生了很大变化,黄河水沙资源的变化,已经到了需要审时度势地研究黄河口治理新的政策,使河口治理与黄河下游治理统一起来,治理好黄河是中华民族世世代代的责任。

参 考 文 献

[1] 尹学良. 黄河近代河口河床演变[M]. 北京:中国铁道出版社,1997.

[2] 李泽刚. 黄河近代河口演变基本规律与稳定入海流路治理[M]. 郑州:黄河水利出版社,2006.

[3] 常军. 黄河三角洲海岸线变迁[EB/OL]. 滨州传媒网(http://Jiaoyu. bzcm. net/). 2010-03-10.

[4] 李泽刚,王万战. 关于稳定黄河口入海流路的思路与方法[J]. 人民黄河,2009(8):13-15.

[5] 杨作升,孙效功,张军,等. 利用海洋动力输送黄河口泥沙入海的研究[M]//李殿魁,等. 延长黄河口清水沟流路行水年限的研究. 郑州:黄河水利出版社,2002:131-236.

[6] Zuosheng Yang,Youjun Ji,Naishuang Bi,et al. Sediment Transport off the Huanghe(Yellow River) Delta and in the Adjacent Bohai Sea in Einter and Seasonal Comparison,2010,ECSS. 10. 1016/j. ecss. 2010. 06. 005(in Press).

[7] 范时清,俞旭. 现代海洋浊流作用理论问题[J]. 海洋科学,1977(1):44-48.

[8] 李祥辉,王成善,金玮,等. 深海沉积理论发展及其在油气勘探中的意义[J]. 沉积学报,2009,27(1).

[9] 黄海军,樊辉. 1976 年黄河改道以来三角洲近岸区变化遥感监测[J]. 海洋与湖沼,2004,35(4):306-314.

第 17 章 对黄河下游河道治理前景的展望

众所周知,泥沙淤积是黄河下游洪水危害的根本原因,黄河治理的主攻方向是解决泥沙淤积问题。新中国成立初期,曾以"节节蓄水、分段拦泥"的规划原则对黄河做了全面规划。由于规划不符合国情,三门峡水库被迫进行两次改建,改"蓄水拦沙"为"滞洪排沙"运用。三门峡水库的成功改建,创造了在多沙河流上长期保持水库有效库容的范例。

然而,三门峡水库"蓄清排浑"的运用经验具有局限性:一是受潼关高程的限制,调沙库容小,不能对黄河泥沙进行多年调节,每年汛期不得不降低水位运用,往往使小水带大沙进入下游;二是水位变幅小,不能产生强烈的溯源冲刷,难以维持长时段、高含沙量的出库水沙条件,因而不能充分利用下游河道的输沙能力。

龙羊峡水库与刘家峡水库联合运用构成多年调节,以及上中游工农业用水的增长,汛期水量、洪峰流量显著减小,黄河中游地区的治理虽然有减沙作用,但不稳定,遇降大暴雨时,仍会大量产沙,年沙量可达十几亿吨。黄河在相当长的时间内仍将是多沙河流。

由于来水来沙条件恶化,黄河下游汛期水少沙多的矛盾更加突出,输沙流量减小,洪水造床作用减弱,河槽淤积加重,平滩流量减小,河槽萎缩,小浪底水库投入运用,为黄河下游的治理创造了有利条件,可对黄河泥沙多年调节,相机利用洪水排沙,控制河槽淤积,大量节省输沙用水,实现黄河下游"河床不抬高"。

17.1 黄河洪水发生的机会大幅度减少

黄河的泥沙随中游洪水而来,输沙入海也要利用洪水。因此,研究黄河洪水的变化及其发展趋势对于黄河的治理十分重要。

华北地区的河流相继都变成干河,偶尔才有洪水下泄,黄河流域也属半干旱地区,水库大量兴建与水土保持、灌溉的发展,已使黄河实测洪水大幅度减小。

黄河干支流上已有的大中小型水利枢纽达 600 余座,总库容达 700 亿 m³。仅龙羊峡、刘家峡、三门峡、小浪底四库防洪库容就达 156.2 亿 m³(相当于黄河千年一遇洪水 12 d 的总量)。在主要支流上也兴建了许多大型水库,如伊河陆浑水库、洛河故县水库,防洪库容分别为 6.77 亿 m³ 和 6.98 亿 m³。花园口站千年一遇洪水洪峰流量由 423 00 m³/s 降为 22 500 m³/s,百年一遇洪水的洪峰流量由 29 200 m³/s 降为 15 700 m³/s,若发生 1958 年的 22 300 m³/s 流量洪水,花园口站洪峰流量将降为 9 620 m³/s;自 1982 年发生 15 300 m³/s 大洪水以来,近 30 年来花园口站洪峰流量没有大于 8 100 m³/s,洪水已经得到有效控制,大洪水发生的机会大幅度减少。如花园口站从 1950~2008 年历年实测最大洪峰流量变化过程见图 1-3,近十几年来没有发生流量大于 5 000 m³/s 的洪水。

黄河兰州站的径流量占黄河总水量的 58%,随着龙羊峡(1986 年运用)、刘家峡(1968 年运用)等水库的联合运用及工农业用水的增长,汛期进入下游的水量大幅度减小。洪峰流量的减小,洪水造床作用减弱,水少沙多的矛盾更加突出。水库的防洪运用,削峰淤沙作用已代替天然洪水漫滩后滞洪、滞沙作用,洪水漫滩机会也会大量减少。

洪水发生的机会大幅度减少是不可逆转的,但黄河进入下游的水沙条件可通过小浪底水库泥沙多年调节,相机利用洪水排沙优化,为利用窄深河槽极强的泄洪能力创造了条件。

17.2 对黄河下游河道排洪输沙潜力认识的突破

对黄河干支流主要河段的输沙特性的对比分析研究表明,控制河道输沙效率的主要因素是河槽形态。要想提高宽浅河道的输沙能力,首先要改造河槽形态。因此,明确了游荡性河道治理的主攻方向是塑造窄深河槽。

造成河道"多来多排"的原因,在低含沙水流时是由于水流的流速达到 1.8 m/s,床面进入高输沙动平整状态;对于高含沙水流而言,是由于黄河泥沙组成细,含沙量增高后流体的黏性增大,而河床对水流的阻力并没有增加,仍可利用曼宁公式进行水力计算。

在窄深河段随着流量的增大,河道由淤积变为冲刷,形成窄深河道"多来多排",宽浅河道"多来多排多淤"的输沙规律,其中河槽"多来多排",而滩地则"多来多淤"。黄河下游艾山以下河道实测洪水最大含沙量为 246 kg/m³。目前的山东河道流量为 2 000 ~ 3 000 m³/s,不仅可以输送实测含沙量小于 200 kg/m³ 的洪水,含沙量增加到 400 ~ 500 kg/m³ 时,会更有利于输送。该段河道具有巨大的输沙潜力。

钱宁开创的高含沙水流的特性研究表明,由于黄河泥沙组成比较细,含沙量的增加,引起流体的黏性增加,使粗颗粒的沉速大幅度降低,含沙量在垂线上的分布更加均匀,泥沙更容易输送。利用水流高含沙特性输沙是一种比较理想的技术途径,可为小浪底水库进行泥沙多年调节,利用洪水排沙入海提供理论依据。

窄深河槽不仅具有极强的输沙潜力,同时具有很强的泄洪能力,造成窄深河槽泄洪能力大的主要原因是河槽的泄流能力和河宽、水深成正比,水深的方次高,水深增加,流速也增加,导致窄深河槽具有很强的泄洪能力。1977 年高含沙洪水期间花园口站河宽不足 500 m,河槽深 5 m,泄流量达 9 000 m³/s,艾山以下河道历史上的最大泄流量曾达到 10 000 m³/s 以上。黄河洪水的变化使下游河道的泄洪能力显得绰绰有余。

底沙的运动状况决定了河床的冲刷或淤积,其运动速度远小于洪水波的传播速度,因此洪水在几百千米,甚至上千千米长,比降变化相差甚至十倍(0.6‰ ~ 6‰)的冲积河道均可产生强烈冲刷。

对黄河窄深河道具有极强的泄洪输沙能力,洪水输沙的非恒定性、"涨冲落淤"规律的破解,打开了对下游治理的新视野。搞清楚了为什么高含沙量、低含沙量,比降陡与比降缓的河流,河床在涨水期都是冲的,落水期都是淤的原因。由于对这个问题的认识有了进展,因此对窄深河槽的过洪机理、淤滩刷槽之间有无联系,以及对利用洪水长距离输沙入海、水库排沙调控原则等问题的认识,都向前推进了一步,治理理论有了突破。只要在黄河下游构建一个宽度较窄、流路顺直的通道,就能够形成稳定窄深的河槽,而窄深河槽具有极强的排洪输沙能力。在中游水库调整来水来沙的搭配后,利用下游窄深河槽的排洪能力,就能够控制主槽的淤积,实现"河床不抬高"的目标,从而使"二级悬河"、横河斜河、滩区淹没等一系列问题迎刃而解。

由于黄河下游河道比降陡，为 $1‰ \sim 2‰$，流速可以达到 $3 \sim 4\ m/s$，且在涨水期河床不断冲刷，水深迅速增大，最大洪峰时河床最低，过流能力最大，与淮河泄洪河道比降 $0.3‰$，长江下游比降为 $0.2‰ \sim 0.3‰$ 的情况不同，黄河要比淮河、长江陡。这是由于黄河长期多沙，且水沙组合不合理，小水挟沙过多，形成很陡的比降。优化来水来沙组合后，目前的河床比降利用洪水输送泥沙入海是绰绰有余的。

17.3　调节水沙搭配、控制主槽淤积是解决问题的关键

黄河干支流大型水利枢纽的建设，完全改变了下游来水来沙的自然过程，游荡性河道经常处于小水挟沙过多状态中，河槽连年淤积而不能摆动是造成"二级悬河"的根本原因。"二级悬河"与一级悬河产生的原因相同。通过对洪水期河床冲刷与滩地清水回归主槽过程的分析，得出主槽冲刷与漫滩淤积间没有必然联系，洪水不漫滩，河槽仍可发生冲刷。因此，调节水沙搭配，控制主槽淤积是解决问题的关键。在小浪底水库建成后，为实施将游荡性河道治理成窄深、规顺、稳定的排洪输沙通道提供了条件。

为了实现黄河下游"河床不抬高"的目标，首先要改变进入下游的水沙搭配，这是治理下游的前提，其作用往往不被人重视，如三门峡水库"蓄清排浑"的运用避免了非汛期小水挟沙后淤槽，有利于中水河槽的形成。但是三门峡水库"蓄清排浑"的作用是有限的，尤其是不能适应黄河水沙变化的发展趋势，充分利用下游河道可能达到的输沙潜力输沙入海，水资源也不能得到充分合理的利用。小浪底水库进行泥沙多年调节运用的作用，会将更多的泥沙调节到洪水期输送，远大于三门峡水库"蓄清排浑"的作用，为进一步整治游荡性河道创造了条件。在"拦、排、调、放、挖"中，以调为核心的治河方略，也为下游形成窄深河槽提供了技术支撑。

从黄河治理理论上讲，首先是刷槽和淤滩没有必然的联系，不漫滩洪水会造成更强烈的冲刷；从防洪上讲，今后黄河也没有那么大洪水需要漫滩削峰；从增大和保持洪水的造床与输沙入海能力上讲，也不再需要宽河削峰。所有这些都为黄河下游的治理指明了方向。

17.4　泥沙多年调节，利用洪水排沙

在黄河"八五"攻关中，首次对小浪底水库泥沙进行多年调节，利用洪水排沙，并进行了较详细的方案计算，初步制定了水库运用原则。因此，小浪底水库的运用方式由初期的削减高含沙洪水发展到利用洪水排沙。

17.4.1　把沙量调放到涨水期输送

因为不管是含沙量高低，还是比降陡缓，河床在涨水期都是冲的，落水期都是淤的，我们在调水调沙的时候若能把沙量调放到涨水期输送，这是非常有意义的。因此，拦粗泥沙主要应拦小水时挟带的泥沙，而大水时"粗泥沙"也可输送入海。

17.4.2 高含沙水流产生可行性

大量的实测资料表明,蓄水拦沙,水库运用水位的迅速下降并泄空,淤泥便可流动产生高含沙水流。水库虽然大小、形态各异,但淤土的力学性质相同,产生高含沙水流的机理也相同。三门峡水库泄空曾经产生 $300 \sim 500$ kg/m^3 的高含沙洪水。小浪底水库的水位变幅更大,水库泄空后更容易产生高含沙洪水。

(1)众所周知,淤土的抗剪强度参数(C 和 φ)依排水条件而异。土的抗剪强度一般不排水不固结的试验值最小,库水位的迅速降低,使淤土中孔隙水来不及排出,土体的强度低,黏着力 C 和内摩擦角值低,$\varphi = 0$(属于情况: $\tau_f = C$),土体的容重 γ_m 大,只要流泥的水平推力 $W = \gamma_m h j$ 大于土体的黏着力($C = \tau_f$),土体便可产生流动,其中 h 为泥浆深度,j 为纵坡。蓄水拦沙运用水库中的淤积物处于水下饱和状态,库水位的迅速下降并泄空,淤泥流动便可产生高含沙水流。

(2)在洪水期,水库主动泄空,库水位迅速大幅度降低,随着主槽的强烈冲刷,河床高程降低,滩槽高差增大,土体荷重增加。随之土体内发生超孔隙水压力,引发土体向主槽坍塌,为利用洪水排沙,高含沙水流形成创造了有利条件。

(3)水库泄洪排沙时,库水位迅速降低,当库区淤积物抗冲性较强时,溯源冲刷纵剖面调整又具有自动调整的特性,使冲刷以"局部跌坎"的形式向上游发展,使水流能量集中,增强冲刷能力,为多沙河流形成长期使用的调水调沙库容提供了可能。

(4)在中小型水库泄空冲刷时产生的淤土滑塌、洪水排沙的高含沙水流的情景,在大型水库(如小浪底水库)相似运用条件下也会产生。主动空库泄洪排沙是多沙河流调沙的优化模式,这为黄河下游河道利用洪水输送高含沙水流提供了可能。

17.4.3 利用洪水泄空冲刷排沙

由小浪底水库分析计算结果可知,水库的淤积量大于 30 亿 m^3 后,才能利用洪水泄空冲刷排沙,相同的来水来沙条件,库区淤积量小,水库冲刷机会多,但冲刷效率低;当首次起冲淤积量大时,库区淤积量多,冲刷效率高,但冲刷机会少。同样的来水条件和库区泄空水位,当水库淤积量大时,冲刷效率高,出库的含沙量大,可以使更多(70% ~ 90%)的泥沙调节到洪水期输送。进入下游的水沙为供兴利的小流量清水水流和挟带的泥沙大流量洪水,为河槽不淤提供了有利的来水来沙条件。方案计算结果表明,输沙年用水量较原规划的 200 亿 ~ 240 亿 m^3,节省三分之二。

17.5 稳定主槽,形成排洪输沙通道的最优方案

开始于 20 世纪 60 年代的黄河下游河道整治工程,经过 40 余年建设,改善了河势,保护了滩区,减轻了现有险工的防洪压力,对于黄河下游的防洪安全起到了积极作用。但是黄河下游游荡性河段河槽极为宽浅,无法约束洪水,造成河势变化呈现随机性,没有得到

有效的工程措施的控制。在河道整治实践过程中，无论是枯水时段、丰水时段或是大洪水时段，都曾出现过河势失控的情况。2003年汛期蔡集等处出现的严重险情说明，在小浪底水库建成投入运用后的水沙条件下，在辛店集以上宽河段，现行减小游荡性范围的弯曲河道整治方案难以满足新形势下对稳定主槽、提高河道输沙能力的要求。为此，黄河水利委员会对下游河道治理提出了"稳定主槽，调水调沙"的方略，稳定主槽是当前下游河道治理的关键。当前有必要用双岸整治工程的办法进行补充，形成不同形式的双岸整治，减少塌滩，稳定主槽，形成窄深河槽，提高排洪输沙能力。

黄河下游双岸整治是基于窄深河槽具有极强的输沙潜力和泄洪能力、非恒定性输沙泄洪机理。按洪水期顺直微弯流路布置双岸整治工程，以缩窄河宽，增加槽深，控制清水塌滩，使洪水冲刷向纵深方向发展，增大平滩流量。考虑到排沙时河槽不淤与泄洪的共同需求，整治河宽取 600 m。2003 年进行的动床模型试验表明，在小浪底水库泥沙多年调节的水沙条件下，主槽能够迅速刷深，洪水水位降低，平滩流量迅速增大，河道输沙能力大幅度提高，河段输沙基本平衡，平滩流量由 3 000 m^3/s 增加到 6 000 m^3/s 以上，既减少了中小洪水漫滩致灾的风险，又能形成稳定的中水河槽，有效控制河势，并经受百年一遇洪水的考验，证实了双岸整治方案的可性行。

双岸整治工程经常靠河，因而提高工程的利用率将大量节省投资，可以从根本上解决"背着石头撵河"的被动局面，以及大量河道整治工程长期不靠溜的状况，并防止发生类似 2003 年小流量下游生产堤遭冲决，造成滩区严重淹没损失。但由于受传统治河思想影响，在黄河上实施双岸整治还有很大的阻力。为此，希望进行双岸整治试点，然后逐步推广。

双岸整治是世界各国通用的河道整治方法，在其他河流如中亚地区多沙的阿姆河，以及密西西比河、密苏里河、莱茵河及我国的汉江上都有成功应用的先例。虽然各自的整治目的不同，但整治方法却是相同的，都是通过缩窄河宽，增大水深和流速，达到稳定主槽的目的。

17.6 双岸整治在黄河下游治理中的战略意义

17.6.1 小浪底水利枢纽运用后下游过流能力的变化

小浪底水利枢纽从 1997 年 10 月截流，由于水库运用得比较好，河南河道、山东河道都发生了冲刷。从 1999 年 10 月至 2009 年 10 月，小浪底库区淤积量为 25.8 亿 m^3，表明水库仍处于拦沙运用初期。因近期入库沙量明显偏小，导致水库实际淤积程度比原先预计的要低。根据下游淤积大断面测量成果计算，1999 年 11 月至 2009 年 10 月黄河下游小浪底—利津河段共冲刷 13.0 亿 m^3（合 18 亿 t），详见表 17-1 给出的小浪底水库运用以来下游河道断面法冲淤量。

表 17-1　小浪底水库运用以来黄河下游断面法运用年冲淤量

年份	花园口以上河段（亿 m³）	花园口—夹河滩（亿 m³）	夹河滩—高村（亿 m³）	高村—艾山（亿 m³）	艾山—利津（亿 m³）	利津以上（亿 m³）
2000	−0.713	−0.470	0.056	0.147	0.155	−0.825
2001	−0.473	−0.315	−0.100	0.054	0.018	−0.816
2002	−0.373	−0.446	−0.036	−0.141	−0.232	−1.228
2003	−0.648	−0.698	−0.319	−0.409	−0.547	−2.621
2004	−0.382	−0.388	−0.284	−0.166	−0.358	−1.578
2005	−0.144	−0.420	−0.237	−0.291	−0.337	−1.428
2006	−0.395	−0.668	−0.077	−0.215	0.036	−1.318
2007	−0.443	−0.443	−0.159	−0.318	−0.292	−1.655
2008	−0.222	−0.180	−0.085	−0.189	−0.050	−0.726
2009	−0.063	−0.295	−0.151	−0.257	−0.081	−0.849
合计	−3.856	−4.323	−1.392	−1.785	−1.688	−13.044
各河段所占百分比（%）	29.7	33.1	10.7	13.7	12.8	100

小浪底水利枢纽运用后,已进行了 9 次调水造峰冲刷,下游河道共计冲刷 3.3 亿 t,占总冲刷量的 28.7%,见表 17-2。

表 17-2　9 次调水造峰冲刷量及沙量占总冲刷量比例

河道冲刷量	花园口以上	花园口—夹河滩	夹河滩—高村	高村—艾山	艾山—利津	合计
调水造峰（亿 t）	−0.647	−0.551	−0.303	−1.264	−0.640	−3.30
1999～2009 年（亿 t）	−3.857	−4.324	−1.391	−1.785	−1.688	−13.04
各调水造峰所占百分比（%）	16.7	12.7	21.7	70.8	37.9	28.7

各河段河道过流量面积增加情况见图 17-1。黄河下游年平均冲刷 1.30 亿 m³。高村以上冲刷总量为 9.49 亿 m³,占冲刷总量的 73%。特别是夹河滩以上河段冲刷量,占冲刷总量的 63%。河道过流量面积增加了 3 100～4 300 m²;夹河滩—高村河段冲刷量为 1.391 亿 m³,占冲刷总量的 10.7%,河道过流量面积增加了 1 900 m²,高村—艾山冲刷量为 1.785 亿 m³,占冲刷总量的 13.7%,河道过流量面积增加了 1 000 m²;艾山—利津河段冲刷 1.688 亿 m³,占冲刷总量的 12.9%,河道过流量面积增加了 620 m²。

小浪底水库运用后下游水位沿程降低,1999 年汛后与 2009 年汛后相比,同流量 (2 000 m³/s) 水位降低 1.91～0.96 m(见表 17-3),水位下降幅度沿程变化同样具有两头大、中间小的特点,花园口、夹河滩、高村同流量(2 000 m³/s) 水位分别下降 1.91 m、1.85 m、1.85 m,艾山下降 0.96 m,利津下降 1.23 m。下游河道经过 9 年冲刷,河道排洪能力得

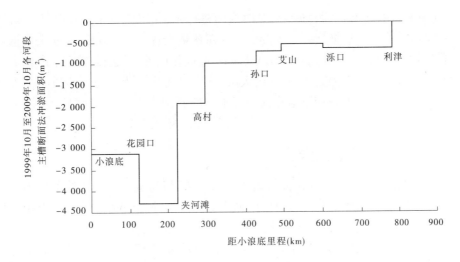

图 17-1 1999 年 10 月至 2009 年 10 月各河段主槽断面法冲淤面积

以恢复,与小浪底水库运用前相比平滩流量增加了 1 000 ~ 2 800 m³/s。2009 年汛后下游各站平滩流量达到 4 000 ~ 6 500 m³/s,其中花园口站最大,孙口、艾山站最小。

表 17-3 小浪底水库运用以来(2000 ~ 2010 年)下游河道河床冲淤变化

类别	花园口	夹河滩	高村	孙口	艾山	利津
2 000 m³/s 水位差(m)	−1.91	−1.85	−1.85	−1.34	−0.96	−1.23
2000 年平滩流量(m³/s)	3 700	3 300	2 500	2 500	3 000	3 100
2009 年平滩流量(m³/s)	6 500	6 000	5 300	4 000	4 000	4 400
平滩流量增加值(m³/s)	2 800	2 700	2 800	1 500	1 000	1 300

目前,花园口站以上河段平滩流量大于 7 000 m³/s,夹河滩站以上河段平滩流量大于 6 000 m³/s,高村站以上平滩流量达 5 300 m³/s,考虑高 1.2 ~ 2.5 m 生产堤的作用可超过 7 000 ~ 9 000 m³/s,平滩流量最小的孙口河段也有 4 000 m³/s,考虑高 1.5 ~ 2.5 m 生产堤的作用也可超过 5 000 m³/s,艾山到利津河段平滩流量也达到 4 000 ~ 4 400 m³/s。今后,小浪底水库还要进行调水调沙,河段平滩流量还会增大。

总体来看,下游河道的横断面调整幅度并不是很大,高村以上河段的主槽断面形态调整基本为展宽和下切并举,高村以下河段主槽以下切为主,夹河滩以上河段河槽从 1 000 m 展宽至 2 000 ~ 3 000 m。

17.6.2 河槽宽浅是造成横河等畸形河势的主要原因

游荡性河道河槽宽浅一则对水流约束作用差,造成游荡性河道河势变化的随机性,使得河势的发展很难预估;二则由于河道经常摆动,形成河床中土质分布十分复杂,耐冲的黏土夹层与易冲的粉沙层,对河势变化产生的影响常是形成横河、斜河的边界条件。因为当洪水试图沿着最大比降方向流动时,遇到阻水挡水物时被迫改变流向,当水下的边界条件无法预先知晓时,河势变化则呈现随机性,横河、斜河将会随时发生。

在小浪底水库投入运用后,如不及时改变河槽形态,仍可能发生严重险情。如 2003 年发生的蔡集控导工程钻裆险情。2003 年 6 月在蔡集工程上游 1 000 多 m 主流遇黏土抗冲层开始坐弯,形成畸形河势,在中水流量的长时间作用下,引起河势不断下挫,并且导致顶冲蔡集 34 坝、35 坝,造成蔡集工程出大险,直至冲垮生产堤。花园口以下的九堡至东坝头河段,在小浪底水库长期下泄小流量清水条件下,小水坐弯,顶冲塌失河岸,并在多处形成畸形河湾,对防洪及滩区居民生产生活都构成了很大的威胁。

17.6.3 抓紧进行双岸整治试点

双岸整治是世界众多河流通常都采用的整治方法,但与黄河下游传统的整治方法不同。小浪底水库自 1999 年 10 月投入拦沙、调水造峰冲刷、调节中小流量减轻艾山以下河道淤积的运用,使黄河下游河道冲刷量已达 13 亿 m³,全河均发生明显的冲刷,但夹河滩以上河段河槽仍很宽浅,河槽宽度平均在 2 000 ~ 3 000 m 以上,需进行双岸整治。这是对目前黄河下游河道整治的必要补充和完善。

双岸整治在国际国内其他河流上都有成功应用的先例。为此在借鉴国内外经验的基础上,根据已经进行的双岸整治动床模型试验取得的认识,在黄河下游选取几十千米长的河段进行原型试点,不仅是十分必要的,也是切实可行的。

我们觉得通过小浪底水库泥沙多年调节,把泥沙调节到流量大于 3 000 m³/s 的洪水时输送,下游宽浅河道的整治河宽按流量 3 000 m³/s 排沙,河槽不淤,是可以控制主槽不抬高,甚至下切的。因为每当发生高含沙量洪水时,洪水存在"涨冲落淤"的输沙特性,主河槽都是冲的。小浪底水库初期运用下泄清水,淤满调沙库容以后,进行泥沙多年调节,相机利用洪水排沙,这两种措施组合起来,有可能使下游河床不抬高。

17.7 入海水沙条件变化与河口治理展望

由表 16-1 给出的利津站近年来的水沙量的变化情况可知,1986 ~ 2008 年平均汛期水量为 87.6 亿 m³,平均沙量仅 2.49 亿 t,进入河口地区的水量、沙量大幅度减小,使河口的延伸速度变缓,河口淤积对上游河道的冲淤影响,从理论上讲,当入海沙量小于海洋动力因素的侵蚀量,即带往深海沙量时,河口淤积对上游河道的影响则可以忽略。目前的入海沙量已经小于以前河口地区的年均 3 亿 t 蚀退量。这种水沙状况在小浪底水库投入运用后不会改变。在小浪底下泄清水的 9 年时间内,利津站沙量 12.78 亿 t,年平均沙量仅 1.42 亿 t,清水冲刷期入海沙量小于近年来沙量。

在小浪底水库进入正常调水调沙期,进行泥沙多年调节时,平、枯水年入海沙量很少,只有在丰水年洪水期进行排沙时,泥沙将由流量大于 3 000 m³/s 洪水挟带集中输送到河口地区。由于是在洪水期排沙,流量、含沙量较大:流量为 3 000 ~ 6 000 m³/s;含沙量为 100 ~ 300 kg/m³,排沙过程中艾山以下河道主槽仍会产生冲刷,这种冲刷将延伸到利津以下的河口地区,并将以异重流的形式输送至深海,在较大的海域内堆积,进行填海造陆。因此,河口淤积对上游河道的影响也会与以往不同。洪水造床输沙流量的增大,小水造床作用的减弱,将使河道比降趋缓,河口淤积对上游的影响减弱。

黄河三角洲海岸的演化受黄河来沙条件和海洋动力作用的制约,前者使海岸堆积向海洋推进,后者使海岸侵蚀向陆地蚀退。在行水河口,河流来沙直接输入,堆积速率远大于海洋动力的侵蚀速率,海岸不断向深海推进,而废弃河口,河流来沙断绝,海洋动力成为海岸演化的主导因素,在波、流作用下,海岸不断向陆地蚀退。根据近年来的海岸蚀积状况,现代黄河三角洲海岸可分为弱侵蚀、强侵蚀和强堆积三种海岸类型。弱侵蚀型海岸主要分布在挑河湾以西,强蚀型海岸主要分布在挑河湾以东的刁口河和神仙沟岸段,强积型海岸主要分布在黄河现行河口及其两侧。目前的清水沟流路自1976年改道后到现在已有35年的历史,应该考虑将河口改道刁口河河口入海的合理性。

为此,需要根据黄河的来水来沙条件,依据不同地区的海洋动力条件,黄河河口地区工农业发展的需求,尤其是河口石油开发的总体布局,合理安排黄河入海流路,使入海泥沙堆积部位、堆积范围对上游河道的影响最小。建议建立河口地区分水分沙枢纽,根据黄河的不同的来水来沙条件,开辟新的分洪排沙通道,将黄河的泥沙改道到刁口河河口入海,利用高含沙洪水输送到外海的大量泥沙,因水流的容重大,在近海比降为1‰的边界条件下会产生异重流。利用异重流把泥沙顺利输送至黄河河口的深水区,尽量排到外海,在更大范围海区堆积,减少河口淤积延伸产生的不利影响。

17.8 对黄河下游河道治理前景的展望——洪水不再泛滥

几十年的黄河治理实践说明,黄河不可能清,也没有必要清。黄河不可能清的主要原因是由其自然地貌条件决定的,即黄土高原的逐渐被侵蚀规律是不可逆转的,人类的活动能力只能减缓这个过程,在局部地区创造良好生存环境。总之,对水土保持的长期性、复杂性、艰巨性应有充分的认识。说黄河没有必要清的原因是黄河下游河道存在着很强的输沙能力,在一定的条件下河道存在"多来多排"的输沙特性。20世纪50年代的黄河规划则忽略了充分利用下游河道可能达到的输沙潜力治理黄河的重要性。

随着对黄河上中游地区的治理,干支流水库的兴建,黄河的来沙量可能减少到6亿~8亿t,通过对水库群的泥沙多年调节,充分利用经过改造后的下游窄深、规顺河道主槽极强的输沙能力,输送高含沙洪水入海,有可能使下游河道的平滩流量保持在6 000~8 000 m³/s,长时间不淤,确保黄河下游河道长期安全使用。随着黄河水沙条件的变化,黄河下游河道将变成一条洪枯流量相差较大的河流。一般年份流量很小,只维持工农业用水及环境用水,丰水年洪水期将输送高含沙洪水入海,呈现出与现状不同的演变规律。黄河的水沙资源都得到充分的利用,下游河道将形成高滩深槽稳定的新黄河。

在对黄河窄深河道泄洪输沙规律认识的基础上,治理理论有了突破;在对下游河道河型转化的条件研究的基础上,提出了游荡性河道整治的发展方向。稳定主槽形成窄槽才能保证防洪的安全。必须形成窄槽才能提高河道的输沙能力,充分利用下游河道在洪水期的输沙潜力多输沙入海,从而达到更好的减淤目的。

黄河的泥沙随洪水而来,利用洪水输沙入海在下游治理上又具有长远意义。

黄河上水库的大量兴建、流域水库群的运用、水土保持与灌溉的发展、下垫面巨大的变化,使洪水发生的机会与洪峰流量大幅度减小,为了保持洪水的造床和输沙入海的能力,不再需要宽河削峰。

近年来,对黄河窄深河槽泄洪输沙规律有了新的认识,下游河道具有极强的泄洪输沙能力,刷槽和淤滩没有必然的联系,为黄河下游河道的治理指明了方向。

在目前条件下,生产堤的存在是必要的。

三门峡水库改建后"蓄清排浑"运用的减淤作用已经使花园口以上河道基本不淤,温、孟滩区已经成为小浪底水库的移民区。

急需采用世界河流通用的整治方法——双岸整治,对游荡性河道进行整治,形成稳定的窄深河槽;通过对小浪底水库泥沙多年调节,将泥沙调节到洪水期输送,可以控制主槽不抬高。

现在推荐的宽河治理,滩区堆沙和移民方案没有考虑小浪底水库投入运用以后黄河下游出现的新情况,不能反映黄河治理前景。

由此可见,形成具有一定过洪能力的窄深河槽是游荡性河道治理的主攻目标。主槽过流能力增大了,洪水漫滩机会减少了,才能使黄河滩区人们与自然和谐相处,滩区189万群众得到解放,359万亩耕地得到充分利用,是以人为本、科学发展观对现今黄河下游河道治理的客观要求。

只有把游荡性河道改造成窄深、规顺、稳定的高效排洪输沙通道,才有可能达到"河床不抬高"的目标,水资源短缺、"二级悬河"及滩区、河口泥沙等诸多问题便可得到妥善解决,即将在我们面前展现的会是一个高滩深槽的前景,黄河下游"河床不抬高"的战略目标一定能够实现。

黄河巨变——洪水不再泛滥

（颂黄河）——齐璞

一、昔日黄河
黄河！黄河！
黄土暴雨、洪水泥沙，
千沟万壑滚滚下！
含沙量高，沙量大，
难治理，举世无双，
它是中华民族摇篮，
也是中华民族忧患。
洪水泛滥民不聊生，
若遇大旱赤地千里，
民族在摇篮中忧患。

二、今日黄河
黄河治理几十年，
大小水库上百座，
库容超过年水量。
龙羊峡与刘家峡，
小浪底与三门峡，
四大水库把关把。
防洪兴利都用水，
洪峰削减量变小，
河道陡来泄量大。
只要河床不抬高，
洪水灾害不再怕。

三、输沙潜力
自古黄河万里浑，
泥沙淤积令人忧，
众盼盛世黄河清。
今日河浑治有方，
沙多质变是因由。
浓度增加黏性大，
粗沙易浮不易沉，
河床阻力不增加，
输沙能力增百倍。

四、治河实例
今有渭河北洛河，
比降小含沙量大，
暴雨洪水把沙送，
窄深河槽好输沙。

可为治黄树实例，
黄河多沙有出路，
可谓有方无虚夸。

五、黄河粗沙
传说中的"粗沙"，
听起来叫人骇怕，
是它淤坏河道吗？
其实粗沙并不粗，
最易启动的粉细沙，
洪水河床会冲刷，
是小水淤坏了河道！
洪水排沙不拦它。

六、整治河道
游荡河道宽浅乱，
大水河势随机变，
防洪出险难避免。
双岸同时要整治，
防止清水滩地塌，
稳定主槽好输沙。

七、洪水输沙
洪水输沙非恒定
河道比降沿程小，
河宽变窄流速加。
底沙远比洪水慢，
不管比降陡与缓，
长距冲刷是当然。

八、多年调沙
小浪底水库关卡，
不管水沙何变化，
可通过调节优化。
平时蓄水可拦沙，
调节径流能发电，
调水造峰可冲刷，
控制洪水安全泄，
利用丰水多排沙。

九、空库排沙
洪水提前泄空库，
水位骤降淤泥塌。

高含沙水流产生，
出库含沙量增加，
洪水输送更多沙。
调节泥沙库容大，
空库调节能力强，
河道减淤效果佳，
输沙用水可节省。
小浪底运用整十年，
下游河道大量刷，
河槽冲深一米八，
平滩流量已增大。
今后洪水来排沙，
河床还会向下刷。

十、河口泥沙
泥沙输送到河口，
沙嘴淤进会延伸，
海洋动力会蚀退。
分水分沙建枢纽，
多条流路经常变，
造陆范围要增大。
借助海岸好地形，
高沙洪水容重大，
异流排沙入深海。
河口延伸比降平，
河宽变窄流速大，
河海平衡好输沙。

十一、远景展望
大禹治水几千年，
如今黄河变了样。
昔日宽浅又游荡，
今日高滩加深槽。
河槽输沙大增加。
洪水泥沙有出路，
从此河床不抬高，
洪水再也不泛滥，
根治河害，永庆安澜。
他不认识黄河，
黄河也不认识他。

关于开展"充分发挥小浪底水库泥沙多年调节作用,减缓黄河下游河道淤积、节省输沙用水"攻关研究的建议[*]

李鹏总理:

　　黄河是世界上泥沙最多、最难治理的一条大河,也是有希望治好的一条河。经过我国几代人对黄河泥沙输移的研究和实践,认识终于有了突破,即可以利用高含沙水流输沙入海,减缓黄河下游河道淤积,节省输沙水量,增加工农业用水的可供水量。泥沙淤积是黄河下游洪水危害的根本原因,新中国成立初期,曾以"节节蓄水、分段拦泥"的规划原则,对黄河做了全面规划,想把黄河洪水泥沙全部拦蓄在中上游,解除下游洪水威胁与泥沙淤积。实践结果表明,黄土高原的水土保持与多沙支流的治理,当时的减沙作用不明显,三门峡水库被迫进行两次改建,改"蓄水拦沙"为"滞洪排沙"运用,直至形成目前的"蓄清排浑"的运用方式,使进出库泥沙年内基本平衡。三门峡水库的改建成功,创造了在多沙河流上长期保持水库有效库容的范例,是对世界水利科学的重要贡献。然而三门峡水库的"蓄清排浑"运用方式是在特殊条件下的产物,其运用经验有其局限性。其一是受潼关高程的限制,调沙库容小,不能对黄河泥沙进行多年调节,每年汛期不得不降低水位运用,往往使小水带大沙进入下游;其二是水位变幅小,不能产生强烈的溯源冲刷,难以维持长时段,高含沙量的出库水沙条件,因而不能充分利用下游河道的输沙能力。尤其是在龙羊峡水库与刘家峡水库联合运用构成多年调节,以及上中游工农业用水的增长,汛期水量、洪峰流量显著减小,黄河中游地区的治理虽然有减沙作用,但不稳定,遇降大暴雨时,仍会大量产沙,年沙量可达十几亿吨,甚至 20 亿 t。黄河在相当长的时间内仍将是多沙河流。由于来水来沙条件恶化及三门峡水库"蓄清排浑"运用,黄河下游汛期水少沙多的矛盾更加突出,输沙流量减小,洪水造床作用减弱,河槽淤积加重,平滩流量减小,河槽萎缩,且几乎年年春夏断流,正在向间歇性河流发展,对下游防洪和两岸工农业用水带来严重影响。

　　小浪底水库正在兴建,预计 2001 年投入运用,这将给黄河下游防洪减淤和两岸供水条件的改善创造十分有利的条件。但原设计确定的以三门峡水库"蓄清排浑"经验为基础,制订的小浪底水库逐步抬高的运用方式,已不能很好地适应变化了的水沙条件。利用清水人造洪峰冲刷的下游河道,远不如高含沙洪水的输沙效果,面对黄河水资源日益短缺的情况,也难以实施。因此,必须寻求更加合理的水库调度运用方式,以充分发挥小浪底水库的调水调沙作用,使黄河下游减淤和水资源充分利用紧密结合。

----

　　* 1996 年,我国水利界 10 位院士会同其他 9 位知名水利专家联名给国务院的主要领导写信,建议进行联合攻关,把高含沙水流的研究成果直接应用到黄河治理上。

通过国家"八五"攻关项目"黄河治理与水资源利用"的研究,对黄河下游河道的"多来多排"的输沙规律和河道的输沙能力有了更深入的认识,研究表明,河槽形态是影响河道输沙的主要控制因素,窄深河槽有极强的输沙能力,艾山以下河道在流量大于 2 000 m³/s 时,$D = 0.05 \sim 0.1$ mm 的粗泥沙也可顺利输送,当流量大于 3 000 m³/s 时,实测含沙量为 200 kg/m³ 的洪水,河段排沙比达 100%。含沙量增加,流体黏性增大,沉速降低,含沙量大于 300 kg/m³ 后,输送反而更容易,最大含沙量甚至可达 800 kg/m³,而河床对水流的阻力并没有增加。造成高含沙洪水在黄河下游高村以上河道严重淤积的主要原因,是河槽极为宽浅。但高含沙洪水在宽浅河段输送过程中创造条件,从河流滩淤槽冲塑造窄深河槽,辅以河道整治工程,为其输送创造条件。从河流形成与来水来沙条件关系看,若能产生类似渭河、北洛河的水沙条件,即泥沙主要由高含沙洪水输送,黄河高村以上宽浅河道也可以得到改造。窄深河槽的形成不仅有利于输沙减淤,同时也有利于控导河势、防止游荡性和整治工程的兴建。

根据对下游河道输沙特性的分析研究,黄河输沙入海水量取决于洪水的含沙量:当含沙量为 30 kg/m³ 时,输 1 t 泥沙的用水量为 30 m³;当含沙量为 300 kg/m³ 时,用水量为 3 m³;当含沙量增加到 500 kg/m³ 时,输 1 t 泥沙的用水量仅为 1.7 m³。若能利用高含沙洪水输沙入海,则可大量节省输沙用水,使有限的黄河水资源对国民经济和社会发展作出更大的贡献。

因此,利用黄河高含沙水流输送黄河泥沙是一种十分经济理想的技术途径,在黄河治理中具有重大的现实意义。

小浪底水库是黄河进入下游前,最后一座具有较大调节能力的峡谷型水库,因此如何利用其本身的有利条件,进行更加合理的调水调沙,充分利用下游可能达到的输沙能力输沙入海,节省输沙用水,对黄河中下游的治理具有十分重要的战略意义。通过"八五"攻关的初步研究,当小浪底水库采用泥沙多年调节的运用方式,平枯水年蓄水拦沙运用,解决目前下游的断流问题。遇到丰水期迅速泄空进行冲刷,有可能形成含沙量为 300 ~ 500 kg/m³ 的高含沙洪水集中输送泥沙入海,在目前设计泄流能力的条件下,当水库泄空水位降至能保持 20 亿 ~ 30 亿 m³ 的调沙库容时,高含沙洪水塑造的窄深河槽就可以得到充分利用,达到较好的减淤效果,输沙用水也大量节省,只有这样才能较好地适应黄河水沙的不利变化,满足中下游工农业用水发展的需求。为了使这一重要研究成果能在黄河治理中得到应用,有许多重要问题需要深入研究,例如:①如何使淤在水库里的泥沙尽可能冲刷出库,形成长时间的含沙量较高的洪水,在黄河下游 800 km 长的河道输送中,可能出现的问题;②如宽浅河道塑造成的窄深河槽如何尽快稳定;③大量泥沙集中输送到河口地区后的运动规律及对河口的影响等。"八五"攻关成果专家鉴定委员会建议将此项研究列入"九五"攻关计划,水利部已同意投入一定的匹配经费。为此,我们建议国家科委将此项目列入"九五"攻关计划,给予相应的投入,紧密结合小浪底工程的实际,抓住关键性技术问题,进行深入的研究论证,完全有可能取得重大突破,为小浪底水库制定一套更加合理科学的调水调沙运用方案,使黄河下游河道的减淤、水资源利用与水库的兴利紧密结合,充分发挥枢纽的综合效益。以上建议若无不当,请批示。

建议人：

袁 隆	中国科学院院士、中国工程院院士
裴鼎仁	中国科学院院士
林秉南	中国科学院院士
徐乾清	水利部原副总工程师
刘岳忠	国家计委国土局原总工程师
黄秉维	中国科学院院士
陈志恺	中国科学院院士
张启舜	黄河"八五"攻关成果鉴定专家组组长
何誉儒	水利部规划设计总院原总工程师
陈传康	黄河"八五"攻关成果鉴定专家组副组长
张 仁	清华大学教授
李鹗鼎	中国工程院院士
张瑞瑾	小浪底工程招标设计技术咨询
潘家铮	中国工程院副院长、中国科学院院士
刘东生	中国科学院院士
陈梦熊	中国科学院院士
尤联元	黄委会前总工程师

1996 年 5 月 5 日

附件2

治黄大业要从近期治理走向长治久安[*]

治黄大业要从近期治理走向长治久安[*]

潘家铮

黄河灾害是中国的忧患,治黄历史几乎和中国文明发展史一样久远。新中国成立以来,我国的水利部门和水利专家进行了艰苦卓绝的斗争,已取得无可否认的成就:数千千米大堤的全面加高培厚,60多年来黄河的年年安澜;黄河水资源支持了两岸广大地区人民的生存和发展;小浪底水利枢纽的建成投产,调水调沙初步实施……这些都是前人所不敢想象的成就。现在,小浪底水库已进入后期拦沙运行阶段,古贤水利枢纽的建设正在抓紧准备,以求继续减淤冲沙。但水库拦淤的期限毕竟有限,黄河如何才能做到长治久安呢? 这恐怕是每个中国人都关心的大问题。

黄河的复杂性在泥沙,治黄的关键在于科学认识和处理泥沙问题。泥沙主要产自中游,祸在下游。从原则上讲,要解决泥沙问题,必须做到两条:一是使下游河道中泥沙进出平衡,河床不致持续淤高;二是下游要有一条断面合理、河势稳定的河道,能满足冲沙防洪的要求。为此,必须采取综合措施,治本治标兼施,远期近期兼顾,开源节流并重,上游下游通盘考虑,局部服从大局,近期服从长远。在这些原则上制订一个统揽全局的长期规划,并在实施中动态调整完善,最终达到长治久安的目标。

对黄河特性了解最清楚、打交道最长、取得经验最多的是中国的水利工程师和科学家,他们是最有发言权的。数十年来,他们积累了丰富的经验,总结了客观的规律(如治理泥沙的"五字真言"),不断提出治黄规划,但多加以"近期"的冠词,所谓远景,常也只到2030年,一眨眼就到了。我认为现在到了从近期治理走向考虑长治久安问题的时候了,理由如下:

(1)小浪底水库已进入后期拦沙运行阶段,古贤水库建成后,只剩下一座碛口水库,没有更多王牌了;

(2)治黄60多年来已积累了丰富和宝贵的经验与教训;

(3)科技水平迅速发展提高;

(4)国家经济实力有了极大增长。

具体的长远规划当然要由水利专家来研究,在这里我愿以外行人的身份说几句话。外行人因为不懂,敢于说话,说错了也无妨。

1 坚持不懈地搞水土保持和沟壑治理工程,减少入黄泥沙量

近年来,入黄泥沙不断减少,有的同志认为是水量减少所致,对水土保持的效果信心

---

* 本文原载于《人民黄河》2009年第11期。

不足。我认为不能失去信心,进行那么多年的水土保持和沟壑治理,对减沙肯定起了作用,哪怕只占30% ~ 40%,也不是小数,持之以恒就能收到大成效。现在已有不少好的治沙经验,哪怕是局部的,都值得珍惜和重视,因地制宜地推广、改进。对排粗沙的小支流,更要下决心、下本钱治理。减少入黄泥沙量是釜底抽薪之举,可从根本上解决问题。据了解,水保工作未能按规划实施,我深感不安。我们能发射宇宙飞船、修建三峡工程、建设高速铁路,难道对几十条河沟的泥沙治理就无计可施? 能否总结经验,制定一个实事求是的目标,痛下决心,全面治理,坚持不懈,把最终进入古贤水库的泥沙量减少到最低限度,例如年平均4亿t,3亿t以下甚或更少,且基本上是细沙。

2 继续修建骨干枢纽,拦淤放淤

三门峡、小浪底、古贤、碛口四大拦淤骨干枢纽中,三门峡水库已建多年,拦沙库容已淤满,小浪底水库也已运行十多年,剩有50多亿 m^3 拦沙库容,约可拦沙70亿t,到古贤水库投入时,恐怕所剩有限。古贤水库有170亿 m^3 库容,拦沙库容有130亿 m^3。再就剩下一个碛口水库了。据了解,古贤和碛口水库共能拦沙300亿t,加上小浪底水库的70亿t,共370亿t;另外,小北干流可放淤100亿t,相当于一个小浪底水库(也许还有更大潜力),这就是我们现在手中所有的王牌。我们应按规划兴建这些骨干枢纽,实施拦沙放淤计划。古贤水库早建更有利,可与小浪底、三门峡水库联合调度,发挥最大效益。通过兴建骨干枢纽和大量放淤,充分发挥对下游的减淤作用,延长减淤时间,希望至少能给我们赢来百年以上的时间。

3 科学调水调沙,塑造好下游河道

再大的拦沙库容终要淤满,只留下有限的调节库容,所以建库后必须科学运行,合理拦淤放淤和调水冲沙,尽可能把进入下游河道的泥沙排到外海,延缓河床升高,塑造稳定的河道。

要调水冲沙,一要库容,二要水量,三要科学的调度方案。库容就由骨干枢纽提供,水量在近期内从黄河自身取得。黄河水量有限,中下游、左右岸都要发展,都要水,矛盾怎么解决? 那就小道理服从大道理。从原则上讲,各地区继续发展所需水量只能从节水中来,从污水回用中来,从雨水、洪水中来,从南水北调中、东线实施后黄河水量再分配中来,而不能挤占必需的冲沙水量。以后还要从长江调一点水,虽然目前讲这个有点不合时宜,但从全局看,黄河的水量确实不够,调点长江水是必要和合理的。调水不是为发展工农业和满足城市用水的,主要用于"维持黄河健康生命"。现在为救治病人,陌生人都可以捐献器官与骨髓,从姐妹一样的长江调百来亿立方米水都不可想象了,这合理吗? 有人对千里调水来冲沙感到不可思议,说太浪费了。打个比方,一个人每天要喝多少水,只有极少量变成血液或其他体液,绝大部分都排泄掉了,你能说这是浪费? 解决黄河尤其是下游的长治久安是压倒一切的民族任务。像目前那样"二级悬河"、主槽不断萎缩,建一座枢纽缓解一下,不久又走上老路,这个局面不改变,总不是办法。希望通过深入论证,确定一个合理的、可行的、各方能接受的调水量,尽早实施,进入黄河。

4 充分利用采沙、挖沙、疏浚手段,解决泥沙平衡问题

至于冲不走的泥沙,并不是一块铁板,可以挖走。这在过去也许不可行,今后却能做到。目前长江口依靠几条吸沙船,每年可挖除几千万吨泥沙,维持十多米深水航道,千里黄河就不能通过重点疏浚和全面挖沙,每年清除一两亿吨泥沙?而且泥沙也是资源,可以用来固堤、造地,作为建筑材料,甚至可运回上游沙漠去。我们一定要最终做到河道中泥沙进出平衡,河床不再淤高。我的设想如下:

(1)修建古贤、碛口这些大型拦沙枢纽为下游河道减淤,以保安澜,这事势在必行,虽然拦沙期有限,但可赢得对治黄来说是十分必要的时间。

(2)必须在这段时期内抓紧做好几件关系长治久安的大事(这可是最后机会,因为我们已没有其他的王牌了),这些大事包括:①全面治沙,百年不懈,最终将入黄泥沙减少到最低限度;②完成黄河流域和黄河供水地区经济转轨及节水减污的改造大业,及时建成适当规模的西线调水工程,使黄河有足够的生态流量和入海流量;③通过不断试验探索,找出最优的调水调沙运行方式,能利用"生态流量"和调节库容,最大限度地将泥沙排入大海;④完成塑造下游河道、整治滩区的任务,使河势稳定,有足够的平滩流量,常年洪水不上滩,特大洪水上滩不成灾,保证黄河在各级洪水下的安全;⑤大力进行挖沙疏浚技术的研究,研制适应黄河的巨型采沙设备(包括下游河道和上游水库清淤),全面开展采沙挖沙固堤造地工程。

这样,在拦沙库容淤满后,黄河下游泥沙已达进出平衡,河床不再累积性淤高,河势稳定,在战略上就达到长治久安的目标。

其实所有上述各点,水利部和黄河水利委员会都提出过,研究过,试验过,都列在流域规划的计划之中,只是我总觉得人们对兴建枢纽工程的劲头大,对其他措施的决心、信心就没那么大。我希望水利部和黄河水利委员会能够将考虑期延伸到百年以上,并规划出在此期内的治黄大计,在重要节点上有较明确的目标。希望能够证明:只要全面科学整治,在一两百年后黄河泥沙终于能进出平衡,河床不再无限制淤高,河道能稳定平顺,遭遇各级洪水都有解决措施,这就达到长治久安的要求。有这么一个规划,就能够使中央和全国人民放心,并可使中央决策做一些大事(包括进一步全面治沙,修建古贤、碛口枢纽,实施小北干流大规模放淤,兴建规模合适的西线调水工程,在下游全面开展挖沙疏浚工程,塑造新河道和改造滩区工程等,至于全流域的经济转轨和节水治污更是必须做到的任务。

黄河下游河道整治方案应重新规划*

温善章

在黄河下游,防止河槽摆动、滚动,稳定主槽的河道整治,是防洪安全中必不可少的一个环节。2006 年虽已提出了《黄河下游游荡性河段河势演变机理及河道整治方案研究》,并于几年前就开始了实施,但未对不同方案进行同等深度、同等精度的比较;所依据的河势演变机理是河流的次级机理,不是最基本的机理;所分析出来的河槽弯曲要素,与黄河实际存在的相差甚远;所安排的整治治导线和工程布局,自称是微弯河势的布局,实际多是急弯,甚至有"S"形河湾。因此,河道整治实施方案应重新规划。

一、送审成果未进行方案比较

下达的任务的标题是《黄河下游游荡性河段河道整治方案研究》。现在提出的送审成果,题目上加了几个字,成为《黄河下游游荡性河段河势演变机理及河道整治方案研究》(简称《整治方案》)。两者是完全不同的。下达的题目是一个规划性项目,其含义是要求在多种防止河槽滚动、稳定主槽的整治方案中,通过技术经济和社会因素的综合比较,从中选出最佳的整治方案。《整治方案》是按水流行曲(弯曲论)布置的整治方案,对已提出的各种方案,未进行同等深度、同等精度的分析比较。

二、河流行曲是水流的次级机理,不是水流的基本机理,水流的最基本机理是水向低处流、走近路、趋(行)直

《整治方案》题目加的"河势演变机理",所指的是河道水流环流弯曲的机理,意图是按环流弯曲机理安排河道整治工程的布局。既排除了不同方案的严密比较,也不用详细计算投资和费用,花多少算多少,反正是唯一的方案。

实际上,河道水流的环流弯曲机理,是水流的次级机理,并非水流的最基本(主导)机理。河道水流最基本的机理是水流居高(势能)向下,水向低处流,总体上是走直路、近路,走比降大、无阻碍畅通的路。

水流的次级机理环流紊动的特点是"欺软怕硬"。河流弯曲在水流边界有软硬不均时才会出现,即环流作用于软弱的岸边时才能造成弯。

由于水流的基本机理是行直,要走近路,因此当环流紊动造成的弯曲导致水流不畅时,就会自然裁弯取直。

由此可见,河道整治的目的,不应是《整治方案》提出的以人工造弯来稳定主槽,应当

---

* 本文原载于水利部水规总院水利规划与战略研究中心,中国水情分析研究报告,2006 年总第 138 期。

是以人工布设的控导工程——坚实边岸，抵抗水流环流的横向作用，来稳定主槽，并尽可能地使水流规顺，以保持比降大、水流畅通。

三、黄河堆积性河段的实际河势，是规顺微弯性河道，并非以往所说的弯曲性河道

以往多把黄河下游分成游荡性河段、过渡河段和弯曲性河道三种类型。实际情况是不论哪种河段，包括中游禹门口至潼关段河道，均是微弯规顺河道。明确这个问题，可以避免在河道整治规划中人工造弯，防止人造横河、斜河。

禹门口至潼关段河道，长130多km，是更强烈的堆积性游荡河段。由于人工整治工程加部分山体的控制，基本上是顺直河道，只是宽、浅、散、乱，有汊流和河心洲存在。

下游河道铁谢至高村段，高村至陶城铺段，陶城铺至利津（或西河）段，通常分别称为游荡段、过渡段和弯曲段。实际上，不论哪种河型段，大多数河段并不弯曲，而是规顺微弯，弯曲系数小于1.1，甚至小于1.05。造成的这种格局，既有水流行直机理的自然因素，也有人为控导工程及排沙要求通畅的因素，是两者共同作用的结果。只有少数河段是急弯，多是由于决口堵复和水流环流淘刷堤岸、滩地抢险时用很大角度的挑水坝而造成的，并非因水流的基本机理而造成的。其中有的急弯，如东坝头大弯、周营弯、渠村弯、龙长治弯、李桥弯、芦庄弯、官庄苗庄段、泺口弯等，本身就应列为裁弯取直之列。

利津（或西河口）以下的河口段，除罗家屋子至八连一小段（约10 km）较小弯曲外，其余长约90 km，均是弯曲系数小于1.05的很规顺的河道。其中，十八公里险工以下，在1996年未改走清8汊流以前至入海口长约50 km，全线在没有任何人工干预的情况下，也是很规顺的；只是在1996年改走清8汊流后，在改道下口处出现了一个弯（能人工调顺）。1976年以前走河的刁口河流路，也是规顺的，并不弯曲。对这类河段是无需事前人工修建控导工程的，近几年来在十八公里以下修建的三处控导工程，并准备延长续建，实属多余，应立即停建。

可见，黄河下游各段的实际河势，并非以往所说的弯曲性河道，而是以微弯顺直为主。这主要是河水行直基本机理起主导作用和排沙要求河水畅通的结果。

明清黄河故道，除某些河段因特殊原因外，多数河段也是微弯规顺的。

四、《整治方案》自称是微弯整治，实际是急弯整治，很多副作用和有关问题尚未分析论证

《整治方案》在铁谢至高村段（河长299 km）的整治工程布局为：共布设了48个弯道，平均6.2 km就有一个弯。水流由北向南，再由南向北，往复挑流达48次。有很多弯挑流角度在45°以上，甚至呈"S"形弯道。总的弯曲系数平均达1.3～1.36。其可能出现的负作用及有关问题，尚未分析论证者，现举几个：

（1）弯曲系数比现状的1.05～1.10大了20%～30%，等于把主槽的河长延长了60～80 km，加上急弯阻力加大，对中常洪水时沿程的水位、比降有多大影响？

（2）主槽沿程水位、比降如有变化，对水流挟沙、淤积有无影响？影响多少？

（3）原有的贯台（西大坝）东坝头大急弯，估计壅高上游段水位1.0 m左右，是该裁弯

取直？还是保持现状？或是按《整治方案》中提出的建议把弯度进一步加大？

（4）过急的弯,遇大洪水时能否适应水流趋直的特点？对此本应早做模型试验,至今则尚未实施。

（5）遇到大洪水时,急弯挑流坝本身的安全有无保证？

（6）"S"形河弯段,如新店集周营"S"弯,其送流下延工程,有如横在河中的两道坝,当遇到大洪水时,如冲不毁,就会出现大洪水横河顶冲,有何对策？

（7）这样的整治工程布局,比现状当水流弯曲冲刷滩岸出现险情时再抢险,有哪些好处？

据以上所述,《整治方案》作为实施方案在许多方面还是值得探讨、商榷的。尽管部分工程早已实施,但至今在总体上所做工程尚不多,有的已作废。因此,应尽早停止实施,重新做规划,等新规划完成后,再按新的整治布局实施。

附件 4

黄河下游河道输沙泄洪机理、能力及治理前景[*]

齐 璞

20 世纪 50 年代曾提出正本清源的治黄方略。然而,几十年的治黄实践说明,黄河不可能清,也没有必要清。说不可能清,是因为对水土保持的长期性、复杂性、艰巨性应有充分的认识;说没有必要清,是因黄河下游河道存在着很大的输沙潜力。水土保持措施完全生效后,黄河年均来沙量仍有 8 亿 t,利用河道输沙入海是一项长期而艰巨的重要任务。

钱宁教授所开创的高含沙水流的特性研究表明,由于黄河泥沙组成比较细,含沙量的增加引起流体的黏性增加,使粗颗粒泥沙的沉速大幅度降低,含沙量在垂线上的分布更加均匀,而河床对水流的阻力并没有增加,仍可利用曼宁公式进行水力计算。利用高含沙特性输沙是一种比较理想的技术途径,为小浪底水库进行泥沙多年调节,利用洪水排沙入海提供了可能。由于近年来,随着对黄河输沙规律认识的深入,对各种水库调水调沙运用方式适应性的认识也更清楚,为此黄河下游河道的治理方向也更加明确。认真总结治黄的历史经验,会使今后的治黄工作少走弯路。但同时千万不能忘记黄河及黄河流域水少沙多的基本特性。

全国政协原副主席钱正英早在 1988 年就指出:在整治河道这个问题上,我感到近些年来对下游河道也有很大的突破。除利用淤临淤背加固堤外,黄科所同志提出的利用窄深河槽输送高含沙水流,以及进一步调节中小流量减少淤积等问题,都值得进一步研究。因为这些问题如果能够得到突破,那么对于下游河道输沙所需的水量,以及输沙的能力都可能有很大的改变。现在输沙所需的水量,据我所看到的资料,是 $10 \sim 30$ m³/t,就是说,每输送 1 亿 t 泥沙入海,有些认为需要 30 亿 m³ 水,有些认为需要 10 亿 m³ 水。现在拟定的输沙水量是 200 亿 $\sim$ 240 亿 m³,其中非汛期为 80 亿 $\sim$ 100 亿 m³。对输沙用水和河道输沙能力的各种意见,应当给予重视,希望规划中能尽可能地提出评价性意见,并提出今后的努力方向。在 20 多年的时间里,围绕黄河高含沙水流运动规律及应用前景这个中心,对高、低含沙水流运动规律开展了多方面研究,取得了一系列的重要认识,为多沙河流防洪规划提出了新的指导原则。

1 窄深河道具有极强的泄洪输沙能力

(1)适宜输送的含沙量范围。水流含沙量的增加,流体黏性增大,粗颗粒泥沙的沉速降低,而其阻力特性与清水相同,挟沙能力成倍增大,使得高含沙水流更易输送,在含沙量

* 本文是 2007 年在美国密西西比大学及清华大学水利泥沙试验中心的讲演提纲。本文原载于水利部水规总院水利规划与战略研究中心,中国水情分析研究报告,2006 年总第 140 期。

200 kg/m³ 时输送最困难，适宜输送含沙量不是低含沙量而是含沙量为 200～800 kg/m³ 的高含沙水流。

（2）窄深河槽输沙潜力。随着流量的增大，河道由淤积变为冲刷，形成窄深河道"多来多排"的输沙规律。宽浅河道"多来多排多淤"，其中河槽"多来多排"，而滩地则"多来多淤"。目前，黄河下游艾山以下河道实测洪水最大含沙量为 200 kg/m³，该段河道具有巨大的输沙潜力。

（3）影响控制河道输送高含沙洪水的主要因素是河槽形态，窄深河槽有利于高含沙水流输送，利用河道输沙入海的主要障碍是对宽浅河道的改造。

（4）窄深河槽输沙机理。河道输沙特性与床面形态关系密切，当床面进入高输沙动平整状态时，河道中的粗细泥沙均可多来多排，因其床沙粒径为 0.06～0.12 mm，均处于希尔兹起动曲线最容易起动的范围，是形成窄深河道输沙"多来多排"的力学特性。

（5）当床面进入高输沙动平整状态时，河床的冲淤与底沙的运动状况有关，与含沙量的高低无关。当河床处于输沙平衡状态时，作用在床面上的力与水流提供的力相等；当作用在床面上的剪力或功率逐渐增加，底沙的输移逐渐增强时河床产生冲刷，否则河床发生淤积。在涨水期，随着流量的增大，附加比降迅速增加，作用在床面上的剪力或功率也随之增大，底沙的运动增强，河床发生冲刷，河床平均高程随之降低，反之在落水期河床不断淤高。洪水的非恒定性决定了河床的"涨冲落淤"，因此不管高、低含沙量洪水均会发生"涨冲落淤"。

（6）窄深河道泄洪机理：从 1958 年花园口站、泺口站洪水过程线与河底高程的变化过程可知，涨水期河床不断冲刷，水深迅速增大，最大洪峰时河床最低，过流能力最大。造成窄深河槽过洪能力大的主要原因是河槽的过流能力与水深的 1.67 次方成正比。洪水泄洪能力的增加主要是靠河床冲刷水深增大来实现的。

（7）由于底沙运动速度滞后于洪水波传播速度，一场洪水可以在几百千米，甚至更长范围内，主槽均发生冲刷。不管河道比降陡缓（0.6‰～6‰），含沙量高低，都是如此。

（8）实测洪水资料表明，最大流速出现在洪峰之前，最大水深出现在洪峰之后，与用圣维南非恒定流方程定床条件下计算的结果完全一致。

2 河型转化的条件

（1）游荡性河道比降陡，河床泥沙松散，可动性大，河槽宽浅散乱，河床无法约束洪水流路，故造成游荡，无法通过自身的调整达到稳定。

（2）冲积河流普遍存在着"大水趋直，小水坐弯"的演变规律。游荡性河流也不例外。这是由于在枯水期水流动量小，河床上分布着形态阻力不同的犬牙交错沙浪，强迫水流改变方向，形成小水坐弯现象，而在大水时水流动量增大，床面上沙浪消失，床面进入高输沙率动平整状态，水流沿比降最大方向流动，形成大水趋直的演变规律。但游荡性河流由于河槽极为宽浅，在大水趋直的作用下，小水坐弯无法累积，不能形成稳定的弯曲性河道。只有具有窄深河槽的河流才能发展成弯曲性河流。

3 治河理论的突破

（1）多沙不一定形成坏河。黄河下游的主要矛盾是"水少沙多"，但渭河、北洛河的河床演变可以说明,当河流的泥沙主要由高含沙洪水输送时,多沙不一定形成坏河。

(2)窄深河槽不仅有利于高含沙水流输送,同时具有极强泄洪潜力。

(3)在河流输移演进过程中,河宽沿程变化起着主导作用。比降是河流洪水输移演进的动力,但河流边界条件的调整,往往使得流速沿程变化的规律性不明显,没有因比降的变缓而使水流的流速降低,而是始终保持某一固定的数值,甚至沿程增大,其调整的机理主要是通过河宽的变化来调整水深值,从而保持流速始终处于高效输沙状态。

(4)只有稳定主槽,才能形成窄深、规顺的排洪输沙通道,充分利用下游河道在洪水期的输沙潜力多输沙入海,才有可能达到河床不抬高。

4 "二级悬河"的危害及其解决途径

(1)形成原因。小水挟沙多,造成河槽淤积,控导工程控制主流不能摆动,改变了游荡性河道自由摆动平衡滩槽高差的演变规律,久而久之形成"二级悬河"。

(2)危害。"小水大灾","二级悬河"的平滩流量小,洪水漫滩后,沿堤河"走一路淹一路",形成"大灾","二级悬河"使滩地横比降加大,大洪水漫滩,直冲河堤,形成顺堤行洪,威胁堤防安全。

(3)破除生产堤。从洪水过程中主槽冲刷过程可知,滩地淤积与主槽冲刷并无必然联系,而是两个独立的自然现象。漫滩水在落峰时回归主槽,但此时河槽均为淤积,主槽冲刷均在涨水期,山东河道流量大于 1 500 m³/s 即可全线冲刷。从根本上说,破除生产堤无法解决"二级悬河"问题,不利于滩区工农业发展,也不利于黄河下游河道稳定。

(4)解决途径。调节泥沙由洪水输送,控制小水挟沙,减轻河槽淤积,增大平滩流量,形成高滩深槽,减少漫滩机会,解决滩区的诸多问题。

5 水库调节运用方式变化

(1)由 20 世纪 50 年代"蓄水拦沙",正本清源,只注重削减洪峰,调节流量,发展到人造洪峰,冲刷下游河道,利用洪水排沙,塑造窄深河槽,利用窄深河槽的巨大输沙潜力,再进一步发展到尽量把泥沙调节到涨水期,利用洪水排沙,不必刻意拦粗排细。

(2)由"拦沙减淤"发展到"蓄清排浑",进一步发展到"泥沙多年调节",调沙库容长期发挥作用,符合可持续发展方针。

(3)调水调沙可分以下四种类型:

①调节下泄流量过程,人造洪峰,用 60 ~ 70 m³ 水冲 1 t 沙,且冲刷量的80% ~90% 发生在高村以上河段。在小浪底水库初期运用淤满死库容之前,不能利用洪水高效排沙时,可在丰水年多造洪峰冲刷下游河道。因为洪水输沙存在涨冲落淤的特性,为了提高冲刷效率,最好不要泄放平头峰。

②优化进入下游的洪水过程,调节中小洪水,使河南河道少冲,山东河道少淤,解决艾山以下河道小水淤槽的严重问题,同时节省水资源。近年来,山东河道淤积不多,正是由于小浪底水库合理调节运用的结果。

③利用水库调节改变水沙搭配,造成洪水输沙,使下游河道少淤或不淤。三门峡水库的"蓄清排浑",小浪底水库的泥沙多年调节,利用洪水相机排沙,其潜力最大。

④同时调节流量与水沙搭配，多库联合运用、泥沙多年调节。如三门峡与小浪底水库的联合调算表明，在利用洪水排沙时，可使小浪底水库提前放空，大幅度提高小浪底水库泥沙多年调节泄空冲刷效率。

（4）水库利用洪水泄空排沙可以形成高含沙水流，水库平时蓄水拦沙，洪水时速降泄空，使淤土中的孔隙水来不及排出，土体强度参数的黏聚力 C 和内摩擦角 Φ 数值较低，而土体的容重（γ_m）大，只要 $W = \gamma_m hj > C'$，土体便可产生流动，从而泄出高含沙水流，这是多沙河流调沙的主要模式。

（5）冲积河流的河宽随着来水来沙变化，会迅速调整，且河道具有多来多排的输沙特性，在小浪底水库的泥沙多年调节的有利条件下，利用洪水相机排沙可以长期发挥作用。

6　河口泥沙问题

（1）传统观点认为，河口淤积延伸是造成下游河道淤积抬高的主要原因，只有减少泥沙来源才是出路。

（2）河口地区的治理，新中国成立前宁海以下流路自由摆动，改道频繁，新中国成立后实行了有计划的人工改道。

（3）20 世纪 80 年代抓住河口沙嘴突出，流场增强，输往深海泥沙增多，沙嘴延伸缓慢，流路稳定，因而清水沟采取改汊加堤，计划稳定流路 30 ~ 50 年。

（4）近年来，入海沙量减少，河口淤积缓慢，附近海岸处于动态相对平衡状态。

（5）水库泥沙多年调节，泥沙在丰水年洪水期输送到河口，形成河口高含沙异重流，在水下集中延伸，不会对上游河道产生影响。只要洪水输送到河口，就会对河道产生冲刷，比降调平，同时河槽形态调整为窄深，输沙能力增加。河道纵剖面不是简单的平行抬高，洪水的非恒定性决定了下游河口河床的冲淤过程。

7　黄河水资源

（1）利用洪水排沙，增强洪水的造床作用，如三年一遇或五年一遇的洪水的水量无法调节利用。

（2）水库的泥沙多年调节，使输沙用水量集中到丰水年的洪水期，一般年份可不考虑输沙用水量，而输沙用水量的多少则取决于洪水期入海的含沙量的大小。

（3）在水库下泄清水期，引水量的增加会减少下游河道的淤积，因此合理调节用水过程，不仅可以节省用水量，而且有利于下游河道的减淤。

8　新的治黄方略

在"拦、排、调、放、挖"中，调是核心，是关键。黄河水沙变化趋势是不可逆转的，只有把泥沙调到洪水期输送才能充分利用下游窄深河道"多来多排"的输沙规律多输沙入海；只有把水流的含沙量调节到较高时，泥沙输送才能节省用水。

（1）治理中游地区是治本，治理下游河道也是治本。

（2）中游地区的水土治理不仅为当地兴利，也为下游减少泥沙，使得进入下游的水沙条件也发生变化。

（3）水库拦截泥沙,同时也削减了洪峰,对下游河道不一定有利。龙、刘水库的运用及辽河流域治理,规划的水库都修建了,其下游淤积河道严重,过洪能力减小,防洪问题并没有解决。

（4）增加洪水输沙量和加大造床作用,塑造新河槽、改造游荡河道,严格控制小水淤积河槽,进行泥沙多年调节,泥沙主要由洪水输送入海,节省了大量输沙用水。

（5）从洪水期黄河下游河槽沿程冲刷与淤积过程可以看出,由于决定河床冲淤的底沙运动速度比洪水波传播的慢得多,黄河中的"粗泥沙"在洪水期也可以顺利输送,水库利用洪水排沙时不必刻意拦粗排细。

（6）进一步整治游荡性河道,防止小浪底水库投入运用后,下游清水冲刷塌滩以有效控导流路,逐步形成窄槽宽滩。游荡性河道的治理目标应当是最终形成窄深、稳定、规顺的排洪输沙通道,高效输沙入海。

（7）当来沙量与河口海洋动力冲蚀量相近时,进入河口相对稳定期。增加洪水输沙量和加大造床作用,会减缓河口淤积延伸对下游河道的不利影响。

9 游荡性河道整治方略演进与发展方向

（1）为防止决口,应改变"河摆到哪里,险情发生到哪里,然后抢险修工程,形成险工"的传统被动局面。

（2）现行河道整治实际是弯曲整治,其目的是减小游荡范围,采取的措施是在游荡性河段有规划地修建控导工程,企图实现一湾导一湾。

（3）中水流量整治与治理中水河槽的治理方向不同。前者是按中水流量企图整治成弯曲性河道整治设计标准,目的是形成弯曲性河道;后者认识到:河槽形成对约束水流的重要作用,目的是形成窄深河槽,治理的方向是不同的。

（4）黄河下游河道产生诸多问题的根源是河槽极宽浅,进一步治理的方向是改变水沙组合与有效的整治工程相结合,形成窄槽宽滩:窄槽用以束水输沙,控导河势;宽滩用以滞洪削峰,减轻洪水威胁。

（5）针对游荡性河道极不稳定的特性应修筑双岸整治工程,使冲刷向纵深方向发展,防止清水冲刷造成的滩地坍塌,以利于窄深河槽形成。

10 治理开发前景

综上所述,黄河下游河道产生诸多问题的根源是河槽极宽浅,在对黄河窄深河道泄洪输沙规律认识的基础上,治理理论有了突破;在对下游河道河型转化的条件研究的基础上,提出了游荡性河道整治的发展方向。三门峡、小浪底等水库的联合调度,调水调沙为将下游游荡性河道整治为窄深河槽创造了条件;"拦、排、调、放、挖",以调为核心的治河方略,也为下游形成窄深河槽提供了技术支撑;双岸整治作为形成窄深河槽的重要工程措施,使黄河下游治理开发有了新的转机;在河道形成窄深、稳定、规顺的排洪输沙通道后,水资源短缺、"二级悬河"及滩区、河口泥沙等诸多问题便可得到妥善解决,即将在我们面前展现的会是一个高滩深槽的前景。

附件 5

应该把河床不抬高作为黄河下游治理的战略目标[*]

齐　璞　于强生

　　早在 1955 年,第一届全国人民代表大会第二次会议就通过了《关于根治黄河水害和开发黄河水利的综合规划的决议》,经过半个世纪的治理开发,已经取得举世瞩目的成就。但是,黄河泥沙问题没有根本解决,黄河下游诸如河槽淤积抬高、"二级悬河"、横河斜河、滩区淹没等一系列的问题仍然是很大的困扰,防洪形势仍然严峻,寻求根治黄河水害的战略成为当务之急。

　　众所周知,泥沙淤积是黄河下游洪水危害的根本原因,治黄的主攻方向就是要解决泥沙淤积问题。根据 2002 年国务院批复的《黄河近期重点治理开发规划》的相关研究,2050 年后,黄河年均来沙量仍有 8 亿 t,利用河道输沙入海是治黄中一项长期而艰巨的重要任务。为维持黄河下游河道健康生命,将采取综合措施实现下游主槽不淤高的目标,其核心是科学进行中游水库调水调沙和下游河道整治,充分利用自然的力量,增大洪水的输沙作用。

　　针对 21 世纪黄河的治理思路,水利部提出"堤防不决口、河道不断流、水质不超标、河床不抬高"的宏观治理目标。其中最难的是河床不抬高。对黄河窄深河道具有极强的泄洪输沙能力,洪水输沙的非恒定性,涨冲落淤规律的破解,打开了对下游治理的新视野,治理理论有了突破。只要在黄河下游构建一个宽度较窄、流路顺直的通道,就能够形成稳定窄深的河槽,而窄深河槽具有极强的排洪输沙能力。在中游水库调整来水来沙搭配后,利用下游窄深河槽的排洪能力,就能够控制主槽的淤积,实现河床不抬高的目标,从而使"二级悬河"、横河斜河、滩区淹没等一系列问题迎刃而解。

1　洪水非恒定可造成冲积河道长距离冲刷

　　根据对冲积河道实测资料的分析,河槽的水力几何形态、动床阻力特性、床沙和悬沙不同的水力特性与河道冲淤之间的密切关系,阐明了窄深河槽输沙"多来多排"的力学基础。床面在高输沙动平衡状态时,处在"多来多排"的输沙状态;底沙运动速度滞后于洪水传播速度,造成河道长距离冲刷;洪水非恒定性是造成"涨冲落淤"的原因,河床的冲淤取决于作用在河床底部剪力的变化,剪力增大,底沙的输送强度增加,河床不断冲深。在最大洪峰后,水深达最大,作用在床面上的剪力最大,底沙输移强度最大,$D_{50} = 0.05 \sim 0.1$ mm 的粗沙在洪峰期也能顺利输送,在洪峰稍后河床高程达到最低。在落水过程中作用在床面上的剪力减小,底沙输移强度渐次变弱,河床不断淤积抬高。

　　* 本文原载于水利部水规总院水利规划与战略研究中心,中国水情分析研究报告,2007 年总第 146 期。

河流的调整,没有使水流的流速因比降的沿程变缓而降低,而是使其始终保持某一固定的数值,甚至沿程增大。

其调整的机制往往是比降变缓,河宽减小,水深增加,从而使流速不变,甚至沿程增大,维持床面在高输沙动平衡状态,如黄河下游河道、渭河下游河道均是如此。

底沙的运动状况决定了河床的冲刷或淤积,其运动速度远小于洪水波的传播速度,因此洪水在几百千米,甚至上千千米长,比降变化相差甚至十倍(0.6‰~6‰)的冲积河道内均可产生强烈冲刷。

2 窄深河槽有利于高含沙水流输送

20 世纪 80 年代,对黄河干支流不同河段的高含沙水流输沙特性的对比分析表明,窄深河槽有利于高含沙水流输送,适宜输送的含沙量不是低含沙量,而是含沙量大于 200 kg/m³ 的高含沙水流。目前,造成高含沙洪水在黄河下游河道严重淤积和在输送中产生异常现象的主要原因是高村以上游荡性河道河槽极为宽浅。

造成河道"多来多排"的原因,在低含沙水流时是因为水流的流速达到 1.8~2 m/s,床面进入高输沙动平整状态;对高含沙水流而言,是因为黄河泥沙组成细,含沙量增高后流体的黏性增大,而河床对水流的阻力并没有增加,仍可利用曼宁公式进行水力计算。

在窄深河段,随着流量的增大,河道由淤积变为冲刷,形成窄深河道"多来多排"的输沙规律。宽浅河道"多来多排多淤":其中河槽"多来多排",而滩地则"多来多淤"。黄河下游艾山以下河道实测洪水最大含沙量为 200 kg/m³。目前的山东河道在流量为 2 000~3 000 m³/s 时,不仅可以输送实测含沙量小于 200 kg/m³ 的洪水,待含沙量增加到 400~500 kg/m³ 时,会更有利于输送。该段河道具有巨大的输沙潜力。

3 窄深河槽的过洪机理

造成窄深河槽过洪能力大的主要原因是河槽的过流能力与水深的 1.67 次方成正比。洪水泄洪能力的增加主要是靠河床冲刷、水深增大来实现的。

1958 年花园口站水位流量关系表明,流量从 5 000 m³/s 涨到 15 000 m³/s,水位只抬升 1 m,河床平均冲深 1.83 m,而主槽平均水深却由 1.99 m 增加到 4.82 m,增加 2.83 m,主槽刷深的幅度远大于水位的增幅。由于水深的大幅度增加,河槽的泄流能力迅速增大。洪峰前后 5 000 m³/s 水位下降 1 m,主槽河底高程下降近 3 m。

1958 年泺口站流量从 5 000 m³/s 增长到 10 000 m³/s,水位升高 2.95 m,平均河底高程冲深 3.45 m,但主槽平均水深由 6.70 m 增加到 13.1 m,增加了 6.4 m,也远大于水位升高值。最大水深由 8.9 m 增至 18.1 m,增加了 9.2 m。

艾山以下河道在涨水过程中,当流量大于 1 500 m³/s 时,平均河底高程开始冲深,在最大洪峰时,主槽河底高程最低,过流能力达到最大。

4 窄深河槽具有很强的泄洪能力

水深增大对河道的过洪能力影响最大。

河道比降为 1‰的河段:艾山站在 1958 年 7 月 21 日、22 日,在河宽分别为 476 m、468

m，平均水深分别为8.9 m和10.6 m的条件下，分别下泄12 300 m^3/s和12 500 m^3/s洪水；泺口站在1958年7月22日、23日，主槽宽为295 m，平均水深分别为10.6 m和13.1 m的条件下，通过的洪峰流量分别为10 100 m^3/s和11 100 m^3/s。

河道比降为2‰的花园口站：在1977年经过7月和8月两场高含沙洪水的塑造，8月8日实测主槽宽分别为467 m、483 m，相应水深分别为5.4 m、5.3 m，平均流速分别为3.85 m/s、3.73 m/s，流量分别达8 980 m^3/s和9 540 m^3/s。由此表明，主槽的过流能力很大，只要能保持较大的水深，泄洪要求的河宽并不是很大。

窄深河槽随着流量的增大，水面宽会略有增加，河床不断被冲深，水位的涨势趋缓，流量越增大，水位涨势越平缓。

洪水在冲积河床中流过，随着洪峰流量的上涨，不仅水位上升，同时河床不断刷深，河道的过流能力迅速增加。不仅低含沙洪水如此，高含沙洪水也是如此。河床刷深对过洪能力的影响往往大于水位抬升对过洪能力的影响，甚至由于河床剧烈的刷深，洪水位反而大幅度降低。

5　调节水沙搭配，控制主槽淤积是解决问题的关键

黄河干支流大型水利枢纽的建设，完全改变了下游来水来沙的自然过程，游荡性河道经常处于小水挟沙过多状态中，河槽连年淤积而不能摆动是造成“二级悬河”的根本原因。“二级悬河”与“一级悬河”产生的原因相同。通过对洪水期河床冲刷与滩地清水回归主槽过程分析，说明主槽冲刷与漫滩淤积间没有必然联系，洪水不漫滩，河槽仍可发生冲刷。因此，调节水沙搭配，控制主槽淤积是解决问题的关键。

为了实现黄河下游河道不抬高的目标，首先要改变进入下游的水沙搭配，这是治理下游河道的前提，其作用往往不引人重视，如三门峡水库的“蓄清排浑”运用避免了非汛期小水挟沙后淤槽，有利于中水河槽的形成。但是三门峡水库的“蓄清排浑”作用是有限的，尤其是不能适应黄河水沙变化的发展趋势，也不能充分利用下游河道可能达到的输沙潜力输沙入海，黄河的水资源也不能得到充分合理的利用。小浪底水库进行泥沙多年调节运用的作用，会有更多的泥沙调节到洪水期输送，远大于三门峡水库“蓄清排浑”的作用，为进一步整治游荡性河道创造了条件。“拦、排、调、放、挖”，以调为核心的治河方略，也为下游形成窄深河槽提供了技术支撑。

6　泥沙多年调节，利用洪水排沙

在黄河“八五”攻关中，首次对小浪底水库泥沙进行多年调节，利用洪水排沙，并进行了较详细的方案计算，初步制定了水库运用原则。因此，小浪底水库的运用方式由初期的削减高含沙洪水发展到利用洪水排沙。

6.1　把沙量调放到涨水期

因为不管是高含沙量，还是低含沙量，比降陡与比降缓的河流，河床在涨水期都是冲的，落水期都是淤的，我们在调水调沙的时候若能把沙量调放到涨水期，这是非常有意义的。因此，拦粗泥沙主要应拦小水时挟带的泥沙，而大水时的粗泥沙也可输送入海。

6.2 产生高含沙水流的机理

大量的实测资料表明,蓄水拦沙,运用水库水位的迅速下降并泄空,淤泥便可流动而产生高含沙水流。水库虽然大小、形态各异,但淤土的力学性质相同,产生高含沙水流的机理也相同。

(1)众所周知,淤土抗剪强度参数(C 和 Φ)依排水条件而异。土的抗剪强度一般不排水不固结的试验值最小,库水位的迅速降低,使淤土中孔隙水来不及排出,土体的强度,黏聚力 C 和内摩擦角值低,$\Phi=0$(当 $\tau_f=C$ 时),土体的容重 r_m 大,只要流泥的水平推力 $W=r_m hj$ 大于土体的黏聚力($C=\tau_f$),土体便可产生流动,其中 h 为泥浆深,j 为纵坡。蓄水拦沙运用水库中的淤积物处于水下饱和状态,库水位的迅速下降并泄空,淤泥流动便可产生高含沙水流。

(2)在洪水期,水库主动泄空,库水位迅速大幅度降低,随着主槽强烈冲刷,河床高程降低,滩槽高差增大,土体荷重增加。随之土体内发生超孔隙水压力,引发土体向主槽坍塌,为利用洪水排沙,高含沙水流形成创造了有利条件。

(3)当水库泄洪排沙时,库水位迅速降低,当库区淤积物抗冲性较强时,溯源冲刷纵剖面调整又具有自动调整的特性,使冲刷以"局部跌坎"的形式向上游发展,使水流能量的集中,增强冲刷能力,为多沙河流形成长期使用的调水调沙库容提供了可能性。

(4)在中小型水库泄空冲刷时产生的淤土滑塌,洪水排沙的高含沙水流的情景,在大型水库(如黄河小浪底水库)相似运用条件下也会产生。主动空库泄洪排沙是多沙河流调沙的优化模式,这为黄河下游河道利用洪水输送高含沙水流提供了可能。

6.3 利用洪水冲刷排沙

由小浪底水库分析计算结果可知,水库的淤积量大于 30 亿 m³ 后,才能利用洪水冲刷排沙,相同的来水来沙条件,库区淤积量小,水库冲刷机会多,但冲刷效率低;当首次起冲量大时,库区淤积量大,冲刷效率高,但冲刷机会少,两者综合作用的结果,看不出优劣。同样的来水条件和库区泄空水位,当水库淤积量大时,冲刷效率高,出库的含沙量大,可以使 70% ～90% 的泥沙调节到洪水期输送。进入下游的水沙为供兴利的大小流量清水流和挟带泥沙的洪水;由水库主动空库泄洪排沙,淤土滑塌所形成的调沙库容可以长期重复使用,为黄河下游河槽不淤创造了有利的来水来沙条件。

7 不淤河槽设计

7.1 河槽不淤的水流条件

床面在低能态区,随着水深的增加,流速迅速增大,进入"多来多排"的输沙状态,此时的水深流速值可作为不淤河道设计值。根据相应的床面形态由沙纹发展成流动沙浪,底沙的运动逐渐增强,当床面进入高输沙率平整状态时,水深与流速关系发生明显拐点。根据黄河河道实测断面平均水深与流速关系图,将发生拐点的临界水深、流速值列入表 1。表 1 中给出的资料表明,水深的变化范围为 1.5 ～2 m,流速的变化范围为 1.8 ～2 m/s,单宽流量的变化范围为 3 ～5 m³/(s·m),进入高输沙动平整状态,河道的输沙特性将进入"多来多排"的输沙状态。因此,可以用流速 2 m/s 作为设计条件,当河宽变化时不淤流量也会相应变化。

表1 床面输沙进入高输沙动平整状态的水流条件

站名	花园口	夹河滩	高村	孙口	艾山	泺口	利津
水深(m)	1.5	1.5	1.7	2.0	2.0	3.0	2.0
流速(m/s)	2.0	1.8	1.8	2.0	1.8	2.0	2.0
单宽流量(m³/(s·m))	3.0	2.7	3.1	4.0	3.6	6.0	4.0
剪力(kg/m²)	0.3	0.25	0.23	0.23	0.20	0.30	0.20
功率(kg/(m·s))	0.6	0.44	0.46	0.46	0.36	0.60	0.40

7.2 不淤河槽设计

水力计算采用曼宁公式

$$V = \frac{1}{n} R^{2/3} J^{1/2}$$

水深

$$R = \left(\frac{Vn}{\sqrt{J}}\right)^{1.5}$$

单宽流量

$$q = hv$$

不淤临界流速值为 $V = 2$ m/s。表2 给出比降为1‰或2‰,排沙流量分别为 3 000 m³/s、2 500 m³/s、2 000 m³/s、1 500 m³/s、1 000 m³/s 时的河槽不淤的整治河宽值。随着排沙流量的减小,河槽不淤整治河宽减小,但均可达到河槽不淤控制条件。其中比降2‰比1‰时的河槽不淤河宽均大些,前者是后者的1.7倍。排沙流量为 1 000 m³/s 时的不淤河宽,在曼宁糙率分别为 0.012 和 0.010 时,比降2‰和比降1‰的整治河宽分别为227 m 和 177 m,均可达到控制河槽不淤要求。

表2 不同河段的不淤流量及相应河宽值

比降 J(‰)	曼宁糙率 n	不淤水深 (m)	单宽流量 (m³/(s·m))	河宽				
				3 000 (m³/s)	2 500 (m³/s)	2 000 (m³/s)	1 500 (m³/s)	1 000 (m³/s)
2	0.012	2.20	4.40	682	568	454	340	227
1	0.010	2.82	5.65	530	442	354	265	177

从以上计算结果可知,在河道比降不变的情况下,输沙流量减小,不淤河宽相应减小,仍可达到河床不淤所需的水流条件,排沙流量由 3 000 m³/s 降到 1 000 m³/s 时,比降为2‰时的不淤河宽由 682 m 减小到 227 m;河道比降为1‰时,不淤河宽由 530 m 下降为177 m。这说明在比降一定的情况下,可以改变河槽的宽度,设计流量不同的不淤河槽。

在自然条件相似的冲积河流中,流量变化幅度虽然很大,但比降的变化幅度并不大,当比降相同时,不同流量级别河道的河槽宽度不同。以黄河主要干支流渭河、北洛河及黄河下游为例可清楚说明,北洛河河槽最窄只有 80 m,流量为 100～200 m³/s 的高低含沙量洪水河道可以不淤;当渭河下游从上到下河槽宽为 450～260 m 时,流量为 1 000 m³/s 的高低含沙量洪水河道不淤;黄河下游艾山以下河道河槽宽为 300 ~ 400 m,实测含沙量为 100 多 kg/m³,流量为 1 500 ~ 1 800 m³/s 时,河段排沙比即可达 100%。以上实例说明,在排沙流量变化时可通过控制河槽宽度,实现河槽不淤。

8 双岸整治方案是实现窄深河槽的最优方案

基于窄深河槽具有极强的输沙潜力和泄洪能力,按洪水期顺直微弯流路布置双岸整治工程,缩窄河宽,以控制清水塌滩,使洪水冲刷向纵深方向发展,增加槽深,增大平滩流量。考虑到排沙时河槽不淤与泄洪的共同需求,整治河宽取 600 ~ 800 m。2003 年进行的动床模型试验表明,在小浪底水库泥沙多年调节的水沙条件下,主槽能够迅速刷深,洪水水位降低,平滩流量迅速增大,河道输沙能力大幅度提高,河段输沙基本平衡,平滩流量由 3 000 m³/s 增加到 6 000 m³/s 以上,既减少了中小洪水漫滩致灾的风险,又能形成稳定的中水河槽,有效控制河势,并经受百年一遇洪水的试验,证实了双岸整治方案的可行性。

双岸整治工程经常靠河,因而提高工程的利用率,将大量节省投资,可以从根本上解决"背着石头撵河"的被动局面,也可改变大量河道整治工程长期不靠流的状况,并防止发生类似 2003 年小流量下游生产堤冲决所造成的滩区严重淹没损失。但由于受传统治河思想及河道整治工程修建方法的影响,在黄河上实施双岸整治还有很大的阻力。

双岸整治在其他河流如中亚地区多沙的阿姆河,以及美国的密西西比河、密苏里河及我国的汉江上都有成功应用的先例。虽然各自的整治目的不同,但整治方法却是相同的,都是通过缩窄河宽,增大水深和流速。为此,在借鉴国内外经验的基础上,根据已经进行的双岸整治动床模型试验取得的认识,建议在黄河下游选取几十千米长的河段进行原型试点研究,以取得经验。

9 正在实施的河道整治方案需要调整

开始于 20 世纪 60 年代的黄河下游河道整治工程,经过 40 余年的建设,改善了河势,保护了滩区,减轻了现有险工的防洪压力,对于黄河下游防洪安全起到了积极作用。但是黄河下游游荡性河段河槽极为宽浅,无法约束洪水,造成河势变化呈现随机性,不利于下游防洪。在河道整治实践过程中,无论是枯水时段、丰水时段还是大洪水时期,都曾出现过河势失控的情况,2003 年汛期蔡集等处出现的严重险情说明,在小浪底水库建成投入运用后的水沙条件下,在辛店集以上宽河段,现行减小游荡性范围的弯曲河道整治方案难以满足新形势下对稳定主槽、提高河道输沙能力的要求。为此,黄河水利委员会对下游河道治理提出"稳定主槽,调水调沙,宽河固堤,政策补偿"的治理方略,稳定主槽是当前下游河道治理的关键。在进行双岸整治原型试验取得经验后,用双岸整治工程办法对现在实施的河道整治方案进行调整,以减少塌滩,稳定主槽,形成窄深河槽,提高排洪输沙能力。

10 黄河下游河道治理前景

在对黄河窄深河道泄洪输沙规律认识的基础上,治理理论有了突破。在对下游河道河型转化条件研究的基础上,提出了游荡性河道整治的发展方向。小浪底水库泥沙多年调节,相机利用洪水排沙,优化了来水来沙条件,才有可能达到河床不淤。稳定主槽形成窄深河槽才能保证防洪的安全;必须形成窄深河槽才能提高河道的输沙能力,充分利用下游河道在洪水期的输沙潜力多输沙入海,从而达到更好的减淤目的。

黄河滩区是189万滩区民众赖以生存与发展的基础。目前,滩区经济发展水平相对低下,产业结构单一,民众生活环境较为恶劣。该区域十分落后的安全和发展现状,与整个区域乃至全国经济社会快速发展的整体态势形成鲜明对照,创造条件形成窄深河槽,就可以为滩区创造一个相对安全的环境。主槽过流能力增大了,洪水漫滩机会减少了,才能使黄河滩区人们与自然和谐相处,滩区189万群众得到解放,359万亩耕地得到充分利用,这是以人为本、科学发展观对现今黄河下游河道治理的客观要求。只有把游荡性河道改造成窄深、规顺、稳定的高效排洪输沙通道,才有可能达到河床不抬高,使水资源短缺、"二级悬河"、下游滩区、河口泥沙等诸多问题得到妥善解决。在我们面前展现的将会是一个高滩深槽的前景,黄河下游河床不抬高的战略目标一定能够实现。

附件6

调水调沙引起河槽形态迅速调整时的输沙计算方法[*]

齐　璞　梁国亭

　　黄河下游高村以上河道为宽浅游荡性河道,随着来水来沙条件的变化,河槽形态会发生剧烈的调整[1],河道输沙能力随之产生迅速的变化。表1给出黄河小北干流与下游夹河滩以上游荡性河道输沙能力的变化情况。

表1　宽浅游荡性河道输沙能力变化

河段	时段 (年·月·日)	Q_{max} (m^3/s)	S_{max} (m^3/s)	d_{50} (mm)	$d<0.01$ mm (%)	河段排沙比 (%)
黄河小北干流 (龙门—潼关)	1977.7.6～1977.7.8	14 500	690	0.04～0.05	14～20	78
	1977.8.5～1977.8.8	12 700	821	0.08～0.13	11～15	101
黄河下游 夹河滩以上	1973.8.28～1973.8.31	3 840	477	0.04～0.05	15～25	66
	1973.9.1～1973.9.3	4 470	331	0.04～0.05	19～25	124

　　表1给出的河段排沙比变化表明,第二场洪水的输沙能力比第一场有了较大幅度的提高,其河段的排沙比分别由第一场洪水的78%和66%迅速提高到101%和124%。1973年9月3日夹河滩站含沙量断面上的分布表明,经过210 km长的河道后,含沙量仍达444 kg/m³。游荡性河段输沙能力能有如此巨大变化,为调水调沙减少含沙洪水在黄河下游河道的严重淤积提供了可能。

　　根据对上述洪水进行实测资料的分析,河道输沙能力迅速提高的主要原因是高含沙洪水在输送过程中塑造了新的河槽形态——窄深河槽。对黄河主要干支流不同河段高含沙洪水的大量实测资料分析也表明,高含沙洪水在河道中长距离输送的必要条件是具有窄深河槽[2,3],而现有的计算方法没有直接考虑河槽形态变化对挟沙能力的影响。目前规划中的小浪底水库调水调沙运用下游河道减淤效果不好的主要原因之一,就是没有从改变河槽形态提高河道输沙能力着眼,制定合理的调水调沙运用原则及与其相应的下游河道输沙计算方法。弥补以往工作的不足是编制本计算方法的主要目的。

1　黄河窄深河槽的输沙特性

　　窄深河槽是指随着流量增加而宽深比 B/h 值逐渐变小的河槽。在天然河流中,随着流量的增加,河槽宽深比 B/h 的变化有三种情况:B/h 值随着流量增加而增大者为宽浅河

---

　　[*]　本文已被荷兰第尔福特水利研究所译成英文。

道,如黄河下游游荡性河道;B/h 值随着流量增加而减小者为窄深河槽,如黄河山东河段、渭河与北洛河下游河道;B/h 值与流量变化无关的河槽是过渡性河道。

在窄深河槽中,随着流量的增加,单宽流量增大,水流挟沙能力迅速提高。当单宽流量大于 5 $m^3/(s \cdot m)$ 时,河道输沙特性与输沙渠道相似,多来多排不多淤。由于各河段的绝对宽度等因素不同,各河段的不淤临界流量也不同。黄河艾山以下河道为 2 000 m^3/s,渭河下游为 1 000 m^3/s,北洛河为 300 m^3/s,三门峡水库潼关以下约为 2 000 m^3/s。文献 [4] 给出的上述四段河道几十场洪水上下站间的时段平均含沙量相关线呈 45° 表明,在含沙量为 100 ~ 800 kg/m^3 范围内,当单宽流量大于 5 $m^3/(s \cdot m)$ 时,河槽具有极强的输沙能力,呈现多来多排不多淤的输沙特性。

经多年对黄河下游各河段实测资料分析表明,常用 $Q_s = KQ^{\alpha}S_{\perp}^{\beta}$ 描述河道输沙特性。黄河下游各河段特性不同,公式中的系数、指数也不同,其中 β 值与河槽形态有关,宽浅游荡河段 β 值为 0.7 ~ 0.8,窄深河槽 β 值较大。在流量大于上述临界值,即单宽流量大于 5 $m^3/(s \cdot m)$,而又不漫滩时,上下站间的流量相等,河槽无槽蓄作用,下站含沙量等于上站含沙量,则 K 值为单位换算系数,$K = 0.001$,α 与 β 均可等于 1,成为一输沙特例。

2 窄深河槽的形成

高含沙水流阻力特性表明,当流态进入层流后,阻力大幅度增加,水深流速愈小,阻力增大愈快,甚至出现不稳定流动或浆滞;而当高含沙水流保持紊流流态(即有足够大的水深与流速)时,其阻力与清水阻力基本相同。高含沙水流这一阻力特性使得高含沙洪水在流经宽浅散乱河槽时,能自行塑造出适合本身输送的窄深河槽。

水槽试验和渠道、河道高含沙水流阻力特性表明,当流态进入层流后,曼宁公式中的 n 值随着雷诺数的减小而增加;进入充分紊流后,n 值只是对粗糙度的函数,当河段相对粗糙度不变时,n 值为常数,且远小于层流区的 n 值。

当高含沙水流在宽浅散乱的河槽中流过时,水深在断面上分布不均匀,水浅的边滩很容易进入层流流态,阻力增加,以至于不能维持流动,发生浆滞性淤积;而在水深流急的主槽,水深流速大,可以保持在紊流区,阻力小,高含沙水流可以顺利输送,并冲刷河床。滩淤槽冲的结果是形成窄深单一的断面形态。图 1 给出的华县站高含沙洪水通过时实测断面流态分布与冲淤变化说明,高含沙水流的这种阻力特性必然会塑造出窄深河槽。黄河下游高含沙洪水时的实测资料也表明了宽浅断面形成窄深河槽的演变规律。

当含沙量较高但尚达不到均质流输沙情况时,仍遵循一般水流挟沙规律。由于边滩和主槽的水深、流速有较大差别,主槽的挟沙能力远大于边滩,边滩也会发生严重淤积,形成规顺窄深河槽。因水流中含沙量低,其塑槽速度可能不如高含沙水流剧烈,但其断面形态演变规律相同。

3 高含沙水流与清水的河相关系

3.1 高含沙水流的河相关系

图 2 给出的花园口站 1977 年高含沙洪水前后流量与河宽的关系变化表明,当流量为 5 000 m^3/s 时河宽由洪水前的 2 000 m 塑窄到 700 ~ 800 m。

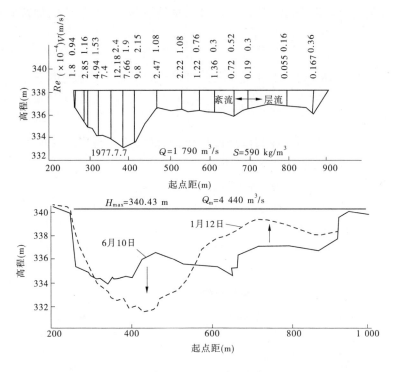

图1 华县站高含沙洪水通过时实测断面的流态分布与冲淤变化

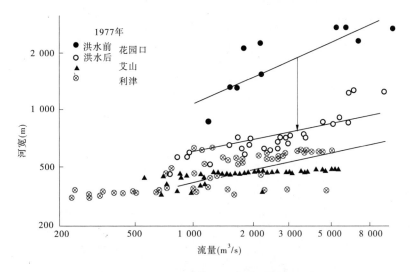

图2 花园口站高含沙洪水前后流量与河宽的关系

为了保证高含沙水流在充分紊流区输送,控制有效雷诺数 $Re \geqslant 10\,000$,由其阻力特性可推求出沿程河相关系的变化,即

$$Re = \frac{\rho V 4 R}{\mu_0} \tag{1}$$

$$\mu = \eta + \frac{\tau_B h}{av} \tag{2}$$

当忽略 η 值的影响后,把式(2)代入式(1),求得控制不进入层流的临界流速

$$V_K = \sqrt{\frac{Re}{8}} \cdot \sqrt{\frac{\tau_B}{\rho}} = K\sqrt{\frac{\tau_B}{\rho}}$$

当 $Re = 10\,000$ 时,$K = 35.3$。由曼宁公式求得控制不进入层流的最小流动水深 h_K 为

$$h_K = \left(\frac{V_K n}{\sqrt{J}}\right)^{1.5} \tag{3}$$

从式(3)可知,最小流动水深与比降成反比,则最大河宽与比降成正比。因此,黄河下游沿程高含沙时河相关系可用下式表示

$$B = CQ^P\sqrt{J} \qquad (J 为 ‰) \tag{4}$$

根据黄河下游河道实测资料及渭河、北洛河下游资料分析 P 值取 0.22,C 值为 78。

3.2 清水冲刷时的河相关系

根据 1960~1964 年三门峡水库下泄清水及对黄河下游各河段大断面实测资料的统计分析,河相关系可写成 $B = CQ^P$,式中的系数与指数如表 2 所示。

表 2 清水冲刷河相关系 C、P 值

项目	铁谢至花园口	花园口至夹河滩	夹河滩至高村	高村至艾山	艾山至利津
C	14	18	65	70	78
P	0.58	0.58	0.36	0.27	0.22

由表 2 给出的数字可知,艾山到利津河段清水冲刷时的河相关系与高含沙水流相同,当输送高含沙水流时不需塑造。计算程序中采用的高含沙水流与清水水流时的河相关系见图 3。

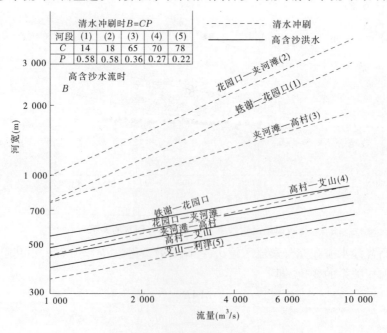

图 3 高含沙水流与清水水流时的河相关系

4 塑槽淤积量的确定

由于小浪底水库调水调沙的运用,把天然来水来沙过程改造成清水水流与高含沙水流两种来水来沙条件,高含沙水流在清水冲刷形成宽浅的河槽上塑造窄深河槽,其塑槽淤积量与其断面形态和流量大小有关。清水冲刷形成的断面与高含沙水流塑造形成的窄深河槽的差别可用形态系数 K 表述

$$K = \frac{A - A'}{A}$$

式中:A 为某级流量下总的过水面积;A' 为由水面起算平均水深高程以下的面积。

K 值愈大表示水深在断面上分布愈均匀,当断面为矩形时,K 值为 1。游荡性河道清水冲刷后 K 值约为 0.6,高含沙洪水塑造形成的窄深河槽 K 值约为 0.8,即在平均水深高程下后者比前者的面积小 15% ~ 20%。

图 4 为高含沙水流在清水冲刷形成的宽浅河槽上塑造窄深河槽的示意图。由图 4 可知,形成窄深河槽后的平均水深 R 与原水深 R_0 间的关系为

$$R = R_0 + H_0 + HM$$

式中:H_0 为河槽由宽浅变窄深后水位壅高值;HM 为河槽形态不同而产生的平均水深差值,$HM = K_P \times R_0 \times B_0 / B$,式中 B 为高含沙水流塑造的河宽,K_P 为高含沙水流与清水水流断面形态系数的差值;HM 值随流量增大而加大,在流量为 5 000 m^3/s 时,HM 值为 0.5 ~ 1.0 m。洪水漫滩后按 1/1 500 横比降塑造滩面。其断面塑槽淤积面积为

$$A_P = B_0 \times R_0 - B(R_0 + HM) + H_0^2 \times 1\ 500 \tag{5}$$

河段塑槽淤积量为

$$W_P = A_P \times L \times \gamma_m$$

式中:L 为河段长度;γ_m 为淤积物容重。

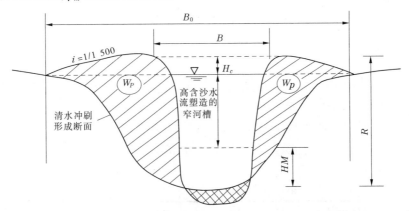

图 4　高含沙水流在清水冲刷形成的宽浅河槽上塑造窄深河槽的示意图

5 河道过流能力计算

5.1 高含沙水流阻力

根据文献[8]给出的 Re 与 n 值的关系,仍可用曼宁公式计算高含沙水流的河槽的过

流能力,n 值取 0.011。

5.2 清水冲刷阻力

据对三门峡水库下泄清水时实测资料的分析,各河段 n 值如表 3 所示。

表 3 清水冲刷期各河段采用的 n 值

河段	花园口以上	花园口至夹河滩	夹河滩至高村	高村至艾山	艾山至利津
n	0.014	0.012	0.012	0.011	0.011

6 河槽形态调整

水库拦沙蓄水,清水下泄发电,河床冲刷。水库泄空冲刷产生高含沙水流,在前期清水冲刷后形成的河槽上塑造新河槽,然后充分利用其输沙,当调沙库容内泥沙冲完后,蓄水至正常高水位,下泄清水发电,水库不断循环运用,产生不同的水沙条件,下游河道断面形态也发生相应的调整,计算中作如下处理:

(1)清水冲刷量主要为塌滩,并考虑一部分泥沙是塌滩淤槽,即当 1.1 倍的时段冲刷量大于前期塑槽淤积量 W_p 时,下次高含沙水流河槽重新塑造,当前期塑槽被冲刷掉一部分时只重新塑造一部分。

(2)在水库蓄水发电下泄清水时,水库发生强迫排沙,河道发生淤积时,全部填在槽内,减小平滩流量。

(3)高含沙水流漫滩计算。设平滩流量为 Q_0,考虑高含沙水流塑造的河槽断面会形成具有横比降的自然滩唇,上滩流量 $Q_0 = Q - Q_0$,假定上滩含沙量等于主槽含沙量,其挟带的泥沙全部在滩地上淤积,渗出清水在下站前回归主槽。

7 有关计算程序使用

(1)水库蓄水拦沙下泄清水期采用文献[7]提供的计算方法计算(即小浪底水库规划中采用的计算方法)。

(2)当水库泄空冲刷的含沙量大于 200 kg/m³ 时转入本程序。在形成窄深河槽之前,河道受前期清水冲刷条件限制,输沙能力较低,输沙公式 $Q_s = KQ^\alpha S_\perp^\beta$ 中的 K 值和 α 值,根据文献[6]和文献[7]的分析采用值见表 4。

其中 β 值与河槽形态有关,黄河下游各河段的 β 值为

$$\beta = -0.256\tan\sqrt{B/H} + 1.15 \tag{6}$$

式中:B 和 H 值由流量值确定。

表 4 各河段输沙公式中的 K 和 α 值

河段	花园口以上	花园口至夹河滩	夹河滩至高村	高村至艾山	艾山至利津
$K(\times 10^{-4})$	3.4	3.8	4.1	4.4	4.2
α	1.25	1.22	1.19	1.14	1.12

(3)当时段累计淤积量 $W_0 > 0.9W_p$ 时,认为塑槽已基本完成,输沙公式中系数和指

数分别为 $K=0.001$，$\alpha=1$，$\beta=1$，形成窄深河槽输沙，呈现"多来多排"的输沙特性。此时的塑槽流量即为平滩流量。

（4）计算中文献[7]提供的计算程序与本程序并联运行，当出库含沙量大于200 kg/m³时，转入本程序，同时把清水冲刷形成的漫滩流量代入，否则转入其他程序，也将平滩流量代入。

8 存在的问题

（1）假定形成窄深河槽后河道输沙能力与来沙相适应，处于不冲不淤状态，与实际情况有一定出入，高含沙水流在窄深河槽中输送的实测资料表明会产生一定幅度的冲刷，计算中把其作为安全因素。

（2）高含沙水流输送到河口入海后的运动规律及其对上游河道的影响在计算中没有考虑。

（3）本程序与文献[7]给出的清水冲刷程序的编制主导思想及所依据的物理图形不同，因而对同一水沙过程的处理不会一样，由此而产生的差别需要进一步研究和完善。

参考文献

[1] 齐璞.黄河下游游荡性河道治理方向探讨(兼论河槽形态调整与河型转化)[J].泥沙研究,1989 (4):10-17
[2] 齐璞,赵业安.黄河高含沙洪水的输移特性及其河床形成[J].水利学报,1982(8):34-43.
[3] 张仁,钱宁,等.高含沙水流长距离稳定输送条件分析[J].泥沙研究,1982(3):1-12.
[4] 齐璞.利用窄深河槽输沙入海调水调沙减淤分析[J].人民黄河,1988(6):7-13.
[5] 钱意颖,杨文海,赵文林,等.高含沙均质水流的基本特性[C]//河流泥沙国际学术讨论会论文集第一集.北京:光华出版社,1980.
[6] 麦乔威,赵业安,潘贤娣.多沙河流拦洪水库下游河床变形计算[J].黄河建设,1965(3).
[7] 刘月兰,吴知,韩少发.黄河下游各河段输沙特性分析及冲淤计算方法修正[R].郑州:黄河水利科学研究院,1983.
[8] 齐璞,韩巧兰.黄河高含沙水流阻力特性与计算[J].人民黄河,1991(3):16-24.

再次建议论证黄河下游治理更合理的方案[*]

齐 璞

近年来,对黄河下游河道泄洪输沙规律有了新认识,黄河的治理也取得很大的进展,进入下游的水沙条件已发生巨大变化,防洪形势已有新的发展,下游河道的治理方向更加明确。

黄河下游河道的治理近年来引起各方面的关注。高季章等认为下游河道治理已进入宽河道与窄河道相结合、综合治理滩区,逐步向窄河道发展的时期[1];以庄景林为代表的河务科技人员[2]根据多年的治河实践,认为破除生产堤"一水一麦"的政策早已脱离现实;温善章等从社会发展、经济效益等多方面分析后,提出了窄河固堤的思想[2];钱正英院士在 2006 年查勘了黄河下游滩区后[3],指出关键是要超脱"宽河固堤"的传统格局,大幅度缩窄大堤间距,在整治工程后兴建新的防洪堤,现在的大堤作为第二道防线,以解决滩区 189 万人的生存和发展问题。在 2008 年水利部科技委和民盟中央组织的黄河下游滩区治理讨论会上,几乎所有的代表都认为生产堤现在破不了,但对今后治理方略的认识存在严重分歧。有些代表认为从滩区存在的问题、当今以人为本的国策与黄河今后治理前景及历史的发展规律分析应采用"窄河固堤",如索丽生认为从历史发展规律和社会经济发展综合需求看,由宽河向窄河发展可能是必然趋势;有些代表则主张宽河,今后要利用滩区政策补偿来推动破除生产堤。

近年来,水利部党组提出"堤防不决口、河道不断流、水质不超标、河床不抬高"的黄河治理总体目标。潘家铮院士在 2009 年提出了治黄大业要从近期治理走向长治久安的建议[4],最终黄河下游河道要实现河道输沙平衡、河床不抬高的长远目标。所有这些为我们确定了黄河下游治理的方向,规划中采取的工程措施应与治理的总目标一致,是我们衡量规划合理与否的原则。

黄河下游滩区治理问题,不是一个孤立的问题,牵涉到黄河整个上中下游的治理,矛盾的焦点反映在下游滩区。造成问题的根本原因是河槽不断的淤积,河床逐年的抬高,平滩流量不断的减小,洪水经常漫滩。"宽河固堤"与"窄河固堤"都是宽河,把大堤的间距缩窄到 3～5 km,过水河槽仍是宽浅的,无法稳定河势与提高河道输沙能力。因此,在中游水库利用洪水排沙,优化下游来水来沙条件后,形成一个稳定窄深的河槽,加大河道泄洪排沙能力,控制河槽淤积,增大平滩流量,进一步减少漫滩机遇,可从根本上解决滩区问题。

对黄河下游滩区综合治理规划报告[5],利用滩区堆沙、移民为主导的治理方案提出以下意见。

---

[*] 本文为 2010 年 3 月 8～10 日在北京规划总院黄河下游滩区综合治理规划总审查会上的发言。

1 宽河与窄河治理战略研究应重新论证

理由如下:其一,进入黄河下游的水沙条件没有优化,充分利用洪水排沙,小于2 000 m³/s的挟沙量占31%,小水挟沙量大,河槽淤积必然严重;其二,论证的宽河与窄河都是宽河,窄河的大堤距也有3~5 km,远大于利用洪水排沙河槽不淤的河宽几百米,因此得出结论的有问题,不是最优方案。应论证窄槽宽滩方案。窄槽用于输水输沙,宽滩用于大洪水时滞洪削峰,形成顺畅的排洪河道。在目前的情况下推荐宽河治理方案不合理,黄河水沙与下游河道已发生重大变化。

2 黄河洪水发生的机会大幅度减少不可逆转

黄河的泥沙随中游洪水而来,输沙入海也要利用洪水。因此,研究黄河洪水的变化及发展趋势对黄河的治理十分重要。

华北地区的河流相继都变成干河,偶尔才有洪水下泄,黄河流域也属干旱地区,水库大量兴建与水土保持、灌溉的发展,已使黄河实测洪水大幅度减小。

据熊贵枢、丁六一等1994年统计,黄河干支流上已有的大中小型水利枢纽达600余座[6],总库容达700亿m³。仅龙羊峡、刘家峡、三门峡、小浪底四库防洪库容就达156.2亿m³(相当黄河千年一遇洪水12 d的总量)。在主要支流上也兴建了许多大型水库,如伊河陆浑水库、洛河故县水库,防洪库容分别为6.77亿m³和6.98亿m³。千年一遇洪水花园口站洪峰流量由42 300 m³/s下降为22 500 m³/s;百年一遇洪水的洪峰流量由29 200 m³/s下降为15 700 m³/s;若发生1958年的22 300 m³/s洪水,花园口站洪峰流量将下降为9 620 m³/s;自1982年发生15 300 m³/s大洪水以来近30年来花园口站洪峰流量没有大于8 100 m³/s,洪水已经得到有效控制,大洪水发生的机会大幅度减少。如花园口站1950~2008年历年实测最大洪峰流量变化过程见图1。

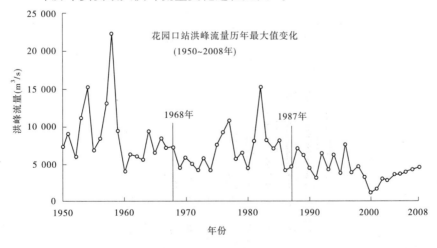

图1　花园口站历年实测最大洪峰流量变化

黄河兰州站的径流量占黄河总水量的58%,龙羊峡(1986年运用)、刘家峡(1968年运用)等水库的联合运用及工农业用水的增长,汛期进入下游的水量大幅度减少。洪峰流量的减小,洪水造床作用减弱,水少沙多的矛盾更加突出。水库的防洪运用,削峰淤沙作用已代替天然洪水漫滩后滞洪、滞沙作用,洪水漫滩机会也会大量减少。本次滩区规划设计洪水采用五年一遇 8 000 m³/s,十年一遇 12 000 m³/s,显然偏大,严重脱离实际。

洪水发生的机会大幅度减少是不可逆转的,但黄河进入下游的水沙条件可通过小浪底水库泥沙多年调节,相机利用洪水排沙优化,为利用窄深河槽极强的泄洪能力创造了条件。

3 规划报告中利用滩区堆沙既不合理,也不可行

黄河今后水沙发生的变化,使得应用 20 世纪 50、60 年代的洪水资料分析得出的认识,对今后黄河下游河道的演变研究及治理意义不大。

黄河干支流上已有的龙羊峡、刘家峡等大型水利枢纽,为了兴利要多年调节,使丰水年的水量大幅度减小,一般洪水的洪峰、洪量也变少。随着水库的防洪运用,削峰淤沙作用已代替天然洪水漫滩后滞洪、滞沙作用,洪水漫滩机会也会大量减少,利用滩区堆沙既不合理,也不可行,处理黄河下游泥沙的途径是充分利用洪水输沙入海。

由于黄河干支流上水库群的调节作用,以及下垫面的变化对地表径流的影响,黄河下游洪水发生的机会减少,泥沙集中在中小流量输送。

图 2 给出了龙羊峡、刘家峡水库联合运用后 1950 ~ 1986 年与 1987 ~ 1996 年花园口站各级日均流量出现的天数,自 1987 年龙羊峡水库投入运用以后,花园口站没有日均流量大于 7 000 m³/s 的大洪水发生。而在 1986 年以前经常会发生日均流量大于 7 000 m³/s 的漫滩洪水,经常出现的是流量小于 5 000 m³/s 的洪水(与规划报告[5]给出的数据基本一致。小浪底水库泥沙多年调节,可以把更多的泥沙调节到中常洪水期输送[7],洪水漫滩机会少,滩区堆沙必然落空。这样做也是个扰民工程,不符合以人为本的治水方针(滩地放淤投资 123 亿元没有必要)。

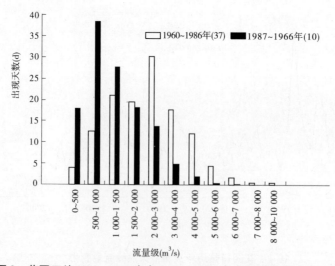

图 2 花园口站 1950 ~ 1986 年与 1987 ~ 1996 年各级流量出现的天数比较

4 "二级悬河"产生原因与生产堤的存废

从表1给出的最高洪水位与最小平滩流量的对应关系可以看出,洪水位最高,平滩流量最小,同时发生。如发生最高洪水位的1973年、1992年、1996年相应汛前的平滩流量均很小。

表1 小水淤积造成历史最高洪水位与最小平滩流量的对应关系

时间(年·月·日)	1973.8.30	1976.8.27	1977.7.9	1977.8.8	1982.8.2	1992.8.16	1996.8.5
流量(m^3/s)	5 020	9 210	8 100	10 800	15 300	6 260	7 860
水位(m)	94.18	93.22	92.90	93.19	93.99	94.33	94.73
含沙量(kg/m^3)	450	53	546	809	47.3	534	126
历史最高水位	最高					最高	最高
汛初水位(m) 3 000 m^3/s	92.89	92.42	92.36		92.76	93.40	93.75
1 000 m^3/s	92.12	91.75	91.83		92.10	92.65	93.00
平滩流量(m^3/s)	3 500	5 500	6 000	6 000	6 000	4 000	3 500

其实生产堤的存在不是产生"二级悬河"的主要原因[2]。造成"二级悬河"的根本原因是在形成游荡性河道时小水挟沙过多,不利水沙条件没有根本改变之前,在游荡性河段兴建了大量的控导工程,控制了主流的摆动范围。这样虽对当时的防洪起了重要作用,但也控制了小水挟带泥沙的堆积范围,改变了游荡性河道依靠主流自由摆动平衡滩槽高差的演变规律,使主河槽持续淤积,造成主槽高于滩地的"二级悬河",没有生产堤的存在也会形成5‰横比降的"二级悬河"。

关于生产堤存在的利弊,近年来的研究表明,刷槽和淤滩没有必然的联系[8]。主河槽的冲刷主要发生在涨水期,在落水期不管含沙量大小,均处于淤积状态,这是由于底沙的运动速度小于洪水波的传播速度造成的。黄河上水库的大量兴建,流域水库群的运用,水土保持与灌溉的发展,下垫面巨大的变化,洪水发生的机会与洪峰流量大幅度减小,已使漫滩机会大减,为了保持洪水的造床和输沙入海的能力,不再需要宽河削峰。生产堤的存在对黄河输沙和滩区人们的生产、生活都是有利的,没有必要再破除生产堤[9]。破除生产堤,"一水一麦"政策早已脱离现实,治标不治本。

今后要控制小水淤积河槽,利用水库进行泥沙多年调节,充分利用洪水排沙入海。

5 小浪底水库运用后增大主槽的过洪能力,解放滩区是可能的

泥沙淤积是黄河下游洪水危害的根本原因,也是产生"二级悬河"及滩区等诸多问题的原因,若洪水不漫滩便可得到妥善解决。三门峡水库改建后"蓄清排浑"运用的减淤作用已经使花园口以上河道基本不淤,温、孟滩区已经成为小浪底水库的移民区。

小浪底水库投入运用以后,由于黄河水利委员会调度得比较好,河南河道、山东河道都发生了冲刷。从1999年10月至2008年10月,小浪底库区淤积量为24亿m^3,表明水

库仍处于拦沙运用初期。因近期入库沙量明显偏小,导致水库实际淤积程度比原先预计的要轻。根据下游淤积大断面测量成果计算,1999 年 11 月至 2008 年 10 月黄河下游小浪底—利津河段共冲刷 12.20 亿 m³(合 17 亿 t),与规划报告[5]给出的数据基本一致,详见表 2 给出的小浪底水库运用以来下游河道断面法运用年冲淤量与图 3 给出的各河段过水面积的变化[11]。

表2　小浪底水库运用以来黄河下游河道断面法运用年冲淤量　(单位:亿 m³)

年份	花园口以上	花园口—夹河滩	夹河滩—高村	高村—艾山	艾山—利津	利津以上
2000	-0.713	-0.470	0.056	0.147	0.155	-0.825
2001	-0.473	-0.315	-0.100	0.054	0.018	-0.816
2002	-0.373	-0.446	-0.036	-0.141	-0.232	-1.228
2003	-0.648	-0.698	-0.319	-0.409	-0.547	-2.621
2004	-0.382	-0.388	-0.284	-0.166	-0.358	-1.578
2005	-0.144	-0.420	-0.237	-0.291	-0.337	-1.428
2006	-0.395	-0.668	-0.077	-0.215	0.036	-1.318
2007	-0.443	-0.443	-0.159	-0.318	-0.292	-1.655
2008	-0.222	-0.180	-0.085	-0.189	-0.050	-0.726
合计	-3.794	-4.029	-1.239	-1.527	-1.606	-12.196

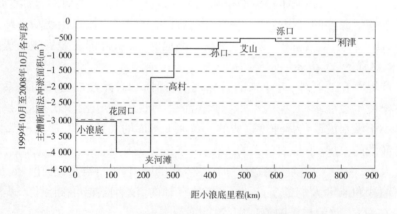

图3　1999 年 11 月至 2008 年 10 月各河段主槽断面法冲淤面积

黄河下游年平均冲刷 1.30 亿 m³。高村以上冲刷总量为 9.062 亿 m³,占冲刷总量的 74%。特别是夹河滩以上河段冲刷量,占冲刷总量的 64%,河道过流量面积增加了 3 000 ~ 4 000 m²;夹河滩至高村河段冲刷量为 1.239 亿 m³,占冲刷总量的 9.1%,河道过流量面积增加了 1 700 m²,高村至艾山冲刷量为 1.342 亿 m³,占冲刷总量的 10%,河道过流量面积增加了 800 m²;艾山至利津河段冲刷量为 1.606 亿 m³,占冲刷总量的 13.2%,河道过流量面积增加了 600 m²。黄河 9 次调水调沙期共计冲刷 3.4 亿 t,占冲刷总量的 28%。

小浪底水库运用后下游水位沿程降低,与1999年汛后相比(见表3),2009年汛后同流量(2 000 m³/s)水位降低1.91~0.96 m,水位下降幅度沿程变化同样具有两头大、中间小的特点,花园口、夹河滩、高村同流量(2 000 m³/s)水位分别下降1.91 m、1.85 m、1.85 m,艾山下降0.96 m,利津下降1.23 m。下游河道经过9年冲刷,河道排洪能力得以恢复,与小浪底水库运用前相比,平滩流量增加了900~2 800 m³/s。2009年汛后下游各站平滩流量达到4 000~6 500 m³/s,其中花园口站最大,孙口站最小。

表3　小浪底水库运用以来(2000~2009年)下游河道河床冲淤变化

类别	花园口	夹河滩	高村	孙口	艾山	利津
2 000 m³/s水位差(m)	-1.91	-1.85	-1.85	-1.34	-0.96	-1.23
2000年平滩流量(m³/s)	3 700	3 300	2 500	2 500	3 000	3 100
2009年平滩流量(m³/s)	6 500	6 000	5 300	4 000	4 000	4 400
平滩流量增加值(m³/s)	2 800	2 700	2 800	1 500	1 000	1 300

目前,花园口站以上河段平滩流量大于7 000 m³/s,夹河滩站以上河段平滩流量大于6 000 m³/s,高村站以上平滩流量达5 300 m³/s,加上高1.2~2.5 m生产堤的作用可过7 000~9 000 m³/s流量,平滩流量最小的孙口河段也有4 000 m³/s,加上高1.5~2.5 m生产堤的作用也可过5 000 m³/s流量,目前艾山到利津河段平滩流量也达到4 000~4 400 m³/s。今后小浪底水库还要进行调水调沙,河段平滩流量还会增大。

黄河的泥沙随中游洪水而来,输沙入海也要利用洪水。当小浪底水库初期拦沙库淤满后,通过小浪底水库泥沙多年调节[7],把泥沙调节到洪水时输送,可以控制主槽不抬高,甚至下切。因为每当发生高含沙量洪水时,主河槽都是冲的,洪水存在"涨冲落淤"的输沙特性。小浪底水库初期运用下泄清水,淤满调沙库容以后,进行泥沙多年调节,相机利用洪水排沙,这两个措施组合起来,有可能使下游河床不抬高。如果黄河不抬高,或者平滩流量逐渐增大,漫滩机会减少了,滩区人民的生活也就稳定了,黄河泥沙与洪水问题可以得到根本解决。因此,没有必要将黄河滩区的38万人移出滩出。

6　稳定主槽是当前的首要任务,既解决了诸多防洪问题,又提高了河道输沙能力

黄河下游游荡性河道,由于宽浅散乱,从增加河道排洪能力与控导河势出发,都希望缩窄河槽、增加槽深和河道的输沙能力,减少洪水时宽浅河段淤积量,防止清水冲刷,滩地坍塌,河槽展宽,降低清水冲刷的危害。形成有利排洪、输沙,控导河势的窄深、稳定、规顺的排洪输沙通道,为此在游荡段应进行双岸同时整治[11,12]。从有利于排洪输沙需求出发,应按洪水河势、因地制宜、因势利导的原则规划流路;针对游荡性河槽极为宽浅,在河床比降陡,床沙组成为粉细沙,极易冲刷的特性条件下必须双岸整治;为了节省投资,应尽量利用已有工程。

7　补充比较论证新方案

目前,黄河下游河道不是一条自然的宽河,有189万人,359万亩耕地,生产堤的存在

与不能破除,黄河下游河道已变成了"窄河"[13]。

从治河理论上讲,刷槽和淤滩没有必然的联系,不漫滩洪水会造成更强烈的冲刷;从防洪上讲,今后黄河也没有那么多大洪水需要漫滩削峰;从增大和保持洪水的造床与输沙入海的能力上讲,也不再需要宽河削峰。所有这些都为黄河下游河道治理指明了方向。

规划报告给出的逐步破除生产堤的方案一是逃离现实,认识落后;方案二是现实的,因为生产堤破除不了,不合法也变成合法;方案三是分区滞洪、滞沙明显的优点,可防止洪水"走一路淹一路"。因此,应区分黄河下游不同河段的不同情况,采用三个方案结合,形成合理可行的方案。

黄河下游的治理若能解放黄河下游大部分滩区,则可节省滩区安全建设的绝大部分投资,滩区移民不是方向,也没有必要把几十万滩区群众搬到大堤外[5]。因此,要补充论证增大主槽的过洪能力,解放滩区方案的可行性。

参考文献

[1] 高季章,胡春宏,等.论黄河下游河道的改造与"二级悬河"的治理[R].北京:中国水利水电科学研究院,2004.

[2] 黄河水利委员会.黄河下游"二级悬河"的成因及治理对策[M].郑州:黄河水利出版社,2003.

[3] 钱正英院士在黄河下游治理座谈会上的讲话,水规总院水利规划与战略研究中心 ,2006 年第 12 期(总第 133 期).

[4] 潘家铮.治黄工作可以考虑从近期治理走向长治久安[J].人民黄河,2010(1):8-18.

[5] 黄河勘测规划设计公司.黄河下游滩区综合治理规划[R].2009.

[6] 熊贵枢,丁六一,周建波.黄河流域水库水沙泥沙淤积调查报告[R].1994.

[7] 齐璞,孙赞盈,等.小浪底水库泥沙多年调节运用与下游河道进一步治理研究[R].2001.

[8] 齐璞,孙赞盈,侯起秀,等.黄河洪水的非恒定性对输沙及河床冲淤的影响[J].水利学报,2005(6):637-643.

[9] 齐璞,余欣,孙赞盈,等.增大主槽过流能力,淡化生产堤存废之争[J].人民黄河,2010(2).

[10] 孙赞盈,曲少军,彭红.2009 年黄河下游河道排洪能力分析[R].郑州:黄河水利科学研究院,2009.

[11] 齐璞,孙赞盈,刘斌,等.黄河下游游荡河段双岸整治方案研究[J].水利学报,2003(5):98-106.

[12] 武彩萍,齐璞,张林忠,等.花园口至夹河滩河段双岸整治动床模型试验报告[R].郑州:黄河水利科学研究院,2004.

[13] 齐璞.建设论证黄河下游滩区治理更合理的方案[R].(2009 年 3 月 17 日在水规总院审查黄河下游滩区治理的发言),水利部水利水电规划设计总院,中国水情分析研究报告,2009 年总第 154 期.

附件8

水规总院水利规划与战略研究中心编
《中国水情分析研究报告》
有关黄河下游河道治理的文件

目　录

发送:部领导、总工,国务院发展研究中心,国家发改委有关司局,部机关各司局,各流域机构,各省(市、区)水利(水电)厅(局),有关规划、设计、科研单位和高等院校。

水利规划与战略研究中心编印　　　　　　　　　　　　　共印 300 份

后 记

我 1942 年出生在北京市长辛店北留霞峪村,1963 年到中国水利水电科学研究院泥沙所参加工作,开始接触黄河泥沙问题。屈指算来,已经历 47 个春秋。回顾往事,我深深地体会到,黄河不是 50 年前的黄河,对它的认识不同于 50 年前,治理的方法也不应是 50 年前的老办法。袁隆平发现杂交野生稻引发了水稻生产一场革命,但北洛河下游河道形成的发现却并没能推动黄河治理的一场变革!

1 北洛河下游河道形成的启示

20 世纪 70 年代我参加了黄河第二次规划,查勘了三门峡水库库区。在三门峡水库的回水末端,我们发现流入库区的北洛河下游河道窄深稳定,宛如一条人工修建的弯曲渠道,这给我留下了极为深刻的印象。就此问题向钱宁教授请教,他沉思了片刻,只说了四个字"含黏量高"。在以后的几年时间里,我学习了前人的研究成果,分析了北洛河、渭河的来水来沙特点及其下游河道的演变特性,发现北洛河经常发生含沙量为 700 ~ 900 kg/m³ 的洪水,洪水塑造出窄深河槽,大量泥沙能在上百千米长河道上顺利输送,主槽还会产生强烈冲刷。渭河、北洛河下游河道的输沙特性,与渠道高含沙水流及管道物料高浓度输移的特性极为相似。在管道高浓度输送中,像黄河这样泥沙组成、粒径小于 0.08 mm 的高含沙水流均按重介质处理,只要克服阻力,即可顺利输送,不用考虑挟沙能力问题。通过对黄河主要干支流不同河段的高含沙洪水的实测资料进行类比分析,可以得出:窄深河槽有利于高含沙水流输送;适宜输送的含沙量不是低含沙量;造成高含沙洪水在黄河下游河道严重淤积的主要原因是其河道极为宽浅;当一条河流的泥沙主要由高含沙洪水输送时,就能形成具有窄深河槽的弯曲性河道。

此项研究成果得到中国水利学会泥沙专业委员会的高度重视,《水利学报》1982 年第 8 期将"黄河高含沙洪水输移特性及其河床形成"一文予以发表。在随后的岁月里,围绕着高含沙洪水对防洪的影响,研究了高含沙洪水在游荡性河道上输送时因河床剧烈调整而产生的各类"异常"现象,如能否形成"浆河",洪峰流量为什么会沿程增大等。这些研究成果不仅能解释当时防洪中的生产问题,也加深了对高含沙洪水输移特性的认识。

针对游荡性河道不利于高含沙洪水输送的情况,深入研究黄河下游游荡性河道在不同来水来沙条件下河床调整变化规律,揭示了游荡性河道因其比降陡,组成河床的粉细沙易起动;在不同水沙条件下河床调整相互制约、破坏,始终保持宽浅散乱特性;河道没有因淤积使比降变陡以及输沙能力增加而达到稳定,而是呈现恶性循环,其演变特性如同一条没有兴建跌水的不稳定渠道;只有具有窄深河槽的河流才有可能发展成为稳定的弯曲性河道。这些研究成果在 1989 年第 4 期《泥沙研究》上以"黄河游荡性河道形成与改造途径"为题全文发表。

2 学术界的重视推动了研究工作的进展

我们的初步研究成果引起学术界的重视,早在 1987 年中美黄河学术讨论会上,黄秉维(1913～2000 年)院士就指出:"在诸多对策之中,利用高含沙水流特性,使下游河道基本消除淤积,可能是一个有效途径。""要是现在就可确定利用高含沙水流特性排沙是不行的,我也希望知道否定它的理由。"

以学术界的反映为基础,1989～1991 年,万兆惠博士牵头完成国家自然科学基金项目专著《黄河高含沙水流运动规律及其应用前景》。该著作汇集了清华大学、中国水利水电科学研究院、黄河水利科学研究院等科研单位最近几年的研究成果,基本搞清了高含沙水流的流变特性、运动特性和输沙特性及其在黄河上的应用前景。该专著由钱正英和黄秉维两位院士分别作序,寄托了他们对黄河高含沙水流研究的希望:使黄河下游的洪水灾害由"史不绝书,变为史不再书";通过小浪底水库的调节,形成泥沙主要由高含沙洪水输送的水沙条件,以利于黄河下游治理。

1988 年,钱正英院士在黄河下游治理座谈会上的总结发言中,认为黄河水利科学研究院提出利用窄深河槽输送高含沙水流是个重大突破,希望在黄河治理规划中有所反映。在她的推动下,利用黄河高含沙水流输沙特性解决黄河下游淤积的问题,列入国家"八五"科技攻关项目,由我作为专题负责人,联合黄河水利科学研究院、黄河水利委员会设计院、清华大学和中国水利水电科学研究院协同攻关。我们通过三年的努力完成了攻关任务,成果汇集成专著《黄河水沙变化与下游河道减淤措施研究》,由黄河水利出版社正式出版。书中首次提出:小浪底水库的防洪运用由消灭高含沙洪水改为利用洪水排沙,水库的运用方式由传统的"蓄清排浑"改为"泥沙多年调节,相机排沙",明确提出水库在枯水年不排沙,按最大兴利效益进行调度运用。方案计算结果表明,水库的兴利指标大幅度增加,输沙用水大量节省,年平均输沙用水量仅为 60 亿 m³ 左右,节省 2/3,且均安排在丰水年小浪底水库无法调节利用的洪水期。

攻关成果引起水利界众多知名人士的关注。1996 年水利界 10 名院士:严恺、窦国仁、林秉南、徐乾清、潘家铮、黄秉维、刘东生、黄文熙、陈述彭、李鄂鼎,会同其他 9 位水利界专家联名,建议进行联合攻关,将这一项目列入国家"九五"攻关项目,由水利部原部长杨振怀送李鹏总理。由于有些人对此认识不一致,最后没有办成。但水利部规划总院给我们列支项目经费,使我们能够继续深入研究。

3 黄河下游游荡性河道形成与改造途径

此时正值小浪底水库投入运用,初期下泄清水。根据三门峡水库的运用经验,清水冲刷期塌滩,河槽展宽,不利于水库排沙由河道输沙入海;在多年调节水库排沙初期,因要塑造窄深河槽,故会发生大量淤积,减淤效果不如节省输沙用水效果显著。从长远考虑,若能通过河道整治方法形成有利于输沙的窄深河槽,不仅可以减少淤积,宽浅的游荡性河道的诸多防洪问题也可以得到解决,于是开始了游荡性河道整治新方法研究。

对黄河下游游荡性河道的研究表明,主槽的强烈堆积,造成槽高滩低,致使主流频繁游荡摆动,对防洪极为不利。三门峡水库投入蓄清排浑运用后,小水淤槽减弱,加上河道整治工程的控导,河道开始向稳定方向发展,对当时防洪虽然能起到比较显著的作用,但在游荡性河道来水来沙没有得到根本改变之前,也控制了泥沙堆积部位,改变了游荡性河道依靠主流自然摆动平衡槽滩高差的演变规律,使主槽的抬升速度大于滩地的抬升速度,促成了"二级悬河"的形成,而生产堤的存在只是加剧了悬河的发展,给防洪带来新的威胁;宽浅河段也成了利用河道输送高含沙洪水入海的主要障碍。

游荡性河段的整治任务是稳定主槽,形成排洪输沙通道。黄河下游宽河段采用的"微弯"整治方法,主要是基于"水流性曲,按弯曲性整治可使河道稳定"的认识,并参照高村以下过渡河段的整治经验。其实,高村以下成功的原因是有了窄深河槽,而不是因为平面弯曲所致。以形成稳定窄深河槽为目标,双岸整治是基于游荡性河道河势变化规律具有随机性,河床调整呈现恶性循环,"微弯"整治无法控导河势,形成窄深河道的基础上提出的。窄河固堤只能减少洪水的滩地淹没损失,双岸整治可形成高效排洪输沙通道,控制河床不抬高。

4 洪水非恒定性——涨冲落淤规律的破解

根据多年研究黄河泥沙运动的经验,应通过现象分析摸清造成该现象的力学基础,只有分析清楚造成现象的过程和原因,才能真正地认识黄河下游。例如"淤滩刷槽"问题,一场大洪水过后,滩地大量淤积,主槽强烈冲刷,从表面上看似乎它们之间有关联,但通过对河槽冲刷过程的分析,则会发现河槽冲刷发生在涨水期,而在落水期不管高、低含沙洪水主槽都是淤积,甚至在比降变幅相差十倍的情况下也是如此,由此可见,漫滩清水在落水期回归主槽造成刷槽的假说不能成立。为什么会发生不管高、低含沙洪水,在比降变幅相差十倍的情况下均会发生"涨冲落淤"呢?用以往有关恒定流、挟沙力为单值的理论无法解释。应该从黄河实际出发,首先认识造成窄深河槽"多来多排"的机理(见 1994 年第 2 期《泥沙研究》)。丁联臻看到我们的研究成果后给我写信,建议在他主编的英文版《国际泥沙研究》上发表,是他老人家帮助译成英文,登在 1995 年第 2 期《国际泥沙研究》上。在此基础上分析洪水非恒定性,对作用在床面上力的变化过程与河床冲淤之间的关系进行分析,才能形成正确的认识。这个复杂的问题我们是经过十多年的探索,才取得的成果(见 2005 年第 6 期《水利学报》)。

洪水输沙的非恒定性、"涨冲落淤"规律的破解,打开了对下游治理的新视野。经过长期研究,我们搞清楚了为什么高含沙量、低含沙量、比降陡与比降缓的河流,河床在涨水期都是冲刷,落水期都是淤积。由于对这个问题的认识有了进展,所以对窄深河槽的过洪机理、"淤滩刷槽"之间没有联系、利用洪水长距离输沙入海、水库排沙调控原则等问题的认识,都向前推进了一步。基于这些新的认识,我们提出了《应该把河床不抬高作为黄河下游治理的战略目标》。

5 落实科学发展观的艰难

针对上述成果的新认识,也有人认为"你这一套如果能成立,治黄的五千年历史则要重写"。丁肇中先生说过,科学进步是多数服从少数的过程。新事物出现后,意见不一致是经常的,反对的人占多数也是正常的。

对黄河这样一条复杂的河流,在认识上产生分歧是自然的,不同学术观点的争论是科学发展的动力。我们多次向有关领导写信,提出有关建议,仅给水规总院水利规划与战略研究中心就提交了中国水情分析研究报告、关于黄河下游河道治理等方面的报告与建议书十几份。遗憾的是,我们的成果还没有引起主管部门的足够重视。

针对 21 世纪黄河的治理思路,水利部提出"堤防不决口、河道不断流、水质不超标、河床不抬高"的宏观治理目标,其中最难的是河床不抬高。当时的水利部部长汪恕诚对我们的研究成果十分重视。2001 年黄河水利委员会研究 21 世纪黄河治理新思路,我有幸被提名参加黄河水利委员会编写组,窄深河槽在黄河下游治理的意义均已写入初步文件,但没能形成黄河 21 世纪治理新思路正式文件。2005 年我同赵业安就小浪底水库投入运用后游荡性河道治理问题与黄河水利委员会李国英主任达成共识,会后还形成有利于排洪输沙的中水河槽、以实现排洪输沙效率最高为标准的会议纪要,后来也没有下文。2008 年向水利部负责规划的矫勇副部长汇报了此事,他同意选择一段宽河段进行双岸整治试点,帮助推动此事,他曾找过黄河水利委员会负责人谈过,也推不动,这不得不引起我们的深思。

潘家铮院士说:"任何新技术,既冠名为新,就意味着缺乏实践经验和存在一定的风险。而水利工程的成败,一般又影响巨大。如何既保证安全又促进新技术的应用便成为一对矛盾。形象地说,就是谁来吃第一只螃蟹。我认为,解决这个矛盾的正确办法有二:其一在方针上要'慎重'与'积极'并举,不可偏废。所谓慎重,就是保持头脑清醒,不做无根据和无相当把握的事。一切通过试验,由实践来做出结论和决策。尤其在重要工程或关键部位不能掉以轻心。所谓积极,指思想上要确信创新和发展是人间正道,满怀热忱地欢迎新生事物,并深入调查研究,采取各种措施为其成熟和采用创造条件,有'敢为天下先'的襟怀,而不是消极地等待,'等别人吃了第一只我再吃'。其二,在策略上,'实事求是,区别对待'八个字极为重要"(全文见《水利建设中的哲学思考》)。

6 黄河下游的治理前景广阔,但任重道远

著名泥沙治理专家钱宁(1922 ~ 1986 年)教授开创了对高含沙水流的研究,著名治河专家方宗岱先生(1911 ~ 1991 年)开创了利用高含沙水流治理黄河的研究。我作为两位长者的学生,紧密结合黄河实际,总结他们成功的经验与受挫的教训,跟踪黄河水沙变化,试图提出一套能利用高含沙水流输沙特性,解决黄河下游的泥沙问题,合理开发和利用黄河水资源的新途径。更希望有关方面能尽快决策,使凝聚了几代科研人心血的有关"高含沙水流"研究成果能付诸于治黄实践,为黄河的治理和开发作出应有的贡献。

华北地区的河流相继都变成干河,偶尔才有洪水下泄,黄河流域也属半干旱地区,水库的大量兴建与水土保持、灌溉的发展,已使黄河实测洪水大幅度减小。

由于龙羊峡、刘家峡水库的联合运用及工农业用水的增长,丰水年汛期进入下游的水量减小幅度可达 100 亿 m³,洪峰流量的减小,洪水造床作用减弱,水少沙多的矛盾更加突出。洪水发生的机会大幅度减少是不可逆转的。但黄河进入下游的水沙条件可通过小浪底水库泥沙多年调节,相机利用洪水排沙优化,为利用窄深河槽极强的泄洪能力创造了条件。

三门峡水库的"蓄清排浑"运用避免了非汛期小水挟沙后淤槽,从 1973 年开始蓄清排浑运用,利用潼关以下槽库容进行调沙,虽然仍有不尽人意的小水排沙的情况发生,但对黄河下游河道仍有减淤作用,使得花园口以上河道基本不淤。小浪底水库进行泥沙多年调节运用,会将更多的泥沙调节到洪水期输送,黄河的水资源也能得到充分合理的利用,为进一步整治游荡性河道创造了条件。"拦、排、调、放、挖"中以"调"为核心的治河方略也为下游形成窄深河槽提供了技术支撑。由于水库主动空库泄洪排沙、淤土滑塌所形成的调沙库容可以长期重复使用,为保证黄河下游河槽长期不淤创造了有利的来水来沙条件。

小浪底水库投入运用以后,由于运用得比较好,河南河道、山东河道都发生了冲刷。河南河道大概冲深 1.8 m,山东河道冲深 1 m,河道的总冲刷量达 13 亿 m³。

通过小浪底水库泥沙多年调节,把泥沙调节到洪水时输送,是可以控制主槽不抬高,甚至下切的。因为每当发生高含沙量洪水时,主河槽都是冲刷的。小浪底水库初期运用时下泄清水,淤满调沙库容以后,进行泥沙多年调节,相机利用洪水排沙,这两者组合起来,有可能使下游大部分河段的河床不抬高。

主槽过流能力增大了,洪水漫滩机会减少了,才能使黄河滩区人们与自然和谐相处,滩区 189 万群众得到解放,359 万亩耕地得到充分利用,是以人为本、科学发展观对现今黄河下游河道治理的客观要求。

三门峡水库投入运用以后的调节作用使花园口以上河道基本不淤(温、孟滩已成为小浪底水库的移民安置区)。小浪底水库泥沙多年调节,利用洪水排沙可以使高村甚至艾山以上河段基本不淤,黄河下游"二级悬河"及滩区治理的主要问题可得到解决,钱正英院士等提出的窄河治理的方案可逐段落实。

科学发展观已是当今的国策,应加强科技创新,加速科学技术成果向现实生产力转化。时至今日,有关主管部门一直还没有就窄深河槽具有极大的泄洪输沙潜力在治黄上应用的技术可行性进行认真研究。

潘家铮院士在黄河治理建议中指出:科学调水调沙,塑造好下游河道,把进入下游的泥沙尽量排入外海。生产堤的长期存在已使黄河下游河道变成了"窄河"。当务之急,应在黄河下游河道治理计划中列入以形成稳定窄深河槽为目标的双岸整治,并大力推广,使科学技术是第一生产力在黄河治理和开发中都发挥不可替代的巨大作用,使关心黄河治理的众多人士的意愿能早日实现。

7 我的企望

这本书的出版是对黄秉维院士等希望高含沙水流研究成果能在黄河治理中应用的公开答复,我在几十年的生涯中一直沿着科学治黄的道路,为此尽了最大的努力,所有的关键技术问题都已基本解决,然而社会现实对于付诸实施的阻力使我深感无力抗衡,我深感心有余而力不足! 我未能将已故的八位院士和其余关心黄河治理的前辈的期望付诸实施,希望未来能有志士仁人完成我未尽的历史任务。

(1)传统治黄者强烈地反对。对于我们提出的治理方略,反对者有一个共同的特点,很多人都不是从具体技术上反对,如河道有没有那么大的输沙能力、过流能力? 而是从感情上出发,产生种种议论:自盘古开天以来就是宽河,今后也没有必要搞窄河。水利部领导要在黄河下游搞试点时,则有人说:不能搞试点,不给他这个机会,错了也不改。难道都错了? 等等,因为宽河可以要到更多的钱。传统治黄者不想看到黄河河道具有的输沙潜力,否则治理方案要发生根本性变化。反对者公开说:你这一套如果能成立,治黄的五千年历史则要重写。若承认黄河窄深河槽存在巨大的排洪输沙潜力,则黄河"水少沙多"不能成立! 必然会动摇传统治理黄河的理论基础!

(2)黄河规划应有长期治理目标。在对黄河认识什么都不清楚的思想指导下,黄河没有最优的治理方案,黄河难治理是最好的托词。2000年黄河水利委员会提出的黄河重大问题决策投资几千亿元,某院士当时评价为思路不清,不具有可操作性;这次黄河规划要投资更多,也没有明确的治理目标,客观上有争取投资之嫌。潘家铮提了黄河治理长远目标的建议后,在规划中加了第20章,但前19章没有变化,即具体黄河治理措施没有变化,无法达到第20章提出的长远治理目标。如在中游建设调水调沙体系,而在黄河下游搞宽河治理,滩区堆沙,其本身就不配套。目前商品经济社会是产生上述问题的外部条件。

(3)目前的设计与科研体制存在弊病。从现实利益出发,设计单位关心的是能否得到大的工程投资项目,不管设计水平是否先进,一律按工程总投资的百分数计费。科研单位也只是关心有多少钱,能否发全工资(包括津贴),忙于立项,这是多年来没有人对此事进行认真讨论的原因。设计单位与科研单位技术人员只对甲方负责,缺乏对人民负责的精神,出了问题也不追究。要改变当今的社会只认钱的现状,不是一件容易办得到的事。

(4)研究成果付诸实践道路异常艰难。每个人都希望为黄河治理作出贡献,因此对别人的新认识和成果也会产生心理不平衡:如非工程措施治河论者认为我们的研究大逆不道,在专家审查通过后,常务副主编以"20世纪人类治水的实践已经表明,根治河流水害,既不经济,也无必要,更不可能,一举根治河流的追求,反而有害"为由退稿。我们的研究成果有黄河大量实测资料为证,希望反对者拿出具体的论据。

对黄河这样一条复杂的河流,在认识上产生分歧是自然的。不同学术观点的争论是科学发展的动力,我们应该组织开展积极的学术争论。可惜当前在杂志上对问题的讨论太少了,《水利学报》是中国水利学会主办的技术杂志,是学者百家争鸣、百家齐放的场所。我曾经委托《水利学报》主编陈炳新:若有人对我的文章有意见,请你们一定要给他发表,欢迎提意见。你的文章有问题,人家提出来帮你改有什么不好? 应该感谢!

我也曾经在"宽河与窄河"辩论会上当着近百人说过:"我在网页上有几十万字的文章,若有哪篇文章基本概念、理论站不住,敬请年青人挑毛病。我的退休工资不高,每月几千元,可以拿出一个月的工资进行奖励!"时间已经过去近1年,但没人应答。

(5)解决的希望。针对上述成果的新认识,只有德高望重的长者才会有明确态度,但是这些名人的意见没有得到主管部门足够的重视,因此也解决不了社会上存在的上述问题。

徐冠华先生说的对:面对争论,面对机遇和风险,等待绝不是好的选择,政府必须承担责任,大胆决策。看领导有没有决心去决策,有没有能力去决策,敢不敢去决策。在当前商品经济社会意识普遍存在的情况下,高层决策显得尤为重要。

黄秉维院士1993年在给我书的序言中写道："我行年八十,来日无多,仍翘企能于就木以前,喜见土壤保持与高含沙水流两个研究领域确实地掌握了根治河害,永庆安澜的技能。黄河历史上灾害'史不绝书'将成为'史不再书'。中原人民咸登衽席之安,则古往今来,无数为治黄而殚精竭虑的先驱,亦可欣然瞑目矣。"我已是年近70的老者,不久将会离开这个地球进入天国,我现在也有同样的心情。

我们40余年对利用高含沙水流特性排沙,对下游河道基本消除淤积的可行性进行了认真的研究,至今已形成一整套治黄方案。最近,我们给陈雷和矫勇部长提出了《关于在黄河下游进行双岸整治试点的建议》,他们明确批示："开展一定的双岸整治试点是必要的"。我希望这个工程治理措施能逐步得到落实。

齐璞
2010 年 11 月

Postscript

I was born in Liuxiayu Village, North of Changxindian in the City of Beijing, 1942. In 1963, I began working at the Sediment Research Division, China Institute of Water Resources and Hydropower. when I first exposed to the sediment issues of the rivers. It has been 47 years since that time. In retrospect, I deeply feel that Yellow River is not the same river as it was 50 years ago. The understanding of it should not be the same as 50 years ago, nor should the management strategies. Discovering the natural hybrid rice by Mr. Longping Yuan lead to a revolutionary of rice, but the discovery of the formation of Beiluohe River channel didn't promote the revolution of the management of Yellow River.

1 Inspiration from the Formation of Beiluohe River's Channel

In the 1970's, I participated in the second-round design of the Yellow River, and we investigated the Sanmenxia Reservoir. At the end of the backwater, We discovered the lower reach of Beiluohe River flowing into the reservoir has a narrow, deep and stable channel, just like a man-made wandering canal, which gave me great impression. When I asked this question, Prof. Ning Qian meditated for a while, and then said "high sediment concentrations". In the following years, I analyzed the research results from previous studies, and found the incoming flow and sediment, the channel evolutionary characteristics of Beiluohe River and Weihe River. There were frequent floods of Beiluohe River with sediment concentration around 700 ~ 900 kg/m^3. The narrow and deep channel was shaped by the flood, and great amount of sediment can be transported over several hundred kilometers reach with strong scour on the main channel. The sediment transport characteristics of Weihe and Beiluohe's channel have greater similarity with that of the hyperconcentrated flow in the canals and pipelines. For the muddy flow in pipelines, just like the sediment size distribution of hyperconcentrated flow with particles smaller than 0.08 mm in diameters, can all be treated as gravity media. As long as the resistance force can be overcome, the particle can be transported without considering the sediment carrying capacities. Through the analysis of field-observed hyperconcentrated flow data collected from different reaches along the main stem and major tributaries of the Yellow River, the conclusion can be drawn that narrow and deep channel is suitable for transporting hyperconcentrated flow. The suitable sediment concentration is not low concentration, and the main reason for sediment deposition along the lower Yellow River is because of the shallow and wide channels. When the majority of the sediment of a river is transported by hyperconcentrated flood, a narrow and deep wandering channel can be developed. The Sediment Research Commission of Chinese Water Resources Society paid great interests in the result of my research, and recommended it to Journal of Hydraulic Research. Finally a journal paper entitled "Sediment Transport Characteristics of Hyperconcentrated Flow and the Formation of Its Bed of Yellow River" published in Volume 8, 1982. In the following days, centered around the impact of hyperconcentrated flow on flood protection, I researched the abnormal phenomena due the strong adjustment of the river bed during the transport process of hyperconcentrated flow on wandering channel, how the "muddy river" is developed, and why flood peak discharge increases along the river. All those research results, can not only answer the questions of flood protection issues in reality, but also consolidate the understanding of the transport characteristics of hyperconcentrated flow.

In order to manage the wandering river channel that is not suitable for sediment transport, in-depth analysis were carried out to study the principle of channel adjustment under different incoming sediment and flow condition, and the phenomena that fine sediment particle is easy to suspend due to the steep slope of the wandering channel. Under such condition, channel adjustment is interrelated and influenced, but the shallow and wide shape is kept. Even with the slope change after siltation, sediment transport capacity doesn't increase and the equilibrium condition cannot be achieved. On the contrary, the vicious cycles were created, and the evolution characteristics are just like an unstable channel with no drop structure built. Only the narrow and deep river can form a stable wandering channel. These research results were published entitled "Formation of the Wandering Channel of Yellow River and the Transformation Approach" in Journal of Sediment Research in Volume 4, 1989.

2　The Attentions from Academia Prompt the Development of Further Research

The preliminary research results drew attentions from the academia. As early as in 1987, during the Sino-America Symposium on Yellow River Research, member of the Chinese Academy of Science, Mr. Bingwei Huang (1913-2000) pointed out "Among various strategies, using the properties of hyperconcentrated flow to transport sediment to sea and eliminate the sediment deposition on the channel bed of lower reach, might be an effective technical measure. " "If we were sure that hyperconcentrated flow cannot be used for sediment transport now, I do want to know the reason to reject it. "

Based on the reaction from the academia, from 1989 to 1991, Dr. Zhaohui Wan led the National Science Foundation Funded Project entitled "Principles for the Dynamics of Hyperconcentrated Flow and Prospects of Its Application in the Yellow River", which included the latest research results from Tsinghua University, China Institute of Water Resources and Hydropower and Yellow River Institute of Hydraulic Research. The rheological properties of hyperconcentrated flow, dynamic and sediment transport characteristics, and prospects of its application on the Yellow River. Prefaced by Zhengying Qian and Bingwei Huang, members of Chinese Academy of Science and Chinese Academy of Engineering respectively, the results from this project were published, with their sincere hope on the research of the hyperconcentrated flow. The history of flood hazard of lower Yellow River will never happens today as it was in history. By regulating Xiaolangdi Reservoir, the management of the Yellow River can be achieved through developing a suitable water and sediment condition that sediment is mainly transported by hyperconcentrated flow.

In 1988, during the concluding speeches in the Symposium on Managing the Lower Yellow River, Zhengying Qian thought the idea of using narrow and deep channel to transport hyperconcentrated flow is a great breakthrough, and hoped it can be reflected in the long term river plans. Under her urges, making full use of the sediment transport characteristics of hyperconcentrated flow to resolve the siltation issue of the lower Yellow River, was listed in the research topics of the Eighth Five-Year Plan. This research project was led by me, and it was in collaboration with Yellow River Institute of Hydraulic Research, Yellow River Planning and Design Institute, Tsinghua University and China Institute of Water Resources and Hydropower. Through three years of hard work, this research project was successfully completed. The research results were published officially in a book entitled "Research on the Change of Water and Sediment in the Yellow River and the Measures to Reduce the Siltation in the Lower Reach" by Yellow River Conservancy Press. This book was the first one to propose new flood protection function of Xiaolangdi Reservoir, which is sediment discharge by flood instead of eliminating hyperconcentrated flow. This operational method of this reservoir is also changed from the traditional "store the clear water during non-flood season, and discharge the muddy water during flood season" to "regulate sediment on a multi-year basis, and discharge it at the right time." It clearly indicated that during dry years the sediment should not be discharged to downstream, and the reservoir should be operated by the maximum benefit mode. The calculation results also showed, the benefit of using this method will be greatly increased and the water demand for sediment transport can also be reduced by 2/3, with an average annual demand of only 6 billion m^3. The sediment discharge will be arranged only during the flood season in wet year when Xiaolangdi Reservoir cannot be regulated.

The research results also drew many attentions from the famous scientists. In 1996, 10 members from Chinese Academic of Science or Chinese Academic of Engineering, namely Kai Yan, Guoren Dou, Bingnan Lin, Qianqing Xu, Jiazheng Pan, Bingwei Huang, Dongsheng Liu, Wenxi Huang, Shupeng Chen, Yueding Li, with nine other experts in water resources fields, presented my research results to Premier Mr. Peng Li by Mr. Zhenhuai Yang, the former Minister, Ministry of Water Resources. They suggested future collaboration research, and include this in the research topics of the Ninth Five-Year Plan. However, due to different opinions from other people, it was not successful. But the General Planning Institute, Ministry of Water Resources still provided funding for my research, which made further exploration possible.

3 Formation of the Wandering Reach of the Lower Yellow River and River Training Method

After the Xiaolangdi Reservoir was operated, clear water was released at the early stage. Based on the experiences gained from Sanmenxia Reservoir, clear water scour results the collapses of banks and widens of river, which is not suitable for transporting sediment released by reservoir in channel. During the initial stage of the sediment release from the reservoir based on multi-year sediment regulation, in order to shape the narrow and deep channel, lots of depositions will occur, and the reduction of siltation is not as obvious as water saved for sediment transport. In the long run, if the suitable narrow and deep channel can be formed through river training, not only the siltation can be reduced, but also the flood protection issues of shallow and wide channel can also been resolved. So the research on new river training method for the wandering reach began.

The research on the wandering reach of the lower Yellow River shows, the strong deposition on the main channel results in a lower main channel but a higher floodplain, which keeps the main channel moves frequently, and it is not good for flood protection. After the Sanmenxia Reservoir was operated as "store clear water and discharge muddy water", the effect of small discharge resulting siltation in the channel will decrease. With the control of the river training project, the river channel gradually becomes stable. Although it has positive impact on flood protection, without the fundamental change of incoming flow and sediment for the wandering reach, it also controls the location of sediment deposition, and changes the evolutionary principles that the natural river will shift to balance the elevation differences between the main channel and the floodplain, and results in the increase of the main channel becomes faster than the increase of the floodplain. This is the main reason for the "Secondary Suspended River", and the situation becomes worse with the contribution from the production dykes, creating new threats for flood protection. Shallow and wide channels are also the main obstacles for transporting sediment to sea by using channel itself.

The major training task for wandering reach is to stable the main channel, and develop the flood discharge and sediment transport corridor. The idea of using "minor curves" to train the wide reach thinks, since the flow line always follows a curvature path, and river training should be based on this rule to stabilize the channel. This idea is based on the training experiences gained from the transition reach downstream of Gaocun. However, the successful example of Gaocun is due to the channel geometry, a narrow and deep channel, not due to the horizontal curvature. To develop a narrow and deep channel through two – bank training is based on the stochastic characteristics of the channel evolution, the adjustment for the channel bed is developing towards the vicious circle. The "minor curve" training method cannot control the river regime to develop a narrow and deep channel. Narrow the channels can only reduce losses due to the inundation on the floodplain, while two-bank training can develop an efficient flood discharge and sediment transport corridor, and control the bed elevation not to increase.

4 Unsteady Features of Flood and Understanding the Principle of "Scour during Rising of a Flood, and Deposit during Falling of a Flood"

Based on multi-year's research on the dynamics of sediments in the Yellow River, it should be noted that the mechanics behind the phenomena need to be figured out. Since only by understanding the process and the reason of this phenomenon, the knowledge of the Yellow River can really be obtained. Take the "Deposit on the floodplain while sour the main channel" as an example, after a big flood, there are significant depositions on the floodplain, while there are strong scours in the main channel. From the appearance, they have close relationship, but after the sour process in the channel, it is found that the scour always happens during the rising of a flood. During the falling of a flood, no matter the high or low concentration, there is always deposition on the main channel, even when there are 10 time differences in the channel slopes. From this perspective, the hypothesis of channel scours due to the return of the clear overtopping flow is not true. But how could this happen? It cannot be explained based on the outdated theory of steady flow and single-valued relationship of sediment carrying capacity. From the reality of the Yellow River, we should first learn the theory that narrow and deep channel has the characteristics of "the more sediment input, the more sediment output" (please refer to Journal of Sediment Research, No. 2, 1994). Mr. Lianzhen Ding noticed our research results and wrote me a letter, and suggested it be published in the International Journal of Sediment Research (in English) he edited. With his help of translation, the paper was finally published in No. 2, 1995 of this journal. Based on the theory, correct understanding can be obtained with the analysis of the unsteady feature of the flood, as well as the relationship between the change of the forces on the channel bed, and the scour and deposition of the channel. It took us almost 10 years to research on this complex problem, before the research results were published in Journal of Hydraulics, No. 6, 2005.

The unsteady feature of the sediment transport by flood, and the understanding of the theory of "Scour during rising of a flood while siltation during falling of a flood", opens the new path of harnessing the lower reach of the Yellow River. We finally understand that why the rivers with either high or low sediment concentrations, steep or mild slopes, will always be scoured during rising of a flood, and silt during the falling of a flood. With the progress of the understanding this feature, the principles of flood discharge of narrow and deep channels, nodefined relationships between silt on the floodplain while scour on the main channel, long distance sediment transport by flood, regulation of sediment release from reservoir have been greatly advanced. Based on the new understanding, we proposed "non-river bed aggregations" should be set as the strategic aim of harnessing the lower Yellow River.

5　The Difficulties of Applying the Scientific Concept of Development

At the early stage when a new academic theory emerges, there are always strong objections from the traditional opinions, which is perfectly normal for the development of science. Mr. Zhaozhong Ding once said, the development of science always follows a rule that the majority of people will agree with minority of people. When new ideas emerge, it is common to have disputes, and it is also normal that most people will object to them. It is a difficult thing to change the traditional opinions.

Faced with a complex river like the Yellow River, it is natural to have debates in understandings. The debates between different academic theories are the motives for the development of science. We wrote letters to related leaders many times and provided our suggestions. For example, we wrote more than ten suggestion letters to Planning and Strategy Research Center, General Institute of Water Resources Planning, entitled "How to Harness the Lower Yellow River Channel" to be included in the Water Resources Analysis and Research Report in China. However, the research results have not drawn sufficient attentions from the administrative agencies.

For the ideas of harnessing the Yellow River in 21st Century, Ministry of Water Resources proposed overall management objectives for the Yellow River: "no embankment breaching, no river course running dry, no pollution over standard and no river bed rising". Among them, the most difficult one will be "no river bed rising". Former Minister of Ministry of Water Resources, Mr. Shucheng Wang paid great attentions to our research results. In 2001 when Yellow River Conservancy Commission analyzed the new idea of harnessing the Yellow River in the 21st century, I was appointed as the member of the writing group by luck. The functions of narrow and deep channel in harnessing the lower reach have already been included in the preliminary report, but not in the final formal report of New Management Ideas of 21st Century. In 2005, the agreement on how to manage the lower reach after the operation of Xiaolangdi Reservoir has been reached between Prof. Ye'an Zhao, me and Commissioner Mr. Guoying Li. After the meeting, the minutes were documented on developing the main channel suitable for flood discharge and sediment transport, so that the highest efficiency of sediment transport can be realized. But no follow-up happened. In 2008, I reported this issue to Vise Minister Mr. Yong Jiao who's in charge of planning. He agreed to prompt this idea by select a wide reach, and carry out experiments on two-bank training as a pilot case study. He has talked with the directors from Yellow River Conservancy Commission, but nothing happened afterwards, which made us dwell a lot.

Member of Chinese Academy of Science, Mr. Jiazheng Pan once said, "Any new idea, as long as it's named new, means it lacks practical experiences, and there is certain uncertainty involved. The impact of whether a water conservancy project is success is huge. How to secure the project while promoting new technologies becomes a controversial issue. As a vivid example, it's like who's going to be the first person to eat crab. In my opinion, there are two methods to resolve this. The first point is to emphasize both 'Caution' and 'Active', as the basic rules, and either one of them can be neglected. 'Caution' means to keep a clear mind, never do anything that has no solid foundation, or there is uncertainty involved. Everything should be experimented and based on the results obtained; the conclusion and decision can thus be made. Especially for the curial projects or part, we can never be careless. 'Active' means from our minds, we should believe the innovation and development should be the right way on earth. We should warmly welcome new things with faithful hearts, and conduct in-depth analysis, and create everything we can to ensure their mature and feasibility. We should have the courage to be the first in the world, and not the passive wait, 'wait until someone else try it first'. The second point, from the strategy, we should emphasize 'seek truth from facts, and treat differently' (Taken from Pan's book entitled "The Philosophies in the Constructions of Water Conservancy Projects".)

6　The Prospects of Harnessing the Lower Yellow River are Broad, But There is a Long Way to Go with Huge Responsibilities

The famous expert on sediment research, Prof. Ning Qian (1922-1986) initialized new research areas of studying hyperconcentrated flow. The famous expert on managing rivers, Prof. Zongdai Fang (1911-1991) first proposed to harness the lower Yellow River by using hyperconcentrated flow. As the student of them, based on the practices gained from the reality closely, I concluded the experiences of their successes and failures. By tracking the changes of flow and sediment in the Yellow River, based on the sediment transport characteristics of hyperconcentrated flow, I proposed a whole new method to overcome the sediment problems of the lower Yellow River, and develop and use the water resources properly. I also sincerely hope that the decision should be made promptly to apply the research on hyperconcentrated flow resulting from generations of scholars in the real engineering practices, which can contribute to the management and development of the Yellow River.

The rivers in North China are turning into dry rivers gradually, with very few floods occurred. The Yellow River basin is also located in semi-arid region. With the construction of reservoirs, soil and water conservation project, and the development of irrigation, the field observed discharges of the flood also reduced significantly.

Due the combined operations of Longyangxia Reservoir and Liujiaxia Reservoir, and the increase demands from industrial and agricultural uses, the incoming flow can reduce as much as 10 billion m^3 during the flood season in a wet year. With the reduction of flow peaks, the bed shaping function has been weakened, which results in more and more conflicts between less water and more sediment. The trend for significantly reduced possibilities of flood occurrence is irreversible. But the flow and sediment condition entering the low reach can be regulated through Xiaolangdi Reservoir on a multi-year basis, and it can be optimized by using sediment release by flood. This also creates condition for making full use of the powerful flood discharge and sediment transport capacities of the narrow and deep channel.

Operation rules, known as "Store clear water and release muddy water" of Sanmenxia Reservoir avoid the sediment deposition on the main channel with small discharges during non-flood season. This operation rules was implemented since 1973, by using the reservoir capacity to regulation sediment downstream of Tongguan, although there were occasions that sediment was released with small discharges, the siltation is still reduced for the channel of the lower Yellow River. River channel upstream of Huayuankou is basically non – aggradated. Xiaolangdi Reservoir is also operated on a multi – year basis, based on the theory that more sediment will be transported during flood seasons. The water resources of Yellow River can be fully used, and better conditions are created for training the wandering reaches. The solid scientific support of the comprehensive sediment management methods like "block, discharge, regulate, release and dredge", while "regulate" is the key component, is also provided for developing the narrow and deep channel of the lower reach. Sediment release due to the empty of reservoir, and the collapse of sediment deposition which can be reused for a long time, create better incoming flow and sediment condition to ensure the long term non – aggradations of the lower Yellow River channel.

After the operation of Xiaolangdi Reservoir, due to the optimal operation rules, river channels in Henan and Shandong Provinces have all been scoured. In Henan, the scour depth is about 1.8 m. In Shandong, the scour depth is 1 m. The total amount of scoured sediment reached 1.3 billion t.

Through the multi – year sediment regulations of Xiaolangdi Reservoir, the sediment is regulated to be transported by flood. By using this method, the goal of non – rising of the main channel can be achieved or even decrease. The reason is when the hyperconcentrated flow occurs; the main channel is always scoured. During the initial stage of Xiaolangdi Reservoir when clear water is released, after the sediment deposition volume is all filled up, the multi – year sediment regulation rule will be implemented. The sediment is regulated to be released during flood. By using both methods, most of the channel bed will not be raised.

The increase of flow capacity of the main channel will reduce the opportunity of the flood overtopping onto the floodplain, which can make a harmony relationship between the people living in the floodplain with the nature. 1.8 million people living in the floodplain can be totally free of worries, and 3.59 million mu of farmland can be fully utilized. This is the objective request from people – oriented, scientific development point of view for managing the lower Yellow River.

After the operation of Sanmenxia Reservoir, the regulation rules already been in effect which achieve non – aggradations of river bed upstream of Huayuankou (The floodplain of Meng County and Wen County has already been turned into residential areas for reservoir resettlement. The multi – year sediment regulations of Xiaolangdi Reservoir, and sediment release by using flood can achieve the non – deposition of channel upstream of Gaocun, or even Aishan.

The major issues of "the secondary suspended river" and management of floodplain can be resolved. The management plan proposed by Zhengying Qian of using a narrow channel can also be realized reach by reach.

Scientific development view has already become the major national policy. The innovation of technology should be strengthened, which can turn fruits of science and technology to realistic prolificacy. But until now, the administrative agencies still don't recognize the huge flood discharge and sediment transport capacity of narrow and deep channel, and they don't pay much attention to the feasibility of its application in harnessing the Yellow River.

Members of Chinese Academy of Science, Mr. Jiazheng Pan once pointed out in his suggestions on managing the Yellow River: "Scientifically regulating flow and sediment can better shape the downstream channel, and more sediment that enters into lower reach can be transported to sea." The existence of production dykes already made the lower Yellow River channel as a "narrow channel". The most pressing matter of the present, should be including the two – bank training strategy which aims at developing a stable, narrow and deep channel, in the long term plans of harnessing the lower Yellow River, and promoting this strategy vigorously. By doing this, we can prove the science and technology are primary productive forces, and it can have an irreplaceable effect on managing and developing the Yellow River. The dreams from various people who care about harnessing this river can be realized soon.

7　My Declaration

The publication of this book is the public reply for various people who wish the research results from hyperconcentrated flow can be applied on managing the Yellow River. The author of this book has devoted unremitting efforts during his lifetime in this research, and all the related issues have been resolved. However, I cannot contend the change in the reality of this society!

The spirit is willing, but the flesh is weak. I cannot turn the expectations from eight perishing members of Chinese Academy of Science and Chinese Academy of Engineering, as well as other senior scientists who care about harnessing the river, into practices. I really hope in the future, people with lofty ideas will fulfill my unaccomplished historical task.

(1)The strong objections from the traditional researchers of the Yellow River. In regards to our river management strategy, people who are not favorable of it has similar characteristics, that is, they objected not from the technical point of view, like whether or not the channel has the huge capacity of flood discharge and sediment transport? They based their objections emotionally, like the argument: When Pangu created this world, the river is a wide river, so there is no need to change it to a narrow one today. When the leaders of Ministry of Water Resources wanted to carry out the experiment using my idea on the lower Yellow River, someone said things like, We cannot allow this experiment, since we do not want to give him chance, Even if we were wrong, we won't change our plan, Are we all wrong? Since the wide river plan can attract more funding. Traditional researchers do not want to recognize the sediment transport potentials of the channels in the lower Yellow River. If they do accept this idea, the whole river training plans need to be changed. One person who is objected to my idea once announced publicly, If what you said is all true, 5,000 years history of harnessing the lower Yellow River will be rewritten. If the huge flood discharge and sediment transport characteristics of the narrow and deep channel is recognized, the famous saying of less water but more sediment in the lower Yellow River will not be true anymore", which will weaken the theoretical foundations of traditional management strategy!

(2) There should be long term objectives for planning the Yellow River. Under the thinking that nothing has been understood of the Yellow River, there are no best solutions, and it's very difficult to manage this river becomes a very good excuse. In 2000, Yellow River Conservancy Commission proposed Hundreds of billions RMB budget on important issues of the Yellow River. Members of Chinese Academy of Engineering, Zhengying Qian, commented on this budget, the thinking is not clear, and there is no operability. This time the budget of planning of Yellow River reaches to more investmeny but there is still no clear management objective. In fact, it appears more like attracting funding. Following Mr. Jiazheng Pan's suggestions, Chapter 20 was added in the planning document, but there is no change for the previous 19 chapters, which cannot be used to achieve the goals prescribed in the 20th chapter. There are contradictories on regulating water and sediment in the middle reach, but harnessing lower Yellow River as a wide river and storing sediment on the floodplain. The economic society is the outside condition for why the issue above occurs.

(3) Drawbacks of the current design and research. From the realistic benefits, deign institutes only concern about if they could win big investment for a project. Regardless of the design method, the payment is based on certain percentage of the overall investment. The design institutes only worries about if they could be paid a full salary to their employee including benefits, and they are busy with launching projects. For many years, it is the reason that nobody is interested in discussing this issue seriously. Research and design institutes are only responsible for the owner of the project, but lack the spirits of being responsible for people. Even there is something wrong, they don't investigate into the details. It won't be easy for us to change the money – oriented society today.

(4) The application of the research results is extremely difficult. Everyone wants to contribute to harnessing the Yellow River, so they will feel uncomfortable about new ideas and achievements proposed by other people. For instance, the non – project based river managers thought our research is a monstrous crime. Even after the acceptance from the reviewers, my research paper was rejected by the acting editor based on the following reason: 'The practices of managing rivers in 20th century have demonstrated that to radically remove the river related hazard, is not economic, unnecessary, and even impossible. Trying to pursue the objective of radically remove the river related hazard is even harmful. ' Our research is fully based on measured data collected along the Yellow River, so we do want our opponents to show their realistic proofs.

For such a complicated river like the Yellow River, it is natural to have different opinions. The debate between different opinions will motive the development of science. We should organize an active academic discussion. However currently there are few discussions in journals. Journal of Hydraulic Research is the technical journal published by Chinese Association of Hydraulic Engineers, and it should become the academic media which allows a hundred schools of thought to strive. Once I told the editor-in-chief, Mr. Bingxin Chen, "Whoever has different opinions about my paper, please let him published in this journal, and we welcome such suggestions. If your paper got some issues, and other person is willing to help you revise it, we should be appreciated for their assistance."

During the symposium on "Wide River or Narrow River", in front of hundreds of audiences, I have also declared that "on my personal website, there are numerous technical papers of my research. I sincerely wish the young generations to find flaws in any fundamental theory in these papers. I have a monthly salary of several thousand RMB after retirement, which can be used as the bonus. However, one year passed and no one can claim the bonus.

(5) The hope for the solution still exists. Based on the research findings of my paper, only the respected senior level of researchers can express their attitude. However, suggestions given by those experts do not draw enough attentions from the river management administrations. No solutions can be offered to solve the above issues in our society yet.

It is true that Mr. Guanhua Xu once said, "when faced with debates, opportunity and risk, waiting is never the best solution. The government should take full responsibilities and make the decision with audacity. It all depends on whether the leader is willing to have their determination, their capability and their guts to make those decisions. For the current merchandise prevailed society, the decisions from the upper administrations appear to be more important.

Member of Chinese Academy of Science, Mr. Bingwei Huang wrote the following in the preface of my book published in 1993. "I am 80 years old, and I don't have many days left in my life. But I still hope before I die, I will witness the water and soil conservation and hyperconcentrated flow research can really contribute to eliminate river hazards radically, and people can enjoy the peaceful life forever. Flood hazards will not happen today as it was in the history. People of Central China will have happy lives ever since, and our ancestors who worked diligently on managing the Yellow River throughout years will be pleased to rest in peace. Now I have the same feeling as Mr. Huang.

Serious research on sediment transport by using the characteristics of hyperconcentrated flow to reduce the siltation on the lower Yellow River channel have been conducted for forty years. A whole new plan of harnessing the Yellow River has been proposed. The administrative leaders should pay attention to the result from this research. I sincerely wish the early application of my research on the Yellow River.

Recently, we presented our proposal entitled "Suggestions on pilot studies of two – bank training project in the lower reaches of the Yellow River" to Minister Lei Chen and Deputy Minister Yong Jiao, Ministry of Water Resources. They gave clear instructions on our proposal, "it is necessary to carry out certain pilot studies of two-bank training project". I really hope this reasonable river training measure can be gradually implemented.

Pu Qi

Avgust, 2010